高职高专先进制造技术规划教材

模具 CAD/CAM（UG）

（第二版）

屈福康　王敬艳　主　编

清华大学出版社

北　京

内容简介

本书根据教育部面向 21 世纪高等教育的教学内容和课程体系改革的总体要求，结合作者多年CAD/CAM的教学、科研实践经验编写而成。其特色是以“任务驱动”的教学模式贯穿全书，各主要章节首先以一个简单的设计任务入门，再以一个综合性的设计任务结束，中间部分则系统讲解有关的知识点，突出培养学员应用所学知识分析和解决实际问题的能力。

全书共 10 章，主要包括 UG NX 8.0 简介及其基本操作、曲线功能、草图功能、实体建模、曲面功能、工程图、装配建模、注塑模具设计和数控铣加工。

本书讲解详细、内容丰富、图文并茂，可用作大专、本科院校机械设计制造及其自动化、模具设计与制造、数控技术、机电一体化等专业的教材，也可作为工程技术人员学习的参考书。

本书配套光盘包含了书中所有驱动任务图形的源文件和结果文件及 PPT 教学课件。图形文件的编号与书中图号相一致，便于读者调用。

图书在版编目（CIP）数据

模具 CAD/CAM（UG）/屈福康，王敬艳主编．—2 版．—北京：清华大学出版社，2013.4
高职高专先进制造技术规划教材

ISBN 978-7-302-31602-2

I. ①模…　II. ①屈…　②王…　III. ①模具-计算机辅助设计-高等职业教育-教材　②模具-计算机辅助制造-高等职业教育-教材　IV. ①TG76-39

中国版本图书馆 CIP 数据核字（2013）第 030641 号

责任编辑：钟志芳
封面设计：刘　超
版式设计：文森时代
责任校对：赵丽杰
责任印制：何　芊

出版发行：清华大学出版社
网　　址：http://www.tup.com.cn，http://www.wqbook.com
地　　址：北京清华大学学研大厦 A 座　　邮　　编：100084
社 总 机：010-62770175　　邮　　购：010-62786544
投稿与读者服务：010-62776969，c-service@tup.tsinghua.edu.cn
质 量 反 馈：010-62772015，zhiliang@tup.tsinghua.edu.cn
印 刷 者：北京富博印刷有限公司
装 订 者：北京市密云县京文制本装订厂
经　　销：全国新华书店
开　　本：185mm×260mm　　**印　张**：18.75　　**字　　数**：442 千字
（附光盘 1 张）
版　　次：2009 年 8 月第 1 版　　2013 年 4 月第 2 版　　**印　　次**：2013 年 4 月第1 次印刷
印　　数：1～4000
定　　价：39.00 元

产品编号：048166-01

出 版 说 明

时代背景

随着我国经济社会的发展、机械自动化程度的提高和数控技术的进一步更新，企业和用人单位对技能型人才的数量和结构提出了更高的要求，同时也对毕业生提出了更高的要求，这对高职教育在新的历史条件下的发展提出了新挑战。为适应新形势的发展，进一步提高我国高等职业教育的质量，增强高等职业院校服务经济社会发展的能力，强化职业院校学生实践能力和职业技能的培养，切实加强学生的生产实习和社会实践，大力推行“工学结合、校企合作”的人才培养模式，加速技能型人才的培养，实现“国家653 工程”，为我国制造业输送先进的制造技术人才，尽快使我国成为制造业强国，这一切都要求我们推出一套与时俱进的系列教材。

编写目的

高职高专教材建设工作是整个高职高专教学工作中的重要组成部分。教学改革以来，在各级教育行政部门、有关学校和出版社的共同努力下，各地先后出版了一些高职高专教育教材。但从整体上看，真正具有高职高专教育特色、符合目前技术发展要求的教材极其匮乏，教材建设落后于高职高专教育的发展需要。为此，根据教育部要求，通过推荐、招标及遴选，我们组织了一批学术水平高、教学经验丰富、实践能力强的教师以及相关行业的工程师，成立了“高职高专先进制造技术规划教材”编写队伍，充分吸取高职高专和企业培训方面取得的成功经验和教学成果，结合“工学结合、校企合作”的人才培养模式，以“任务驱动”的方式推出这批切合当前教育改革需要的、高质量的、面向就业实用技术的“高职高专先进制造技术规划教材”。

系列教材

本系列教材主要书目：

- 《机械制造技术》
- 《机械设计技术》
- 《机械制图》
- 《数控加工工艺与编程》
- 《Mastercam 数控编程》
- 《数控机床维修与维护》
- 《FANUC 数控车床编程与实训》
- 《FANUC 数控铣床编程与实训》
- 《SIEMENS 数控车床编程与实训》
- 《SIEMENS 数控铣床编程与实训》

- 《数控车床编程与实训》
- 《塑料成型工艺与模具设计》
- 《冷冲压工艺与模具设计》
- 《模具 CAD/CAM（UG）（第二版）》
- 《模具 CAD/CAE/CAM 一体化技术》

……

- 《Cimatron E 数控编程实用教程（第 2 版）》
- 《Pro/E Wildfire 5.0 产品造型设计》
- 《公差配合与技术测量》
- 《三维 CAD 设计与实作（CATIA）》
- 《UG NX8 数控编程实用教程（第 3 版）》

……

教材特点

1．按照“工学结合、任务驱动”的要求进行教材结构与内容的安排，符合当前职业教育的改革方向。

2．在教材结构上打破传统教材以知识体系编排的方式，真正做到“必需、够用”。

3．内容实用，容易上手，操作性强。有“任务分析”、“相关知识”、“任务实施”、“任务总结”、“课堂训练”、“知识拓展”等特色内容，在关键处还有“提示”、“技巧”等特色模块。

4．任务案例的讲解以 STEP BY STEP 方式，使学生学得会、学得快、学得通、学得精。

5．配有教学课件，辅助教学。

读者定位

本套教材是依据教育部最新教改要求编写而成的，可作为高职高专机械、机电、模具、数控等相关专业的教学用书，独立院校、中职院校教学也可参照选用，还可供相关行业的工程技术人员参考。

教材编委会　于清华园

前　言

UG 是由美国 Unigraphics Solutions 公司开发的集 CAD/CAM/CAE 于一体的多功能软件，其应用日趋普及，已广泛用于机械设计制造、汽车、航空、家电产品和医疗器械等行业。UG 作为设计制造的主流软件，在三维实体建模、曲面造型、模具设计及数控加工等方面有独特优势。

本书以最新版本 UG NX 8.0 为平台，以"任务驱动"的教学模式为编写思路，由浅入深、图文并茂地介绍了 UG NX 8.0 中文版的使用方法和操作技巧。

本书作者多年从事 CAD/CAM 的教学和研究工作，在讲授"数控编程"、"Mastercam 技术"、"UG 模具设计与加工"等系列课程的基础上总结出"任务驱动"的教学方法。各主要章节先以一个简单的设计任务入门，再以一个综合性的工程设计任务结束，中间部分则系统地阐述有关知识点并适当穿插相关的设计任务。这种方法着重强调对所学知识的实际运用，有助于培养工学结合的应用型人才。

全书共 10 章，各章的内容简要介绍如下。

第 1 章　UG NX 8.0 简介，主要介绍了 UG NX 8.0 软件的新功能、常用模块以及工作环境的设置与操作方法。

第 2 章　UG NX 8.0 基本操作，主要介绍了 UG NX 8.0 应用中的一些基本操作和经常使用的工具，如矢量构造器、基准平面、坐标系、图层、视图、布局以及对象编辑。

第 3 章　曲线功能，结合设计任务介绍了曲线的创建、操作和编辑。

第 4 章　草图功能，结合设计任务介绍了草图的环境设置、草图的绘制和草图约束等。

第 5 章　实体建模，结合设计任务介绍了创建体素特征、扫描特征、设计特征、细节特征、布尔运算和特征编辑等操作。

第 6 章　曲面功能，结合设计任务介绍了曲面的创建和编辑方法。

第 7 章　工程图，结合设计任务介绍了工程图的创建、管理、编辑和标注。

第 8 章　装配建模，结合设计任务介绍了装配设计和创建装配爆炸图的方法。

第 9 章　注塑模具设计，结合设计任务介绍了注塑模具设计的基本流程，包括分模设置、分型设置以及添加标准件等。

第 10 章　数控铣加工，结合设计任务介绍了程序、刀具、几何体、加工刀路的创建以及后处理的方法。

本书在编写过程中参阅了大量的 UG 软件方面的资料，在此一并向资料作者致谢。本书由屈福康、王敬艳任主编，蔡凯武、刘利任副主编，参加编写和制作的人员还有陈斯威、陈楚鑫、罗锦刚、陈念、郑忠有、郑维、董进勇、徐志华等。由于作者水平有限，加之时间仓促，书中难免存在疏漏之处，敬请读者批评指正。

编　者

目　录

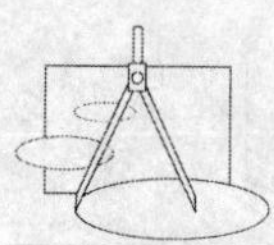

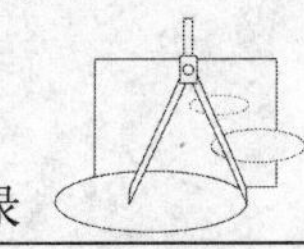

第1章　UG NX 8.0简介

本章要点

- UG NX 8.0 新功能
- 常用功能模块介绍
- 操作环境

任务案例

- 中、英文界面切换

UG NX 8.0 是集 CAD/CAM/CAE 于一体的三维参数化软件，也是当今世界最先进的设计软件，它广泛应用于航空航天、汽车制造、机械电子等工程领域。

1.1 UG NX 8.0 新功能

UG NX 8.0 是 UG 软件目前使用的最新版本，它在以前版本的基础上增加了很多新的功能。下面将进行简要说明。

1．创新性用户界面把高端功能与易用性和易学性相结合

NX 8.0 是建立在 NX 5.0 里面引入基于角色的用户界面基础上的，把此方法的覆盖范围扩展到整个应用程序，以确保在核心产品里的一致性。

为了提供一个能够随着用户技能水平增长而成长并且保持用户效率的系统，NX 8.0 以可定制的、可移动弹出工具栏为特征。移动弹出工具栏减少了鼠标移动，并且可以使用户把它们的常用功能集成到由简单操作过程所控制的动作之中。

2．完整统一的全流程解决方案

UG 产品开发解决方案完全受益于 Teamcenter 的工程数据和过程管理功能。通过 NX 8.0，进一步扩展了 UG 和 Teamcenter 之间的集成。利用 NX 8.0 能够在 UG 里面查看来自 Teamcenter Product Structure Editor（产品结构编辑器）的更多数据，为用户提供了关于结构以及相关数据更加全面的表示。

3．可管理的开发环境

UG NX 8.0 系统可以通过 NX Manager 和 Teamcenter 工具把所有的模型数据进行紧密集成，并实施同步管理，进而实现在一个结构化的协同环境中转换产品的开发流程。UG NX 8.0 采用的可管理的开发环境，增强了产品开发应用程序的性能。

Teamcenter 项目支持，使用户能够在利用 NX 8.0 创建或保存文件时分配项目数据。扩展的 Teamcenter 导航器，使用户能够立即把项目（Project）分配到多个条目（Item）中。可以过滤 Teamcenter 导航器，以便只显示基于 Project 的对象，使用户能够清楚地了解整个设计的内容。

4．知识驱动的自动化

使用 UG NX 8.0 系统，用户可以在产品开发的过程中获取产品及其设计制造过程的信息，并将其重新用到开发过程中，以实现产品开发流程的自动化，最大程度地重复利用知识。

5．数字化仿真、验证和优化

利用 UG NX 8.0 系统中的数字化仿真、验证和优化工具可以减少产品的开发费用，实现产品开发的一次成功。用户在产品开发流程中的每一个阶段，通过使用数字化仿真技术，核对概念设计与功能要求的差异，以确保产品的质量、性能和制造符合设计标准。

6．系统的建模能力

UG NX 8.0 基于系统建模，允许在产品概念设计阶段快速创造多个设计方案并进行评估，特别是对于复杂的产品，利用这些方案能有效地管理产品零部件之间的关系。在开发过程中还可以创建高级别的系统模板，在系统和部件之间建立关联的设计参数。

1.2　常用功能模块

1．基本环境（Gateway）

该模块是 UG 的基本模块，是 UG 启动后自动运行的第一个模块。用于打开存档的文件、创建新文件、存储更改的文件，同时支持用户改变显示部件、分析部件、调用帮助文档、使用绘图机输出图纸、执行外部程序等。

选择【应用】/【基本环境】命令，可进入该模块。

2．建模（Modeling）

该模块主要用于产品部件的三维实体特征建模，是 UG 的核心模块。它不但能生成和编辑各种实体特征，还具有丰富的曲面建模工具，可以自由地表达设计思想，创造性地改进设计，从而获得良好的造型效果和造型速度。

选择【应用】/【建模】命令，可进入该模块。

3．工程制图（Drafting）

该模块可以从已经建立的三维模型自动生成平面工程图，也可以利用曲线功能绘制平面工程图。它备有自动视图布置、剖视图、各向视图、局部放大图、局部剖视图、尺寸标注、形位公差、表面粗糙度符号标注、支持国家标准、标准汉字输入、视图手工编辑、装配图剖视、爆炸图和明细表自动生成等工具。

选择【应用】/【制图】命令，可进入该模块。

4．装配模块（Assembly Modeling）

该模块可以提供并行的自上而下和自下而上的产品开发方法，从而在装配模块中可以改变组件的设计模型；还能够快速地直接访问任何已有的组件或者子装配的设计模型，实现虚拟装配。

选择【应用】/【装配】命令，可进入该模块。

5．钣金设计（Sheet Metal Design）

该模块提供了基于参数、特征方式的钣金零件建模功能，并提供对模型的编辑和零件的制造过程以及对钣金模型展开和重叠的模拟操作。

选择【应用】/【钣金】命令，可进入该模块。

6．数控加工（Manufacturing）

该模块用于数控加工模拟及自动编程，可以进行二—五轴的加工，完成数控加工的全过程。同时提供通用的点位加工编程功能，可用于钻孔、攻丝和镗孔等加工的编程。还可以根据加工机床控制器的不同，定制后处理程序，使生成的指令文件直接应用于用户指定的机床。

选择【应用】/【加工】命令，可进入该模块。

7．注塑模向导（Moldflow Part Adviser）

该模块采用过程向导技术来优化模具设计流程，基于专家经验的工作流程、自动化的模具设计和标准模具库，指导注塑模具的完成。

选择【应用】/【注塑模向导】命令，可进入该模块。

1.3 操 作 环 境

1.3.1 操作界面

1．UG NX 8.0 的启动

启动 UG NX 8.0 有以下 3 种方法。

- 双击桌面上的快捷方式图标。
- 选择【开始】/【程序】/Siemens NX 8.0/NX 8.0 命令。
- 在 UG NX 8.0 安装目录的 UGII 子目录下双击 ugraf.exe 图标。

UG NX 8.0 中文版的启动画面如图 1.1 所示。

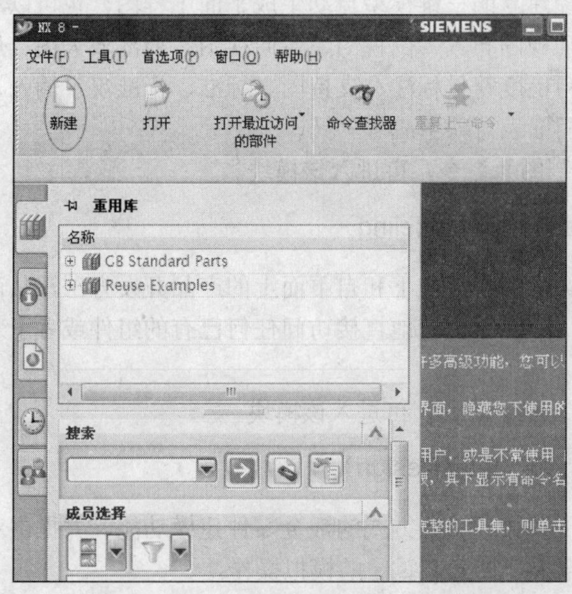

图 1.1 UG NX 8.0 中文版的启动画面

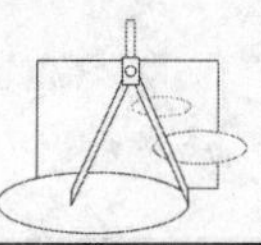

2．UG NX 8.0 的工作界面

单击图 1.1 中【标准】工具栏上的□按钮，打开【新建】对话框，选择【模型】选项卡，设置【单位】为【毫米】，在合适的目录下新建一个 prt 文件，如图 1.2 所示。单击【确定】按钮，进入基本环境模块。

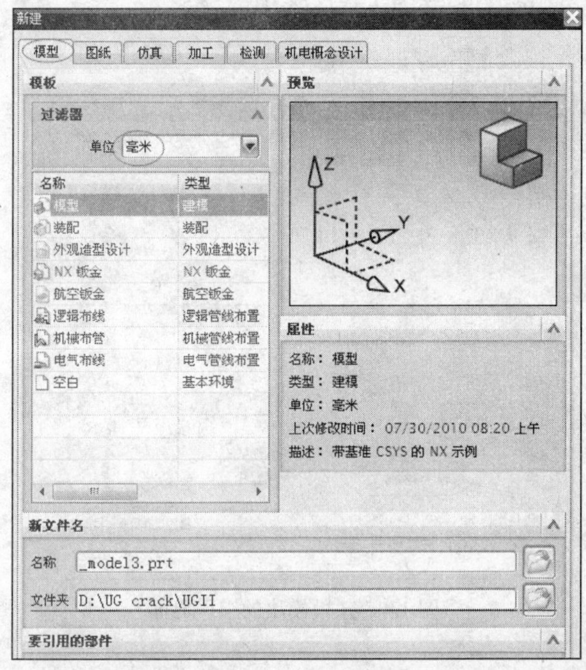

图 1.2　【新建】对话框

单击【标准】工具栏上的开始按钮右侧的下拉按钮，打开 UG NX 8.0 的各个应用模块，如图 1.3 所示，选择相关应用模块即可进入该模块。

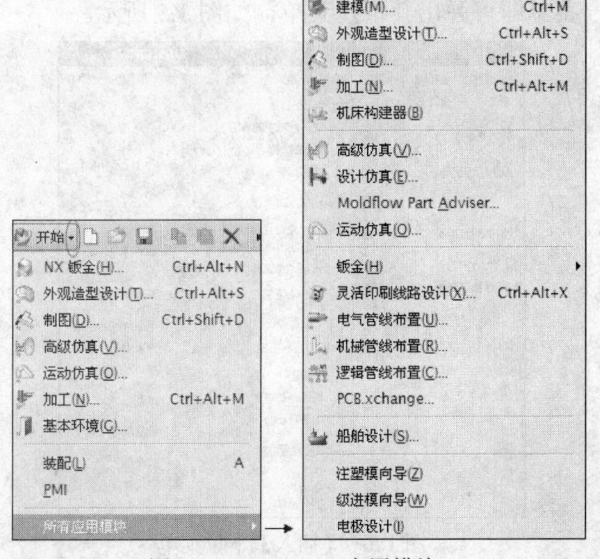

图 1.3　UG NX 8.0 应用模块

学习和使用 UG NX 8.0 软件一般都从建模模块开始，下面就通过建模模块的工作界面来介绍 UG NX 8.0 主工作界面的组成。

选择【标准】工具栏中的【开始】/【所有应用模块】/【建模】命令，系统进入建模模块，其工作界面如图 1.4 所示。该工作界面主要包括标题栏、菜单栏、工具栏、提示栏、状态栏、部件导航器、坐标系和绘图工作区 8 个部分。

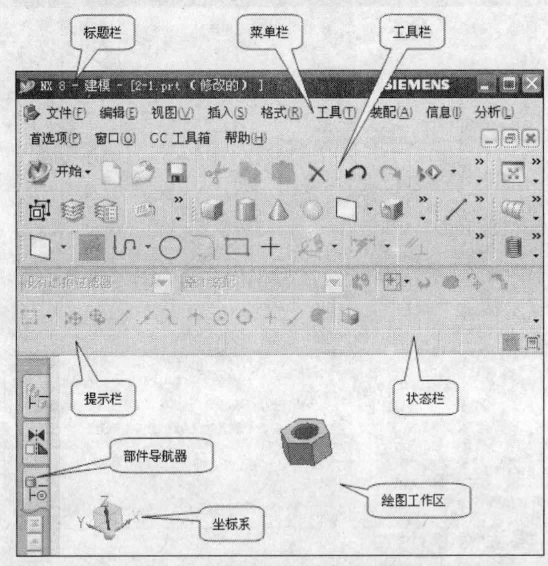

图 1.4　建模模块的工作界面

（1）标题栏

用于显示软件名称、版本号、当前模块、当前工作部件文件名和修改状态等信息。

（2）菜单栏

菜单栏包含了 UG NX 8.0 的主要功能，系统将所有的命令和设计选项都放在不同的下拉菜单中。单击任一菜单即可弹出其下拉菜单，如图 1.5 所示。

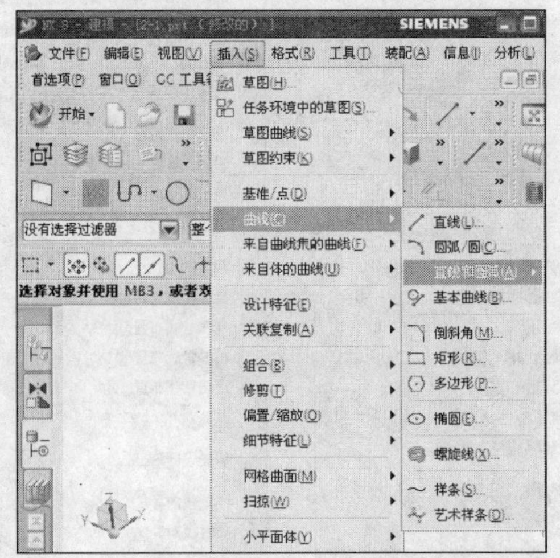

图 1.5　【插入】下拉菜单

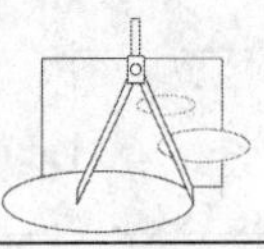

从图 1.4 可以看出，UG NX 8.0 的菜单栏包括【文件】、【编辑】、【视图】、【插入】、【格式】、【工具】、【装配】、【信息】、【分析】、【首选项】、【窗口】、【GC 工具箱】和【帮助】13 个菜单项。

（3）状态栏

用于显示系统或图元的状态，如显示命令结束的信息等。

（4）提示栏

显示用户下一步应该进行的操作。

提示：操作时要随时留意提示栏的相关信息，以确保下一步的操作顺利和正确。

（5）坐标系

UG 中的坐标系分两种，即工作坐标系（WCS）和绝对坐标系（ACS）。其中工作坐标系是建模时直接应用的坐标系，通过运用旋转、移动等命令来变换工作平面，便于绘制图形和实体建模。

（6）绘图工作区

用于绘图、建模和显示相关对象的区域。

（7）部件导航器

显示建模的先后顺序和父子关系，在相应的项目上右击，可进行打开、复制等快速操作。

（8）工具栏

把各个菜单转化为图标形式，各图标以图形方式形象地表示出命令的功能，方便用户使用。常用的工具栏近 20 种，这里列出其中的 8 种。

- 【标准】工具栏如图 1.6 所示。

图 1.6　【标准】工具栏

- 【视图】工具栏如图 1.7 所示。

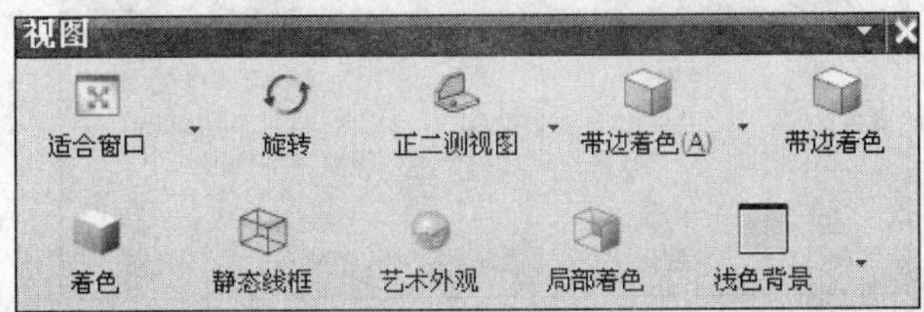

图 1.7　【视图】工具栏

- 【应用模块】工具栏如图 1.8 所示。

图 1.8 【应用模块】工具栏

- 【曲线】工具栏如图 1.9 所示。

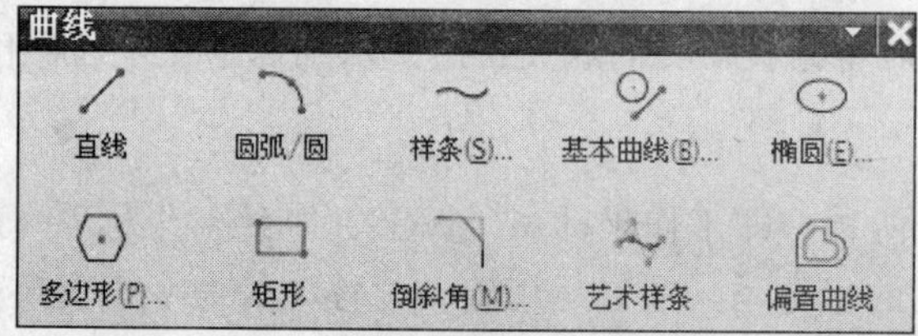

图 1.9 【曲线】工具栏

- 【编辑曲线】工具栏如图 1.10 所示。

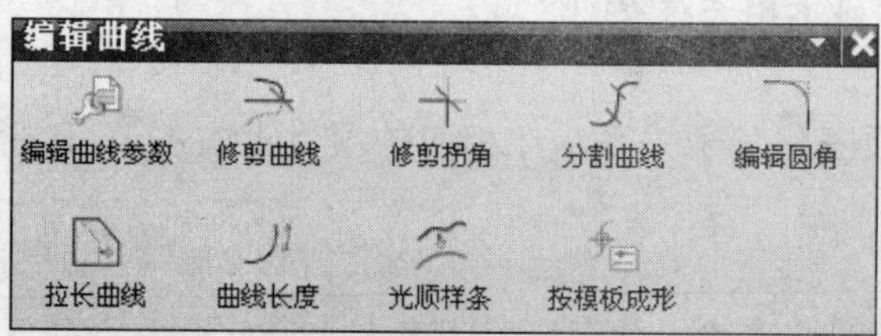

图 1.10 【编辑曲线】工具栏

- 【曲面】工具栏如图 1.11 所示。

图 1.11 【曲面】工具栏

- 【特征】工具栏如图 1.12 所示。`

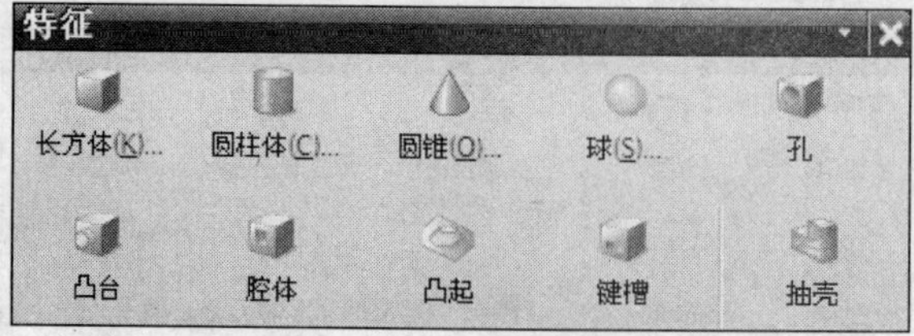

图 1.12 【特征】工具栏

- 【编辑特征】工具栏如图 1.13 所示。

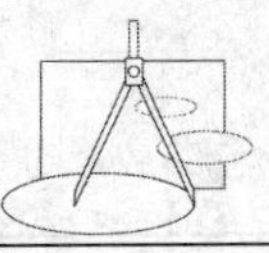

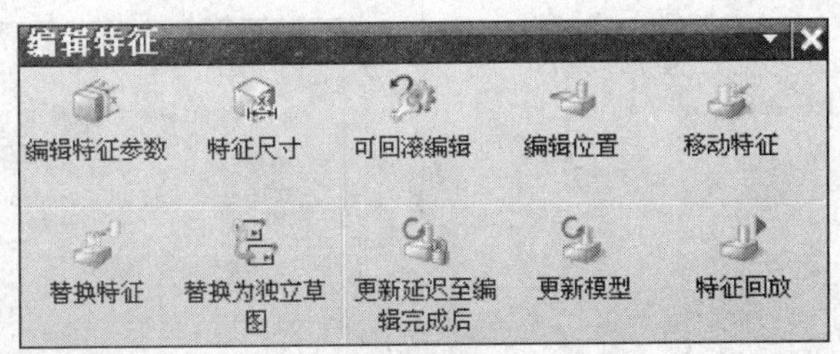

图 1.13　【编辑特征】工具栏

1.3.2　系统环境参数设置

1．系统环境变量的设置

在 Windows XP 中，软件系统的工作路径是由系统注册表和环境变量来设置的。UG NX 8.0 安装后会自动建立一些系统环境变量，如 UGII_BASE_DIR、UGII_LANG、UG_ROOT_DIR、UGII_LICENSE 等。下面通过任务实例来介绍添加或者改变环境变量的方法。

任务 1-1　中、英文界面切换

试完成中、英文界面切换的操作。

任务分析

通过中、英文界面切换的操作实例来介绍环境变量设置的方法。

相关知识

【系统属性】对话框；设置环境变量；系统变量的编辑。

任务实施

※ STEP 1　右击桌面上的【我的电脑】图标，在弹出的快捷菜单中选择【属性】命令，弹出【系统属性】对话框，如图 1.14 所示。

※ STEP 2　选择【高级】选项卡，单击【环境变量】按钮，弹出【环境变量】对话框，如图 1.15 所示。

※ STEP 3　在【系统变量】列表框中选择 UGII_LANG 选项，然后单击【编辑】按钮，弹出【编辑系统变量】对话框，如图 1.16 所示。在【变量值】文本框中输入 simple_chinese（中文）或 simple_english（英文），单击【确定】按钮。

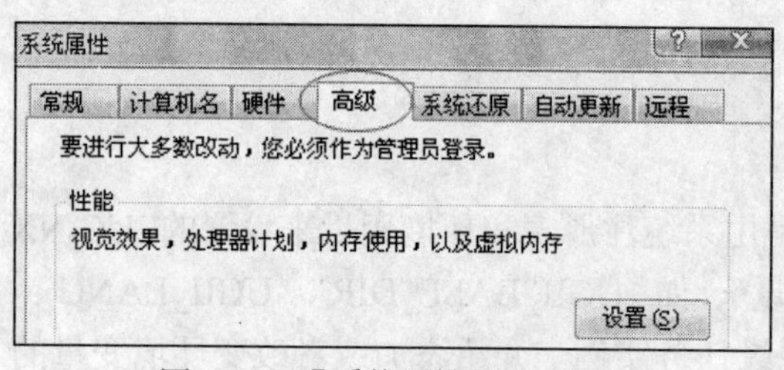

图 1.14 【系统属性】对话框

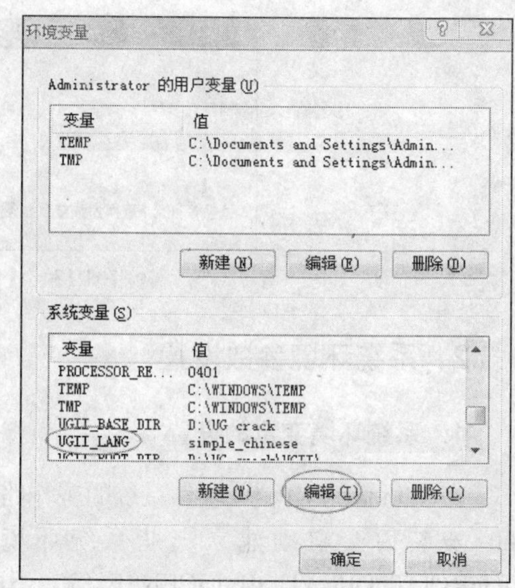

图 1.15 【环境变量】对话框

图 1.16 【编辑系统变量】对话框

※ **STEP 4** 重启 UG，即可实现中、英文界面的切换。

任务总结

利用环境变量的设置完成中、英文界面切换的操作。

2. 系统参数的设置

在 UG NX 8.0 环境中，大多数的操作参数都有默认值，如尺寸单位、尺寸的标注方式、字体大小、对象的颜色等。参数的默认值保存在默认参数设置文件中，当启动 UG 时会自动调用。用户可根据自己的习惯预先修改默认参数的默认值，以提高设计效率。

在菜单栏中选择【文件】/【实用工具】/【用户默认设置】命令，弹出【用户默认设置】对话框，如图 1.17 所示。在该对话框中可以查找所需默认设置的作用域和版本、把默认参数以电子表格的格式输出、升级旧版本的默认设置等。

（1）查找默认设置

在如图 1.17 所示的对话框中单击图标，弹出【查找默认设置】对话框，如图 1.18 所示。在【输入与默认设置关联的字符】的文本框中输入要查找的默认设置，单击【查找】按钮，则在【找到的默认设置】列表框中列出其作用域、版本、类型等。

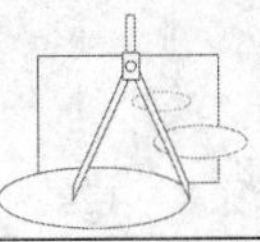

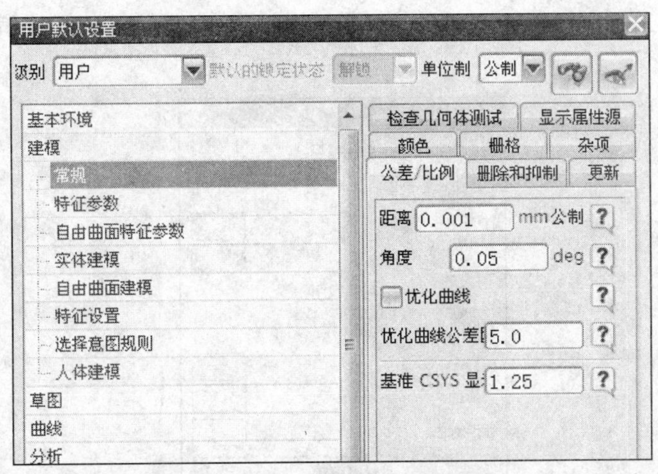

图 1.17　【用户默认设置】对话框

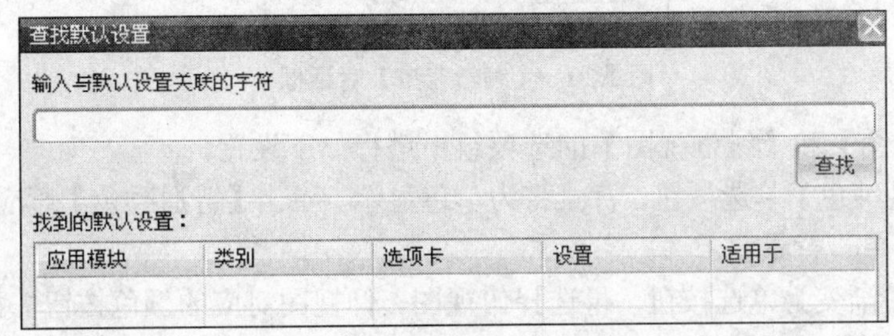

图 1.18　【查找默认设置】对话框

（2）管理当前设置

在如图 1.17 所示的对话框中单击图标，弹出【管理当前设置】对话框，如图 1.19 所示。在该对话框中可以实现对默认设置的新建、删除、导入、导出和电子表格输出等。

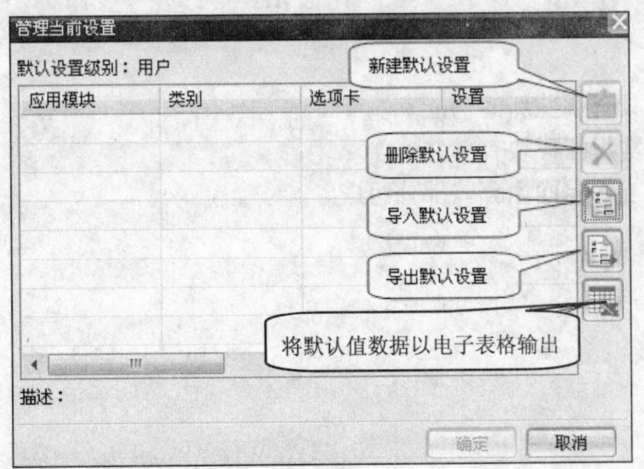

图 1.19　【管理当前设置】对话框

3．背景颜色的设置

系统默认的工作界面背景颜色为蓝色过渡色，实际使用过程中，用户可根据需要对背

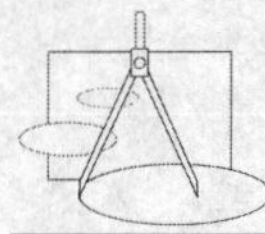

景颜色进行修改。选择主菜单中的【首选项】/【背景】命令，弹出【编辑背景】对话框，如图 1.20 所示。

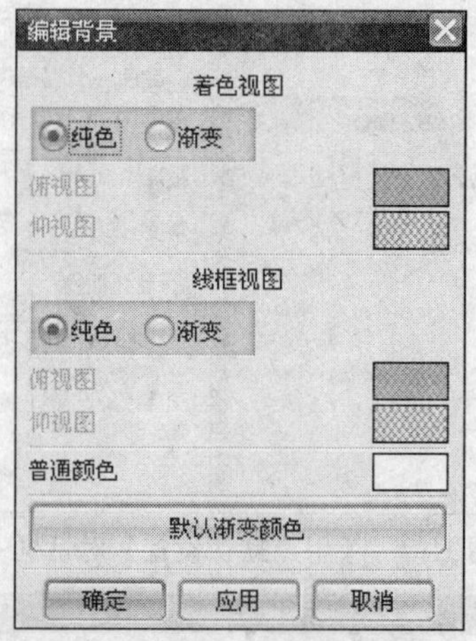

图 1.20 【编辑背景】对话框

在【着色视图】和【线框视图】的选项组中进行如下设置。

（1）选中【纯色】单选按钮，背景将为单色显示。单击【普通颜色】对应的颜色按钮，可以选择相应的单一背景色。

（2）选中【渐变】单选按钮，再选择俯视图、仰视图对应的颜色按钮，背景颜色将从俯视图颜色过渡到仰视图颜色。

（3）单击【默认渐变颜色】按钮，系统将恢复为蓝色过渡色的颜色。

习　题

1．UG NX 8.0 具有哪些新的功能？

2．UG NX 8.0 常用的模块有哪些？

3．UG NX 8.0 工作界面由哪些部分组成？

第2章 UG NX 8.0基本操作

本章要点

- 常用工具
- 坐标系
- 图层设置
- 视图与布局
- 对象编辑

任务案例

- 入门引例：螺栓螺母零件的连接装配
- 圆柱坐标系偏置

本章主要介绍 UG NX 8.0 应用中的一些基本操作和经常使用的工具，如矢量构造器、基准平面、坐标系、图层、视图、布局以及对象编辑等。

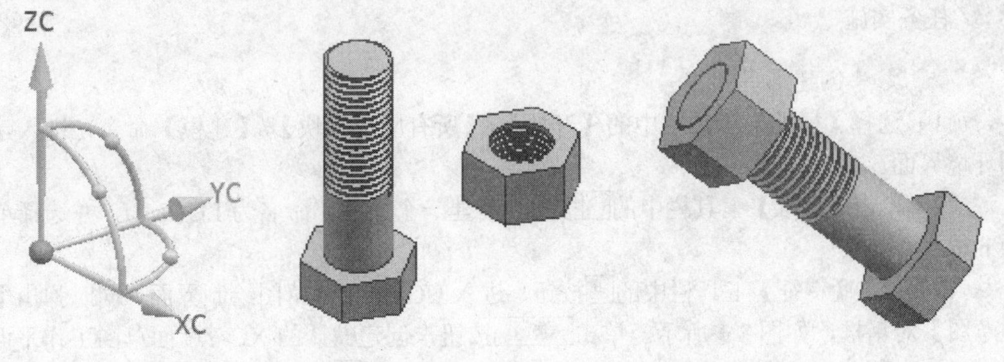

任务 2-1　入门引例：螺栓螺母零件的连接装配

试创建如图 2.1 所示的螺母和如图 2.2 所示的螺栓零件，并进行装配。

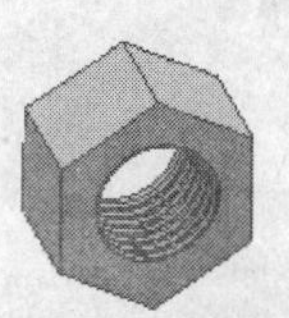

图 2.1　螺母

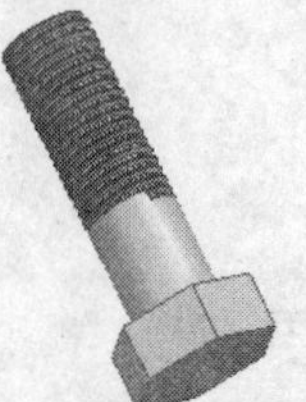

图 2.2　螺栓

任务分析

在本章的开始用一个简单的螺栓螺母装配实例，介绍 UG NX 8.0 的一些功能及应用情况，以帮助用户提前了解和认识 UG 软件的作用，从而产生学习兴趣。

相关知识

草绘曲线；创建拉伸实体；创建螺纹；创建凸台；装配建模。

任务实施

※ STEP 1　创建螺母

（1）选择【标准】工具栏中的【开始】/【所有应用模块】/【建模】命令，进入建模的环境界面。

（2）单击【标准】工具栏中的按钮，新建一个文件，命名为 LUOMU，并选择单位为 mm。

（3）单击【特征】工具栏中的按钮，进入 UG NX 8.0 草图绘制界面，同时弹出【创建草图】对话框，如图 2.3 所示。单击确定按钮，创建默认的 XC-YC 面草图工作平面。

（4）绘制正六边形。单击【草图工具】工具栏中的按钮，弹出【多边形】对话框，如图 2.4 所示。选择坐标系原点为中心，设置【边数】为 6、【大小】为【内切圆半径】、【半径】为 22.5、【旋转】为 90，按 Enter 键，再单击关闭按钮，效果如图 2.5 所示。

（5）单击【草图工具】工具栏中的按钮，弹出【圆】对话框，如图 2.6 所示。默认对话框中【圆方法】和【输入模式】的设置，选择坐标系原点为中心，设置【直径】为 28，按 Enter 键，效果如图 2.7 所示。

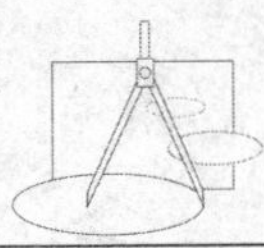

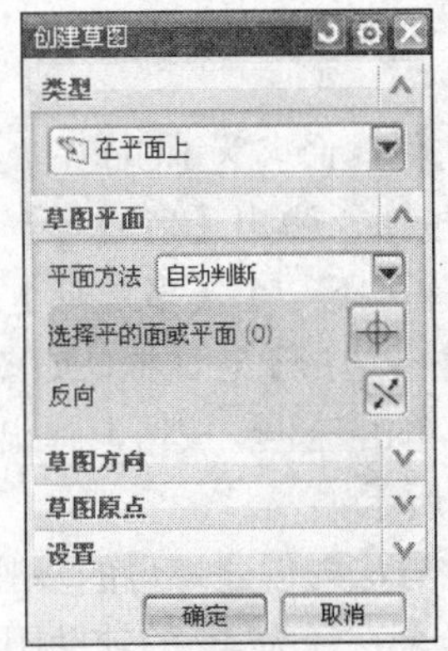

图 2.3　【创建草图】对话框

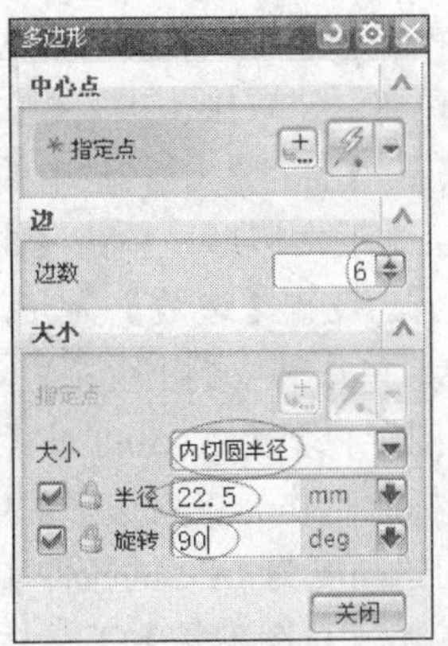

图 2.4　【多边形】对话框

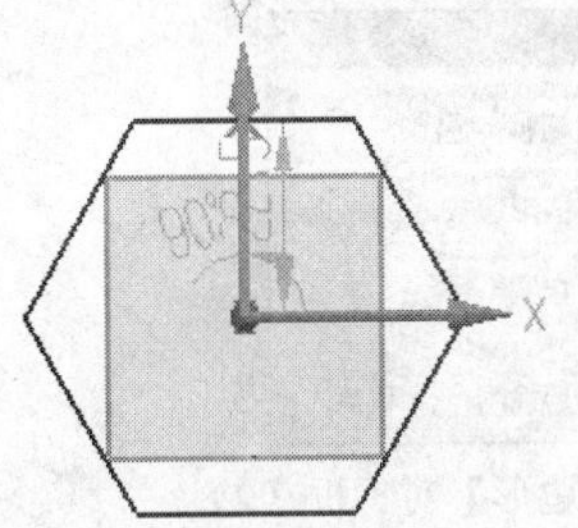

图 2.5　正六边形草图

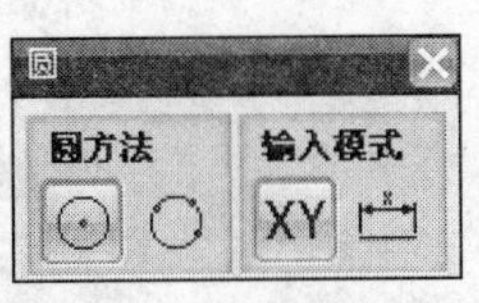

图 2.6　【圆】对话框

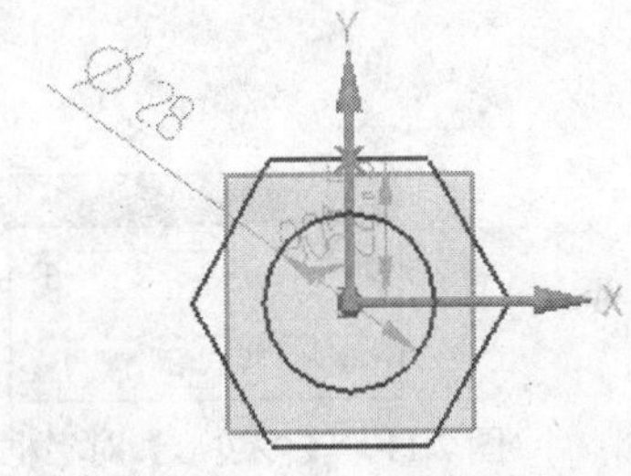

图 2.7　圆和正六边形草图

（6）单击【草图】工具栏中的按钮，从草图绘制切换到建模的环境界面。

（7）在菜单栏中选择【插入】/【设计特征】/【拉伸】命令，或者单击【特征】工具栏中的按钮，弹出【拉伸】对话框，如图 2.8 所示。在【结束】下的【距离】文本框中输入 25.6 作为拉伸的高度值，选择圆和正六边形草图，单击 应用 按钮，效果如图 2.9 所示。

（8）单击【特征】工具栏中的按钮，弹出【螺纹】对话框，选中【螺纹类型】选项组中的【详细】单选按钮，如图 2.10 所示。根据提示选择图 2.9 中的圆柱形内孔表面，图 2.10 中的螺纹参数值会自动刷新，更改【螺距】数值为 3.5，同时选中【旋转】选项组中的【右旋】单选按钮，单击 确定 按钮，完成螺母的创建，效果如图 2.1 所示。

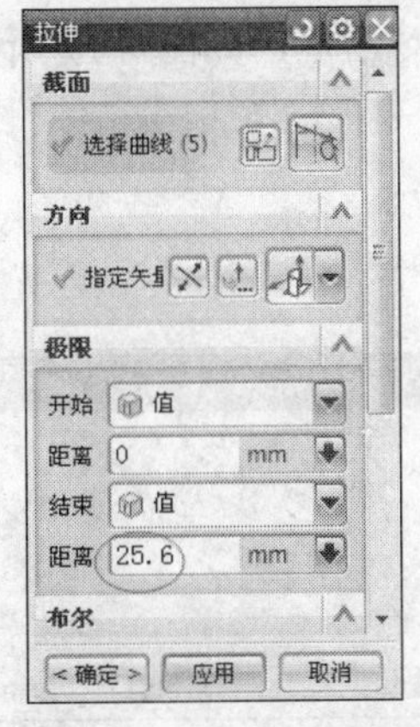

图 2.8　【拉伸】对话框

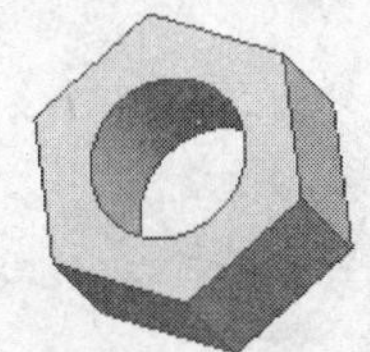

图 2.9　拉伸实体的效果图

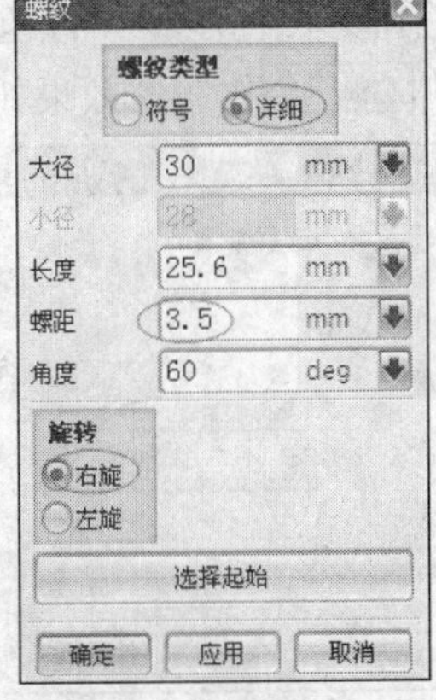

图 2.10　【螺纹】对话框

（9）单击【标准】工具栏中的按钮，保存文件。

※ STEP 2 创建螺栓

（1）单击【标准】工具栏中的按钮，新建一个文件，命名为 LUOSHUAN。

（2）绘制正六边形。单击【曲线】工具栏中的按钮，弹出【多边形】对话框，如图 2.11 所示。设置【边数】为 6，单击确定按钮，弹出下一个【多边形】对话框，如图 2.12 所示。单击其中的内切圆半径按钮，再弹出一个【多边形】对话框，如图 2.13 所示。设置【内切圆半径】为 22.5000、【方位角】为 0.0000，单击确定按钮，弹出【点】对话框，选择坐标原点作为正六边形的中心，效果如图 2.14 所示。

（3）创建高度为 18.7 的拉伸实体，如图 2.15 所示。方法与创建螺母的步骤（7）相同。

（4）单击【草图工具】工具栏中的按钮，绘制一个直径为 46 的辅助圆，如图 2.15 所示。

图 2.11 【多边形】对话框（1）

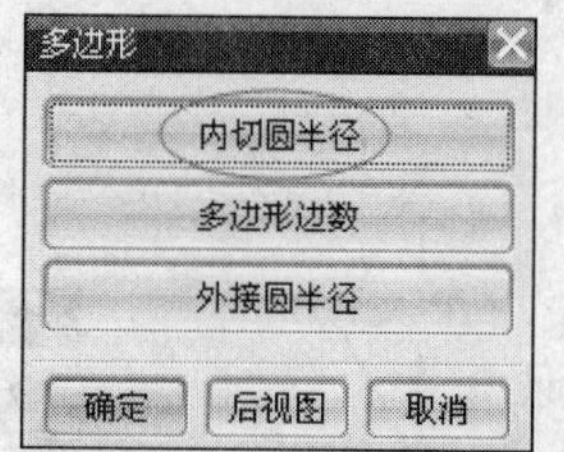

图 2.12 【多边形】对话框（2）

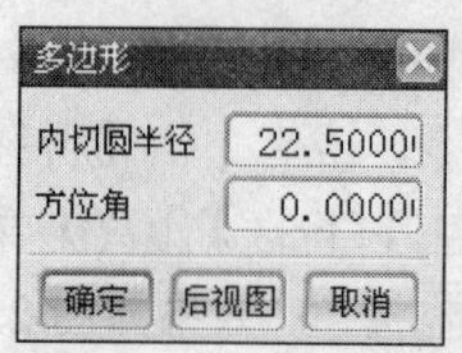

图 2.13 【多边形】对话框（3）

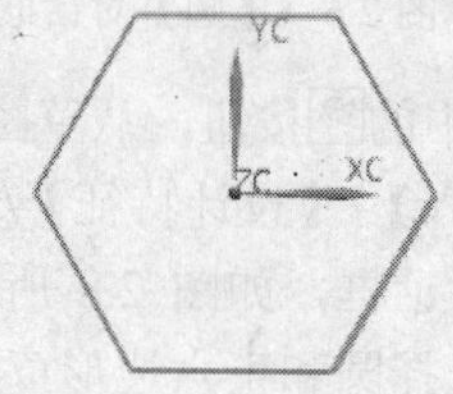

图 2.14 正六边形的效果

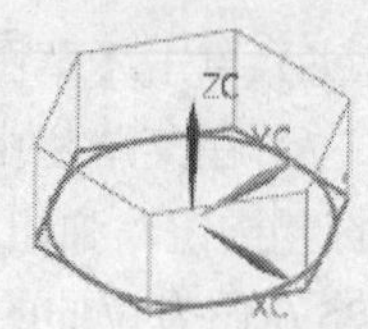

图 2.15 拉伸实体

（5）单击【特征】工具栏中的按钮，弹出【凸台】对话框，如图 2.16 所示。设置【直径】为 30、【高度】为 100、【锥角】为 0，根据提示选择图 2.15 的上表面为放置面，效果如图 2.17 所示。单击确定按钮，弹出【定位】对话框，如图 2.18 所示。单击其中的按钮，选择步骤（4）创建的辅助圆，弹出【设置圆弧的位置】对话框，如图 2.19 所示，单击圆弧中心按钮，效果如图 2.20 所示。

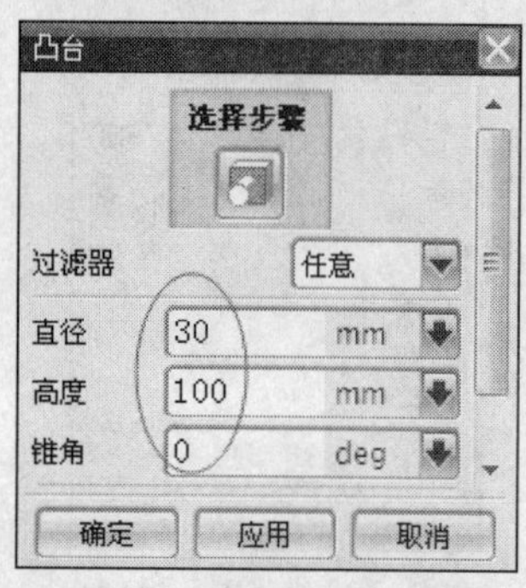

图 2.16 【凸台】对话框

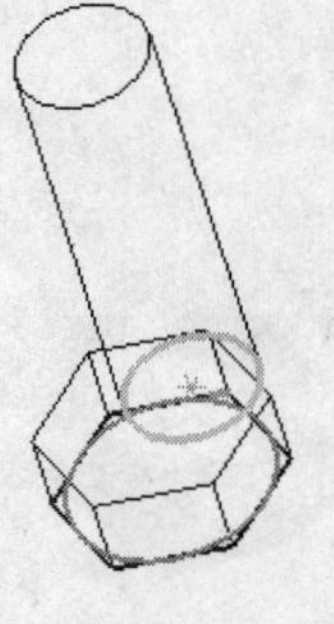
图 2.17 凸台未定位

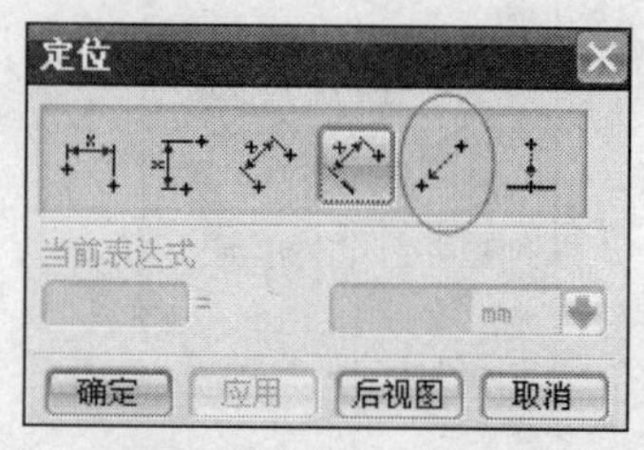

图 2.18 【定位】对话框

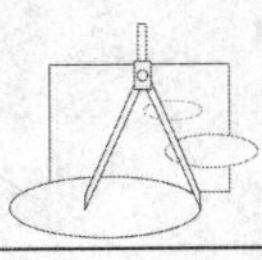

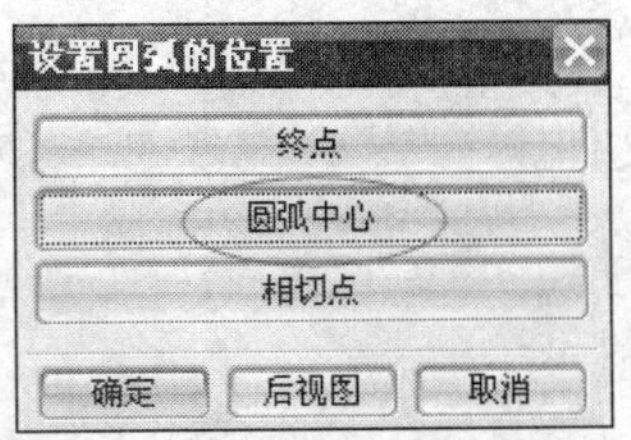

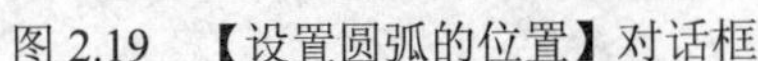
图 2.19　【设置圆弧的位置】对话框

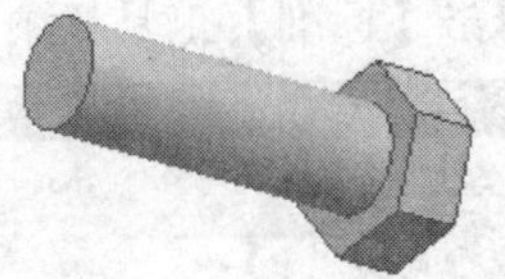
图 2.20　螺栓雏形

（6）创建螺纹。方法与创建螺母的步骤（8）相同，设定螺栓的螺纹长度为 66，如图 2.2 所示。

（7）单击【标准】工具栏中的按钮，保存文件。

※ STEP 3　装配螺栓、螺母

（1）单击【标准】工具栏中的按钮，新建一个文件，命名为 LSMZP。

（2）在【标准】工具栏选择【开始】/【装配】命令，进入装配的环境界面。

（3）添加组件。在菜单栏中选择【装配】/【组件】/【添加组件】命令，或者单击【装配】工具栏中的按钮，弹出【添加组件】对话框，如图 2.21 所示。单击其中的按钮，打开已创建的螺栓零件图。

（4）定位组件。在图 2.21 的对话框中设置【定位】方式为【选择原点】，单击确定按钮，弹出【点】对话框，如图 2.22 所示。选择（0，0，0）为插入点，单击确定按钮，将螺栓零件添加到装配空间，如图 2.23 所示。

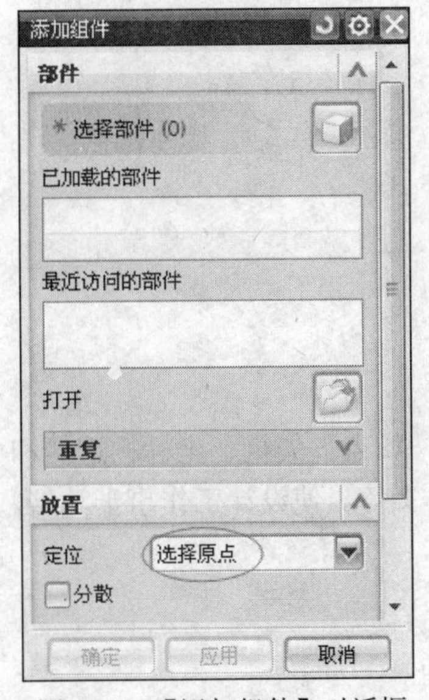

图 2.21　【添加组件】对话框

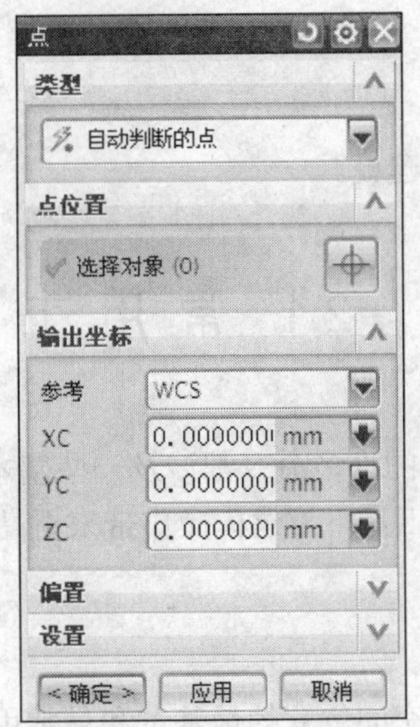

图 2.22　【点】对话框

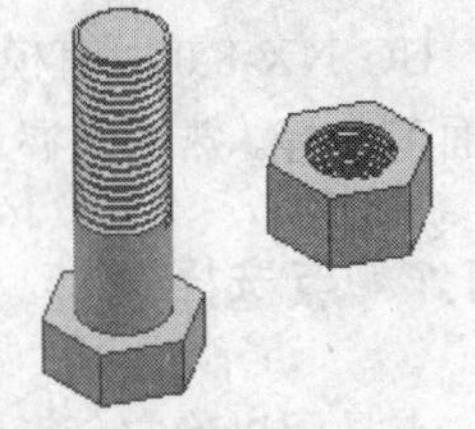
图 2.23　添加零件到装配空间

（5）重复步骤（3）、（4），选择（0，100，0）为插入点，将螺母零件添加到装配空间。

（6）在菜单栏中选择【装配】/【组件】/【装配约束】命令，或者单击【装配】工具栏中的按钮，弹出【装配约束】对话框，如图 2.24 所示。

（7）在【类型】下拉列表框中选择【同心】选项，分别选取螺母、螺栓上的圆弧曲线，

单击 确定 按钮，效果如图 2.25 所示。

（8）单击【标准】工具栏中的按钮，保存文件。

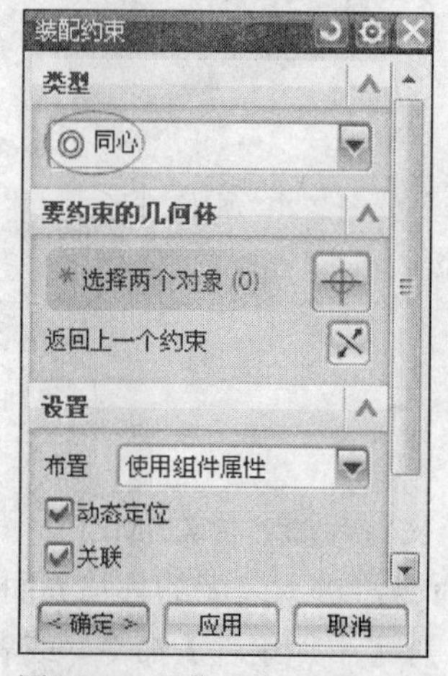

图 2.24 【装配约束】对话框

图 2.25 装配结果

任务总结

利用草绘曲线、拉伸、凸台、螺纹、装配等功能完成螺栓、螺母的装配建模。

课堂训练

创建一对轴和孔的装配建模。

2.1 常 用 工 具

UG NX 8.0 所有模块中的许多命令都涉及一些基本工具，如点、矢量、坐标构造器和平面工具等。熟练掌握这些工具将为建模操作带来更高的工作效率，使设计工作事半功倍。

2.1.1 点选择功能

点是用以确定任意对象空间位置的最基本和最常用的工具。

提示：点选择功能实际上是一个对话框，通常会根据建模的需要自动出现，而不用选择【点】命令。

在菜单栏中选择【插入】/【基准/点】/【点】命令，弹出【点】对话框，如图 2.26 所示。该对话框构造点的方法有 3 种，下面将分别进行介绍。

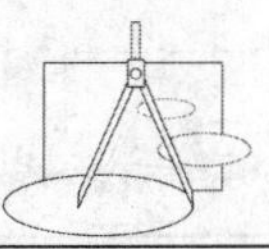

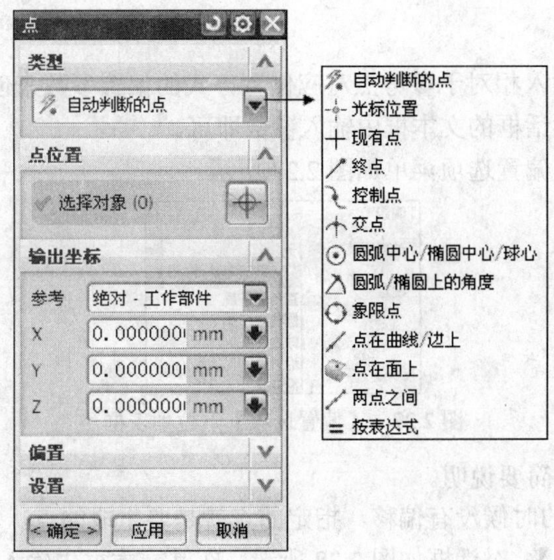

图 2.26　【点】对话框

1. 输入点的坐标值

在【点】对话框的坐标文本框中分别输入 X、Y、Z 的坐标值，单击 确定 按钮，则接受设定的点，如（30，60，30）。

2. 绝对定点方法

- 【自动判断的点】：当鼠标移动到相关的点时，系统会自动判断一系列的点，如圆心、端点、中点、存在点、控制点等。
- 【光标位置】：选取光标所在位置的点。

提示：利用光标位置定点时，所确定的点在坐标系的工作平面内，即确定的点位置的 Z 坐标值为 0。

- 【现有点】：选取绘图工作区已经存在的点。
- 【端点】：选取直线、圆弧或曲线的端点。
- 【控制点】：选取几何对象的控制点。如圆弧的起点、中点、终点、圆心，直线的中点、端点，样条线的端点、节点以及二次曲线上的点等。
- 【交点】：选取线与线或者线与面的交点。
- 【圆弧中心/椭圆中心/球心】：选取圆弧、椭圆或球的中心。
- 【圆弧/椭圆上的角度】：根据圆心角，选取圆弧或椭圆弧上的点。
- 【象限点】：根据坐标象限，选取圆弧或椭圆弧上的四分点。
- 【点在曲线/边上】：对接近光标中心位置的曲线或模型边上的点进行判断选取。
- 【面上的点】：对接近光标中心位置的曲面上的点进行判断选取。
- 【两点之间】：选取两个点之间所在直线或曲线的中点。
- 【按表达式】：选取由表达式确定的点。

3．偏置定点方法

偏置定点方法即输入相对于参考点对应偏置方式的偏置参数来创建点。操作时首先提示选择参考点，再在对话框的文本框中输入参数即可。

【点】对话框中的偏置选项菜单如图 2.27 所示。

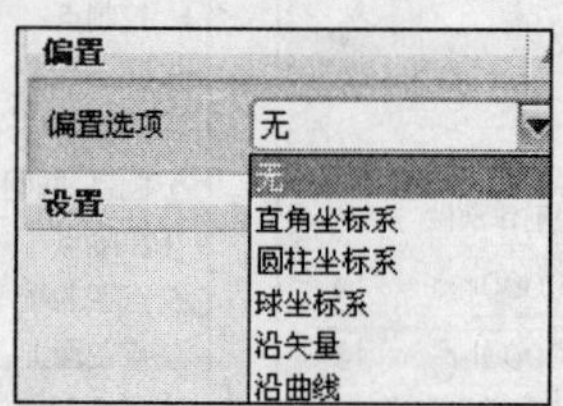

图 2.27　【偏置选项】下拉列表框

下面对各选项进行简要说明。

- 【无】：设点的时候没有偏移，指定的点就是要生成的点。
- 【直角坐标系】：对话框如图 2.28 所示，在其文本框中输入所需偏移量即可。
- 【圆柱坐标系】：对话框如图 2.29 所示，在其文本框中输入所需偏移量即可。
- 【球坐标系】：对话框如图 2.30 所示，在其文本框中输入所需偏移量即可。
- 【沿矢量】：对话框如图 2.31 所示，在其文本框中输入所需偏移量即可。
- 【沿曲线】：对话框如图 2.32 所示，在其文本框中输入所需偏移量即可。

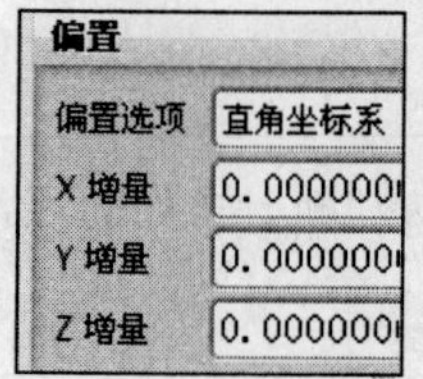

图 2.28　【直角坐标系】偏置

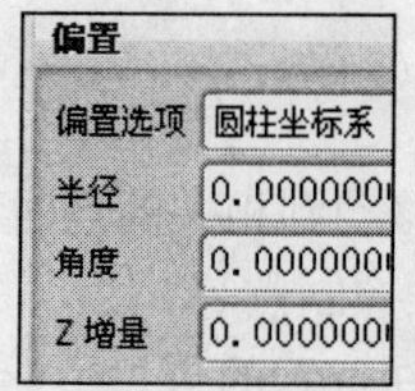

图 2.29　【圆柱坐标系】偏置

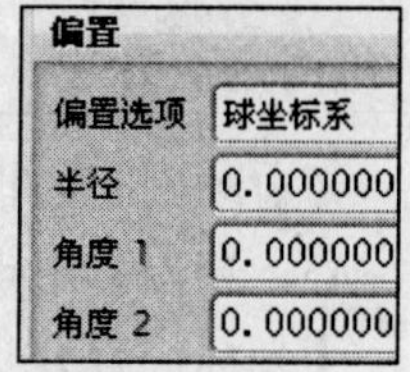

图 2.30　【球坐标系】偏置

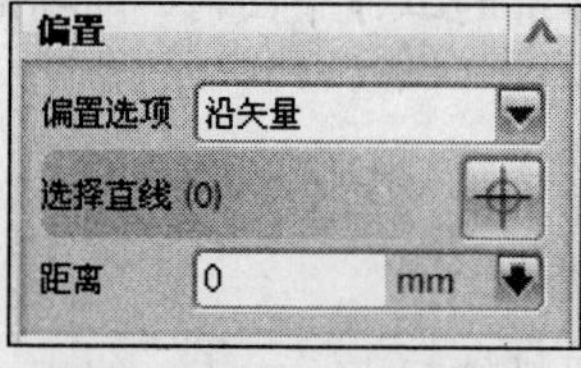

图 2.31　【沿矢量】偏置

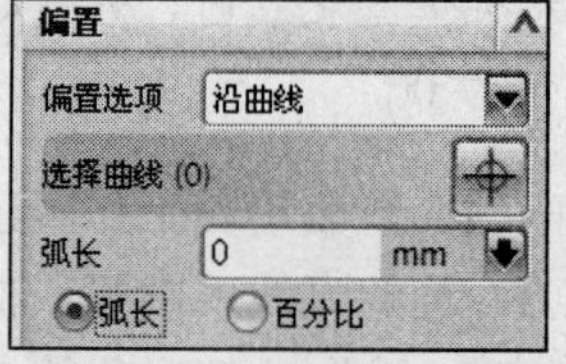

图 2.32　【沿曲线】偏置

任务 2-2　圆柱坐标系偏置

利用圆柱坐标系偏置的方法确定偏置点的位置。

任务分析

圆柱坐标系偏置是偏置定点方法的一种，不妨以此为例对其偏置相关参数的含义做详

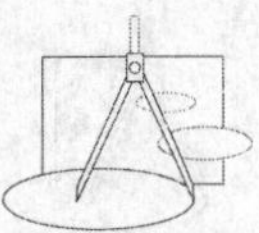

细介绍。

相关知识

偏置定点方法。

任务实施

※ STEP 1　在菜单栏中选择【插入】/【基准/点】/【点】命令，弹出【点】对话框，如图 2.33 所示。

※ STEP 2　在【偏置选项】下拉列表框中选择【圆柱坐标系】选项，分别输入【半径】、【角度】和【Z 增量】为 10、45、10，单击 确定 按钮，则可以确定相对于坐标原点（0，0，0）（即参考点）的偏置点。如图 2.34 所示形象地表示了偏置点的具体位置。

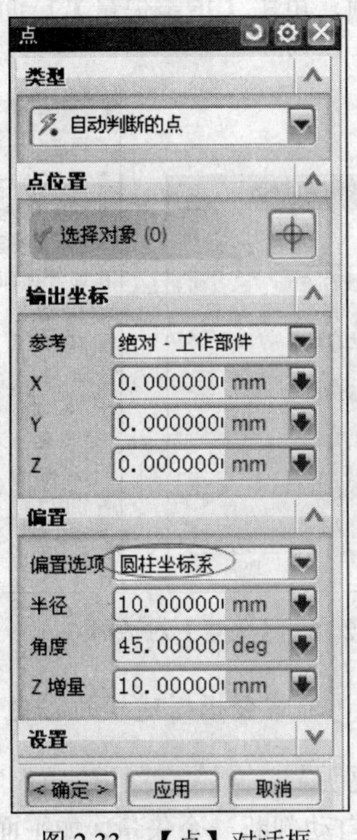

图 2.33　【点】对话框

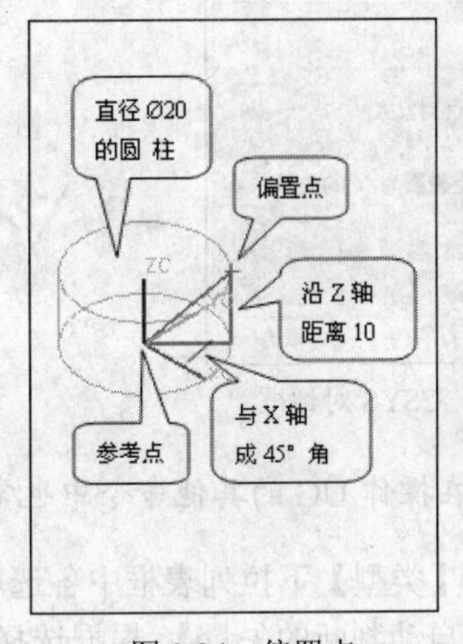

图 2.34　偏置点

📖 **关键**：偏置点是相对于参考点而言的，因此要先确定参考点。

任务总结

从圆柱坐标系偏置容易认识其他偏置定点的方法。

课堂训练

请自行练习直角坐标系、沿曲线的偏置定点方法。

知识拓展

试用偏置定点方法确定球心，画一个直径为 30 的球。

2.1.2 矢量构造功能

矢量用以确定对象或特征的方位，如圆柱轴线方向、拉伸特征的拉伸方向等。

在菜单栏中选择【格式】/WCS/【定向】命令，弹出 CSYS 对话框，如图 2.35 所示。在其【类型】下拉列表框中选择【平面和矢量】选项，单击【指定矢量】后面的按钮，弹出【矢量】对话框，如图 2.36 所示。

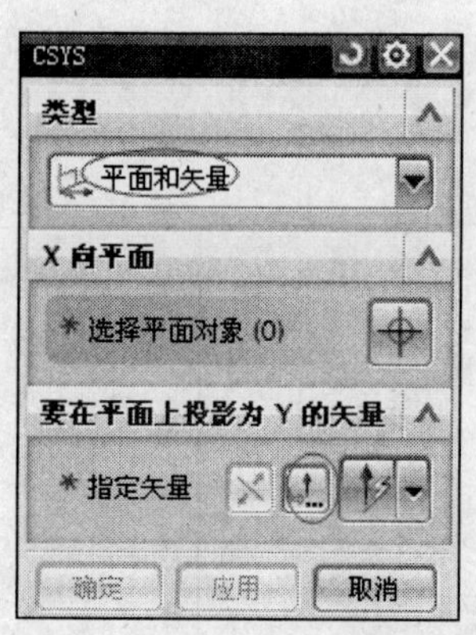

图 2.35 CSYS 对话框

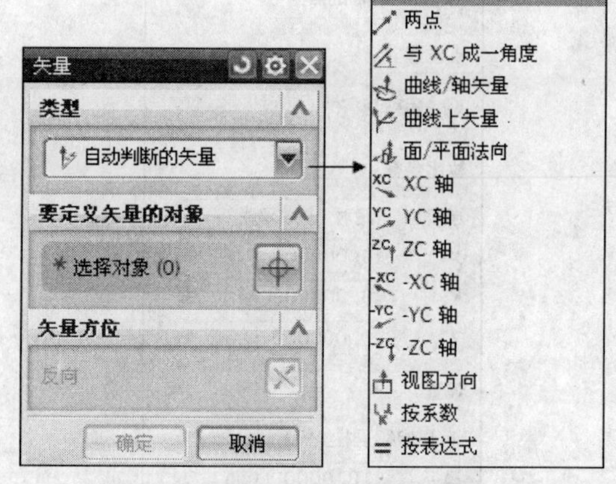

图 2.36 【矢量】对话框

提示：在操作 UG 的其他命令中也常常用到矢量，通常会根据建模的需要自动出现。

下面对【类型】下拉列表框中各选项进行简要说明。

- 【自动判断的矢量】：根据选择的几何对象自动判断一个矢量，如平面法线、曲线切线、基础轴等。
- 【两点】：由空间两点确定一个矢量，其方向由第一点指向第二点。
- 【与 XC 成一角度】：在 XC-YC 平面构造一个与 XC 轴成一定角度的矢量。
- 【曲线/轴矢量】：选择曲线/轴定义一个矢量。
- 【曲线上矢量】：以曲线某一点位置的切向矢量构造的矢量。
- 【面/平面法向】：构造与平面法线或圆柱面轴线平行的矢量。
- 【XC 轴】：构造与 X 轴平行的矢量。

- 【YC 轴】：构造与 Y 轴平行的矢量。
- 【ZC 轴】：构造与 Z 轴平行的矢量。
- 【-XC 轴】：构造与 X 轴负方向平行的矢量。
- 【-YC 轴】：构造与 Y 轴负方向平行的矢量。
- 【-ZC 轴】：构造与 Z 轴负方向平行的矢量。
- 【视图方向】：按视图方向或反方向构造矢量。
- 【按系数】：在【系数】文本框中输入坐标值构造矢量。
- 【按表达式】：按输入的表达式构造矢量。

2.1.3　基准平面

基准平面的作用是辅助在圆柱、圆锥、球等回转体上建立形状特征，或者作为实体的修剪面等。

在菜单栏中选择【插入】/【基准/点】/【基准平面】命令，弹出【基准平面】对话框，如图 2.37 所示。

下面对【类型】下拉列表框中各选项进行简要说明。

- 【自动判断】：根据选择对象创建基准平面。首先选择对象，例如选择一条曲线，如图 2.38 所示。

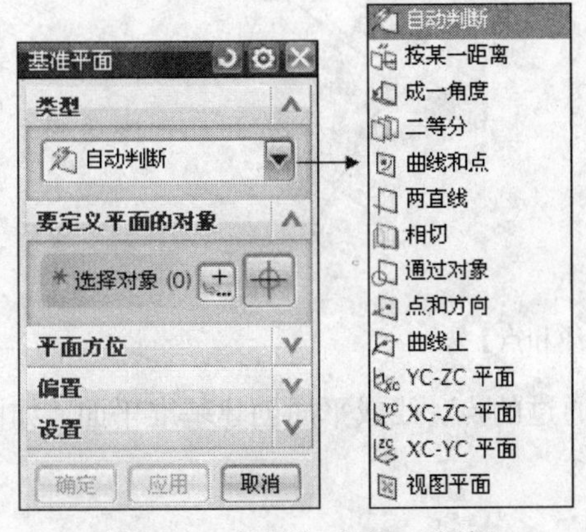

图 2.37　【基准平面】对话框

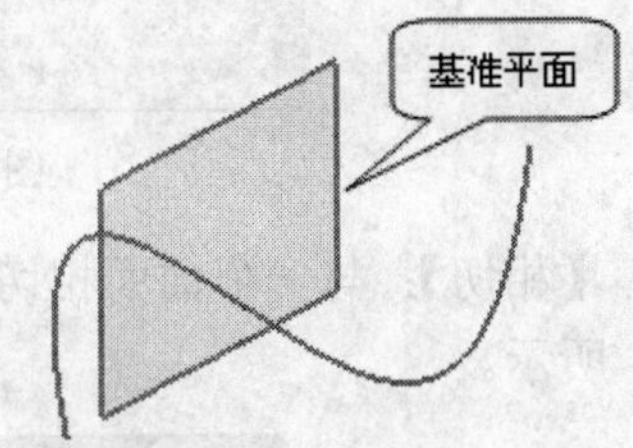

图 2.38　【自动判断】方法

- 【按某一距离】：对参考平面偏置一个距离，创建基准平面。
- 【成一角度】：先选择一个参考平面，再指定基准轴，然后输入角度值，即可创建基准平面，如图 2.39 所示。
- 【二等分】：选择两平面之间的平分平面为基准平面。
- 【曲线和点】：选择一条曲线和一个不在曲线上的点，创建基准平面。该基准平
- 通过点垂直于曲线，如图 2.40 所示。
- 【两直线】：选择两条直线创建基准平面。若两直线共面，则基准平面包含直线；否则，基准平面通过其中一条直线，而与另外一条直线平行。

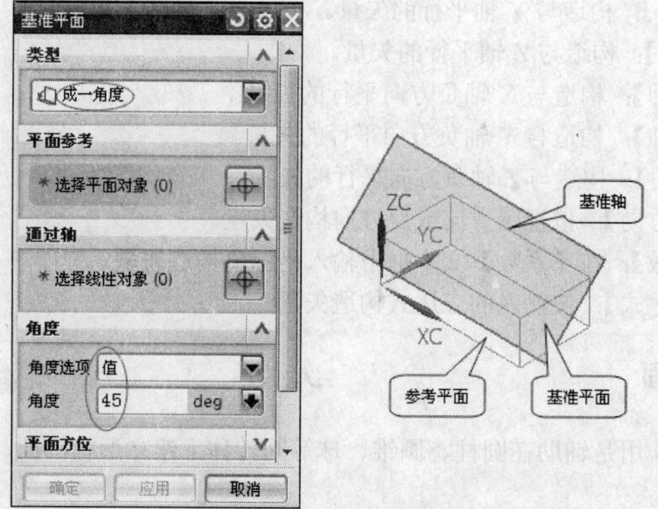

图 2.39 【成一角度】方法

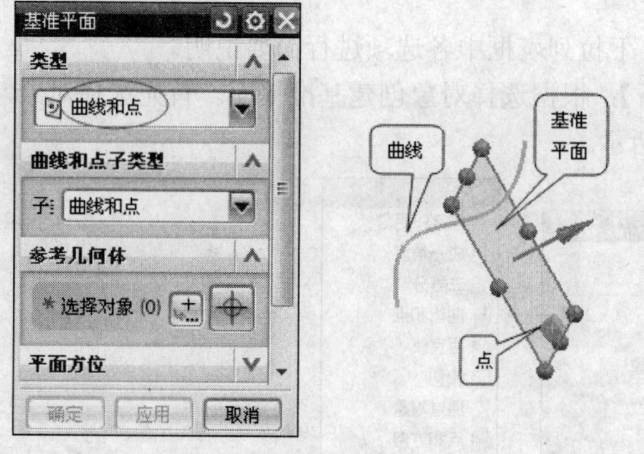

图 2.40 【曲线和点】方法

- 【相切】：与一个曲面相切，且指定通过的点、线或平面创建基准平面，如图 2.41 所示。

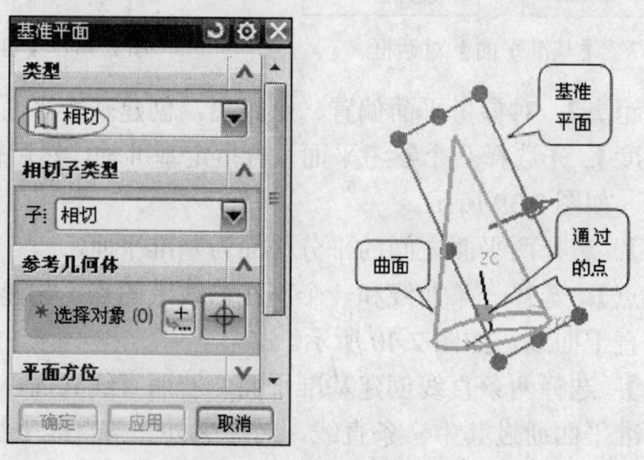

图 2.41 【相切】方法

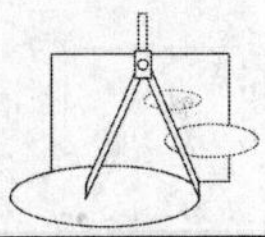

- 【通过对象】：选择平面对象所在的平面创建基准平面。
- 【点和方向】：选择一个点和一个方向创建基准平面。基准平面通过选定的点并与选定的方向垂直。
- 【曲线上】：在曲线的某一点处创建基准平面。基准平面与曲线在该点的切线方向垂直。
- 【YC-ZC 平面】：选择 YC-ZC 面作为参考平面，再对参考平面偏置一个距离，创建基准平面。
- 【XC-ZC 平面】：选择 XC-ZC 面作为参考平面，再对参考平面偏置一个距离，创建基准平面。
- 【XC-YC 平面】：选择 XC-YC 面作为参考平面，再对参考平面偏置一个距离，创建基准平面。
- 【视图平面】：选择视图所在的平面创建基准平面。

2.1.4　基准轴

基准轴的作用是作为建立回转特征的旋转轴线、作为建立拉伸特征的拉伸方向等。

在菜单栏中选择【插入】/【基准/点】/【基准轴】命令，弹出【基准轴】对话框，单击【类型】选项列表框右侧的▼按钮，弹出下拉菜单，如图 2.42 所示。

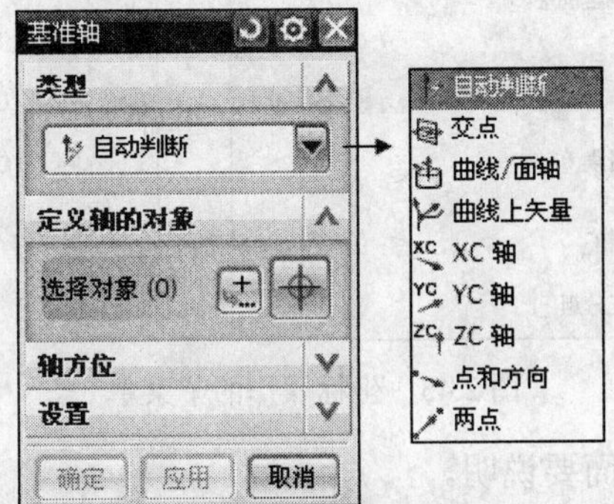

图 2.42　【基准轴】对话框

下面对【类型】下拉列表框中各选项进行简要说明。

- 【自动判断】：根据选择的对象创建基准轴。
- 【交点】：选择两个对象的交点创建基准轴。
- 【曲线/面轴】：选择曲线和曲面上的轴创建基准轴。
- 【曲线上矢量】：选择曲线和该曲线上的点创建基准轴。
- 【XC 轴】：选择 XC 轴创建基准轴。
- 【YC 轴】：选择 YC 轴创建基准轴。
- 【ZC 轴】：选择 ZC 轴创建基准轴。
- 【点和方向】：选择一个点和矢量方向创建基准轴。
- 【两点】：选择两个点创建基准轴。

2.2 坐 标 系

UG 系统的坐标系分 3 种：绝对坐标系 ACS、工作坐标系 WCS 和机械坐标系 MCS。ACS 是系统默认的坐标系，其原点位置始终不变，在用户新建文件时产生；WCS 是系统提供给用户自定义的坐标系，用户可以设置属于自己的 WCS 坐标系，并根据需要任意移动位置；MCS 一般用于模具设计、数控加工等向导操作。

2.2.1 坐标系的变换

在菜单栏中选择【格式】/WCS 命令，弹出坐标操作的子菜单，如图 2.43 所示。

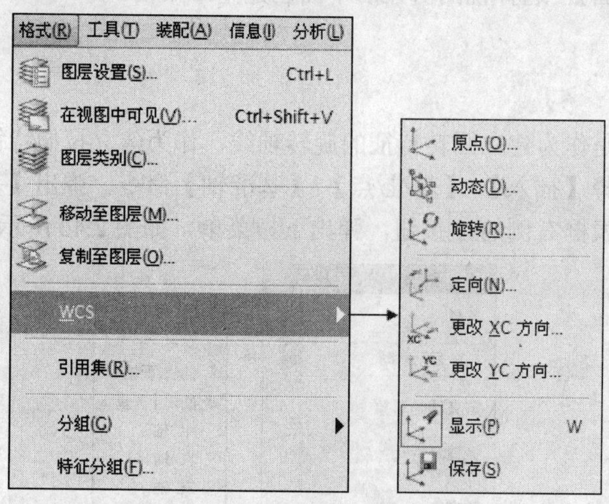

图 2.43 坐标操作的子菜单

下面对部分子菜单进行简要说明。

- 【原点】：通过定义当前 WCS 的原点移动坐标系的位置。
- 【动态】：通过步进方式移动或旋转当前的 WCS。拖动坐标系中原点的立方体，可以改变原点的位置；拖动坐标 XC、YC、ZC 的小圆锥，可以使原点向对应的坐标方向移动；拖动坐标系中的小圆球，可以使坐标系产生旋转，从而改变坐标方向，如图 2.44 所示。

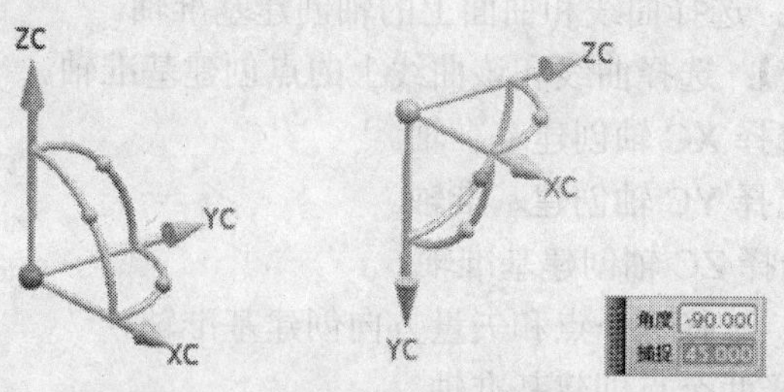

图 2.44 坐标系的【动态】变换

- 【旋转】：选择【旋转】命令，弹出【旋转 WCS 绕…】对话框，在其中设定旋转方向和旋转角度，即可完成旋转，如图 2.45 所示。

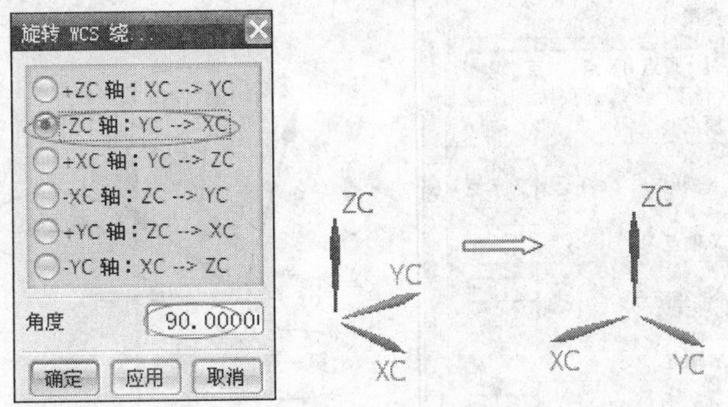

图 2.45　坐标系的【旋转】变换

提示：坐标系旋转时，其原点位置不变。

2.2.2　坐标系的定义

在菜单栏中选择【格式】/WCS/【定向】命令，弹出 CSYS 对话框，如图 2.46 所示，用于构建一个新的坐标系。

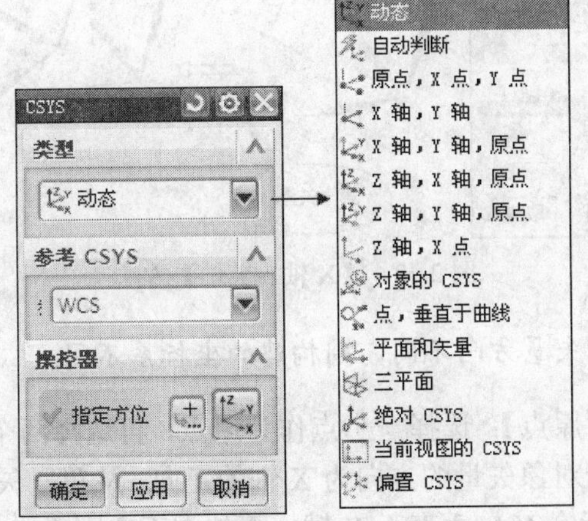

图 2.46　CSYS 对话框

下面对【类型】下拉列表框中各选项进行说明。

- 【动态】：与图 2.44 的【动态】变换相同。
- 【自动判断】：选择对象或输入 X、Y、Z 坐标方向的偏置值构建一个新的坐标系。
- 【原点，X 点，Y 点】：指定 3 个点构建一个坐标系。第一点为原点，第一点到第二点的方向为 X 轴的正向；由第一点到第三点的方向确定 Y 轴大致方向，然后令 Y 轴垂直于 X 轴；再按右手定则确定 Z 轴方向，如图 2.47 所示。
- 【X 轴，Y 轴】：选择两个对象矢量构建一个坐标系。其中，原点位于两个矢量的交点，X 轴的正向为第一矢量的方向；从第一矢量到第二矢量确定 Y 轴大致方向，然后令 Y 轴垂直于 X 轴；再按右手定则确定 Z 轴方向，如图 2.48 所示。

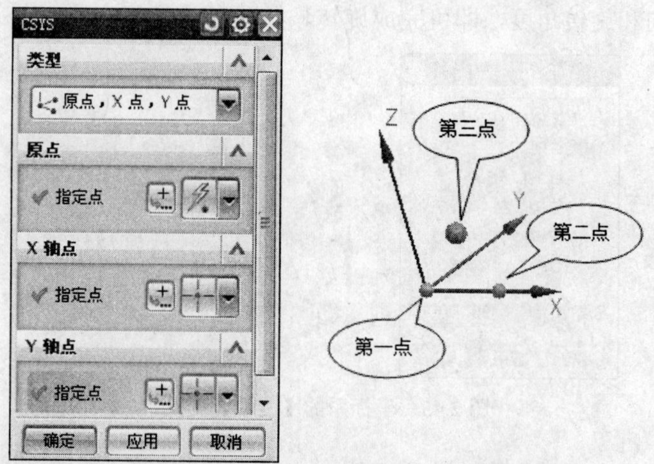

图 2.47 【原点，X 点，Y 点】方法

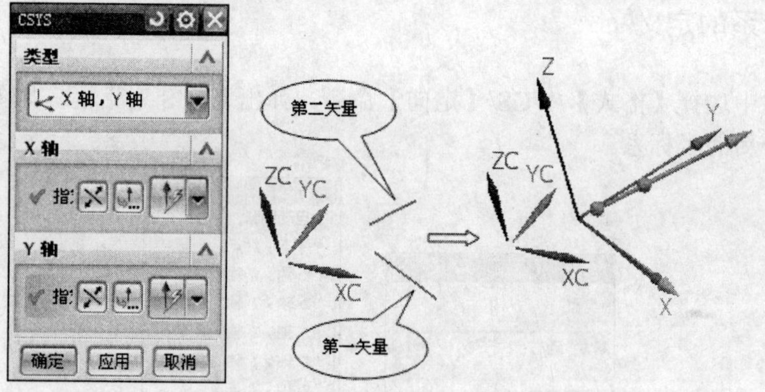

图 2.48 【X 轴，Y 轴】方法

关键：若选取对象的矢量方向不同，则构建的坐标系不同。

- 【X 轴，Y 轴，原点】：选择一个点作为原点，再选择两个对象矢量构建一个坐标系。选择第一个对象矢量的方向为 X 轴的正向；从第一矢量到第二矢量确定 Y 轴大致方向，然后令 Y 轴垂直于 X 轴；再按右手定则确定 Z 轴方向。
- 【Z 轴，X 轴，原点】：选择一个点作为原点，再选择两个对象矢量构建一个坐标系。选择第一个对象矢量的方向为 Z 轴的正向；从第一矢量到第二矢量确定 X 轴大致方向，然后令 X 轴垂直于 Z 轴；再按右手定则确定 Y 轴方向。
- 【Z 轴，Y 轴，原点】：选择一个点作为原点，再选择两个对象矢量构建一个坐标系。选择第一个对象矢量的方向为 Z 轴的正向；从第一矢量到第二矢量确定 Y 轴大致方向，然后令 Y 轴垂直于 Z 轴；再按右手定则确定 X 轴方向。
- 【Z 轴，X 点】：选定 Z 轴和一个点构建一个坐标系。其中由 Z 轴到选定点的方向为 X 轴的正向，再按右手定则确定 Y 轴方向。
- 【对象的 CSYS】：由选择的平面曲线、平面或实体的坐标系构建一个坐标系。选

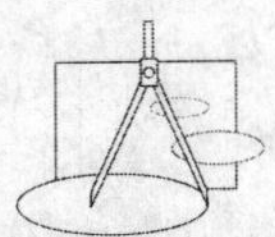

择对象所在的平面为 XOY 面。

- 【点，垂直于曲线】：选定一个点和曲线构建一个坐标系，其中 Z 轴为曲线的切线方向。
- 【平面和矢量】：选择一个平面和矢量构建一个坐标系。其中矢量与平面的交点为坐标原点；平面的法线方向为 X 轴的正向，矢量在平面的投影为 Y 轴方向。
- 【三平面】：选择三个平面构建一个坐标系。其中三个平面的交点为坐标原点；第一个平面的法线方向为 X 轴，第二个平面的法线方向为 Y 轴；再按右手定则确定 Z 轴方向。
- 【绝对 CSYS】：在绝对坐标系处构建一个坐标系。坐标轴方向与绝对坐标系重合。
- 【当前视图的 CSYS】：通过当前的视图构建一个坐标系。X 轴方向平行视图底边，Y 轴平行视图侧边。
- 【偏置 CSYS】：在 X、Y、Z 三个方向分别输入相对于当前坐标系的偏移值，构建一个坐标系。

2.2.3　坐标系的显示和保存

在菜单栏中选择【格式】/WCS/【显示】命令，系统会显示当前的工作坐标系。

在菜单栏中选择【格式】/WCS/-【保存】命令，系统会保存当前的工作坐标系。

2.3　图　层

图层是设计软件中一个非常重要的功能，可以将图层理解为很多透明的纸，一个图层相当于一张透明的纸。在不同图层画出一个设计对象的不同组成部分，如绘制平面图形时将粗实线、细实线、中心线、尺寸标注分为 4 个图层，当打开 4 个图层时，就可以看到一个完整的图形。但若只打开某一个图层，而关闭其他图层时，则只能看到打开图层的相关图素，而其他图素就被隐藏了起来。又如实体建模时，可将实体的各组成部分分层构建，还可将组成部分按线框、曲面、实体构建。这样使作出的图形层次分明，复杂的图形得到简化，为绘图、看图、修改及管理图形都带来方便。

UG 系统中一共有 256 个图层，图层号用 1～256 表示。在一个设计部件的所有图层中，只有一个层是工作层，即当前图层。当前的操作也只能在工作层上进行。对图层的操作可以用【格式】菜单下的各项命令来完成，如图 2.49 所示。

格式(R)　工具(T)　装配(A)　信息(I)　分析
图层设置(S)...　Ctrl+L
视图中可见图层(V)...　Ctrl+Shift+V
图层类别(C)...
移动至图层(M)...
复制至图层(O)...

图 2.49　图层操作命令

2.3.1 设置工作图层

通常有两种方法设置工作图层。

（1）在【实用工具】工具栏中的【工作图层】的输入框中输入工作图层号，如图 2.50 所示。

（2）在菜单栏中选择【格式】/【图层设置】命令，弹出【图层设置】对话框，在【工作图层】后的输入框中输入工作图层号，如图 2.51 所示。

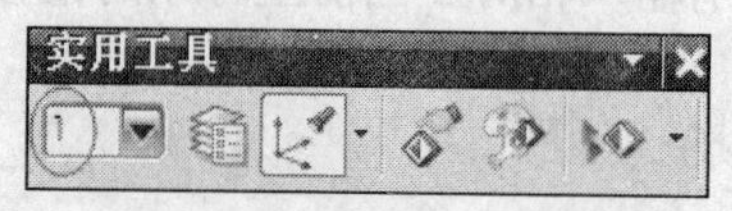

图 2.50　工作图层号输入框

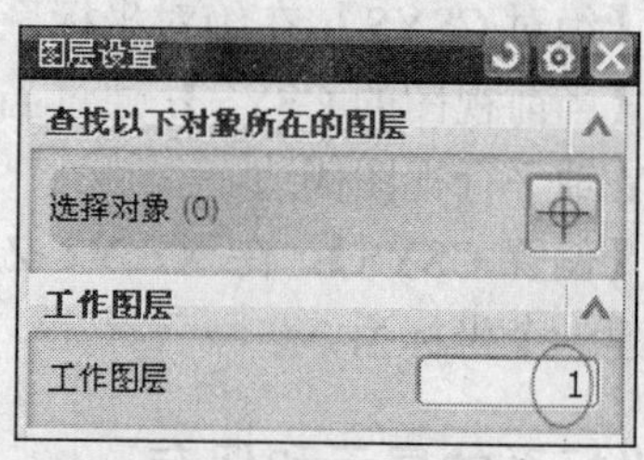

图 2.51　【图层设置】对话框

2.3.2 图层的可见性

在菜单栏中选择【格式】/【视图中可见图层】命令，弹出【视图中可见图层】对话框，如图 2.52（a）所示。在视图列表中选择预操作的视图后，将弹出【视图中可见图层】对话框，如图 2.52（b）所示。在层列表中选择预设置可见性的图层，然后单击可见按钮或不可见按钮即可。

（a）

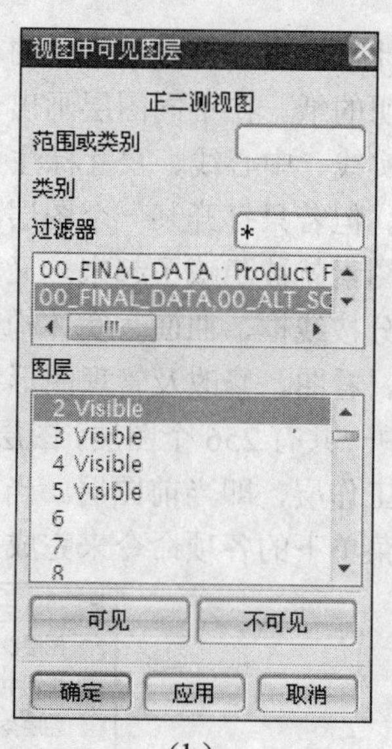

（b）

图 2.52　【视图中可见图层】对话框

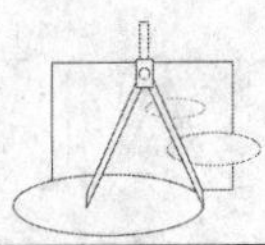

2.3.3　图层的移动和复制

图层的移动是将选定的对象从其原图层移动到指定的图层中，在原图层中不再包含这些对象。图层的复制是将选定的对象从其原图层复制到指定的图层中，在原图层和目标图层中都包含这些对象。

在菜单栏中选择【格式】/【移动至图层】或【复制至图层】命令，可以实现图层的移动或复制的操作。

2.4　视图与布局

2.4.1　视图

视图就是沿某个方向观察对象，得到一幅平行投影的平面图像。不同的视图用于显示在不同方位和观察方向的图像。视图的观察方向只和绝对坐标系有关，与工作坐标系无关。

变换视图的操作有以下 3 种方法。

- 使用【视图】工具栏，如图 2.53 所示。

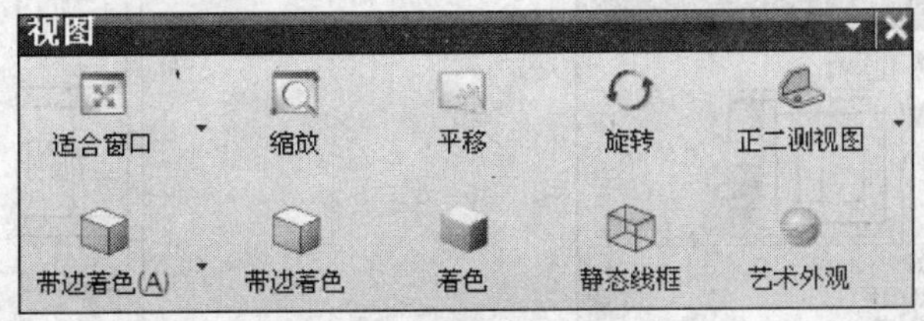

图 2.53　【视图】工具栏

- 在菜单栏中选择【视图】/【操作】命令，弹出操作子菜单，如图 2.54 所示。

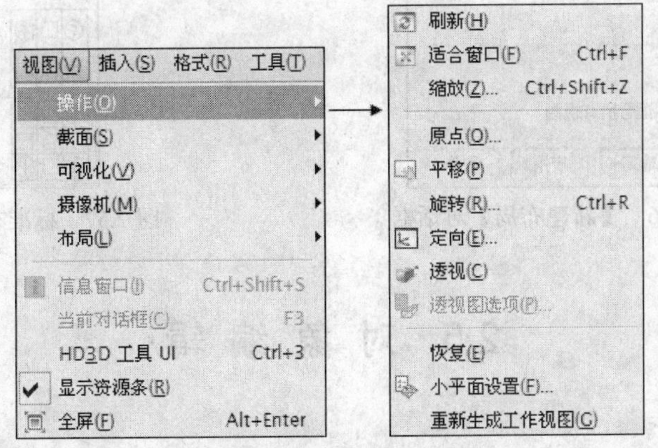

图 2.54　【视图】操作子菜单

- 右击绘图工作区，弹出快速操作的快捷菜单，如图 2.55 所示。

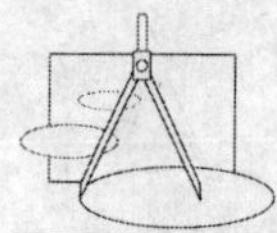

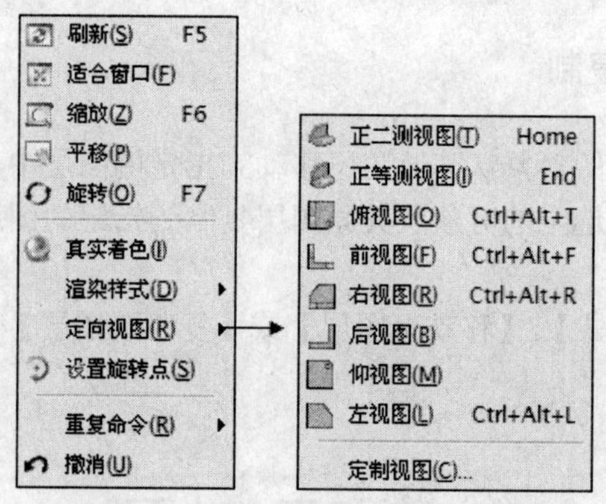

图 2.55 【视图】操作快捷菜单

2.4.2 布局

布局的作用是在绘图工作区同时显示多个角度的视图，便于更好地观察和操作模型。在菜单栏中选择【视图】/【布局】/【新建】命令，弹出【新建布局】对话框，如图 2.56 所示。单击【布置】列表框右侧的▼按钮，弹出其下拉菜单，即为 UG 系统的 6 种标准布局形式，如图 2.57 所示。单击其中任意一种可得到相应的布局形式。

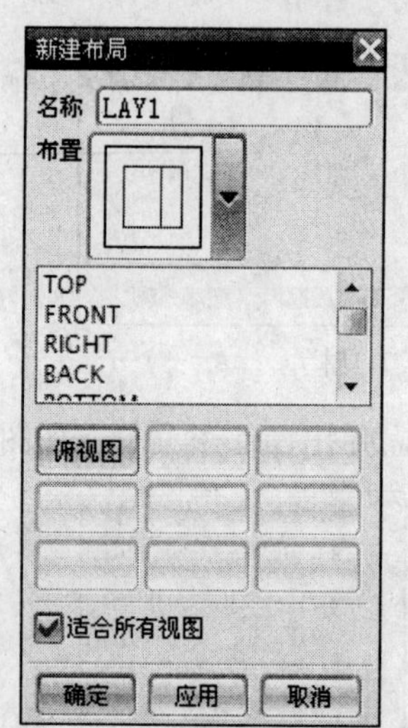

图 2.56 【新建布局】对话框

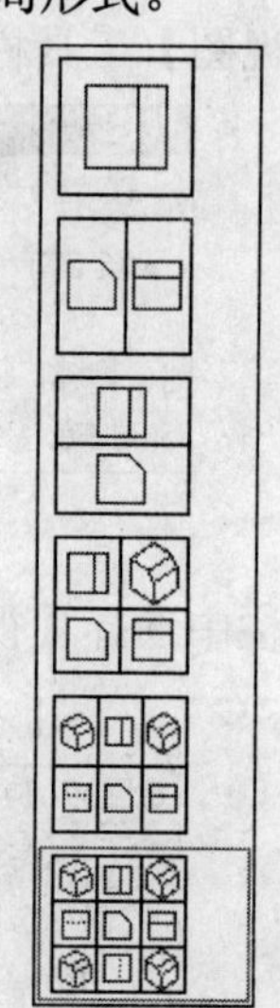

图 2.57 标准布局形式

2.5 对 象 编 辑

2.5.1 对象选择

在 UG 的操作过程中，经常需要选择对象。如删除某对象时，单击【标准】工具栏中

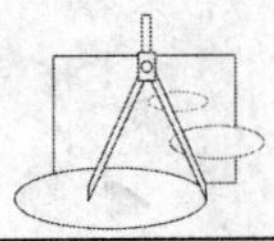

的按钮，弹出【类选择】对话框，如图 2.58 所示。单击其中的【类型过滤器】按钮，弹出【根据类型选择】对话框，如图 2.59 所示。当选择曲线、面、尺寸等对象时，单击细节过滤按钮，还可以做进一步的选择，如图 2.60 所示。

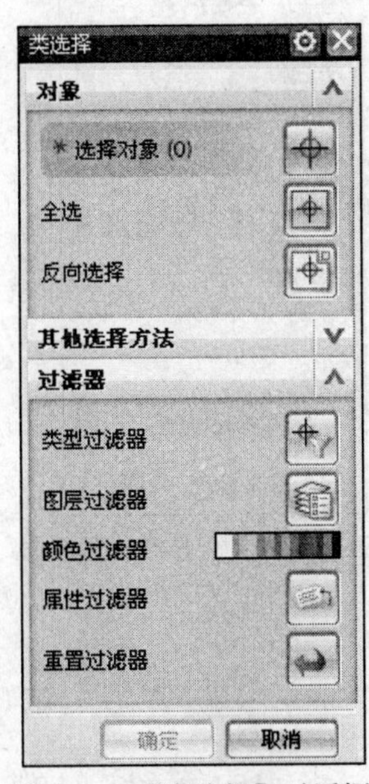

图 2.58　【类选择】对话框

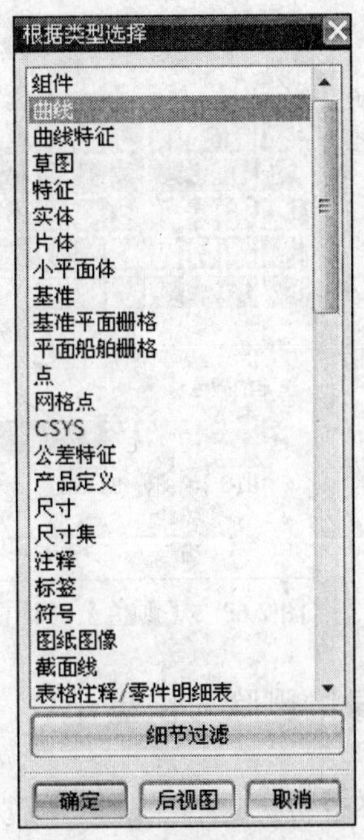

图 2.59　【根据类型选择】对话框

下面是对【类选择】对话框中和其他过滤格的说明。

- 单击【图层过滤器】按钮，弹出【根据图层选择】对话框，如图 2.61 所示。可以设置选择对象时包括或者排除的层。

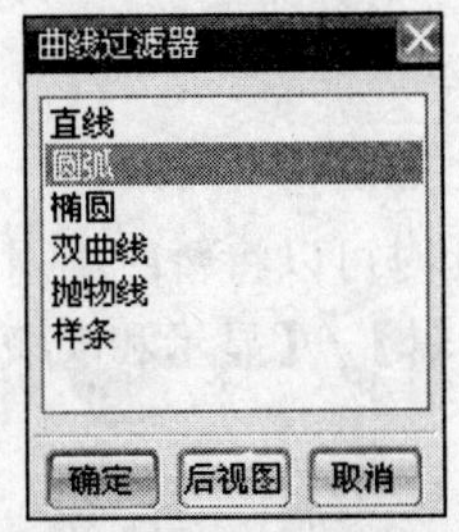

图 2.60　【曲线过滤器】对话框

图 2.61　【根据图层选择】对话框

- 单击【颜色过滤器】按钮，弹出【颜色】对话框，如图 2.62 所示。通过指定颜色限制选择对象的范围。

- 单击【属性过滤器】按钮，弹出【按属性选择】对话框，如图 2.63 所示。可按线型、线宽及自定义属性选择对象。
- 单击【重置过滤器】按钮，可恢复为默认的过滤选择方式。

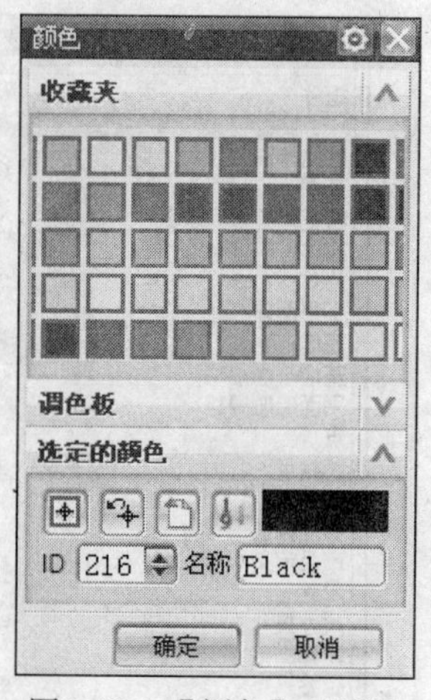

图 2.62 【颜色】对话框

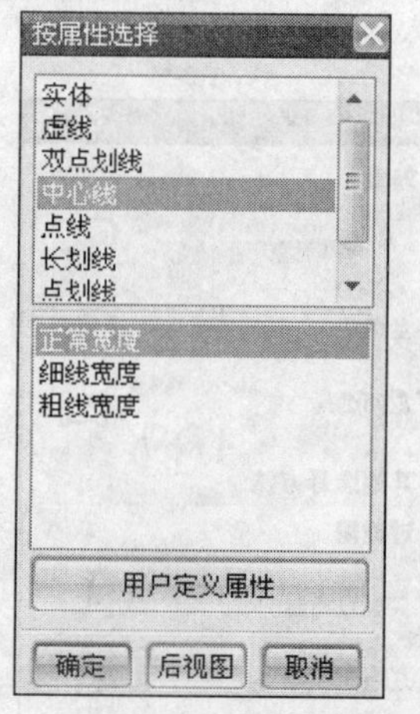

图 2.63 【按属性选择】对话框

2.5.2 对象的删除与恢复

1. 对象的删除

在菜单栏中选择【编辑】/【删除】命令或在【标准】工具栏中单击按钮，即可删除选中的对象。

提示：被引用的对象不能删除，如旋转为实体的线架不能删除，否则实体也被删除了。

2. 对象的恢复

在菜单栏中选择【编辑】/【恢复】命令，或在【标准】工具栏中单击按钮，或按快捷键 Ctrl+Z，都可恢复对象。

提示：对象恢复可以逐步撤销前面已完成的操作，但前提是文件没有被保存。

2.5.3 对象的隐藏和显示

如果绘图工作区的图形较多，就会给操作带来不便，此时可以将暂时不用的对象隐藏起来，如基准面、线框图形、尺寸等。在菜单栏中选择【编辑】/【显示和隐藏】命令，弹出一个子菜单，如图 2.64 所示。

1. 显示和隐藏

单击该命令，弹出【显示和隐藏】对话框，如图 2.65 所示。可以通过对话框中显示和隐藏的选项，决定视图中要显示或者隐藏的内容。

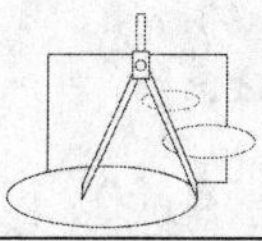

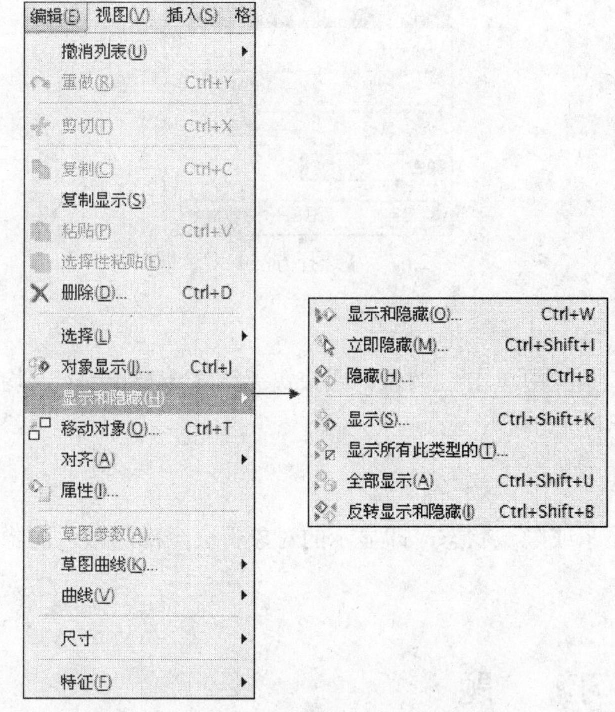

图 2.64　【显示和隐藏】子菜单

图 2.65　【显示和隐藏】对话框

2. 立即隐藏

该命令将选中的对象立即隐藏。单击该命令将会弹出【立即隐藏】对话框，如图 2.66 所示。

3. 隐藏

单击该命令，或在【实用工具】工具栏中单击按钮，或按快捷键 Ctrl+B，弹出【类选择】对话框，可以通过类型或直接选取来选择需要隐藏的对象。

4. 显示

该命令可将隐藏对象重新显示出来。单击该命令后弹出【类选择】对话框，此时工作区中将显示所有已经隐藏的对象，用户在其中选择需要重新显示的对象即可。

提示：必须选择重新显示的对象，然后单击【确定】按钮。

5. 显示所有此类型的

该命令可重新显示此类型的所有隐藏对象。单击该命令后弹出【选择方法】对话框，如图 2.67 所示。通过【类型】、【图层】、【其他】、【重置】、【颜色】5 个按钮确定对象类别。

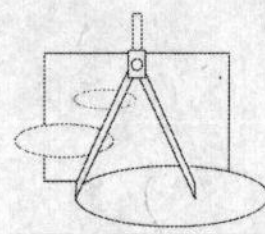

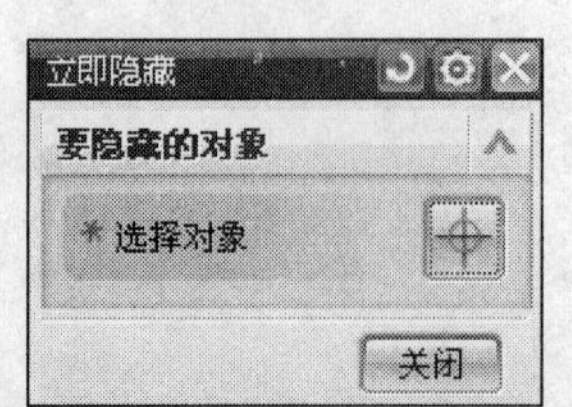

图 2.66 【立即隐藏】对话框

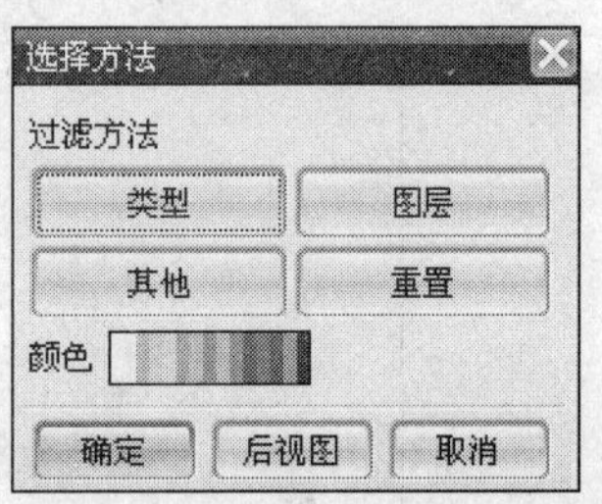

图 2.67 【选择方法】对话框

6．全部显示

单击该命令，或在【实用工具】工具栏中单击按钮，或按快捷键 Ctrl+Shift+U，均可重新显示所有在可选层上的隐藏对象。

7．反转显示和隐藏

该命令用于反转当前所有对象的显示或隐藏状态，即显示的对象将会全部隐藏，而隐藏的将会全部显示。

习 题

1．常用的坐标系变换方式有哪些？
2．通过点的构造方式有几种？分别在什么情况下采用？
3．如何有效地利用图层功能？
4．怎样定制自己的视图布局？如何利用快捷菜单中提供的命令快速切换视图？
5．试将图 2.68 中的曲线、基准平面及基准轴隐藏。

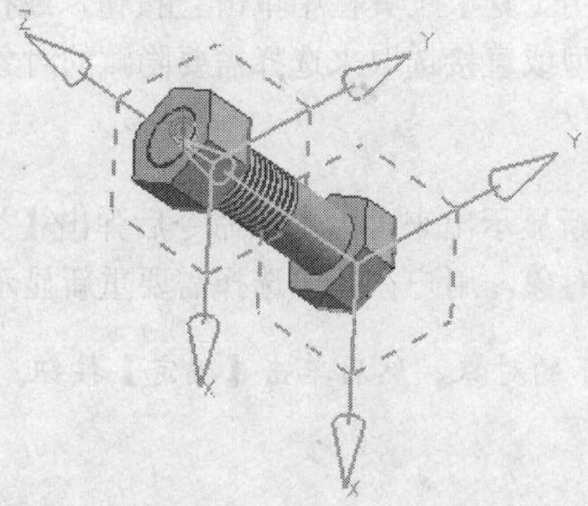
图 2.68 螺栓螺母装配

第3章　曲 线 功 能

本章要点

- 创建基本曲线
- 创建复杂曲线
- 曲线操作
- 编辑曲线

任务案例

- 入门引例：绘制挂钩图形
- 绘制直线
- 绘制螺旋线
- 绘制茶壶轮廓曲线

在 UG 软件的建模过程中，曲线是绘制二维图形的基本工具，也是构建三维实体模型的基础。本章主要介绍曲线的创建、操作和编辑的方法。

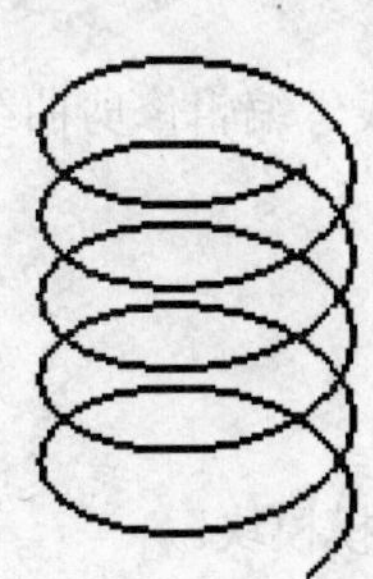

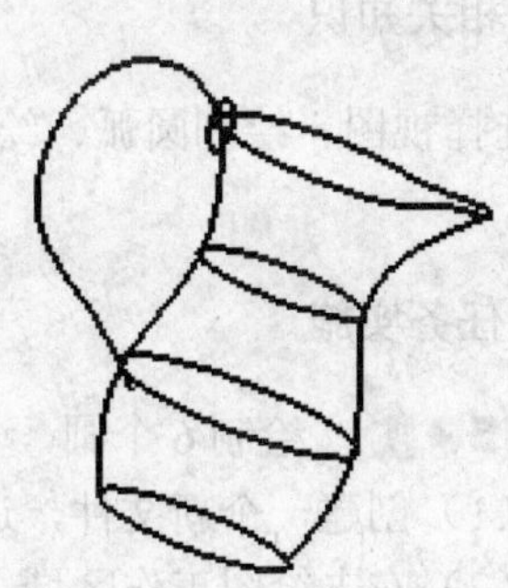

下面先引入一个实例来说明曲线功能的应用。

任务 3-1　入门引例：绘制挂钩图形

绘制如图 3.1 所示的挂钩图形。

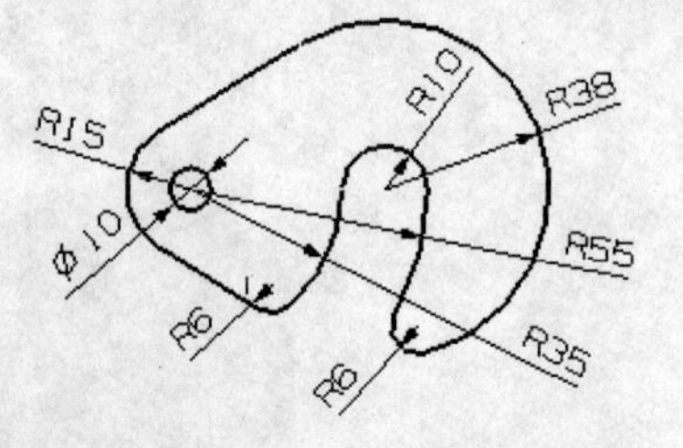

图 3.1　挂钩

任务分析

在学习曲线功能之前，作为入门例题，不妨先用一些基本命令初步完成挂钩图形的绘制，从而使用户对本章的学习内容有一个大致的了解。

仔细分析挂钩图形的尺寸标注，可以看出该图形的主要特点是半径分别为 5、15、35、55、10、38 的 6 段圆弧。通过绘制圆弧及相关直线，再进行编辑修剪，即可完成。

相关知识

选择视图、绘制圆弧、绘制直线、编辑修剪曲线、曲线倒圆角等基本命令的应用。

任务实施

※ STEP 1　绘制 6 个圆

（1）创建一个新文件，进入建模模块。

（2）右击绘图工作区域，弹出快捷菜单，选择其中的【定向视图】/【俯视图】命令，进入 XC-YC 工作平面。

（3）选择【插入】/【曲线】/【基本曲线】命令，或者单击【曲线】工具栏中的按钮，弹出【基本曲线】对话框，如图 3.2 所示。

（4）单击按钮进入绘制圆模式，在【点方法】选项中选择选项，系统将弹出【点】对话框，如图 3.3 所示。

（5）在【点】对话框中输入（0，0，0）坐标作为圆心，单击 确定 按钮确认。输入（5，0，0）作为圆上的一点，单击 确定 按钮，创建一个半径为 5 的圆。用同样的方法，

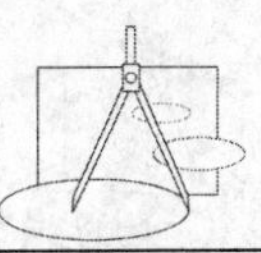

以坐标原点（0，0，0）作为圆心，分别绘制半径为 15、35、55 的 3 个同心圆。再用同样的方法以点（45，0，0）作为圆心，分别绘制半径为 10、38 的两个同心圆，效果如图 3.4 所示。

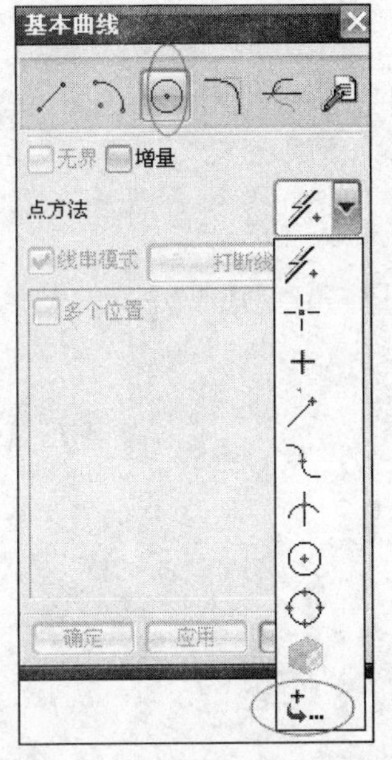

图 3.2　【基本曲线】对话框

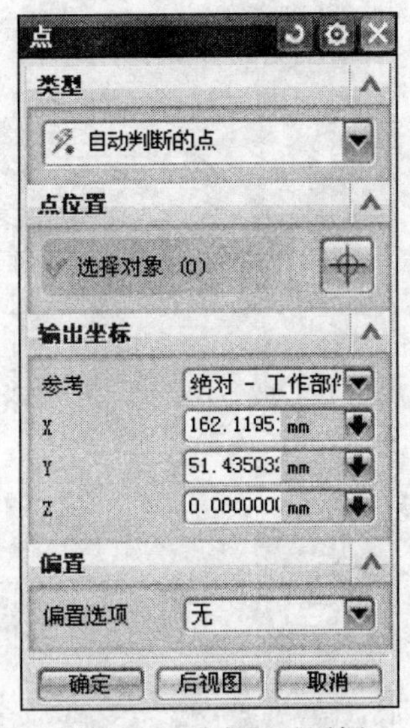

图 3.3　【点】对话框

※ STEP 2　绘制两条切线

选择【插入】/【曲线】/【基本曲线】命令或者单击【曲线】工具栏中的按钮，弹出【基本曲线】对话框，单击按钮进入绘制直线模式。在工作区分别选择半径为 15、38 的两个圆，绘制两条外切线，效果如图 3.5 所示。

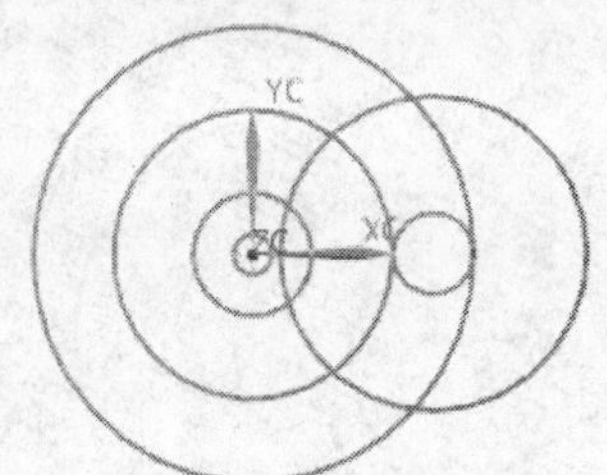

图 3.4　绘制 6 个圆

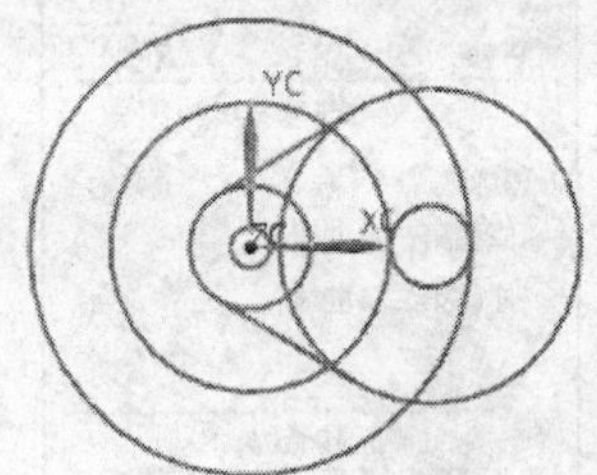

图 3.5　绘制两条切线

※ STEP 3　修剪圆弧曲线

单击【编辑曲线】工具栏中的按钮，弹出【修剪曲线】对话框，如图 3.6 所示。将【设置】选项中的【输入曲线】设置为【隐藏】，在工作区中选择要修剪的曲线，然后选择边界对象 1 和边界对象 2，分别裁剪 5 个圆，效果如图 3.7 所示。

※ STEP 4　曲线倒圆角

单击【曲线】工具栏中的按钮，弹出【基本曲线】对话框。再单击按钮，弹出【曲线倒圆】对话框，如图 3.8 所示。单击中间的按钮，设置【半径】为 6.00000，根据提示栏中的提示内容分别选取第一倒圆对象和第二倒圆对象，选择大概的圆角中心位置，即可自动完成两个倒圆操作，效果如图 3.9 所示。

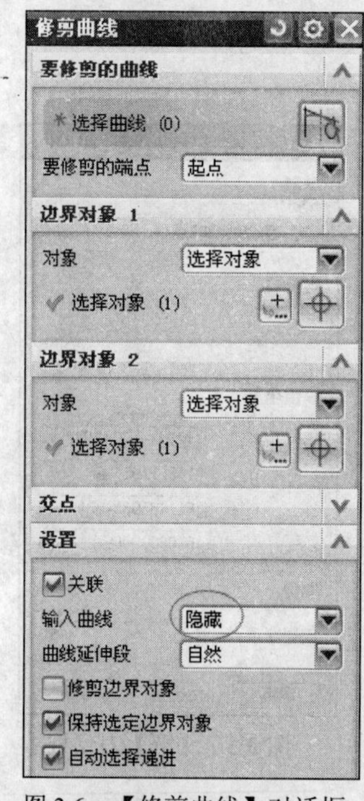

图 3.6　【修剪曲线】对话框

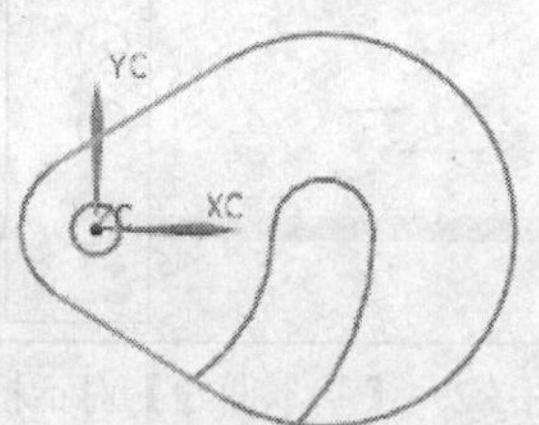

图 3.7　修剪圆弧曲线

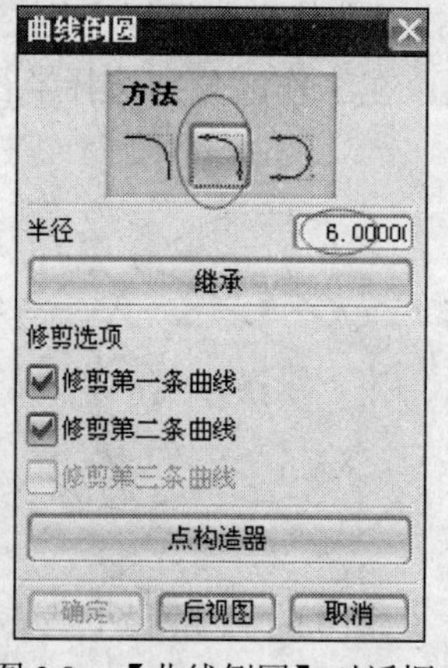

图 3.8　【曲线倒圆】对话框

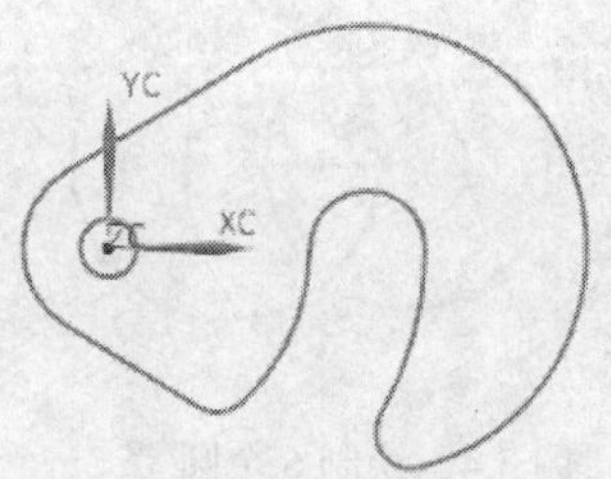

图 3.9　曲线倒圆角

任务总结

采用绘制圆弧、修剪曲线、曲线倒圆角等基本命令初步完成挂钩的绘制，可以提高学习兴趣，为深入学习和掌握本章节内容打下基础。

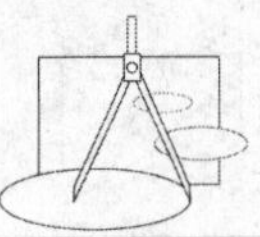

3.1　创建基本曲线

在菜单栏中选择【插入】/【曲线】/【基本曲线】命令，或单击【曲线】工具栏中的按钮，弹出如图 3.10 所示的【基本曲线】对话框和如图 3.11 所示的【跟踪条】工具栏。单击【点方法】选项的按钮，弹出一个构造点的方法的下拉列表框。通过该对话框可以实现绘制直线、圆弧、圆、倒圆角、修剪和编辑曲线参数等功能。

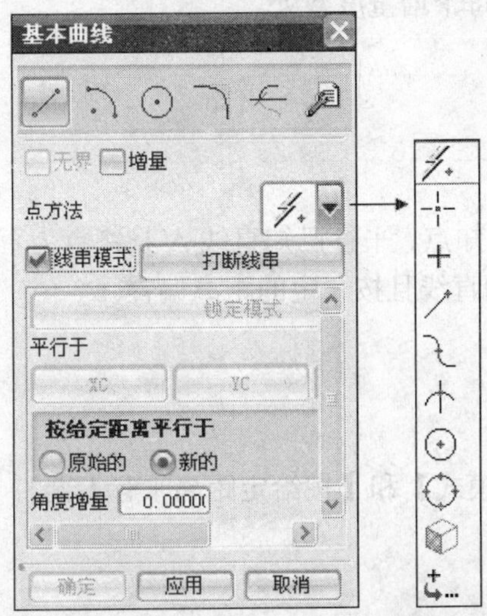

图 3.10　【基本曲线】对话框

图 3.11　【跟踪条】工具栏

3.1.1　直线

单击【基本曲线】对话框中的按钮，进入绘制直线模式，如图 3.10 所示。

下面对各选项进行简要说明。

- 【无界】：选中该复选框可绘制一条无界直线。当取消选中【线串模式】复选框时，该选项被激活。
- 【增量】：用于以增量的方式绘制直线。即在选定一点后，在图 3.11 的【跟踪条】工具栏的 XC、YC、ZC 文本框中分别输入坐标值作为后一点相对于前一点的增量。
- 【点方法】：通过下拉子菜单设置点的选择方式。
- 【线串模式】：选中该复选框绘制连续直线，直到单击【打断线串】按钮为止。
- 【锁定模式】：当绘制一条与已知直线相关的直线（如平行、垂直等）时，单击【锁定模式】按钮，则当前在绘图工作区以橡皮线显示的直线生成模式被锁定。当单击【锁定模式】按钮后，该按钮会变为【解锁模式】。可选择【解锁模式】来解除对正在生成直线的锁定，使其切换到另外的模式。

- 【平行于】：用于绘制平行于 XC 轴、YC 轴、ZC 轴的平行线。
- 【按给定距离平行】：用于绘制多条平行线。包括【原先的】和【新建】两个选项。
  - 【原先的】：新创建平行线的距离由原先选择的直线算起。
  - 【新建】：新创建平行线的距离由前一步生成的直线算起。常用于绘制多条等距离的平行线。
- 【角度增量】：当指定了第一点，然后在绘图工作区拖动光标，则该直线就会捕捉至该字段中指定的每个增量度数处。

任务 3-2 绘制直线

1．绘制直线的起点为已知点、平行已知直线 A 且终点为直线 B 的一个端点的投影点。
2．绘制直线平行于已知直线且按一定的距离偏置。

任务分析

在这里举例运用【锁定模式】和【按给定距离平行】两种方法创建直线，对其他创建直线的方法亦有借鉴意义。

相关知识

构造点的方法；创建直线的方法。

任务实施

※ STEP 1 单击【曲线】工具栏中的按钮，再单击按钮，弹出【基本曲线】对话框。

※ STEP 2 选取直线 A 和已知点，同时单击【锁定模式】按钮，锁定要绘制的直线与直线 A 的平行关系，如图 3.12 所示。

※ STEP 3 选取直线 B 的端点，单击 取消 按钮，得到要绘制的直线，如图 3.13 所示。

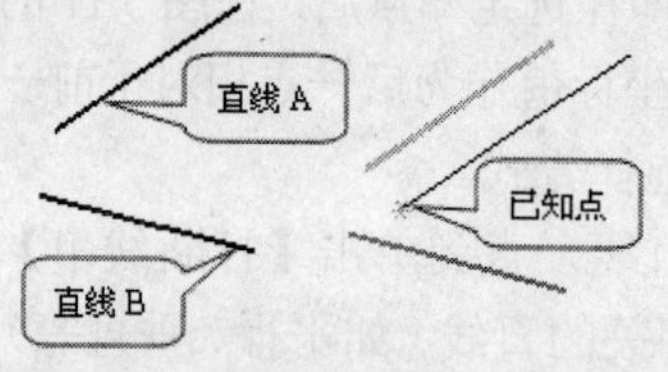

图 3.12 锁定直线平行关系

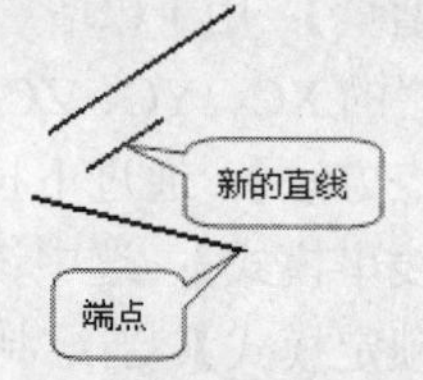

图 3.13 绘制的新直线

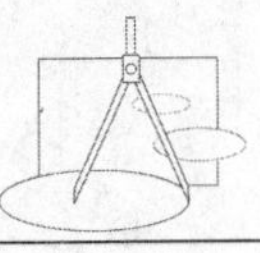

关键：选取直线 A 时不可选择控制点，否则会将控制点和已知点直接连成直线。同时应先选直线 A，再选已知点。

※ STEP 4 单击【曲线】工具栏中的按钮，再单击按钮，弹出【基本曲线】对话框。

※ STEP 5 取消选中【线串模式】复选框，并在【按给定距离平行】选项组中选中【新的】单选按钮，如图 3.14 所示。

※ STEP 6 选择已知直线，在绘制平行线偏置的一侧放置选择球的中心，如图 3.15 所示。

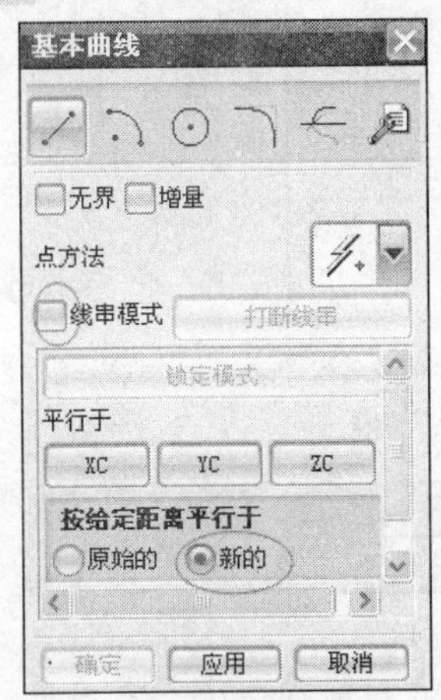

图 3.14 【基本曲线】对话框

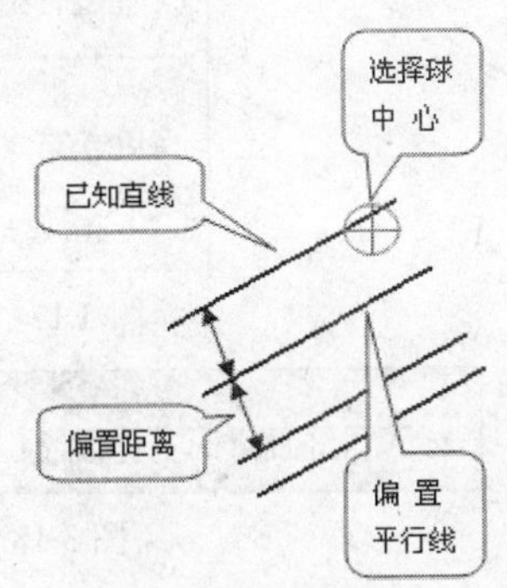

图 3.15 创建平行直线

※ STEP 7 在【跟踪条】工具栏中的【偏置】输入框中输入偏置距离 10，如图 3.16 所示。

图 3.16 【跟踪条】工具栏

※ STEP 8 按 Enter 键，生成偏置直线。

※ STEP 9 若以相同的偏距继续绘制直线，只需按 Enter 键。若以不同的偏距绘制直线，则先输入偏距数值，再按 Enter 键。

关键：必须取消选中【线串模式】复选框，因为在【线串模式】下不能生成偏置直线。

任务总结

创建直线的方法很多，实际应用时需灵活把握。

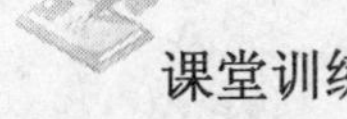

课堂训练

绘制两条直线：（1）通过一指定点并与已知直线成一定角度。

（2）与一条曲线相切并垂直于另一条曲线或直线。

3.1.2 圆弧

单击【基本曲线】对话框中的按钮，进入绘制圆弧模式，弹出如图 3.17 所示的【圆弧】创建对话框和如图 3.18 所示的【跟踪条】工具栏。

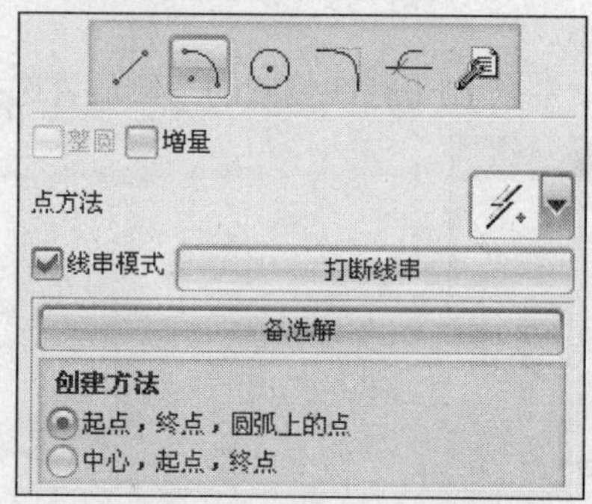

图 3.17 【圆弧】创建对话框

图 3.18 【跟踪条】工具栏

下面介绍【圆弧】创建对话框中有关选项的含义。

- 【整圆】：选中该复选框，用于绘制整圆。
- 【备选解】：确定绘制大圆弧或小圆弧。单击【备选解】按钮，绘制小于 180° 的小圆弧。
- 【创建方法】：有两个选项。点、半径、直径可在绘图工作区指定，也可在【跟踪条】工具栏中输入数值。

3.1.3 圆

单击【基本曲线】对话框中的按钮，进入绘制圆模式，弹出【圆】创建对话框，如图 3.19 所示。

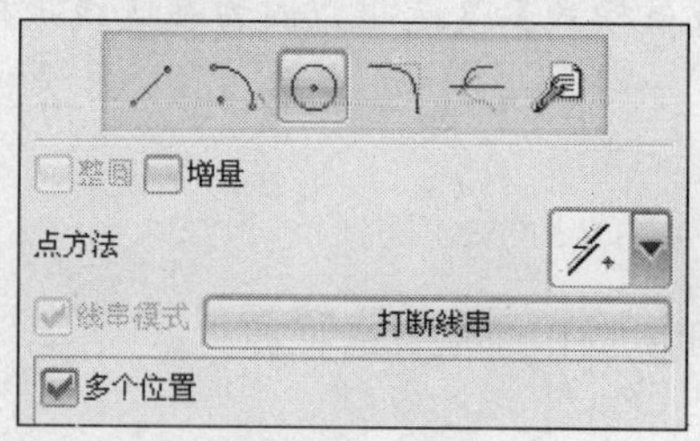

图 3.19 【圆】创建对话框

该对话框中各选项的含义如下。

- 【点方法】：根据圆心、半径或直径画圆。

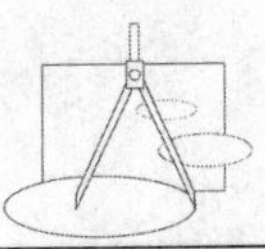

- 【多个位置】：选中该复选框，在绘图工作区每指定一个圆心，均可绘制与已有圆相同大小的圆，即在多个位置画圆。

提示：在画圆时【线串模式】复选框变灰，不可用。

3.1.4　椭圆

在菜单栏中选择【插入】/【曲线】/【椭圆】命令，或单击【曲线】工具栏中的按钮，进入绘制椭圆模式。在绘图工作区指定椭圆中心后弹出【椭圆】对话框，如图 3.20 所示。输入椭圆参数，单击 确定 按钮即可。如图 3.20（a）和图 3.20（b）所示的椭圆参数和形状分别具有对应关系。

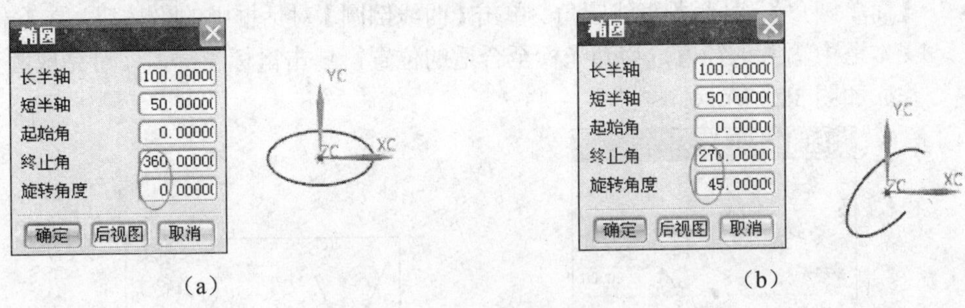

（a）　　　　（b）

图 3.20　【椭圆】对话框

3.1.5　正多边形

在菜单栏中选择【插入】/【曲线】/【多边形】命令，或单击【曲线】工具栏中的按钮，弹出【多边形】对话框，如图 3.21 所示。输入多边形的边数，单击 确定 按钮，接着弹出【多边形】创建方式的对话框，如图 3.22 所示。

图 3.21　【多边形】对话框

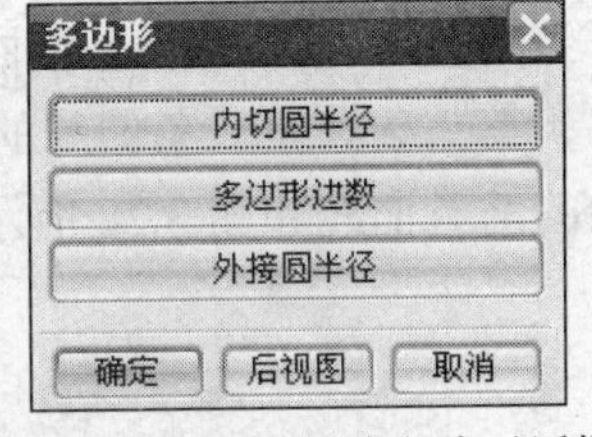

图 3.22　【多边形】创建方式对话框

【多边形】创建方式对话框中各选项的含义如下。

- 【内切圆半径】：绘制外切于圆半径的多边形，如图 3.23 所示。方位角是指多边形从 XC 轴逆时针方向旋转的角度。
- 【多边形边数】：输入边长和方位角绘制多边形。
- 【外接圆半径】：绘制内接于圆半径的多边形，如图 3.24 所示。

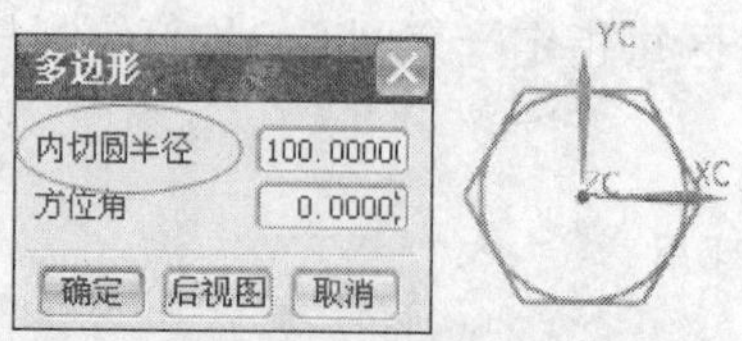

图 3.23 【内切圆半径】画多边形

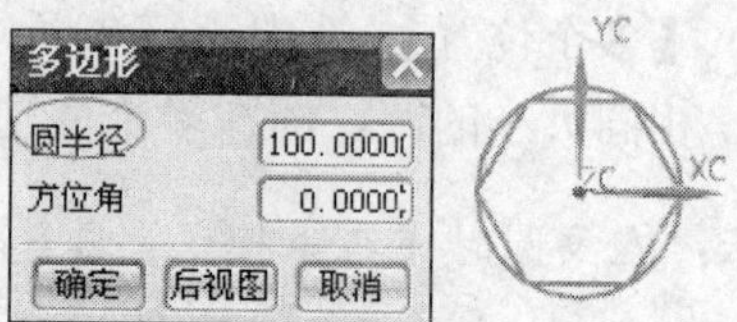

图 3.24 【外接圆半径】画多边形

3.1.6 圆角

单击【基本曲线】对话框中的□按钮，弹出【曲线倒圆】对话框，如图 3.25 所示，进入圆角模式。其有 3 种倒圆角方式。

- 【简单圆角】：对两条直线圆角。单击【曲线倒圆】对话框中的□按钮，在【半径】文本框中输入半径值，移动光标至合适的位置，单击鼠标左键，即可完成圆角操作，如图 3.26 所示。

图 3.25 【曲线倒圆】对话框

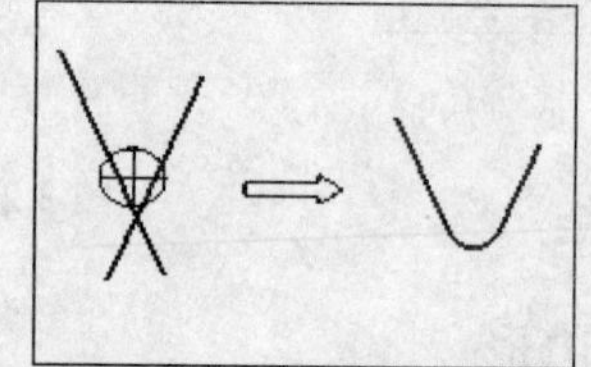

图 3.26 【简单圆角】操作

技巧：在圆角的一侧放置选择球的中心，同时选择球应覆盖两条直线。

- 【2 曲线圆角】：对两条曲线（其中的一条可为直线）圆角。单击【曲线倒圆】对话框中的□按钮，弹出【2 曲线圆角】对话框，如图 3.27 所示。圆角结果与半径大小、第一条和第二条曲线的先后顺序、是否修剪以及圆心位置的选择有关。设圆角的两条曲线如图 3.28 所示。

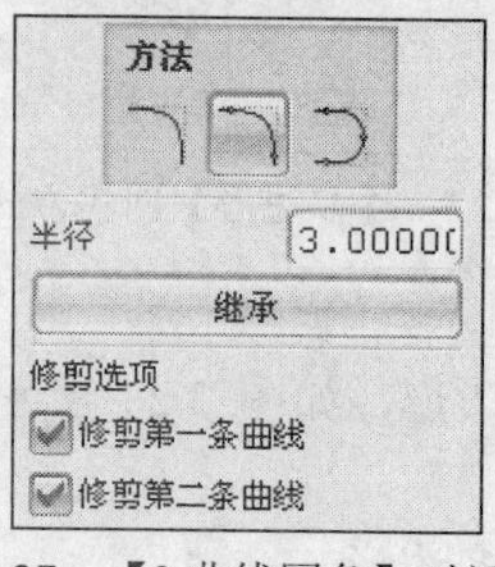

图 3.27 【2 曲线圆角】对话框

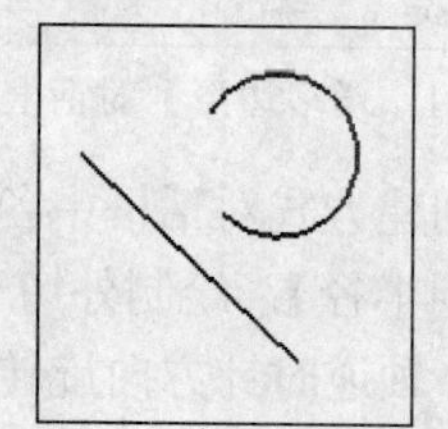

图 3.28 选择两条曲线

当选择圆弧为第一条曲线，直线为第二条曲线，并选中修剪两条曲线，操作结果如图 3.29 所示。若选择直线为第一条曲线，圆弧为第二条曲线，则操作结果如图 3.30 所示。

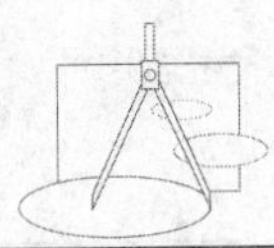

图 3.29　先选圆弧圆角

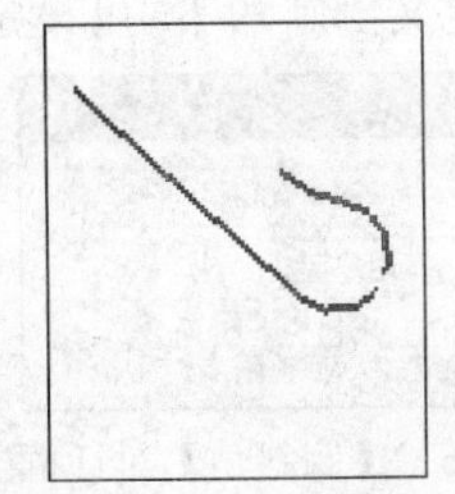

图 3.30　先选直线圆角

提示： 如果圆角半径小于两条曲线之间的距离，则提示错误信息，操作无效。

- 【3 曲线圆角】：对任意三条曲线圆角。单击【曲线倒圆】对话框中的按钮，弹出【3 曲线圆角】对话框，如图 3.31 所示。设圆角的三条曲线如图 3.32 所示。

  若关闭图 3.31 中 3 条曲线的修剪选项（勾选打开的结果有所不同），选择直线为第一条曲线，然后选择圆，弹出选择圆角位置的对话框，如图 3.33 所示，单击外切按钮。再选择圆弧，回到如图 3.33 所示的对话框，单击外切按钮。最后在大概的圆角中心位置单击，即得三条曲线的圆角，如图 3.34 所示。若在选择圆后弹出如图 3.33 所示的对话框，单击圆角内的圆按钮，则得到的 3 曲线圆角如图 3.35 所示。

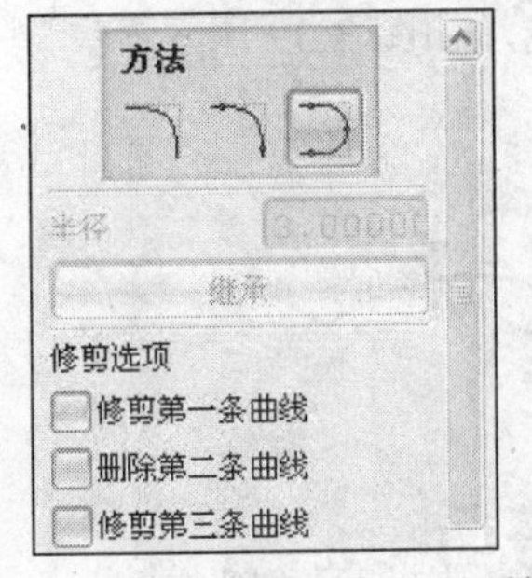

图 3.31　【3 曲线圆角】对话框

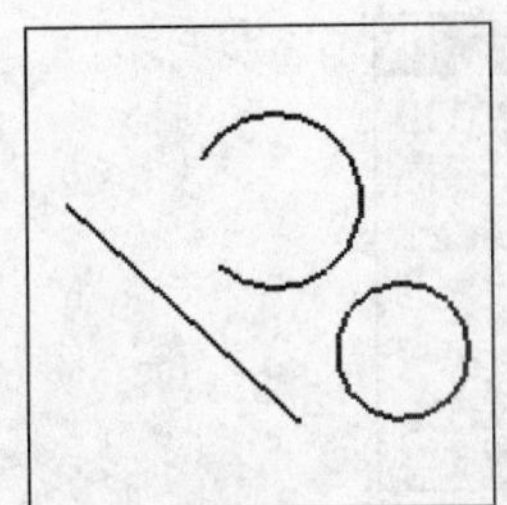

图 3.32　选择三条曲线

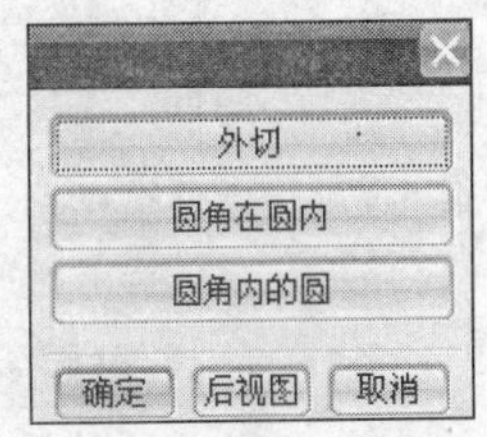

图 3.33　选择圆角位置的对话框

图 3.34　单击【外切】按钮后的 3 曲线圆角

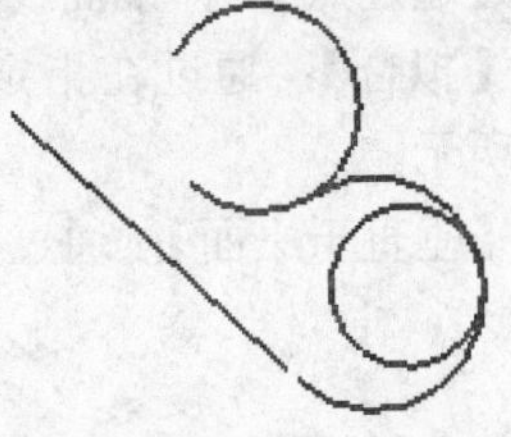

图 3.35　单击【圆角内的圆】按钮后的 3 曲线圆角

3.1.7　倒角

在菜单栏中选择【插入】/【曲线】/【倒角】命令，或单击【曲线】工具栏中的按钮，弹出【倒斜角】对话框，如图 3.36 所示。该对话框提供了两种倒角方式。

- 【简单倒斜角】：根据设定的偏置值倒45°斜角，如图3.37所示。
- 【用户定义倒斜角】：可设定两个不同的偏置值倒角，如图3.37所示。

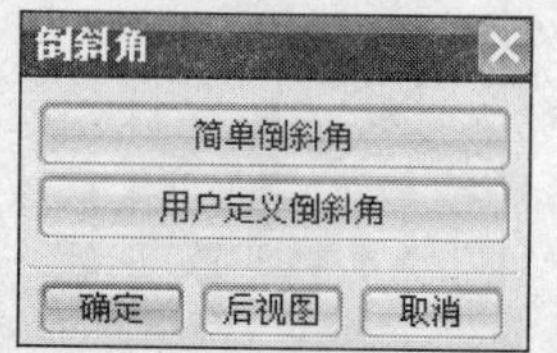

图3.36 【倒斜角】对话框

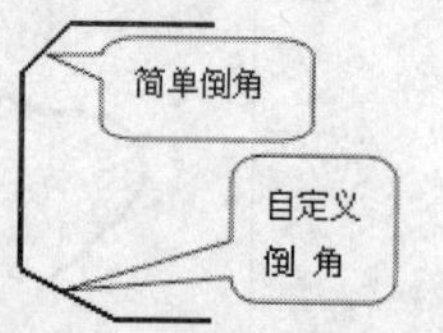

图3.37 【倒斜角】示意图

3.2 创建复杂曲线

复杂曲线包括样条线、二次曲线、螺旋线、规律曲线等，是建立复杂实体模型的基础。

3.2.1 样条曲线

在菜单栏中选择【插入】/【曲线】/【样条】命令，或单击【曲线】工具栏中的～按钮，弹出【样条】对话框，如图3.38所示。该对话框提供了4种绘制样条曲线的方法。

- 【根据极点】：以指定点为极点或控制点创建样条曲线，如图3.39所示。

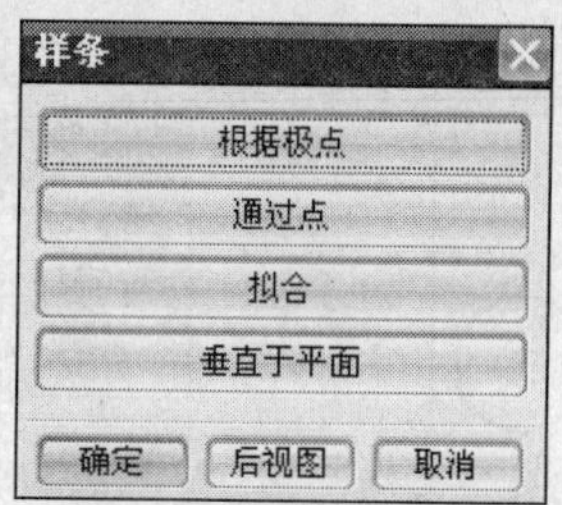

图3.38 【样条】对话框

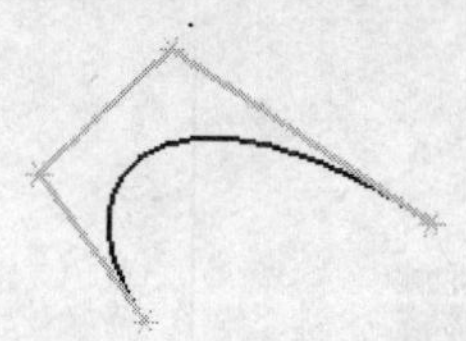
图3.39 【根据极点】创建样条

- 【通过点】：样条曲线通过所有指定的点，如图3.40所示。
- 【拟合】：通过在指定公差内将样条与构造点相拟合创建样条曲线，如图3.41所示。
- 【垂直于平面】：通过并垂直于一组平面创建样条曲线，如图3.42所示。

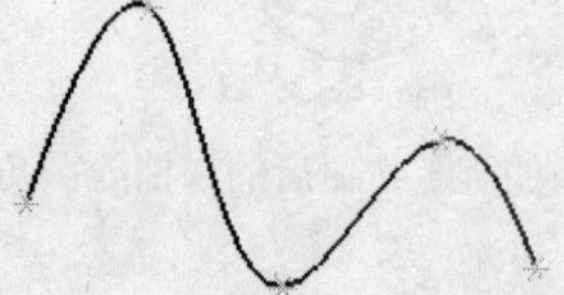
图3.40 【通过点】创建样条

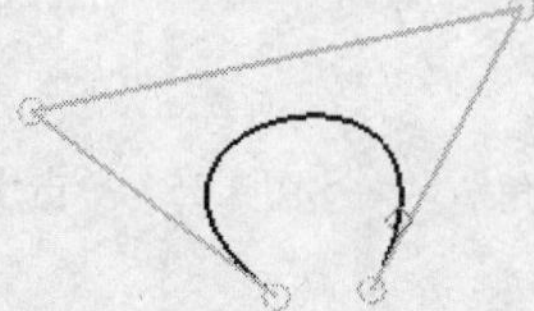
图3.41 【拟合】创建样条

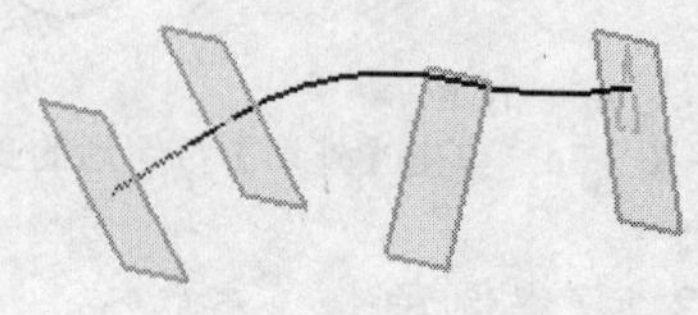
图3.42 【垂直于平面】创建样条

ⓘ 警告：操作过程中如果选择的起始点不在起始平面上，将弹出“点不在起始平面上”的信息。

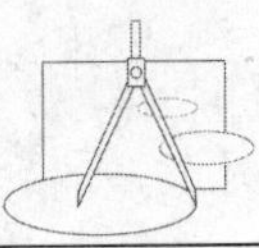

3.2.2　抛物线

在菜单栏中选择【插入】/【曲线】/【抛物线】命令，或单击【曲线】工具栏中的按钮，弹出【点】对话框，在绘图工作区指定抛物线的顶点后，弹出【抛物线】对话框，如图 3.43 所示。在该对话框中输入各参数值，单击 确定 按钮，生成抛物线，如图 3.44 所示。

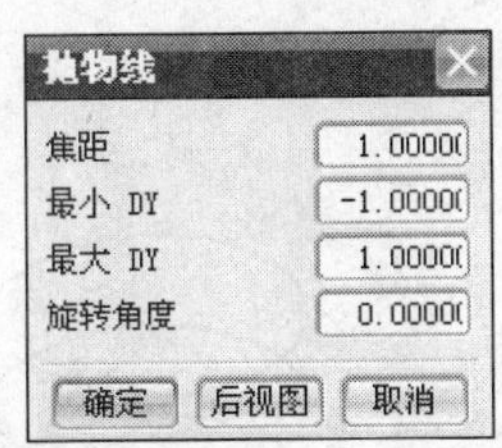

图 3.43　【抛物线】对话框

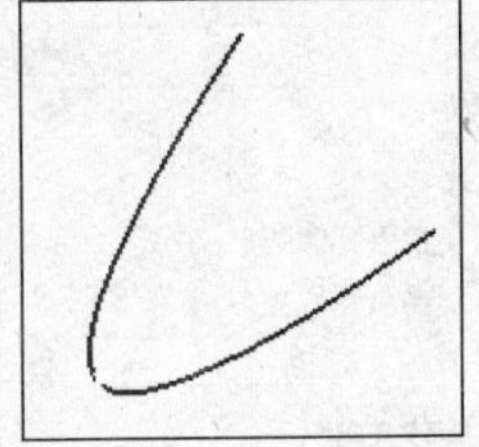

图 3.44　抛物线示意图

3.2.3　双曲线

在菜单栏中选择【插入】/【曲线】/【双曲线】命令，或单击【曲线】工具栏中的按钮，弹出【点】对话框，在绘图工作区指定双曲线的中心后，弹出【双曲线】对话框，如图 3.45 所示。在该对话框中输入各参数值，单击 确定 按钮，生成双曲线，如图 3.46 所示。

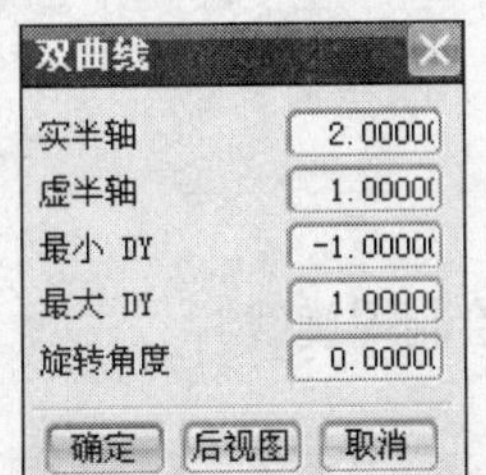

图 3.45　【双曲线】对话框

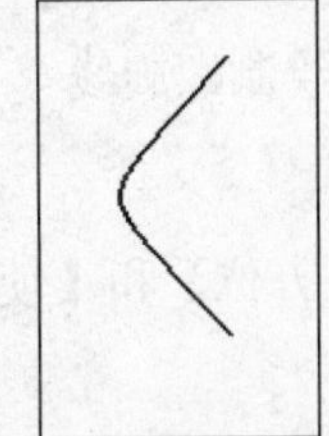

图 3.46　双曲线示意图

3.2.4　螺旋线

在菜单栏中选择【插入】/【曲线】/【螺旋线】命令，或单击【曲线】工具栏中的按钮，弹出【螺旋线】对话框，如图 3.47 所示。在该对话框中选中【输入半径】和【右旋】两个单选按钮并输入有关参数值，单击 确定 按钮，生成螺旋线，如图 3.48 所示。

该对话框中各选项的含义如下。

- 【圈数】：取大于 0 的数。
- 【螺距】：相邻圈之间沿螺旋轴线方向的距离。
- 【半径方法】：指定半径的两种定义方式。
  - 【使用规律曲线】：可使用规律函数控制螺旋线的半径变化。
  - 【输入半径】：默认输入半径值。
- 【半径】：当选择输入半径方式时，可输入半径值。
- 【旋转方向】：用于控制螺旋线的旋转方向。

   - 【右旋】：螺旋线起始于基点向右卷曲。
   - 【左旋】：螺旋线起始于基点向左卷曲。
- 【定义方位】：用于定义螺旋轴线方向。
- 【点构造器】：用于定义螺旋线基点位置。

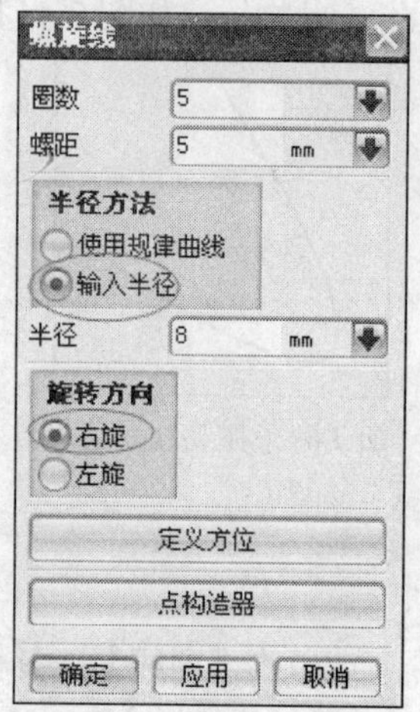

图 3.47 【螺旋线】对话框

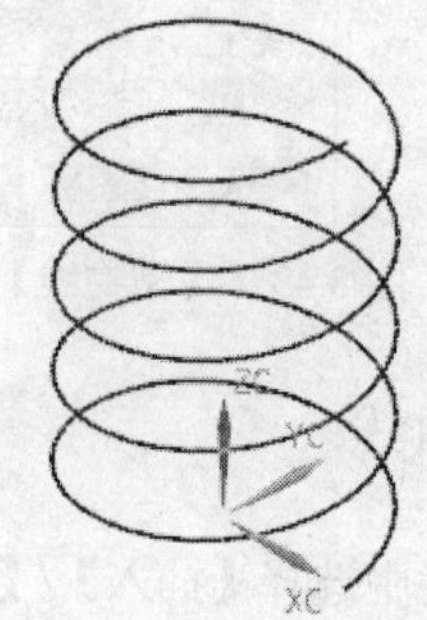

图 3.48 螺旋线示意图

任务 3-3 绘制螺旋线

采用【定义方位】和【使用规律曲线】两种方法绘制螺旋线。

任务分析

在此采用的两种绘制螺旋线方法，对其他绘制螺旋线的方法亦有借鉴意义。

相关知识

绘制直线；规律曲线；螺旋线的方法。

任务实施

※ STEP 1 绘制一条任意直线。

※ STEP 2 单击【螺旋线】对话框中的 定义方位 按钮，然后选择已有直线作为螺旋线的轴线方向。

※ STEP 3 在【螺旋线】对话框中设置【圈数】为 5、【螺距】为 5、【半径】为 8，单击 确定 按钮，生成螺旋线，如图 3.49 所示。

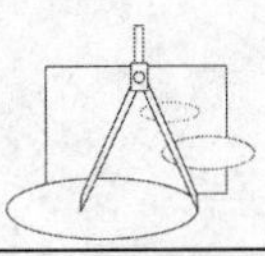

※ **STEP 4**　在图 3.47 的【螺旋线】对话框中，选中【半径方法】选项组的【使用规律曲线】单选按钮，弹出【规律函数】对话框，如图 3.50 所示。单击按钮（三次方变化），弹出【规律控制】对话框，如图 3.51 所示。在【起始值】文本框中输入 5、【终止值】文本框中输入 10，单击确定按钮。

※ **STEP 5**　在【螺旋线】对话框中设置【圈数】为 5、【螺距】为 5，单击确定按钮，生成螺旋线，如图 3.52 所示。

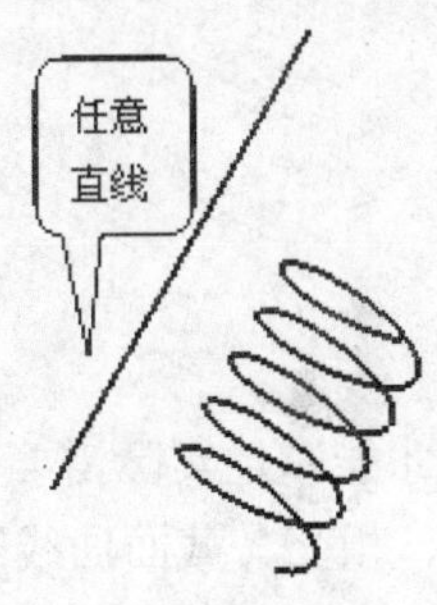

图 3.49　使用【定义方位】绘制的螺旋线

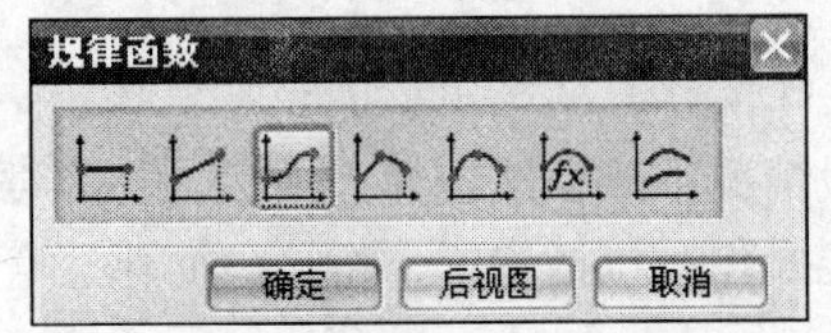

图 3.50　【规律函数】对话框

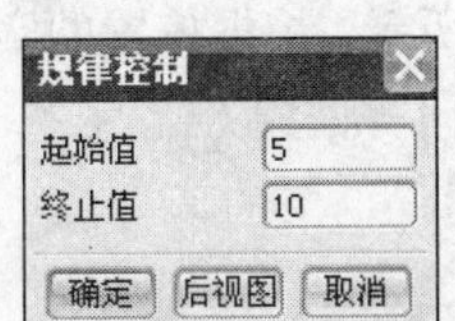

图 3.51　【规律控制】对话框

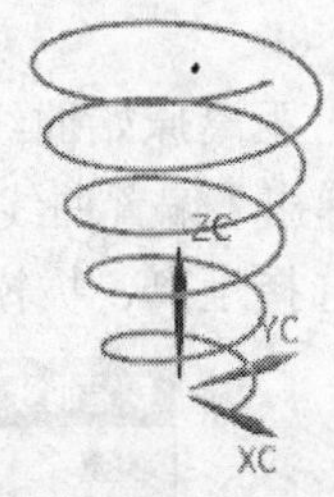

图 3.52　使用【使用规律曲线】绘制螺旋线

任务总结

绘制螺旋线的方法灵活多样，实际应用时须灵活把握。

课堂训练

采用【点构造器】方法绘制左旋螺旋线。

知识拓展

用螺旋线绘制弹簧，如图 3.53 所示。

图 3.53　绘制弹簧

3.3 曲线操作

一般情况下，曲线创建完成后，还需要做进一步的处理才能满足实际需要，这种处理便是曲线操作，包括偏置、桥接、简化、合并、投影、抽取、相交、截面曲线等。

3.3.1 偏置曲线

偏置曲线是通过距离原始曲线偏置一定位置的所有点而形成的曲线。单击【曲线】工具栏中的按钮，弹出【偏置曲线】对话框，如图 3.54 所示。根据偏置的实际情况，在【类型】下拉列表框中选择距离、拔模、规律控制或 3D 轴向等偏置方式。

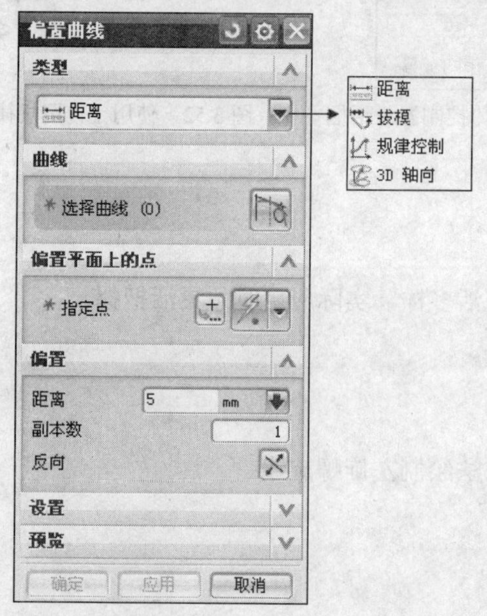

图 3.54　【偏置曲线】对话框

1. 【距离】类型

选择该类型的对话框如图 3.54 所示，在【距离】和【副本数】文本框中分别输入偏置距离和产生偏置曲线的数量，单击按钮选择偏置方向。单击 确定 按钮，效果如图 3.55 所示。

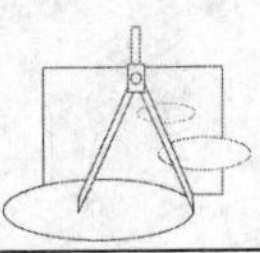

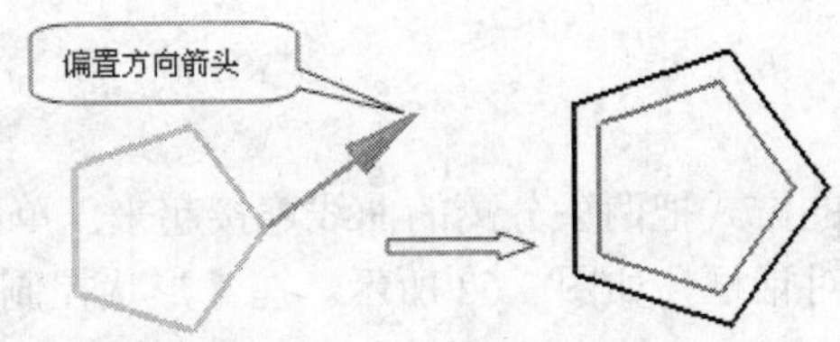

图 3.55　按【距离】偏置曲线

2. 【拔模】类型

选择该类型的对话框如图 3.56 所示。【高度】是指偏置后的曲线所在平面与偏置对象所在平面之间的距离；【角度】是指偏置后曲线上的点与偏置对象上对应点的连线与平面法线之间的夹角，即拔模角。在【高度】和【角度】的文本框中输入相关数值并设置其他参数，单击 确定 按钮，效果如图 3.57 所示。

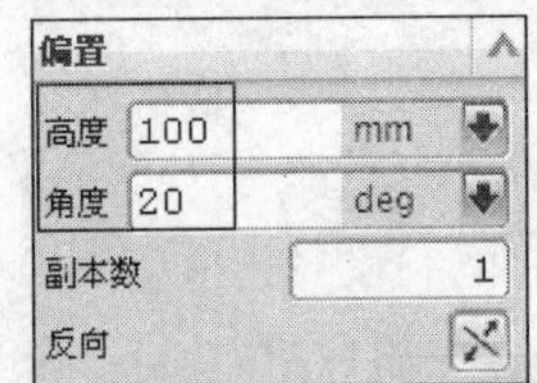

图 3.56　【拔模】偏置曲线对话框

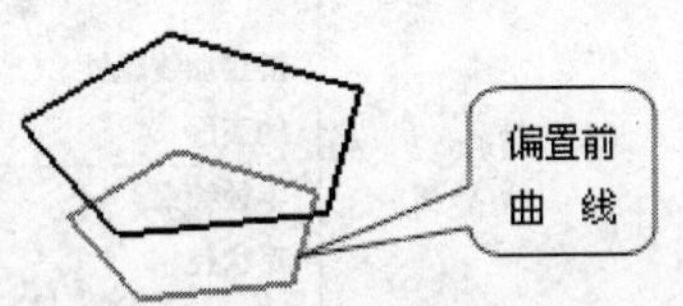

图 3.57　按【拔模】偏置曲线

3. 【规律控制】类型

选择该类型的对话框如图 3.58 所示。在【规律】下拉列表框中选择类型，在【开始】和【结束】文本框中输入相关数值并设置其他参数，单击 确定 按钮，效果如图 3.59 所示。

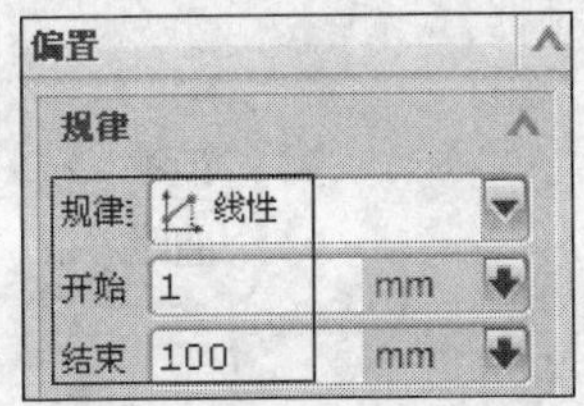

图 3.58　【规律控制】偏置曲线对话框

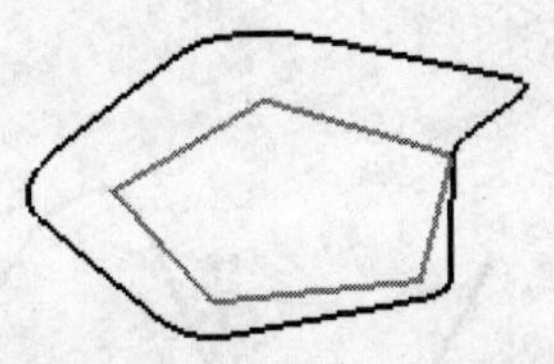

图 3.59　按【规律控制】偏置曲线

4. 【3D 轴向】类型

选择该类型的对话框如图 3.60 所示。单击 按钮，选择偏置矢量方向，并设置其他参数，单击 确定 按钮，效果如图 3.61 所示。

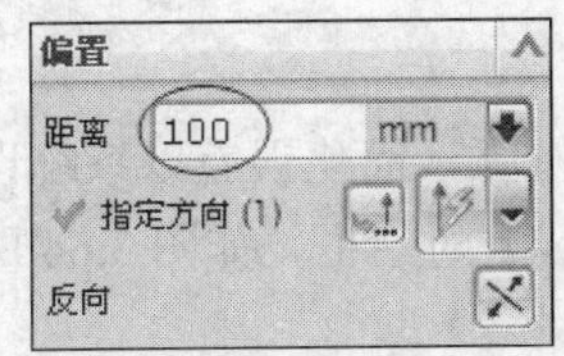

图 3.60　【3D 轴向】偏置曲线对话框

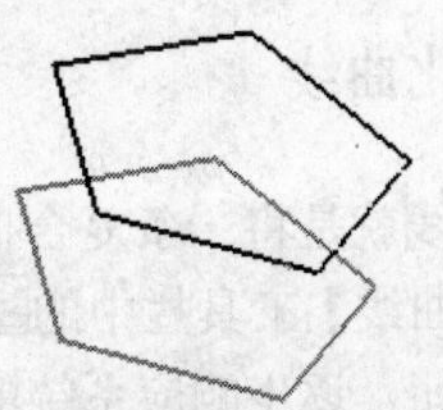

图 3.61　按【3D 轴向】偏置曲线

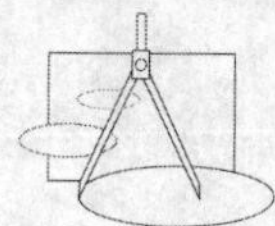

3.3.2　桥接曲线

桥接曲线是通过一定的方式把两条分离的曲线连接起来。单击【曲线】工具栏中的按钮，弹出【桥接曲线】对话框，如图 3.62 所示。在【形状控制】选项的【类型】下拉列表框中分别选择相切幅值、深度和弯斜度或参考成型曲线等桥接方式，并设置其他参数，单击 确定 按钮，得到的桥接曲线如图 3.63 所示。

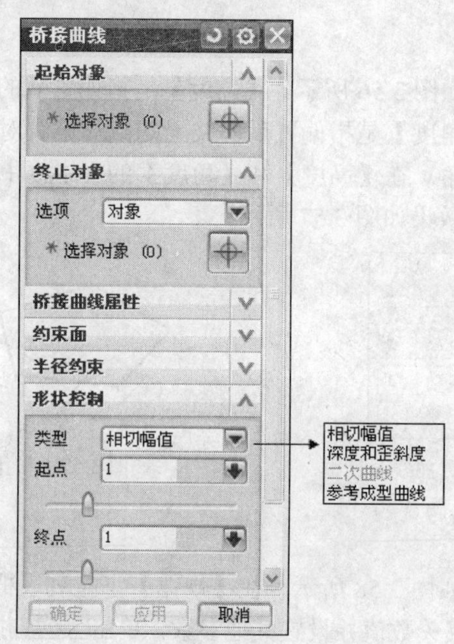

图 3.62　【桥接曲线】对话框

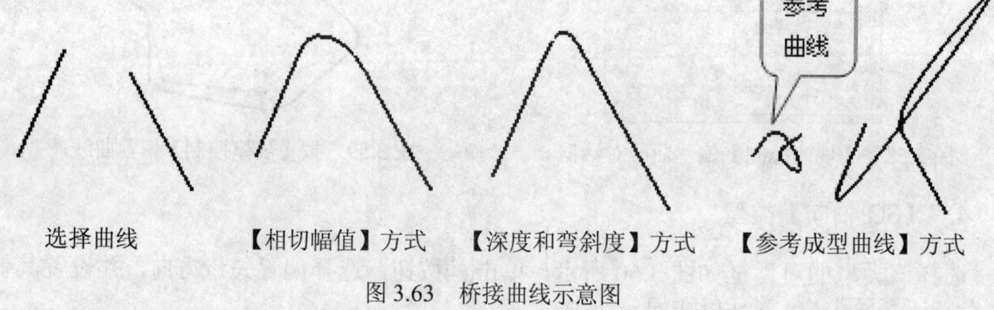

图 3.63　桥接曲线示意图

3.3.3　简化曲线

简化曲线就是将一条复合曲线简化成数段线段或圆弧，简化误差以系统设置的精度为准。单击【曲线】工具栏中的按钮，弹出【简化曲线】对话框，如图 3.64 所示。选择其中的一个按钮，逐步响应系统的提示即可。

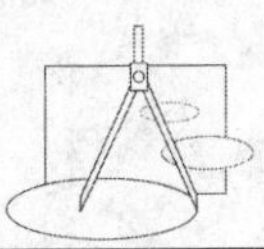

3.3.4　连结曲线

连结曲线也叫合并曲线，就是将连在一起的多条曲线连接成一条单一的样条曲线。单击【曲线】工具栏中的按钮，弹出【连结曲线】对话框，如图 3.65 所示。选择要连结的曲线，单击确定按钮即可。

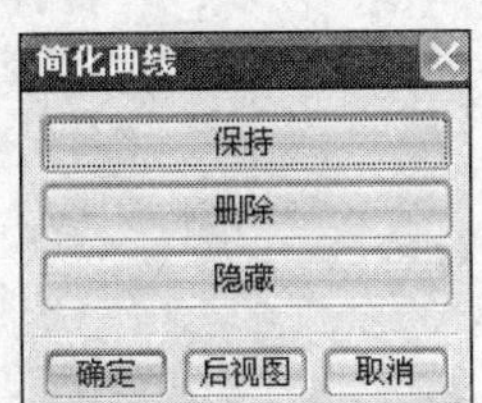

图 3.64　【简化曲线】对话框

图 3.65　【连结曲线】对话框

3.3.5　投影曲线

投影曲线是将曲线、点或草图沿指定方向投射到片体、面或基准平面上的曲线。单击【曲线】工具栏中的按钮，弹出【投影曲线】对话框，如图 3.66 所示。在【投影方向】选项的下拉列表框中分别选择沿面的法向、朝向点、朝向直线、沿矢量、与矢量成角度投影方式，并设置其他参数，单击确定按钮，得到的投影曲线如图 3.67 所示。

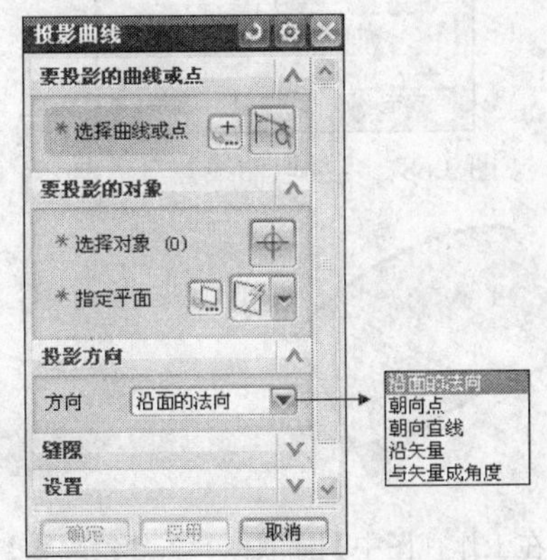

图 3.66　【投影曲线】对话框

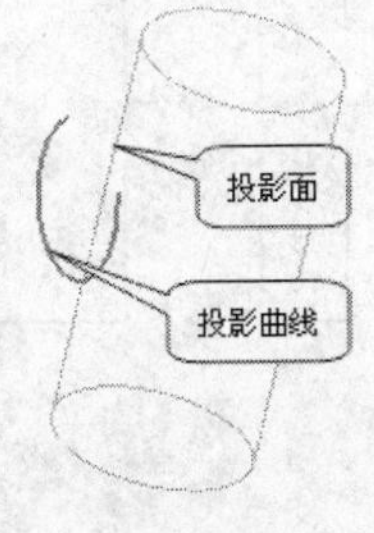

投影曲线

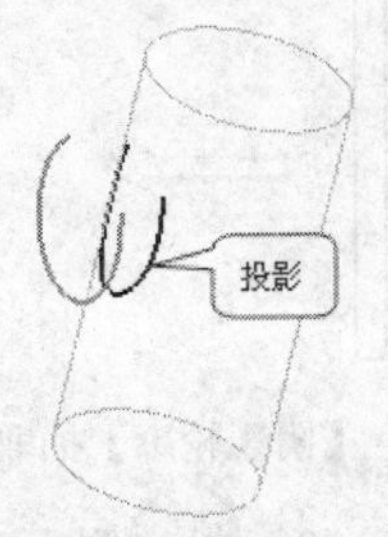

【沿面的法向】投影

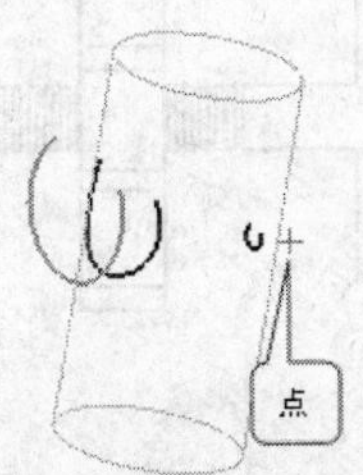

【朝向点】投影

图 3.67　投影曲线示意图

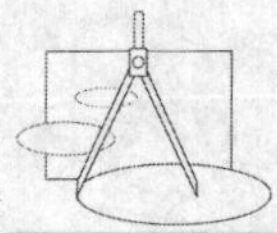

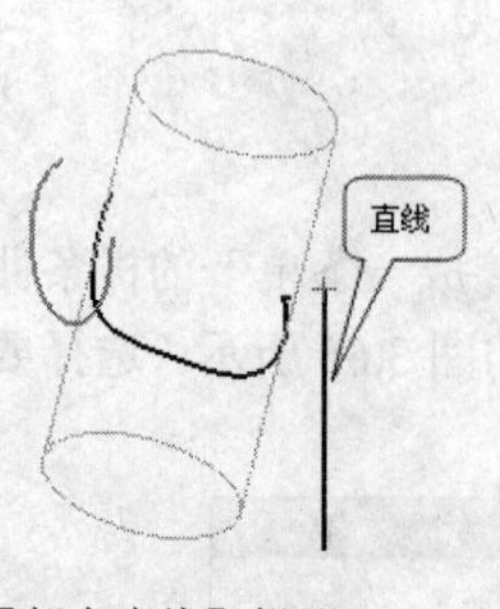

【朝向直线】投影

【沿矢量】投影

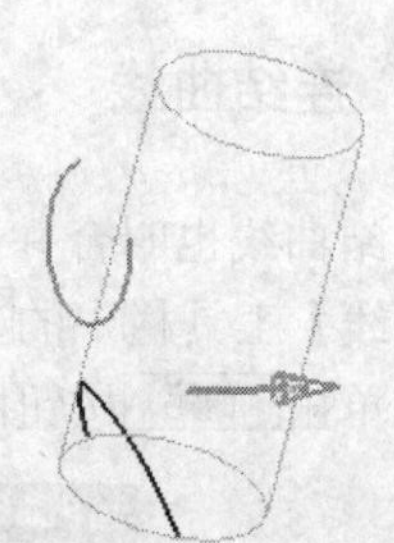

【与矢量成角度】投影

图 3.67　投影曲线示意图（续）

3.3.6　抽取曲线

抽取曲线是从实体或面上抽取的曲线。单击【曲线】工具栏中的按钮，弹出【抽取曲线】对话框，如图 3.68 所示。各种抽取方法如图 3.69 所示。

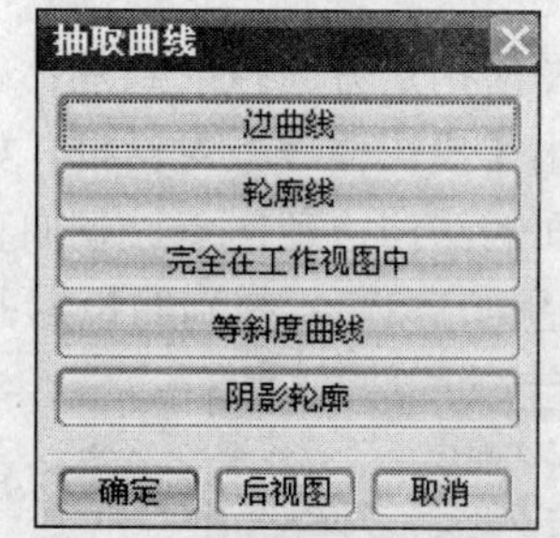

图 3.68　【抽取曲线】对话框

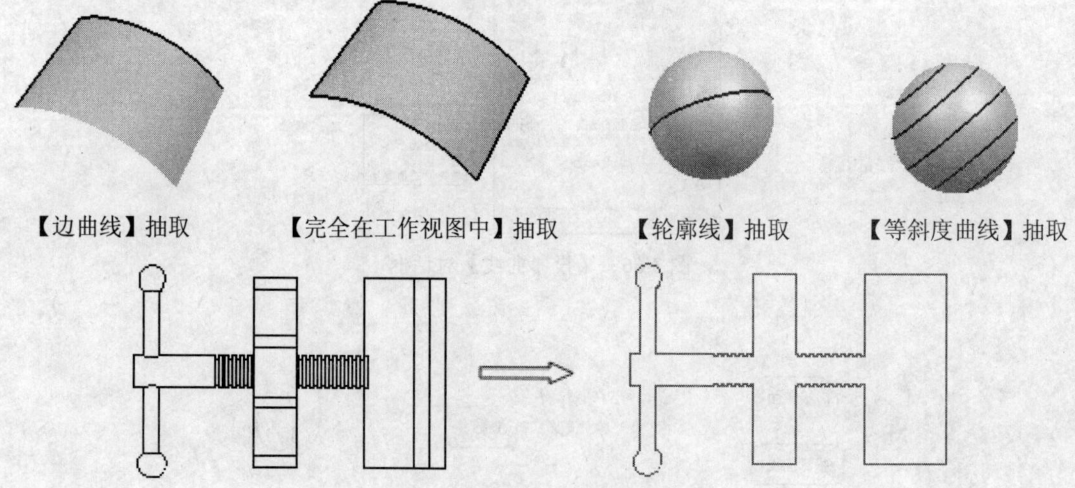

图 3.69　抽取曲线示意图

3.3.7　相交曲线

相交曲线是两组对象表面之间产生的相交线。单击【曲线】工具栏中的按钮，弹出【相交曲线】对话框，如图 3.70 所示。单击鼠标左键选择第一组曲面，然后选择第二组曲面，然后单击 确定 按钮，生成相交曲线，如图 3.71 所示。

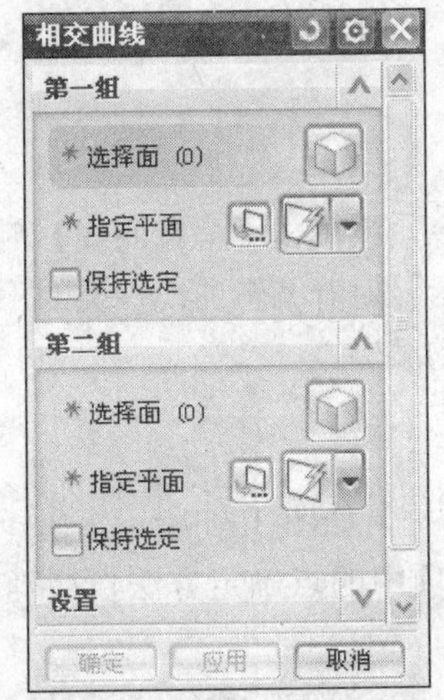

图 3.70　【相交曲线】对话框

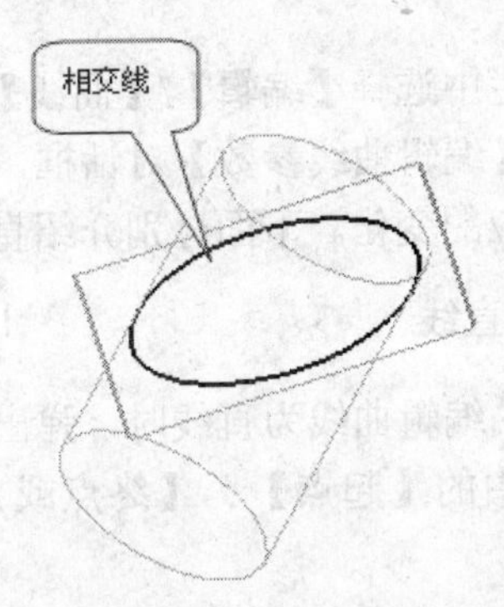

图 3.71　相交曲线示意图

3.3.8　截面曲线

截面曲线是由基准面或平面与对象之间相交而产生的曲线。单击【曲线】工具栏中的按钮，弹出【截面曲线】对话框，如图 3.72 所示。先选择要剖切的对象，后选择剖切平面，单击 确定 按钮，生成截面曲线，如图 3.73 所示。

图 3.72　【截面曲线】对话框

图 3.73　截面曲线示意图

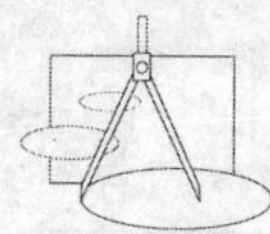

3.4 编辑曲线

创建曲线之后，经常需要对曲线进行修改和编辑。主要操作包括编辑曲线参数、修剪曲线、修剪拐角、分割曲线、编辑圆角、拉伸曲线、编辑弧长、光顺样条等。

3.4.1 编辑曲线参数

在菜单栏中选择【编辑】/【曲线】/【参数】命令，或单击【编辑曲线】工具栏中的按钮，弹出【编辑曲线参数】对话框，如图 3.74 所示。随着编辑曲线种类的不同，编辑参数会产生相应的变化。下面分别介绍直线、圆弧/圆的编辑。

1. 编辑直线

当选择的编辑曲线为直线时，弹出【直线】对话框，如图 3.75 所示。选择直线，则可利用对话框中的【起点】、【终点或方向】两个选项中的点确定方法直接确定新的直线端点。

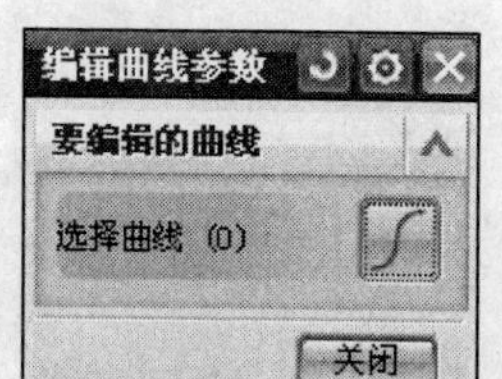

图 3.74 【编辑曲线参数】对话框

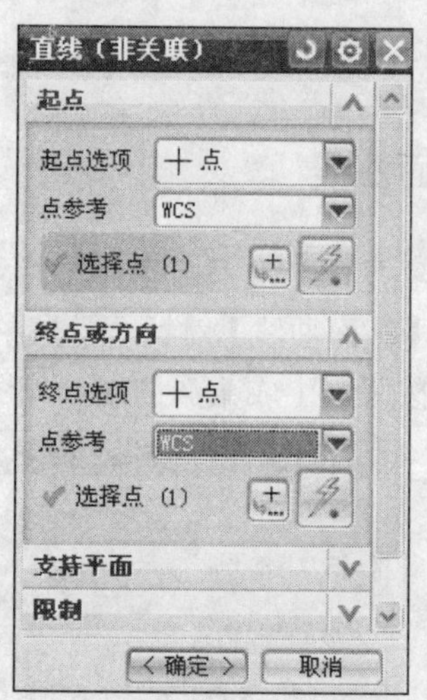

图 3.75 【直线】对话框

2. 编辑圆弧/圆

当选择的编辑曲线为圆时，弹出【圆弧/圆】对话框，如图 3.76（a）所示。选择圆，则可利用对话框的【中心点】选项中的点确定方法确定新的圆心，利用【通过点】选项的下拉列表框确定圆的大小。

当选择的编辑曲线为圆弧时，弹出【圆弧/圆】对话框，如图 3.76（b）所示。选择圆弧，可利用对话框的【起点】、【端点】和【中点】选项中的点方法分别确定起点、端点和中点位置，从而确定新的圆弧，如图 3.77 所示。

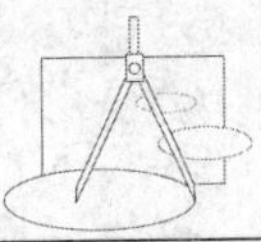

（a）

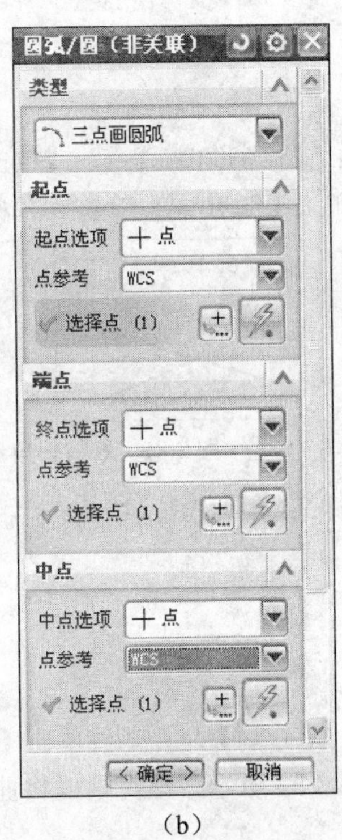

（b）

图 3.76　【圆弧/圆】对话框

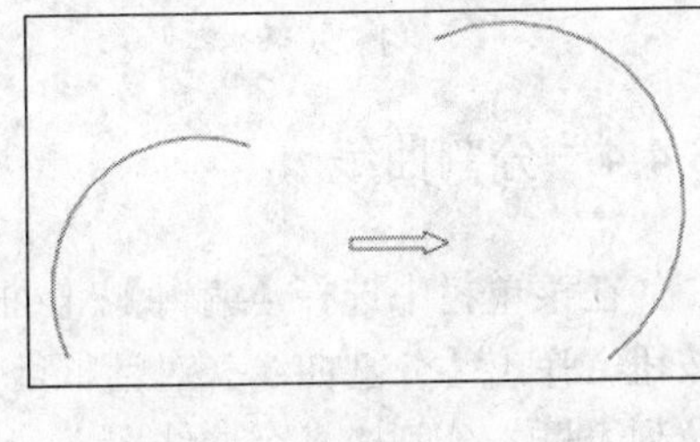

图 3.77　编辑圆弧曲线

3.4.2　修剪曲线

在菜单栏中选择【编辑】/【曲线】/【修剪】命令，或单击【编辑曲线】工具栏中的按钮，弹出【修剪曲线】对话框，如图 3.78 所示。修剪曲线的示意图如图 3.79 所示。

图 3.78　【修剪曲线】对话框

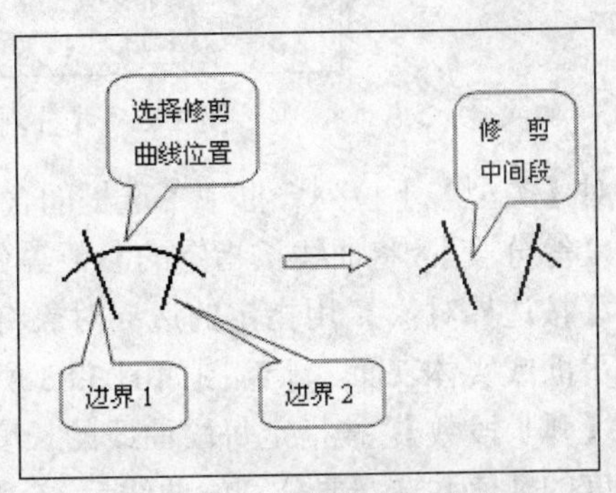

图 3.79　修剪曲线示意图

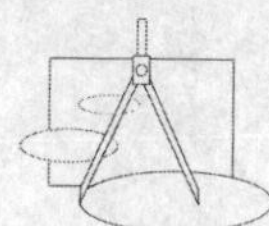

3.4.3 修剪拐角

在菜单栏中选择【编辑】/【曲线】/【修剪角】命令，或单击【编辑曲线】工具栏中的按钮，弹出【修剪拐角】对话框，如图 3.80 所示。修剪拐角的示意图如图 3.81 所示。

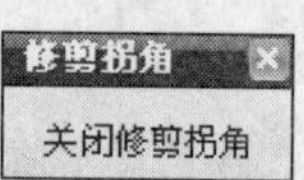

图 3.80 【修剪拐角】对话框

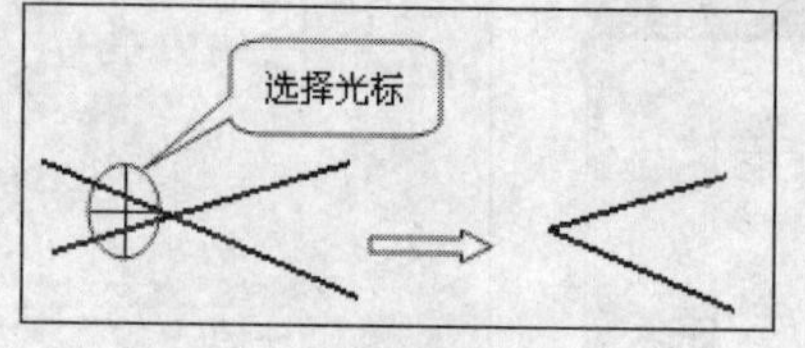

图 3.81 修剪拐角示意图

关键：选择两条曲线的交点时，应注意使光标选择球覆盖两条曲线，同时光标球心偏向被修剪的一边。

3.4.4 分割曲线

在菜单栏中选择【编辑】/【曲线】/【分割】命令，或单击【编辑曲线】工具栏中的按钮，弹出【分割曲线】对话框，如图 3.82 所示。该对话框将曲线按指定要求（见右边下拉列表框）分割成多个曲线段。

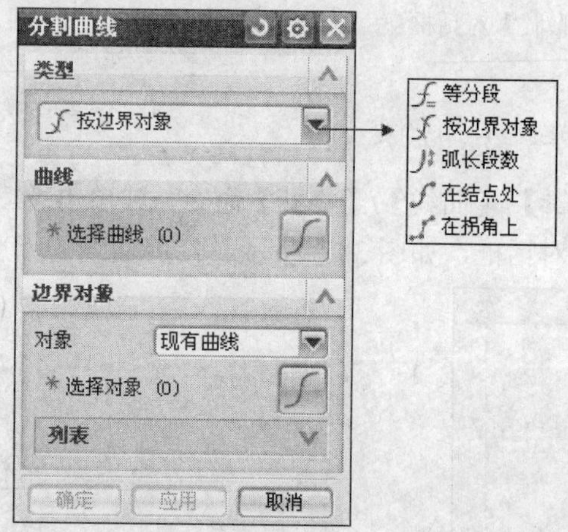

图 3.82 【分割曲线】对话框

下面对【类型】下拉列表框中各选框的含义进行介绍。

- 【等分段】：将曲线按指定的参数等分成指定的段数。
- 【按边界对象】：用指定的边界对象将曲线分割成多段，边界对象可以是点、曲线、平面或实体表面。示意图如图 3.83 所示。
- 【弧长段数】：按指定每段曲线的长度分段。在【圆弧长】文本框输入每段曲线长度的数值并选择要分割的曲线后，会弹出对话框显示分段数目和剩余部分的长度。如图 3.84 所示。

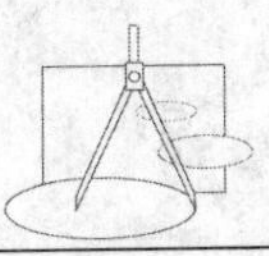

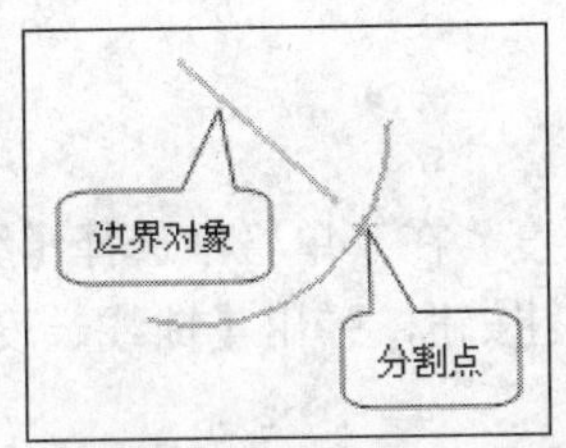

图 3.83　【按边界对象】分割曲线示意图

弧长段数
弧长 10.000
段数 52
部分长度 0.384336

图 3.84　【圆弧长段数】分割曲线对话框

- 【在结点处】：在指定的结点处对样条曲线进行分割。
- 【在拐角上】：在拐角处（斜率方向突变处）对样条曲线进行分割。

3.4.5　编辑圆角

在菜单栏中选择【编辑】/【曲线】/【圆角】命令，或单击【编辑曲线】工具栏中的按钮，弹出【编辑圆角】对话框，如图 3.85 所示。先选择修剪方式，然后选择要编辑的对象，按提示逐步操作。在弹出的另一个【编辑圆角】对话框中输入圆角半径等参数，单击 确定 按钮，生成新的圆角如图 3.86 所示。

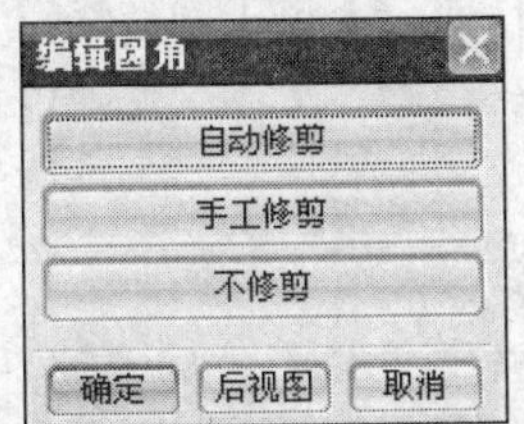

图 3.85　【编辑圆角】对话框

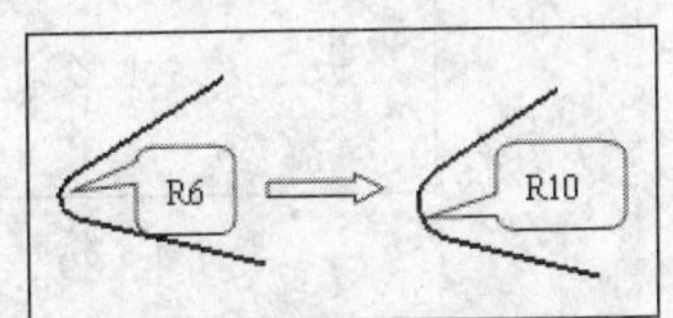

图 3.86　【编辑圆角】示意图

3.4.6　拉长曲线

拉长曲线用于移动几何要素，并可拉长或收缩线段。对线段而言，若选取端点，则进行拉长或收缩，否则移动线段。

在菜单栏中选择【编辑】/【曲线】/【拉长】命令，或单击【编辑曲线】工具栏中的按钮，弹出【拉长曲线】对话框，如图 3.87 所示。通过在【XC 增量】、【YC 增量】和【ZC 增量】的文本框中输入增量值或者单击 点到点 按钮指定两点设定增量值。如图 3.88 所示为采用点到点方式拉长曲线。

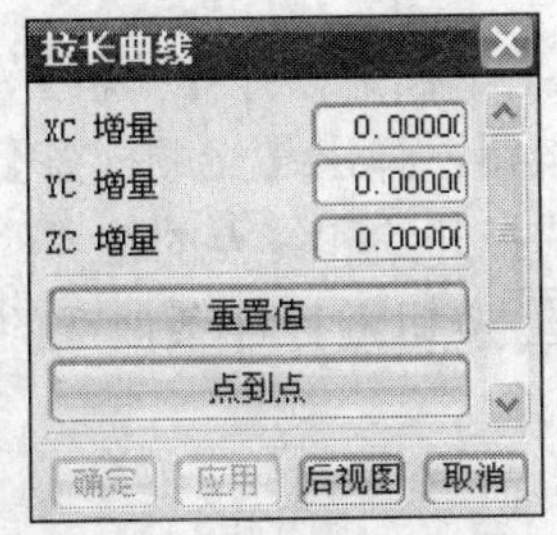

图 3.87　【拉长曲线】对话框

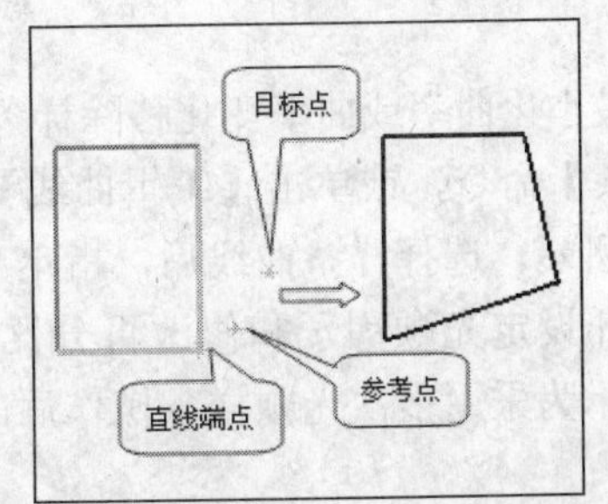

图 3.88　【点到点】方式拉长曲线

3.4.7 曲线长度

主要通过指定弧长增量或总弧长的方式改变曲线长度。在菜单栏中选择【编辑】/【曲线】/【长度】命令，或单击【编辑曲线】工具栏中的按钮，弹出【曲线长度】对话框，如图 3.89 所示。

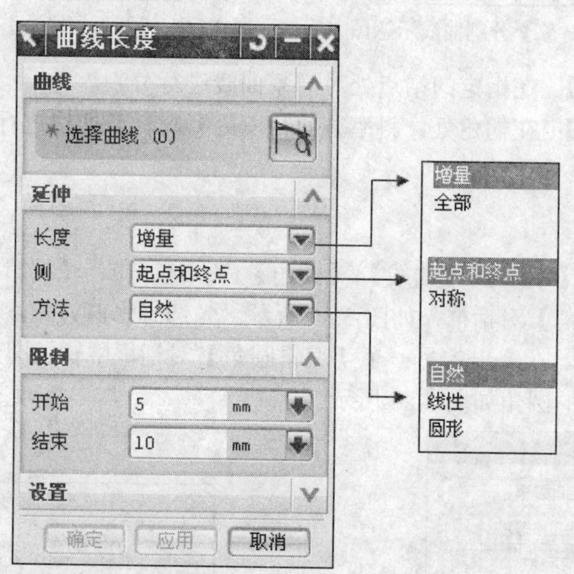

图 3.89 【曲线长度】对话框

该对话框中各主要选项的含义如下。

- 【增量】：按给定的曲线增加量或减少量编辑曲线的长度。
- 【全部】：按给定的曲线总长编辑曲线的长度。
- 【起点和终点】：表示从曲线的起点和终点延伸各自的增量值。
- 【对称】：表示从曲线的起点和终点延伸相同的增量值。
- 【自然】：样条曲线按其本身的样条属性进行延长。
- 【线性】：样条曲线按延长端的切线方向进行延长。
- 【圆形】：样条曲线按延长端的曲率相等进行延长。

3.4.8 光顺样条

通过最小化曲率或曲率变化移除样条中的小缺陷。在菜单栏中选择【编辑】/【曲线】/【光顺样条】命令，或单击【编辑曲线】工具栏中的按钮，弹出【光顺样条】对话框，如图 3.90 所示。选择样条曲线后，指定光顺类型，然后选择开始和终点的边界约束，再通过拖动拉杆设定光顺因子和修改百分比，最后单击确定按钮进行样条曲线的光顺。如图 3.91 所示为采用多次光顺样条操作后的前后曲线。

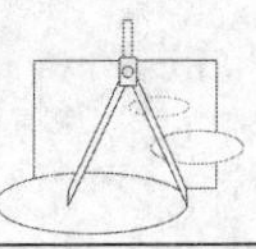

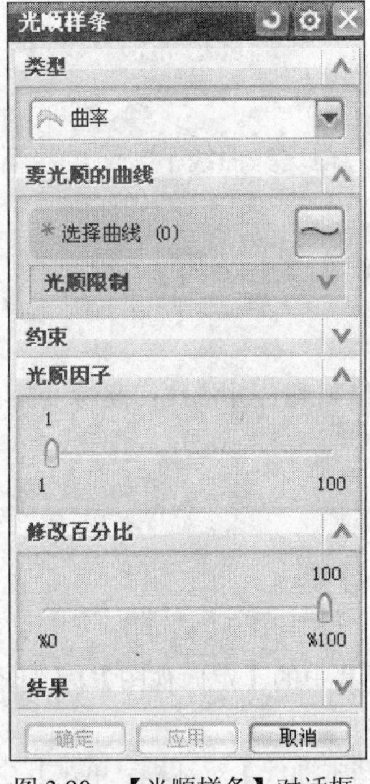

图 3.90　【光顺样条】对话框

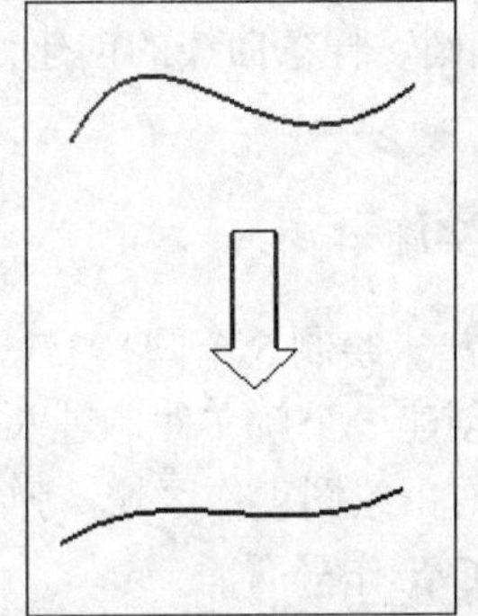

图 3.91　【光顺样条】示意图

3.5　绘制茶壶曲线

任务 3-4　绘制茶壶轮廓曲线

绘制如图 3.92 所示的茶壶轮廓曲线。

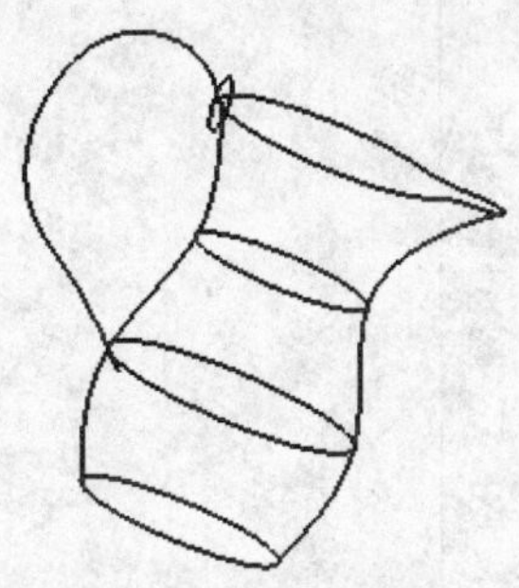

图 3.92　茶壶轮廓曲线

任务分析

该茶壶轮廓主要由圆、椭圆、样条等曲线构成。但这些曲线不共面，甚至所在面不平行，因此需要进行坐标变换。

相关知识

圆、椭圆、样条曲线的创建方法；曲线倒圆、修剪和合并曲线；坐标变换。

任务实施

※ **STEP 1** 绘制 5 个圆

（1）创建一个新文件，进入建模功能。

（2）右击绘图工作区域，弹出快捷菜单，选择其中的【定向视图】/【俯视图】命令，进入 XC-YC 工作平面。

（3）单击【曲线】工具栏中的按钮，弹出【基本曲线】对话框。单击其中的按钮，进入绘制圆模式。在【点方式】选项的下拉列表框中选择方式，系统弹出【点】对话框，如图 3.93 所示。

（4）在 XC、YC、ZC 的文本框中分别输入 0、0 和 0，作为圆心，单击确定按钮。弹出【点】对话框，再在 XC 或 YC 的文本框中输入 80，作为圆半径（表示圆要通过的点），单击确定按钮，画出第一个圆，如图 3.94 所示。

图 3.93 【点】对话框

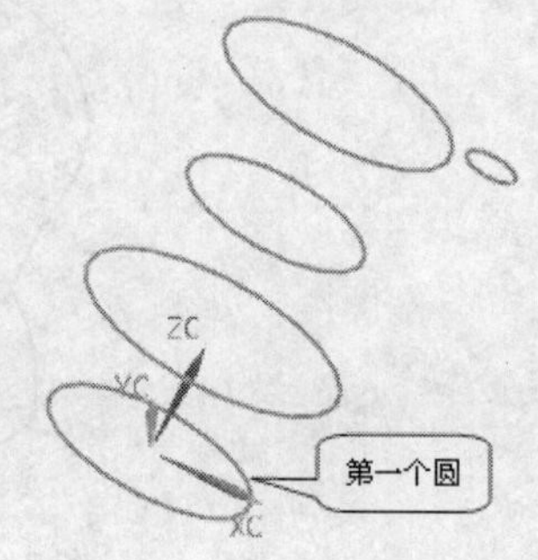

图 3.94 绘制 5 个圆

（5）重复步骤（3）、（4），绘制如图 3.94 所示的另外 4 个圆。圆心点坐标为（0，

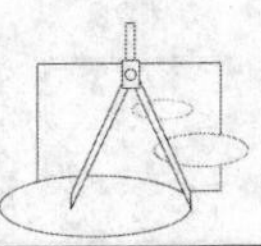

0，100）、（0，0，200）、（0，0，300）、（120，0，300），对应的半径分别为 100、70、90 和 20。

※ **STEP 2**　对半径为 90 和 20 的两个圆进行倒圆、修剪和合并的操作

（1）单击【曲线】工具栏中的按钮，弹出【基本曲线】对话框。单击其中的按钮，弹出【曲线倒圆】对话框，如图 3.95 所示。再单击倒圆方法中的按钮，在【半径】文本框中输入 50.00000，选择不修剪两条曲线。根据提示按逆时针方向选择两个圆，指出大概的圆角中心位置，即可创建两段圆弧的倒圆，如图 3.96 所示。

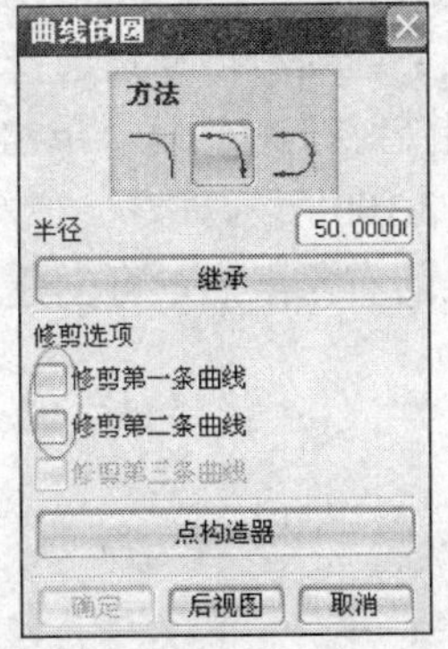

图 3.95　【曲线倒圆】对话框

图 3.96　创建两段圆弧

ⓘ **警告**：必须沿倒圆方向按逆时针选择两个圆，否则将会出现与倒圆构成一个圆的其他曲线。

（2）单击【编辑曲线】工具栏中的按钮，弹出【修剪曲线】对话框，如图 3.97 所示。选择修剪曲线和边界对象（两段圆弧），即可完成修剪操作，如图 3.98 所示。

图 3.97　【修剪曲线】对话框

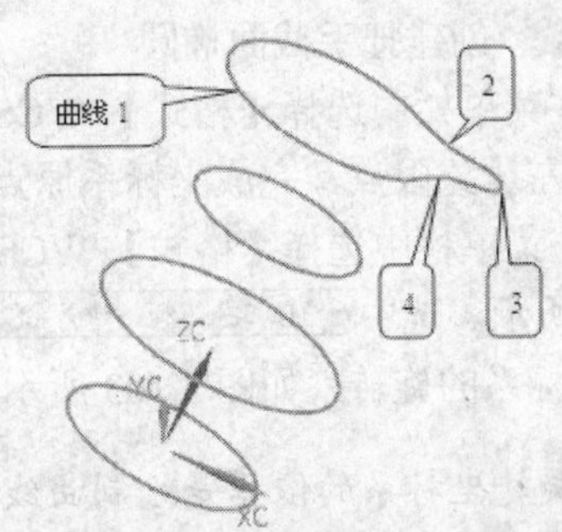

图 3.98　修剪与合并曲线

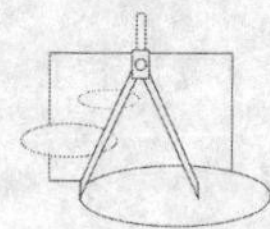

技巧：修剪曲线时要选中【修剪边界对象】复选框，同时将【输入曲线】设置为“隐藏”。

（3）单击【曲线】工具栏中的按钮，弹出【连结曲线】对话框。选择图 3.98 中刚完成修剪操作的 4 段曲线，单击确定按钮，即可完成合并操作。

※ **STEP 3** 创建壶身样条曲线

（1）单击【曲线】工具栏中的按钮，弹出【样条】对话框。单击其中的通过点按钮，弹出【通过点生成样条】对话框。再单击确定按钮，弹出【样条】对话框。单击其中的点构造器按钮，弹出【点】对话框，如图 3.99 所示。

（2）选择【类型】下拉列表框中的【 象限点】选项，再分别选择 4 个高度平面的 4 段圆弧曲线的左象限点，单击确定按钮，弹出【指定点】对话框。单击是按钮，再单击确定按钮，即可创建壶身的左边样条曲线，如图 3.100 所示。

（3）重复步骤（1）、（2），选择 4 段圆弧曲线的右象限点，可创建壶身的右边样条曲线，如图 3.100 所示。

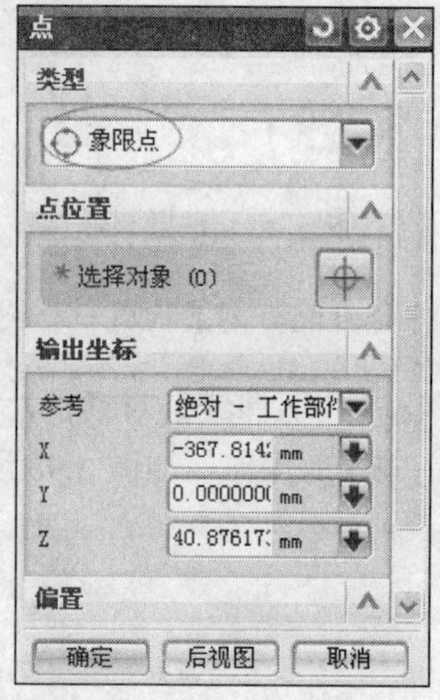

图 3.99 【点】对话框

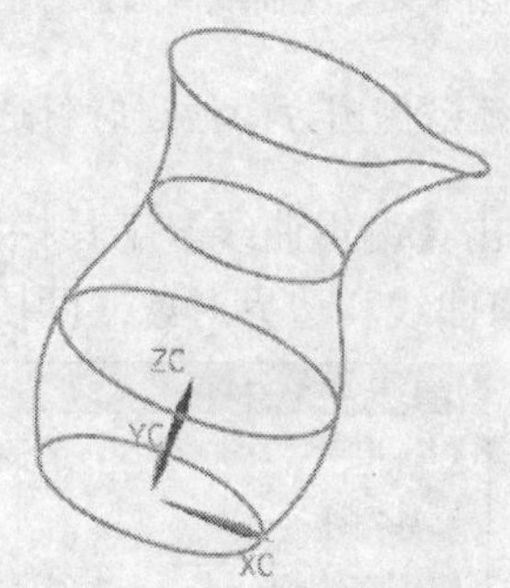

图 3.100 创建样条曲线

提示：选择象限点时，如果出现合并曲线不能被选中的情况，则用其他方法选取，如先将两象限点定义出来变成已存在的点处理。

※ **STEP 4** 创建把手截面椭圆

（1）在菜单栏中选择【格式】/WCS/【原点】命令，弹出【点】对话框。选择最上面一条曲线的左边象限点，完成坐标系原点的变换，如图 3.101 所示。

（2）在菜单栏中选择【格式】/WCS/【旋转】命令，弹出【旋转 WCS 绕…】对话框，如图 3.102 所示。选中- YC 轴：XC --> ZC单选按钮，设置旋转角度值为 90，单击确定按钮，完成坐标系的旋转，如图 3.103 所示。

要点：旋转坐标系的依据是绘制曲线只能在 XC-YC 平面或 XC-YC 面的平行面进行。

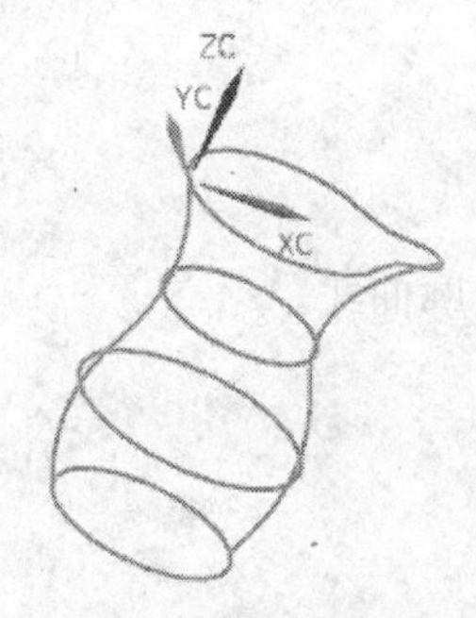

图 3.101　变换坐标系原点

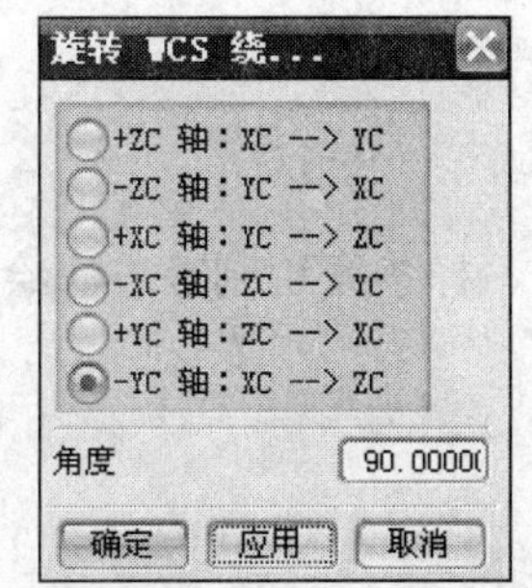

图 3.102　【旋转 WCS 绕…】对话框

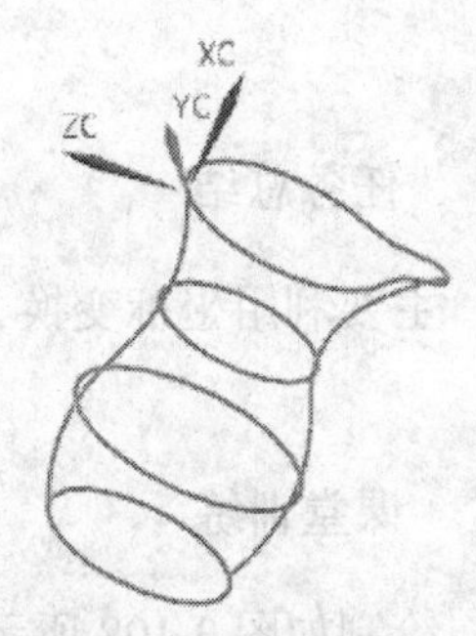

图 3.103　旋转坐标系

（3）单击【曲线】工具栏中的按钮，弹出【点】对话框。选择坐标原点作为椭圆中心，弹出【椭圆】对话框，如图 3.104 所示。按图 3.104 输入参数，创建的椭圆如图 3.105 所示。

图 3.104　【椭圆】对话框

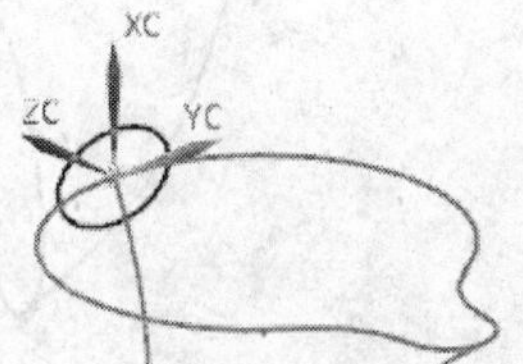

图 3.105　创建椭圆

※ STEP 5　创建把手样条曲线

（1）旋转坐标系。在菜单栏中选择【格式】/WCS/【旋转】命令，弹出【旋转 WCS 绕…】对话框。选中+ XC 轴：YC --> ZC单选按钮，设置旋转角度值为 90，单击确定按钮，效果如图 3.106 所示。

（2）单击【曲线】工具栏中的按钮，通过（0，0，0）、（30，35，0）、（25，86，0）、（-25，121，0）、（-115，109，0）、（-168，44，0）、（-214，-5，0）7 个点创建把手样条曲线，如图 3.107 所示。

（3）在菜单栏中选择【文件】/【另存为】命令，以文件名“3.5.16.prt”保存绘制图形。

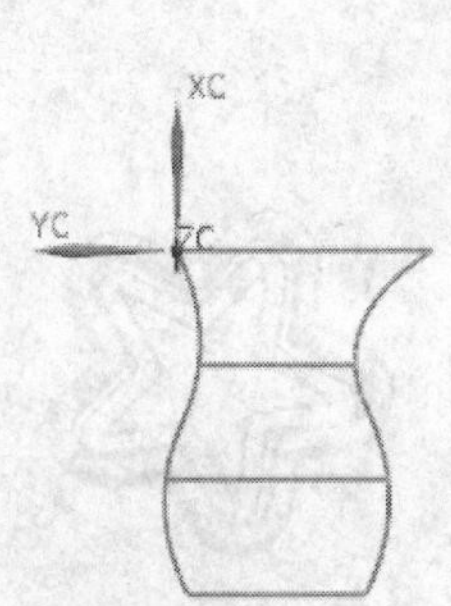

图 3.106　旋转坐标系

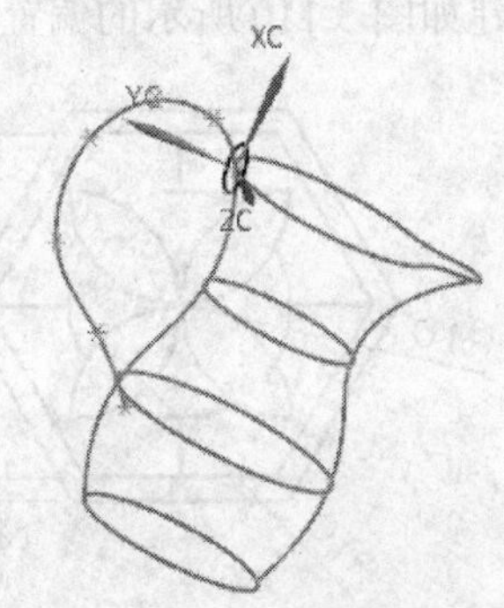

图 3.107　创建把手样条曲线

任务总结

主要利用坐标变换、合并曲线、样条线绘制等方法绘制茶壶轮廓曲线。

课堂训练

绘制如图 3.108 所示的壶嘴曲线。

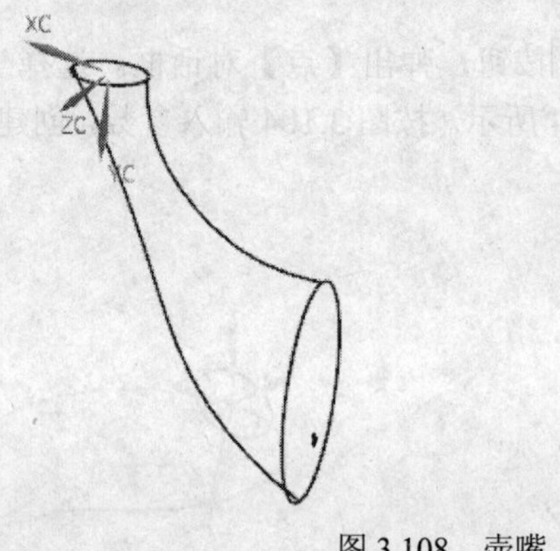

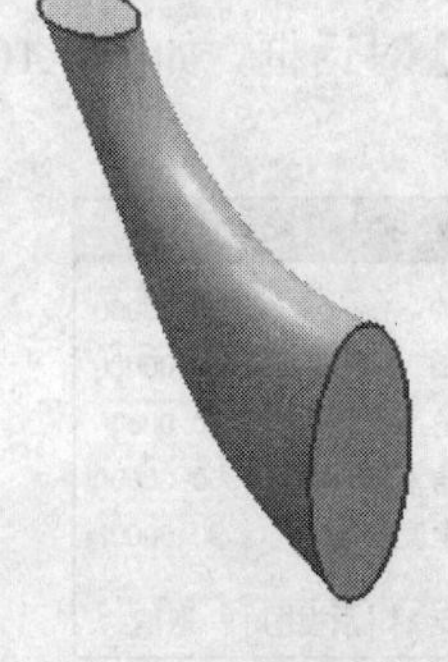

图 3.108　壶嘴

知识拓展

根据茶壶轮廓曲线创建曲面。

习　　题

1．创建如图 3.109 所示的花边图形。
2．创建如图 3.110 所示的偏置曲线图形。

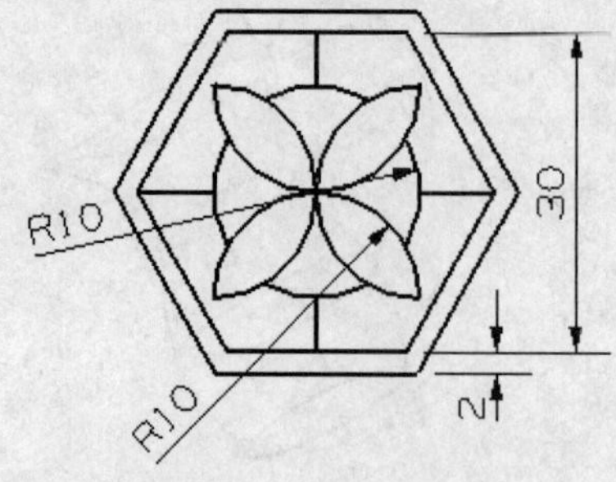

图 3.109　花边

图 3.110　偏置曲线图

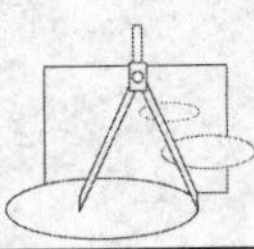

3．创建如图 3.111 所示的曲线图形。

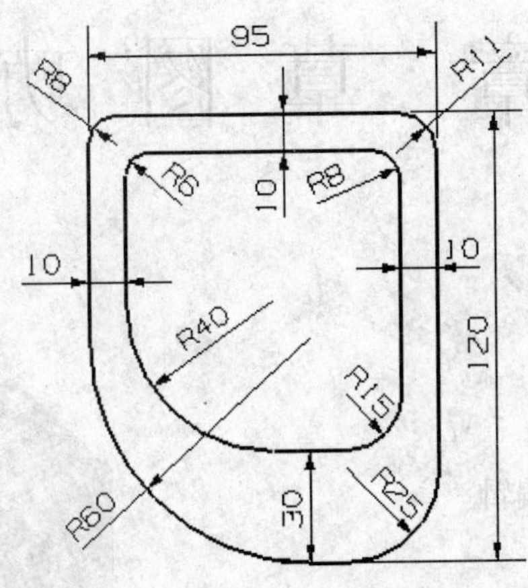

图 3.111　曲线图形

第4章 草图功能

本章要点

- 草图曲线的绘制和编辑
- 草图约束
- 草图操作
- 草图生成器

任务案例

- 入门引例：利用草图功能绘制凸轮轮廓曲线
- 绘制塞堵零件

草图是 UG 系统建立参数化模型的一个重要功能，通常三维建模应该从草图开始。先通过草图曲线功能初步绘出轮廓形状，然后进行尺寸约束和几何约束，得到准确形状。再对二维轮廓进行拉伸、旋转、扫描等操作便可形成三维实体。

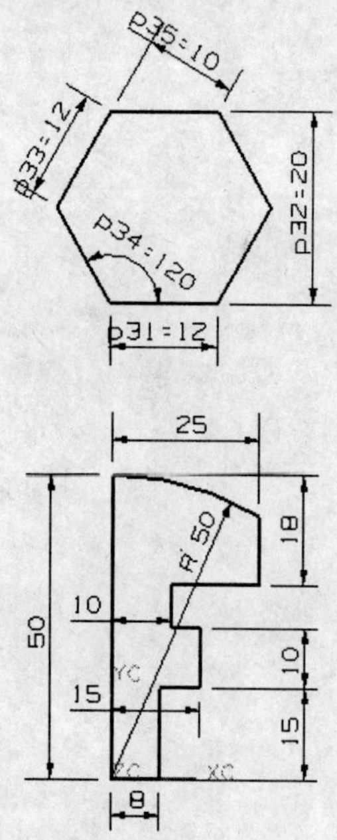

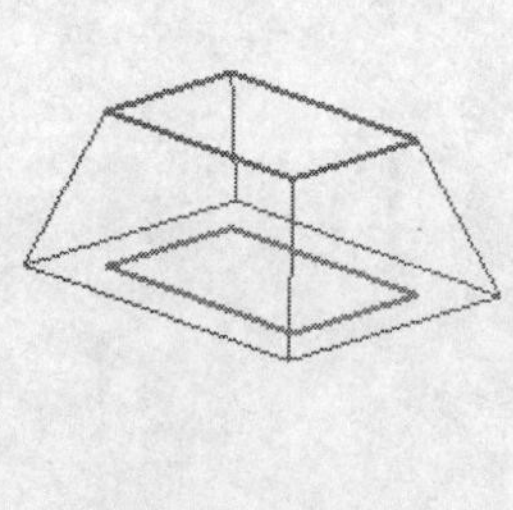

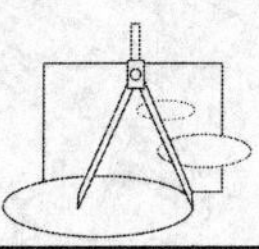

下面先引入工程实例来说明草图主要功能的应用。

任务 4-1　入门引例：利用草图功能绘制凸轮轮廓曲线

试绘制如图 4.1 所示的凸轮轮廓曲线。

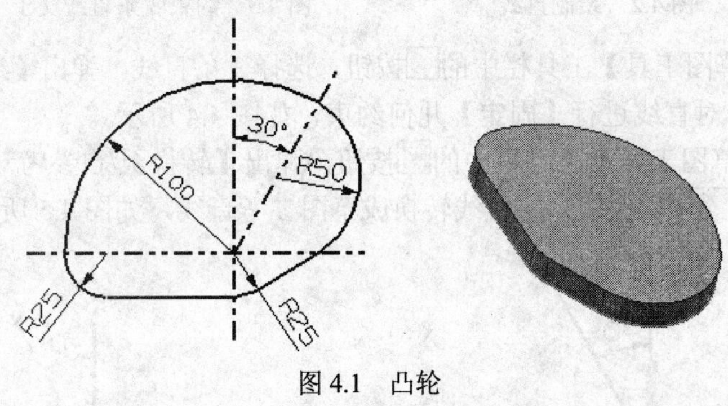

图 4.1　凸轮

任务分析

该轮廓曲线由半径为 25、25、50 和 100 的 4 段圆弧及两段与圆弧相切的直线构成，这里采用草图功能来绘制。当然，也可以采用第 3 章所述的曲线功能绘制。

相关知识

草图绘制环境中创建圆弧和直线的方法、草图几何约束、快速修剪命令等。

任务实施

※ STEP 1　进入草图绘制环境

（1）创建一个新文件，进入建模模块。

（2）在菜单栏中选择【插入】/【草图】命令，或者单击【特征】工具栏中的按钮，进入 UG NX 8.0 草图绘制界面。在弹出的【创建草图】对话框中单击确定按钮，创建草图工作平面。

※ STEP 2　绘制 3 条草图参考直线

（1）单击【草图工具】工具栏中的按钮，绘制 3 条直线，如图 4.2 所示。

（2）单击【草图工具】工具栏中的按钮，选择直线 1 的端点和直线 2，弹出【约束】工具栏，选择其中的按钮，将直线 1 的端点约束到直线 2 上，从而确定 3 条直线相交于一点，如图 4.3 所示。

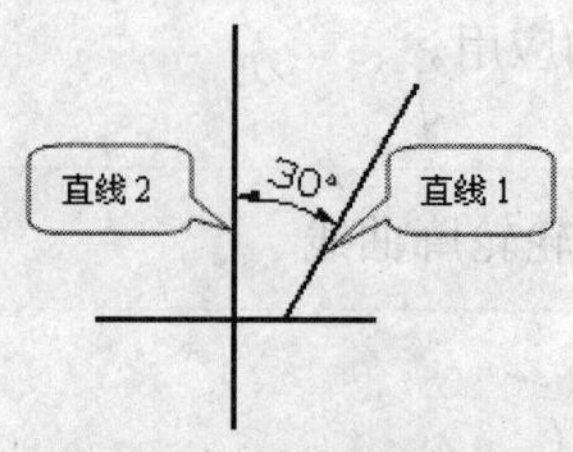

图 4.2　绘制直线

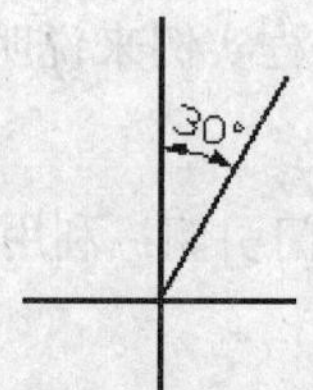

图 4.3　约束 3 条直线交于一点

（3）单击【草图工具】工具栏中的按钮，选择 3 条直线，弹出【约束】工具栏，单击其中的按钮，对直线进行【固定】几何约束，如图 4.4 所示。

（4）单击【草图工具】工具栏中的按钮，弹出【转换至/自参考对象】对话框，选择 3 条直线后单击确定按钮，将直线转换成草图参考直线，如图 4.5 所示。

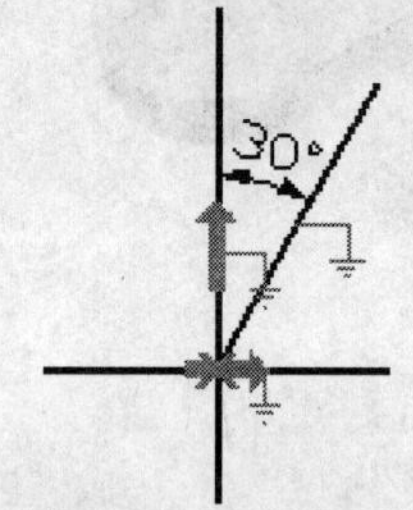

图 4.4　【固定】约束直线

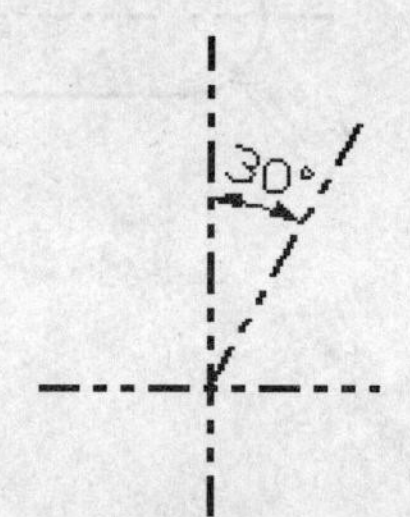

图 4.5　草图参考直线

※ STEP 3　绘制圆弧和切线

（1）单击【草图工具】工具栏中的按钮，选择斜线的端点为圆心，绘制直径为 50 和 200 的两个圆，如图 4.6 所示。

（2）单击【草图工具】工具栏中的按钮，选择圆直径为 200 的圆心作为起始点，以该圆的切点为终止点，绘制半径为 50 的圆弧，如图 4.6 所示。

如果终止点不是切点，可以约束为相切。方法是：单击【草图约束】工具栏中的按钮，选择 ϕ200 的圆，弹出【约束】工具栏，单击其中的按钮，先对该圆进行【固定】几何约束。然后同时选择 ϕ200 的圆和 R50 的圆弧，在弹出的【约束】工具栏中单击按钮即可。

（3）单击【草图工具】工具栏中的按钮，绘制 ϕ50 的圆与 R50 的圆弧的一条公切线以及 ϕ50 圆的一条水平切线，如图 4.6 所示。

（4）单击【草图工具】工具栏中的按钮，选择步骤（1）、（2）、（3）绘制的直线和圆弧，弹出【约束】工具栏，选择其中的按钮，进行【固定】几何约束。

（5）单击【草图工具】工具栏中的按钮，绘制半径为 25 的圆弧与 ϕ200 圆及 ϕ50 圆的水平切线相切，如图 4.6 所示。同样可采用步骤（2）的方法约束其相切。

※ STEP 4　修剪多余线条

单击【草图工具】工具栏中的按钮，选择图 4.6 中所有多余的线条进行快速修剪，得到凸轮轮廓曲线，如图 4.7 所示。

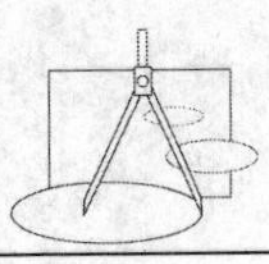

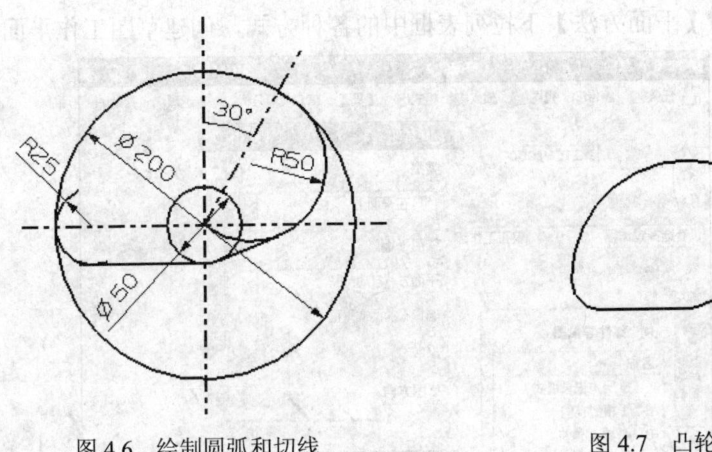

图 4.6　绘制圆弧和切线

图 4.7　凸轮轮廓

任务总结

利用绘制圆弧、直线、几何约束、快速修剪等基本命令，完成凸轮轮廓曲线的绘制。这里要特别注意几何约束命令的使用。

课堂训练

绘制连接板草图曲线，如图 4.8 所示。

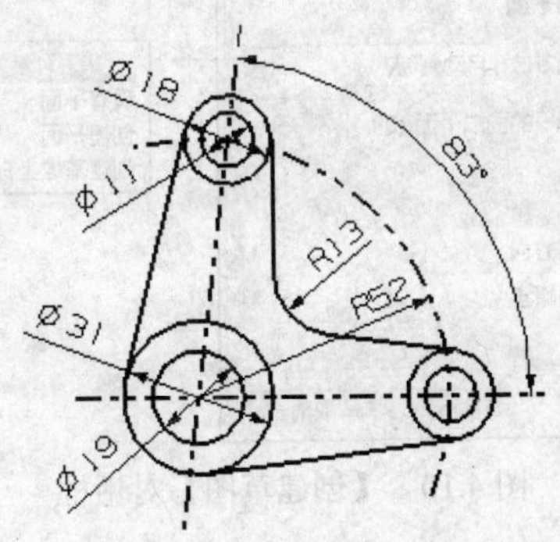

图 4.8　连接板轮廓曲线

4.1　草图平面和草图工具

4.1.1　草图平面

在菜单栏中选择【插入】/【草图】命令，或者单击【特征】工具栏中的按钮，进入 UG NX 8.0 草图绘制界面，如图 4.9 所示。同时弹出【创建草图】对话框，如图 4.10 所示，根据其【类型】和【平面方法】下拉列表框中的各种方式，创建草图工作平面。

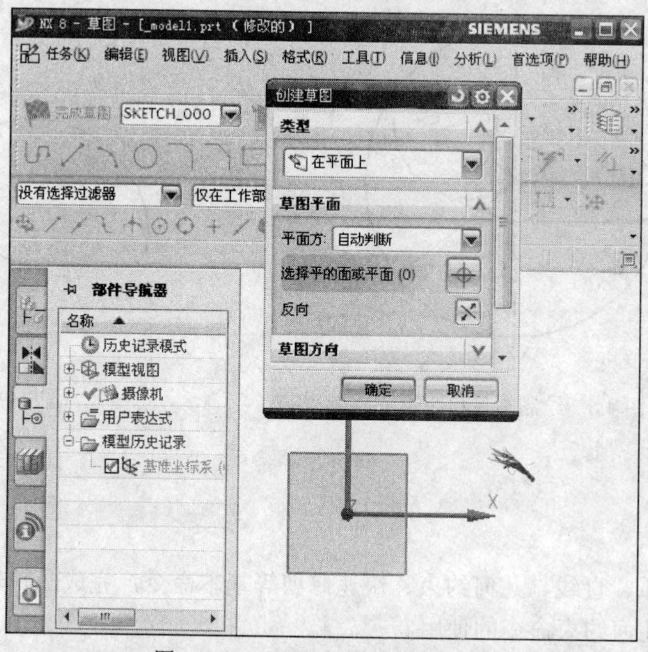

图 4.9　UG NX 8.0 草图绘制界面

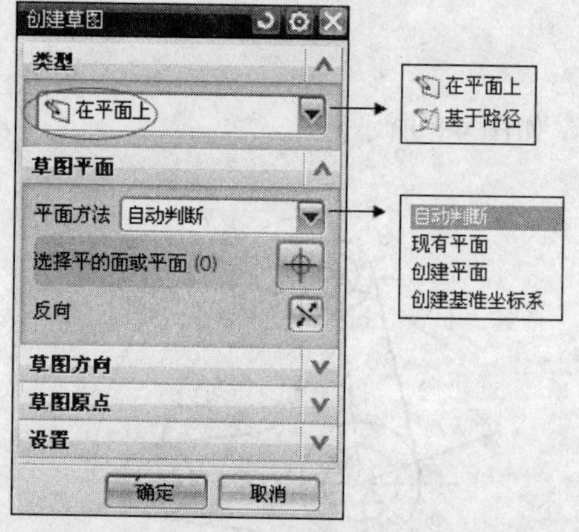

图 4.10　【创建草图】对话框

1. 在平面上

在【创建草图】对话框中选择【在平面上】选项，创建草图平面、XC-YC 平面、YC-ZC 平面、ZC-XC 平面、平面和基准 CSYS 等 6 种草图工作平面。

（1）草图平面

在【平面方法】下拉列表中选择【现有平面】选项，再在绘图工作区选择一个平面作为草图工作平面。

（2）XC-YC 平面

在【平面方法】下拉列表中选择【现有平面】选项，在图 4.9 所示的草图绘制界面中

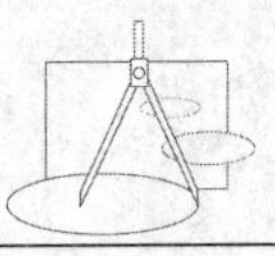

单击 X-Y 坐标平面，然后单击对话框中的 确定 按钮，即可选择 X-Y 坐标平面作为草图工作平面。用同样的方法可以选择 Y-Z、Z-X 坐标平面作为草图工作平面。

（3）平面

在【平面方法】下拉列表中选择【创建平面】选项，单击按钮，弹出【平面】对话框，如图 4.11 所示。根据其【类型】下拉列表中的各种方式，创建草图工作平面。

（4）基准 CSYS

在【平面方法】下拉列表中选择【创建基准坐标系】选项，单击按钮，弹出【基准 CSYS】对话框，如图 4.12 所示。根据其【类型】下拉列表中的各种方式，创建草图工作平面。

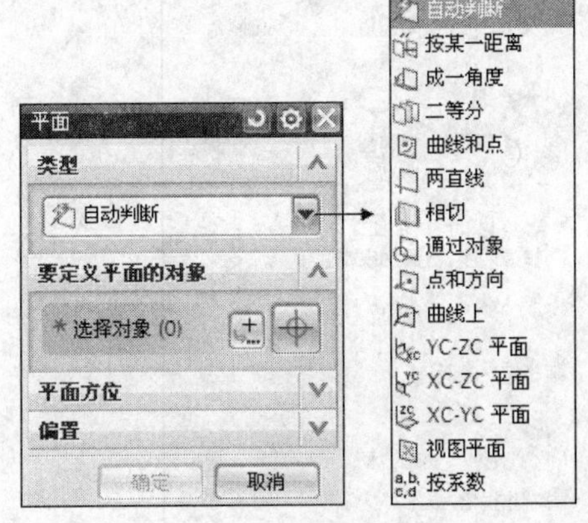

图 4.11　【平面】对话框

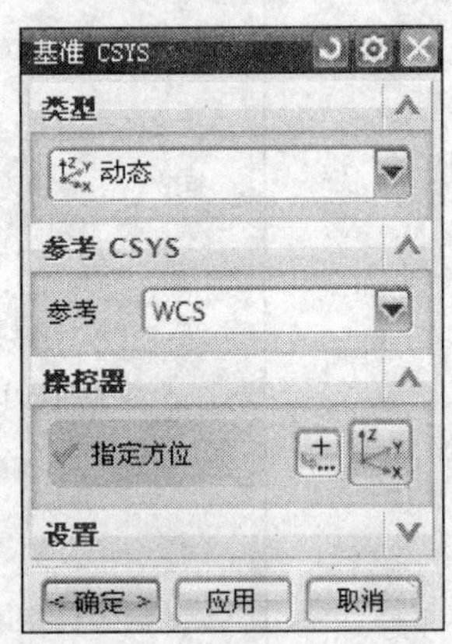

图 4.12　【基准 CSYS】对话框

2. 基于路径

在【创建草图】对话框中选择【基于路径】选项，在绘图工作区选择一条连续的曲线作为路径，单击 确定 按钮，即可创建草图工作平面，如图 4.13 所示。在【弧长百分比】文本框中输入数值，可以改变草图工作平面的位置。

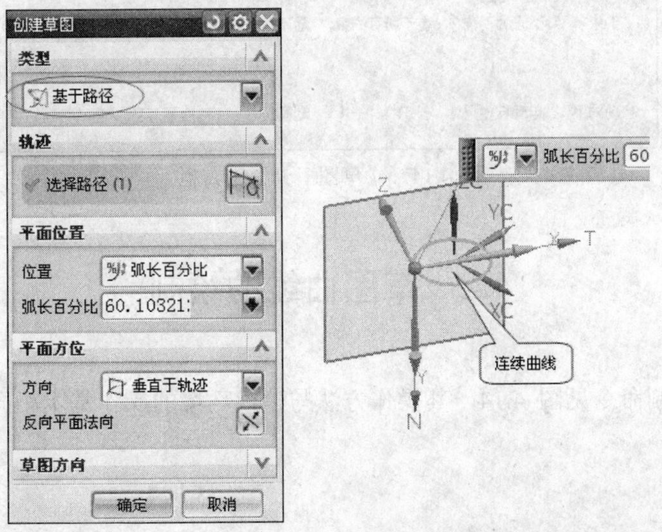

图 4.13　【基于路径】方式

关键：选择【基于路径】选项时，工作区中必须存在供选取的曲线作为草图平面创建的路径。

4.1.2　草图工具

在 UG NX 8.0 草图绘制界面中，【草图工具】工具栏如图 4.14 所示，主要包括草图曲线的绘制、编辑和草图约束等命令。

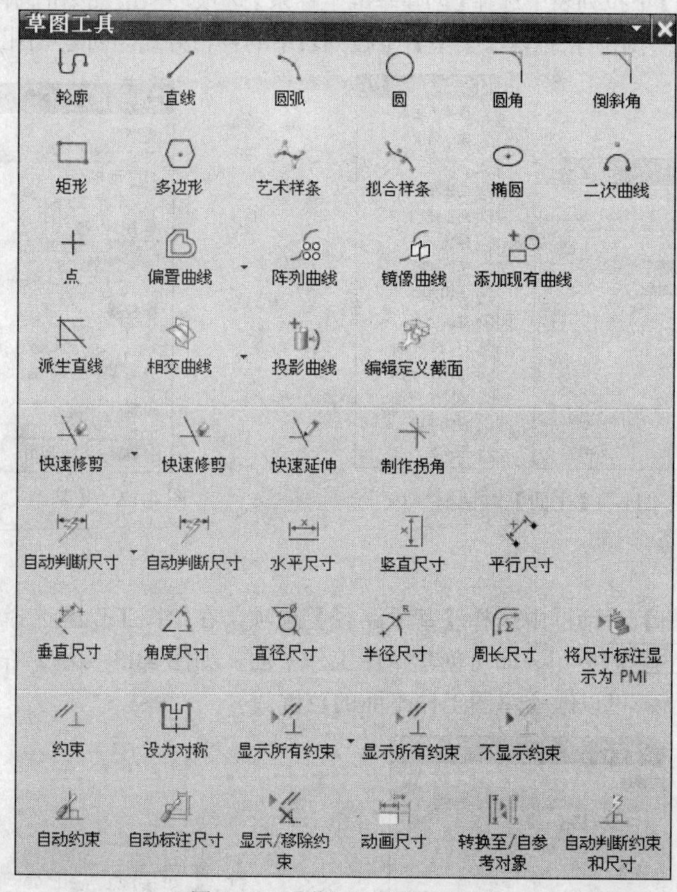

图 4.14　【草图工具】工具栏

4.2　草图曲线的绘制

草图曲线绘制命令见图 4.14，其操作方法与建模环境的操作基本相同，因此在这里只做简要说明。

1. 直线

用于创建可设定长度、角度值的线段。

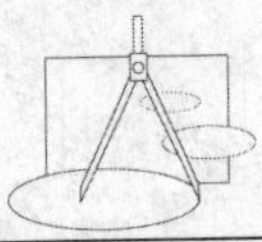

2．圆弧

用于创建可设定半径和扫描角度值的圆弧段。

3．圆

用于创建可设定半径值的圆。

4．椭圆

用于创建椭圆，先指定中心，再输入大半径、小半径和旋转角度值。

5．矩形

可用【用 2 点】、【按 3 点】、【从中心】3 种方式创建矩形。

6．艺术样条

用于创建艺术样条曲线，与建模环境的操作基本相同。

7．点

用于创建点，与建模环境的操作基本相同。

8．派生直线

用于创建平行线、中线和角平分线。

9．轮廓

建立草图工作平面后，系统会自动弹出【轮廓】对话框，或者单击【草图工具】工具栏上的按钮，弹出【轮廓】工具栏，如图 4.15 所示。该工具栏以线串模式创建一系列的直线或圆弧，如图 4.16 和图 4.17 所示。

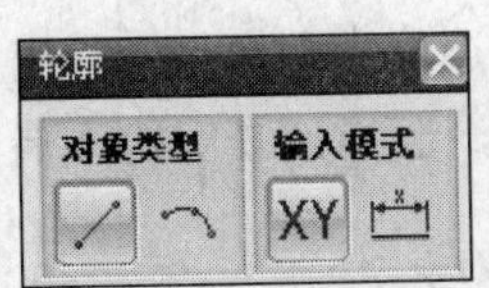

图 4.15　【轮廓】工具栏

图 4.16　绘制连续直线

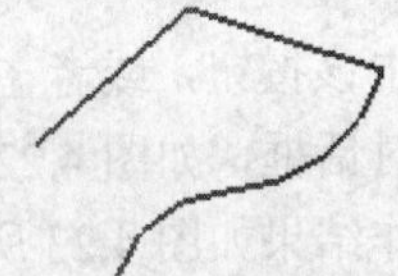

图 4.17　绘制直线和圆弧

技巧： 利用轮廓线绘制的草图各线段是首尾相接的，这样有利于提高绘图的效率和质量，同时通过按下、拖动鼠标可变换绘制直线和圆弧。

10．圆角

单击该按钮，或者在菜单栏中选择【插入】/【曲线】/【圆角】命令，弹出【圆角】工具栏，如图 4.18 所示。按不同选项，其操作结果如图 4.19 所示。

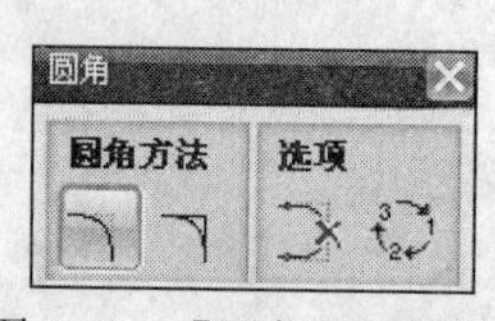

图 4.18 【圆角】工具栏

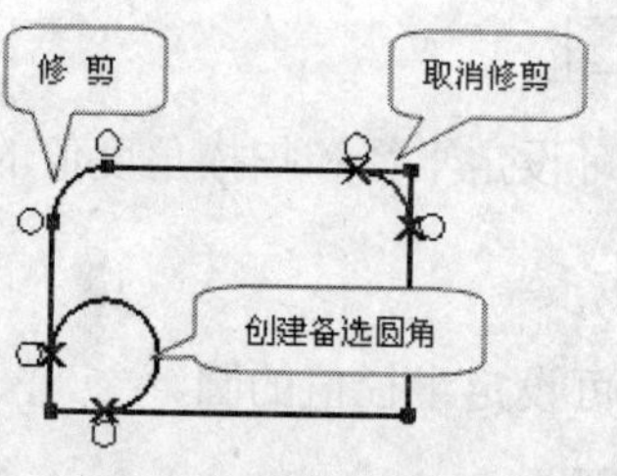

图 4.19 【圆角】示意图

4.3 草图曲线的编辑

草图曲线主要编辑命令见图 4.14，下面将分别进行介绍。

1. 制作拐角

单击该按钮，或者在菜单栏中选择【编辑】/【曲线】/【制作拐角】命令，弹出【制作拐角】对话框，如图 4.20 所示。该命令以曲线交点为边界，分别选择两条曲线保留的一端单击即可，操作结果如图 4.21 所示。

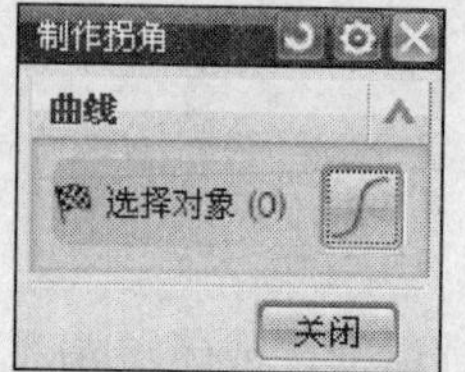

图 4.20 【制作拐角】对话框

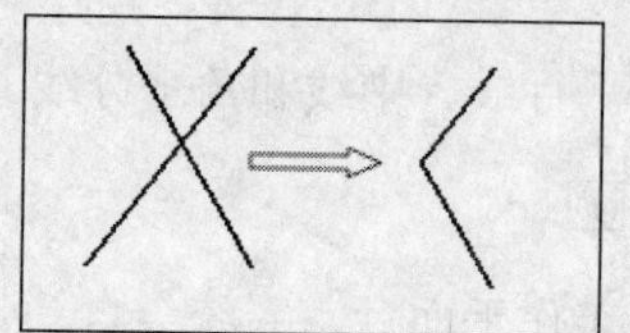

图 4.21 【制作拐角】示意图

2. 快速修剪

单击该按钮，或者在菜单栏中选择【编辑】/【曲线】/【快速修剪】命令，弹出【快速修剪】对话框，如图 4.22 所示。该命令以曲线交点为修剪边界，选择被修剪的一端单击即可。操作结果如图 4.23 所示。

图 4.22 【快速修剪】对话框

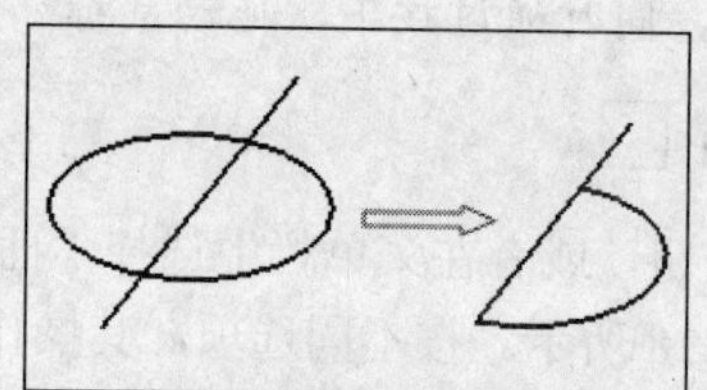

图 4.23 【快速修剪】示意图

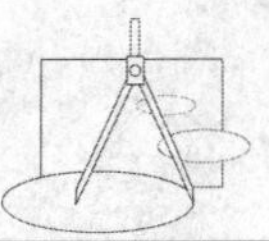

3．快速延伸

单击该按钮，或者在菜单栏中选择【编辑】/【曲线】/【快速延伸】命令，弹出【快速延伸】对话框，如图 4.24 所示。该命令以延伸曲线最先达到的曲线为延伸边界，选择延伸的一端单击即可。操作结果如图 4.25 所示。

图 4.24　【快速延伸】对话框

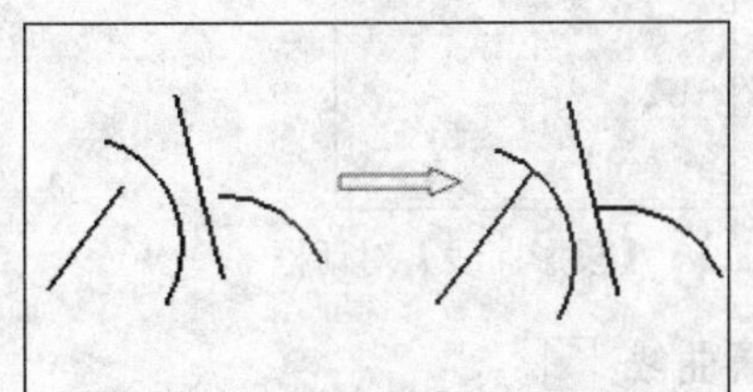

图 4.25　【快速延伸】示意图

4．添加现有曲线

利用该命令可以将实体或平面的边缘线转化为草图曲线，也可将非当前草图平面内的曲线添加到当前草图中。如针对建模环境绘制的曲线（如多边形、圆）在执行该命令操作之后，便可在草图环境中进行尺寸标注或编辑修改等。操作示意图如图 4.26 所示。

图 4.26　【添加现有曲线】示意图

提示：如果所选取的基本曲线已经用于拉伸、旋转、扫掠等操作，则不能添加到草图。

5．相交曲线

单击该按钮，或者在菜单栏中选择【插入】/【处方曲线】/【相交曲线】命令，弹出【相交曲线】对话框，如图 4.27 所示。操作示意图如图 4.28 所示。

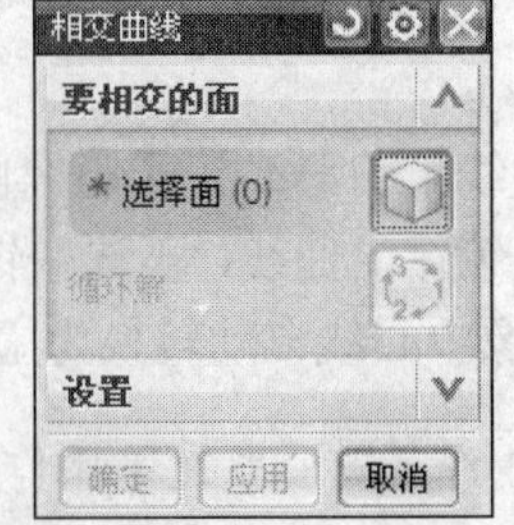

图 4.27　【相交曲线】对话框

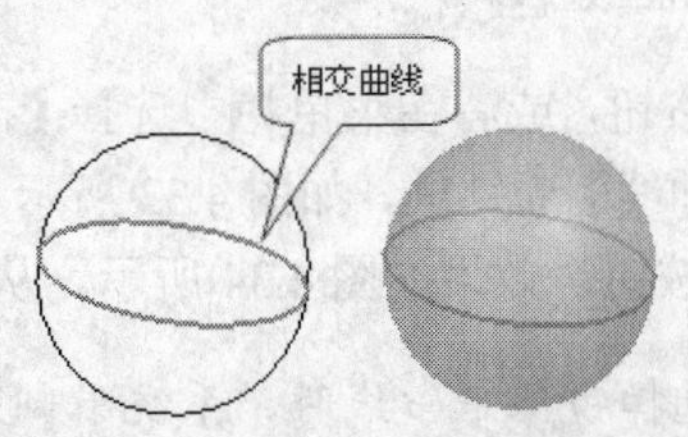

图 4.28　【相交曲线】示意图

6. 投影曲线

单击该按钮，或者在菜单栏中选择【插入】/【处方曲线】/【投影曲线】命令，弹出【投影曲线】对话框，如图 4.29 所示。选择要投影的曲线或点，将沿草图平面的法向投影到草图上，如图 4.30 所示。

图 4.29 【投影曲线】对话框

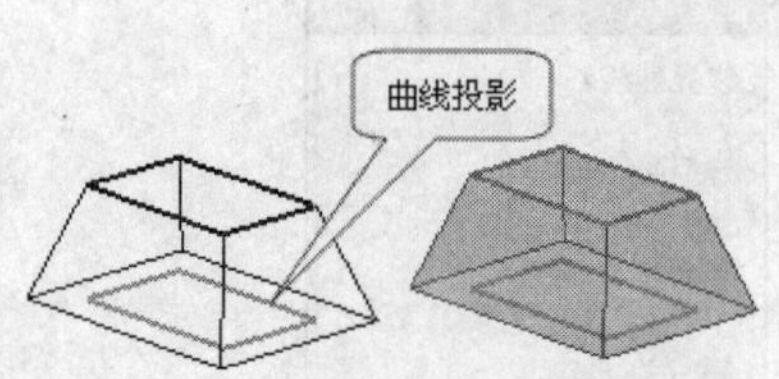

图 4.30 【投影曲线】示意图

7. 偏置曲线

单击该按钮，或者在菜单栏中选择【插入】/【来自曲线集的曲线】/【偏置曲线】命令，弹出【偏置曲线】对话框，如图 4.31 所示。先选取要偏置的曲线，然后输入偏置距离，单击 确定 按钮，效果如图 4.32 所示。单击其中的按钮可改变偏置方向。

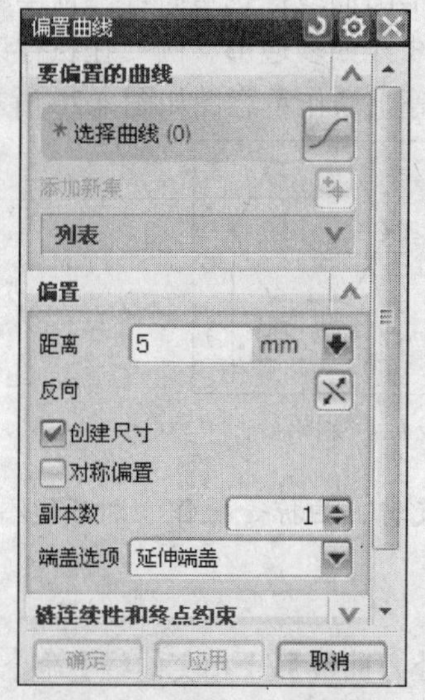

图 4.31 【偏置曲线】对话框

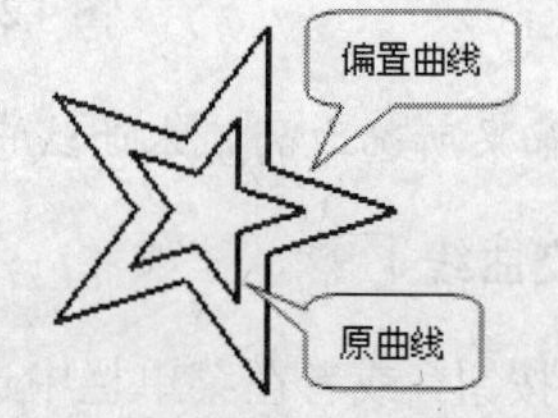

图 4.32 【偏置曲线】示意图

8. 镜像曲线

单击该按钮，或者在菜单栏中选择【插入】/【来自曲线集的曲线】/【镜像曲线】命令，弹出【镜像曲线】对话框，如图 4.33 所示。先逐一选取要镜像的曲线，再选取镜像中心线，单击 确定 按钮，效果如图 4.34 所示。从图中可见，镜像中心线自动转换为虚线。

提示： 选择镜像中心线时，系统限制只能选择草图中的直线。当镜像操作完成后，选取镜像中心线会变成参考线。

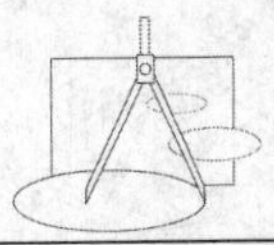

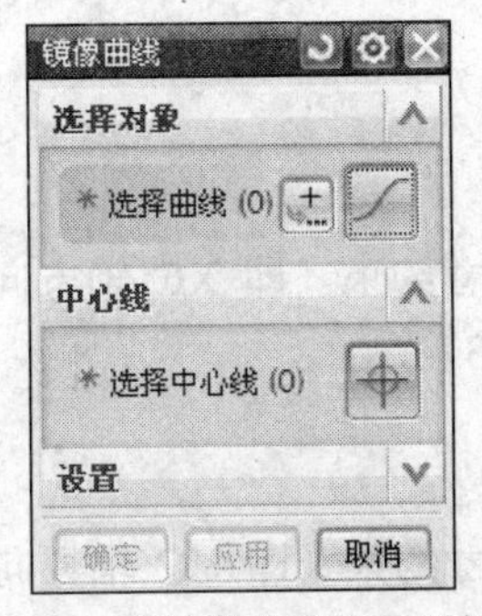

图 4.33　【镜像曲线】对话框

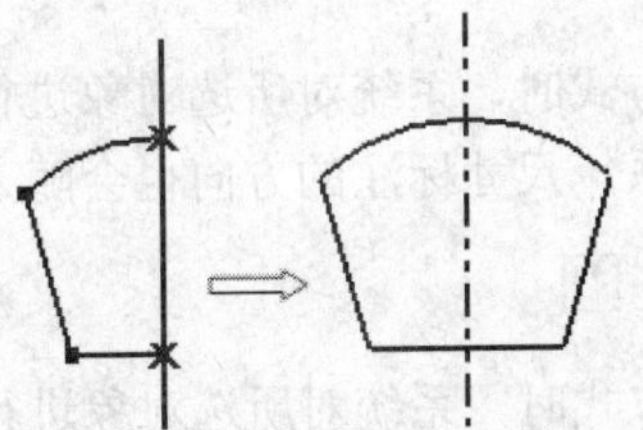

图 4.34　【镜像曲线】示意图

4.4 草图约束

草图约束用于限制草图的形状和大小，包括尺寸约束和几何约束。草图约束命令如图 4.14 所示，下面将分别进行介绍。

4.4.1 建立尺寸约束

在菜单栏中选择【插入】/【尺寸】/【自动判断】命令，或者单击【草图工具】工具栏中的按钮，弹出【尺寸】工具栏，如图 4.35 所示，再单击其中的按钮，弹出【尺寸】对话框，如图 4.36 所示。

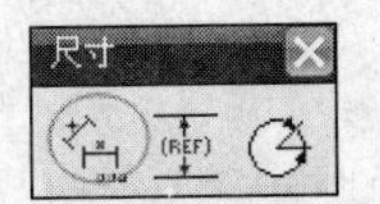

图 4.35　【尺寸】工具栏

图 4.36　【尺寸】对话框

1. 自动判断

选择该方式时，系统根据所选对象的类型和光标与所选对象的相对位置，采用相应的标注方式。

2．水平

选择该方式时，系统对所选对象进行水平方向的尺寸约束（即 XC 轴方向）。如果旋转工作坐标系，尺寸标注的方向也会随之改变，如图 4.37 所示。

3．竖直

选择该方式时，系统对所选对象进行竖直方向的尺寸约束（即 YC 轴方向）。如果旋转工作坐标系，尺寸标注的方向也会随之改变，如图 4.37 所示。

4．平行

选择该方式时，系统进行与所选对象平行的尺寸约束，标注尺寸与选择两个点的连线平行，如图 4.37 所示。

5．垂直

选择该方式时，系统对点到直线的距离进行尺寸约束。标注时，先选取一条直线，再选取点，则标注尺寸为点到直线的垂直距离，如图 4.37 所示。

6．角度

选择该方式时，系统对所选两条直线的夹角进行角度尺寸约束。在选取直线时，如果光标远离两直线交点，标注的为两直线夹角。如果光标比较靠近两直线交点，标注的则是两直线夹角的对顶角，如图 4.37 所示。

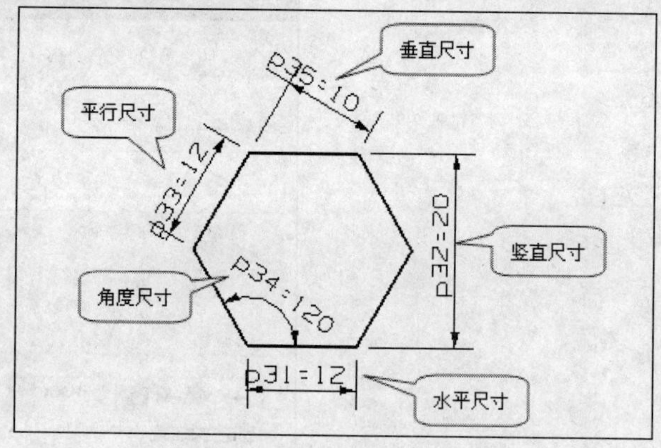

图 4.37　尺寸标注示意图

7．直径

选择该方式时，系统对所选圆弧对象进行直径尺寸约束。

提示：使用该方式所选的圆或圆弧必须是在草图模式中创建的，或者已进行添加到草图的处理。

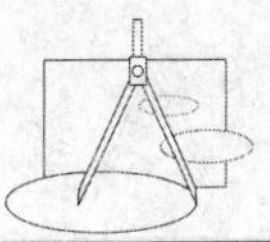

8．半径

选择该方式时，系统对所选圆弧对象进行半径尺寸约束。

9．周长

选择该方式时，系统对所选对象进行周长尺寸约束。标注尺寸为所选一段或多段曲线的总长度。

4.4.2　建立几何约束

草图的几何约束主要用于确定草图对象的形状特征和对象之间的相互位置关系。

1．约束

选择该方式后，依次选择需要添加几何约束的对象，系统会弹出【约束】工具栏，如图 4.38 所示。该工具栏随选取对象的不同会有所不同。

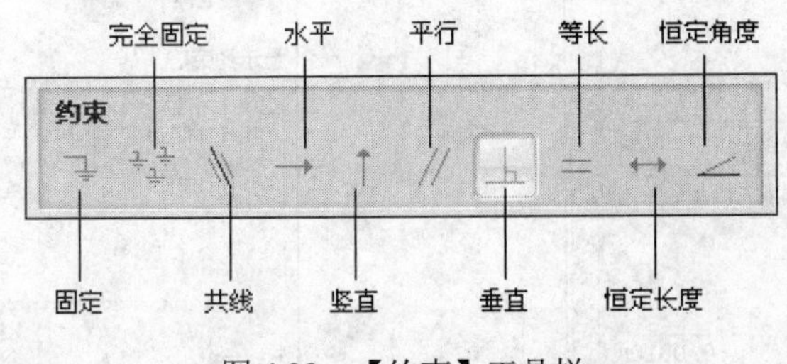

图 4.38　【约束】工具栏

2．自动约束

选择该方式后，系统会弹出【自动约束】对话框，如图 4.39 所示。该方式能够在可行的地方自动地应用草图的几何约束类型（水平、竖直、相切等）。

【自动约束】对话框中有关选项的含义如下。

- 【全部设置】：选中所有约束类型。
- 【全部清除】：清除所有约束类型。
- 【应用远程约束】：在绘图工作区和其他草图文件中有约束时，系统显示约束符号。
- 【距离公差】：用于控制对象端点的距离必须达到的接近程度。
- 【角度公差】：用于控制水平、竖直、平行、垂直等约束时，直线位置必须达到的接近程度。

3．显示所有约束

选择该方式时，系统显示所有的约束类型。

4．不显示约束

选择该方式时，系统隐藏所有的约束类型。

5．显示/移除约束

选择该方式后，系统会弹出【显示/移除约束】对话框，如图 4.40 所示。该方式用于显示与所选草图对象相关的几何约束，还可以删除指定的约束，或列出有关所有几何约束的信息。

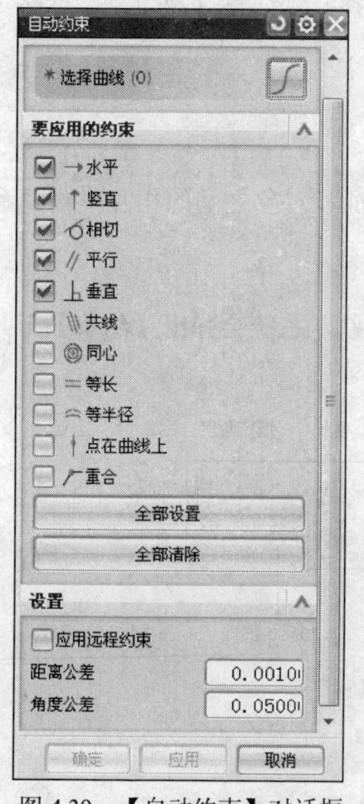

图 4.39 【自动约束】对话框

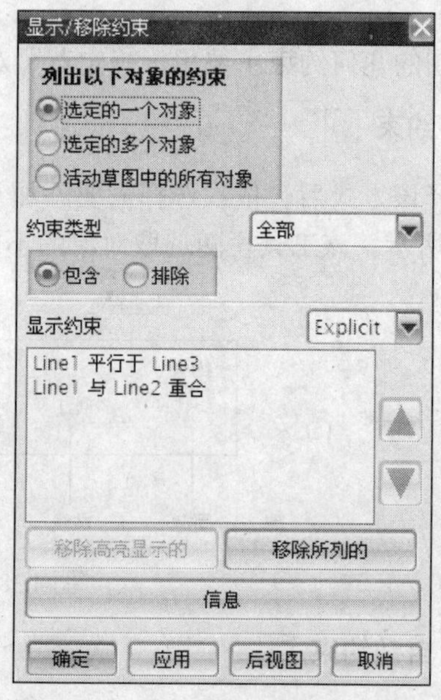

图 4.40 【显示/移除约束】对话框

【显示/移除约束】对话框中有关选项的功能如下。

- 【列出以下对象的约束】：用于设置在绘图工作区要显示的约束对象的范围。
  - 【选定的一个对象】：显示当前所选定的一个草图对象的几何约束。
  - 【选定的多个对象】：显示选定的多个草图对象的几何约束。
  - 【活动草图中的所有对象】：显示当前所有草图对象的几何约束。
- 【约束类型】：用于设置在绘图工作区要显示的约束类型。
  - 【包含】：显示指定类型的几何约束。
  - 【排除】：显示指定类型之外的其他几何约束。
- 【显示约束】：用于显示符合条件的约束对象。
- 【移除高亮显示的】：用于删除高亮显示的约束。先在【显示约束】列表框中选择这些约束，然后选择该选项。
- 【移除所列的】：用于删除在【显示约束】列表框中列出的所有约束。
- 【信息】：用于查询约束信息。

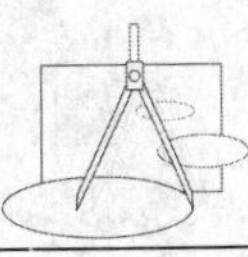

6．动画尺寸

选择该方式后，系统会弹出【动画】对话框，如图 4.41 所示。该方式用于在一个指定的范围内，动态显示使选定的尺寸和与之相关的对象发生变化的效果。如选择一个尺寸，在图 4.42 中会显示出相关数据。

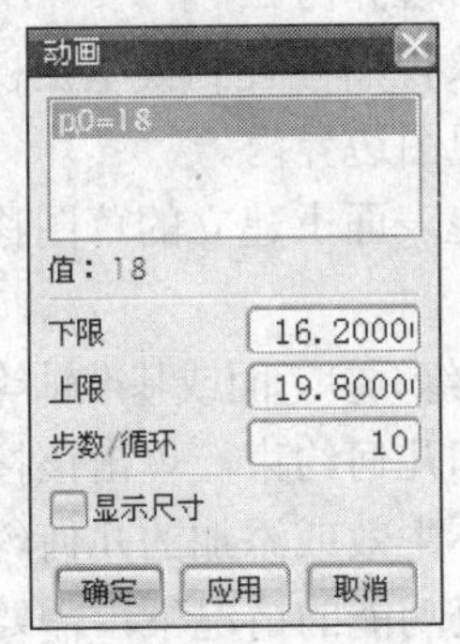

图 4.41　【动画】对话框

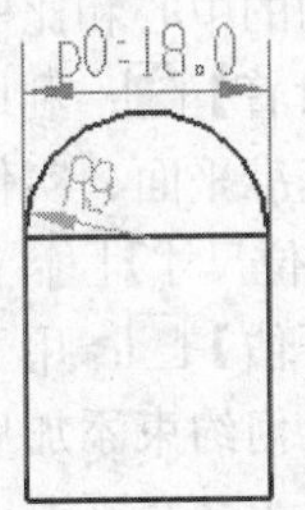

图 4.42　选择尺寸示意图

【动画】对话框中有关选项的含义如下。

- 【尺寸】列表框：显示在草图中已标注的尺寸。
- 【值】：当前所选尺寸（一个）的值。
- 【下限】：动画模拟过程中，当前所选尺寸的最小值。
- 【上限】：动画模拟过程中，当前所选尺寸的最大值。
- 【步数/循环】：动画模拟过程中，当前所选尺寸变化的次数。
- 【显示尺寸】：动画模拟过程中，是否显示尺寸。

7．转换至/自参考对象

用于将草图曲线或尺寸转化为参考对象，或将参考对象转化为草图对象。

8．自动判断约束和尺寸

预先设置约束类型，系统会根据对象间的关系，自动添加相应的约束到草图对象上。

4.5　草　图

【草图】工具栏用来对草图进行定位、重命名和重新附着等操作，如图 4.43 所示。

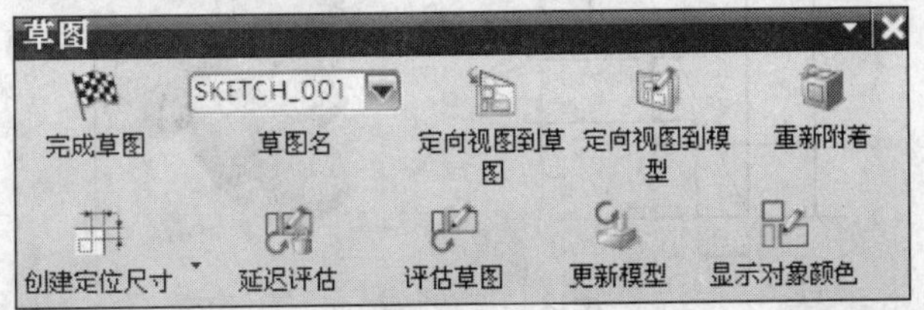

图 4.43　【草图】工具栏

下面是对【草图】工具栏中各选项含义的介绍。

- 【完成草图】：单击此按钮，退出草图绘制平面。
- 【草图名称】SKETCH_001：用于选择进入的草图绘制平面或更改草图的名称。
- 【定向视图到草图】：用于改变草图对象视图位置到草图绘制平面位置，且调整视图的中心和比例，使草图对象都在视图边界内。
- 【定向视图到模型】：用于改变草图对象视图位置到模型主视图平面位置，且调整视图的中心和比例，使草图对象都在视图边界内。
- 【重新附着】：利用该选项可以把一个在表面上建立的草图移动到另一个不同方位的基准平面、实体表面或片体表面上。
- 【创建定位尺寸】：用于确定草图与实体边缘、参考面或基准轴等对象的位置关系。
- 【延迟评估】：用于暂缓更新尺寸约束和几何约束。单击该按钮后，在尺寸修改后或几何约束添加后，修改的尺寸暂时不生效或添加的几何约束暂时不反映到几何对象上。在不退出尺寸修改或几何约束功能的情况下，需要单击按钮才能使尺寸的修改立即生效并更新草图对象，或添加的几何约束立即反映到几何对象上，使草图对象按添加的几何约束移动位置。
- 【评估草图】：对尺寸约束、几何约束和草图对象进行更新，此按钮只有在【延迟评估】选项打开时才有效。
- 【更新模型】：用于更新与当前草图相关联的实体模型，如旋转体或延伸体等。
- 【显示对象颜色】：在对象显示属性中指定的颜色和草图颜色之间切换草图对象的显示。

4.6 绘制塞堵零件

任务 4-2 绘制塞堵零件

绘制塞堵零件的草图曲线，如图 4.44 所示。

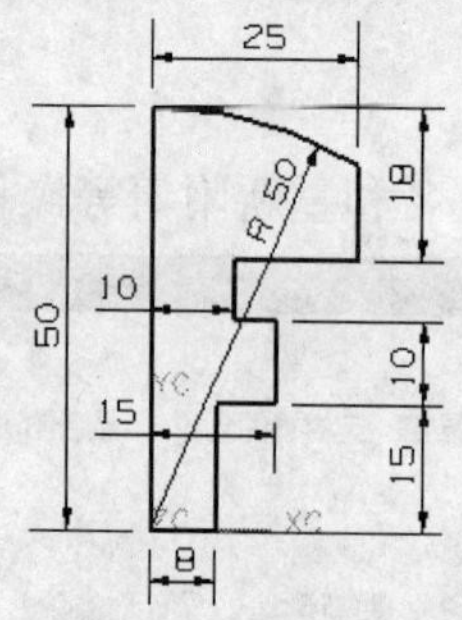

图 4.44 塞堵零件

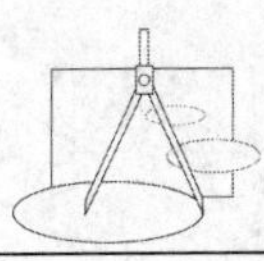

任务分析

该零件截面曲线主要由直线和圆弧构成，先草绘大致轮廓形状，然后采用尺寸约束和几何约束生成符合要求的图形。

相关知识

直线、圆弧的绘制；草图尺寸约束、几何约束等。

任务实施

※ STEP 1　进入草图绘制环境

（1）创建一个新文件，进入建模功能。

（2）在菜单栏中选择【插入】/【草图】命令，或者单击【特征】工具栏中的按钮，进入 UG NX 8.0 草图绘制界面。同时弹出【创建草图】对话框，选择 XC-YC 平面，单击确定按钮，即创建 XC-YC 面为草图工作平面。

※ STEP 2　草绘曲线

（1）单击【草图工具】工具栏中的按钮，草绘 9 段直线（水平线和竖直线），如图 4.45 所示。

（2）单击【草图工具】工具栏中的按钮，草绘一段圆弧，如图 4.46 所示。

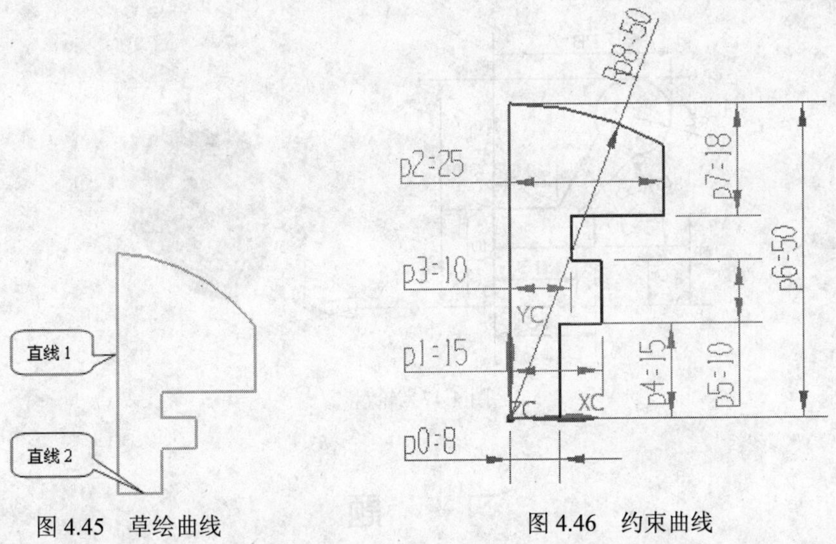

图 4.45　草绘曲线　　图 4.46　约束曲线

※ STEP 3　约束曲线

（1）单击【草图工具】工具栏中的按钮，选择直线 1 和直线 2，弹出【约束】工具栏，单击其中的按钮，对两直线进行【固定】几何约束。

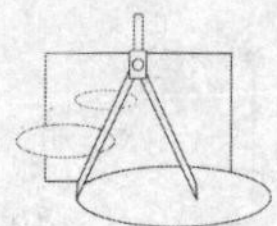

技巧：首先用【固定】约束两条直线比较重要，否则在后续的尺寸约束中可能产生移动。

（2）单击【草图工具】工具栏中的按钮，约束所有水平方向的尺寸，如图 4.46 所示。

（3）单击【草图工具】工具栏中的按钮，约束所有竖直方向的尺寸，如图 4.46 所示。

（4）约束圆弧的圆心位置。单击【草图约束】工具栏中的按钮，选择圆弧的圆心和直线 1，弹出【约束】工具栏，选择其中的按钮，将圆心约束到直线 1 上。用同样的方法将圆心约束到直线 2 上，如图 4.46 所示。

关键：约束圆心位置，要注意选择圆心，而不是选择圆弧。

（5）单击【草图工具】工具栏中的按钮，约束圆弧的半径为 50，如图 4.46 所示。

※ **STEP 4** 编辑整理尺寸

在图 4.46 中选择某一个尺寸右击，将弹出列表框，选择其中的【编辑】选项，即可对尺寸进行编辑整理。整理后的尺寸如图 4.44 所示。

任务总结

利用绘制草图曲线、草图约束等基本命令，完成堵塞零件轮廓曲线的绘制。这里要特别注意对圆弧圆心位置的约束。

课堂训练

绘制轮盘草图曲线，如图 4.47 所示。

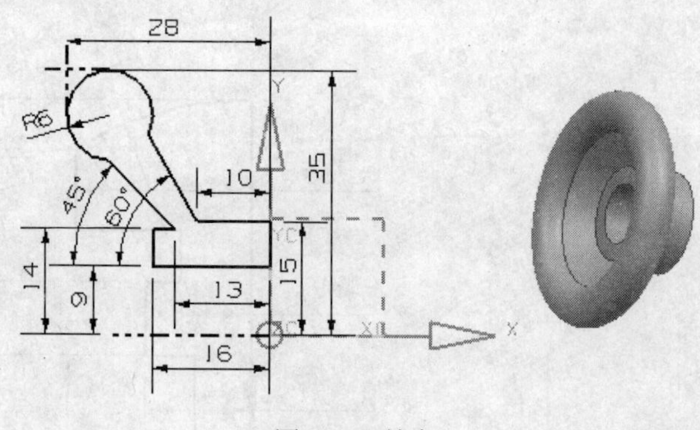

图 4.47　轮盘

习　　题

1．绘制如图 4.48 所示的草图曲线。

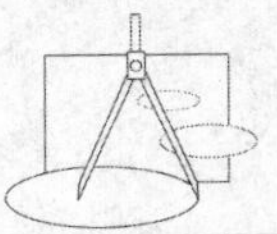

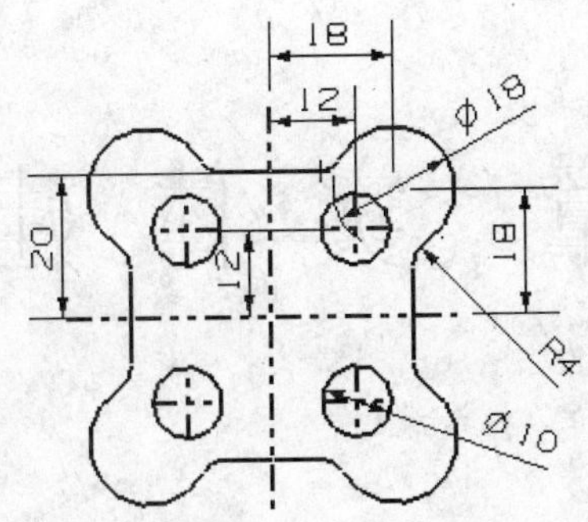

图4.48　草图曲线（1）

2．绘制如图4.49所示的草图曲线。

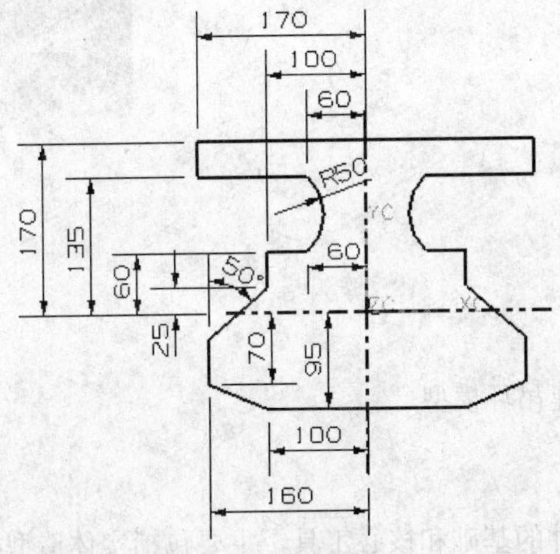

图4.49　草图曲线（2）

3．绘制如图4.50所示的草图曲线。

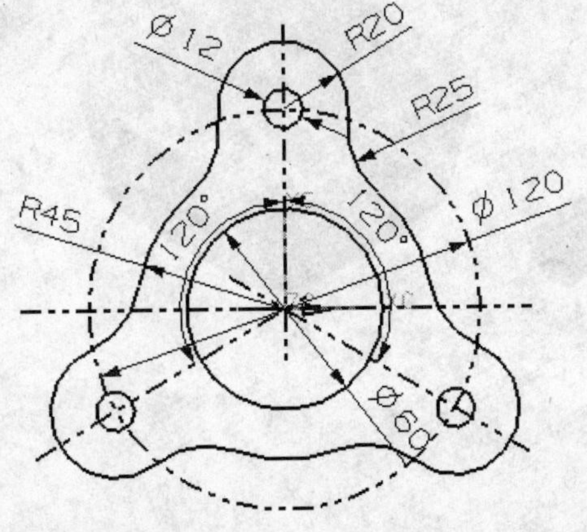

图4.50　草图曲线（3）

第5章　实 体 建 模

本章要点

- 创建体素特征
- 创建扫描特征
- 创建设计特征
- 创建细节特征
- 布尔运算
- 特征编辑

任务案例

- 入门引例：创建吊环模型
- 创建烟灰缸
- 创建手机模型

实体建模是 UG 软件的基础和核心工具，主要包括实体造型模块，具有操作简单、编辑修改灵活、参数化设计等特点。

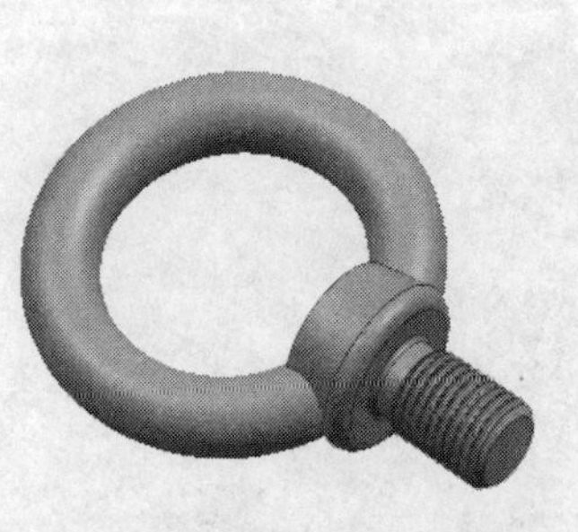

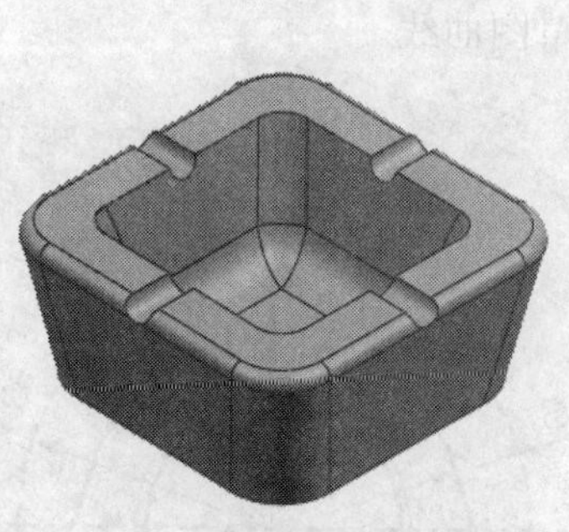

下面先引入一个工程实例来说明实体建模功能的应用。

任务 5-1　入门引例：创建吊环模型

试创建如图 5.1 所示的吊环模型。

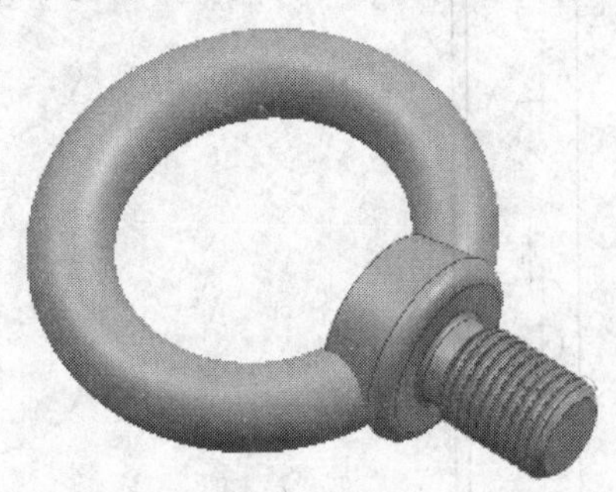

图 5.1　吊环

任务分析

通过分析吊环模型，可以看出创建该实体的主要方法是先扫掠圆环体实体特征，再创建圆柱体和圆锥体，然后创建沟槽并细化模型，最后创建螺纹即可完成。

相关知识

绘制圆形、扫掠特征、圆柱体、圆锥体、沟槽、螺纹、倒圆角、倒斜角和隐藏等命令的应用。

任务实施

※ STEP 1　创建圆环体特征

（1）启动 UG，创建一个新文件并进入建模模块。

（2）右击绘图工作区，在弹出的快捷菜单中选择【定向视图】/【俯视图】命令。

（3）选择【插入】/【曲线】/【基本曲线】命令，或者单击【曲线】工具栏中的按钮，打开【基本曲线】对话框，如图 5.2 所示。单击确定按钮，弹出【点】对话框。

（4）在【点】对话框中输入（0，0，0）坐标作为圆心，单击确定按钮。输入（55，0，0）设置圆的半径，单击确定按钮，创建一个半径为 55 的圆形。

（5）选择【格式】/WCS/【定向】命令，移动坐标系到点（55，0，0），并绕 XC 轴旋转 90°，如图 5.3 所示。

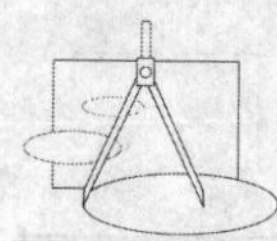

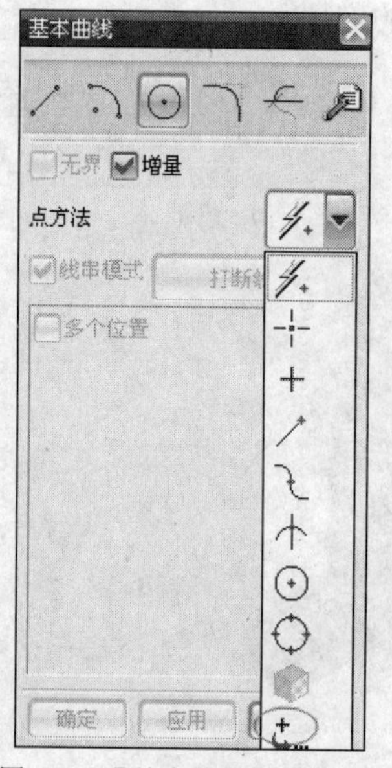

图 5.2 【基本曲线】对话框

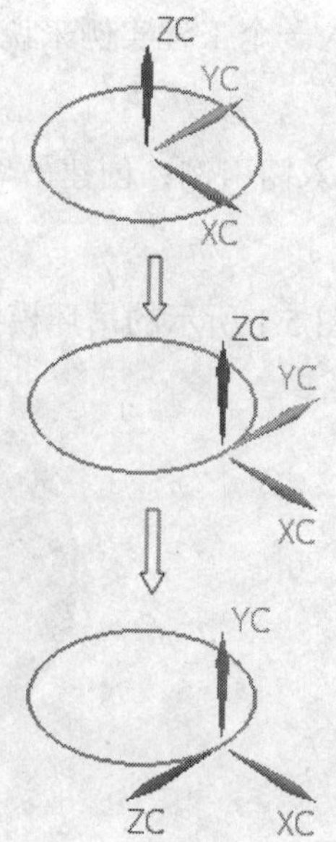

图 5.3 绘制圆形并旋转坐标系

（6）选择【插入】/【曲线】/【基本曲线】命令，利用【基本曲线】对话框中的圆曲线功能，以原点为圆心创建半径为 12.5 的圆，绘制扫掠截面圆如图 5.4 所示。

（7）选择【插入】/【扫掠】/【沿导引线扫掠】命令，或者单击【建模】工具栏中的按钮，打开【沿导引线扫掠】对话框。根据提示选取步骤（6）所创建的圆形作为截面线串和选取步骤（4）所创建的圆形作为引导线串，然后按默认设置单击 确定 按钮，扫掠圆环如图 5.5 所示。

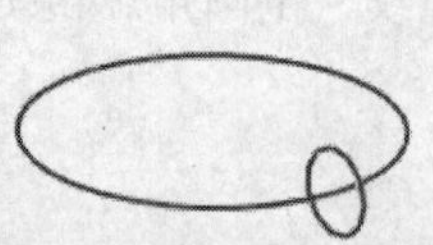

图 5.4 绘制扫掠截面圆

图 5.5 扫掠圆环

※ **STEP 2** 创建圆柱体和圆锥体

（1）选择【插入】/【设计特征】/【圆柱体】命令，或者单击【特征】工具栏中的按钮，弹出【圆柱】对话框，如图 5.6 所示。

（2）在【指定矢量】选项中选择+XC 方向为圆柱轴向，在【尺寸】选项组的【直径】和【高度】文本框中分别输入 30 和 45，再在【点构造器】中设置点（12.5，0，0）为参考点，选择布尔操作方式为【求和】，创建圆柱体，如图 5.7 所示。

（3）选择【插入】/【设计特征】/【圆锥】命令，或者单击【特征】工具栏中的按钮，系统弹出【圆锥】对话框，如图 5.8 所示。

（4）在【指定矢量】选项中选择-XC 方向为圆锥轴向，在【尺寸】选项组中设置【顶部直径】为 50、【高度】为 25、【半角】为 10，在【点构造器】中设置点（12.5，0，0）

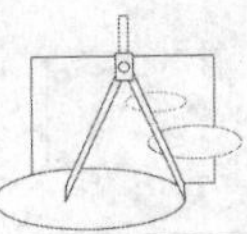

为参考点，选择布尔操作方式为【求和】，创建圆锥体，如图 5.9 所示。

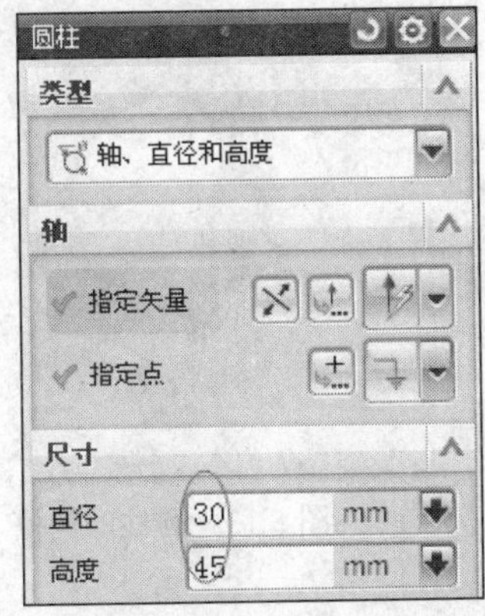

图 5.6　【圆柱】对话框

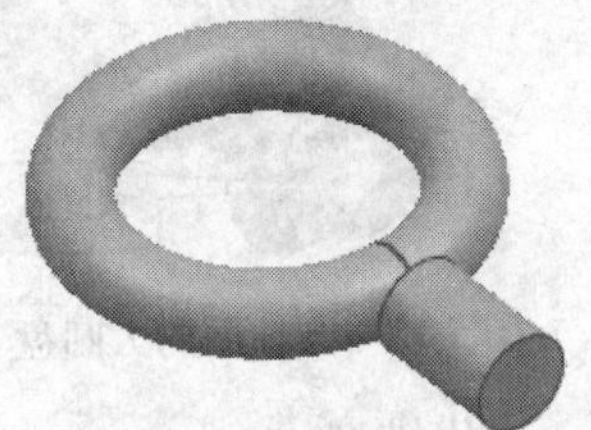

图 5.7　绘制圆柱体

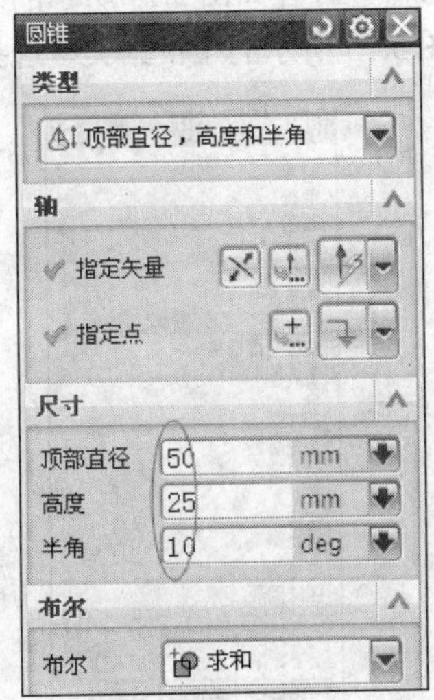

图 5.8　【圆锥】对话框

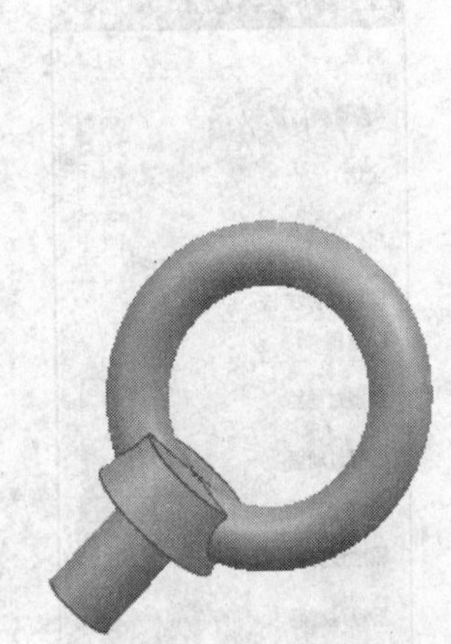

图 5.9　绘制圆锥体

※ STEP 3　创建槽特征

（1）选择【插入】/【设计特征】/【槽】命令，或者单击【特征】工具栏中的按钮，弹出如图 5.10 所示的【槽】对话框，单击其中的矩形按钮，弹出【矩形槽】对话框，如图 5.11 所示。

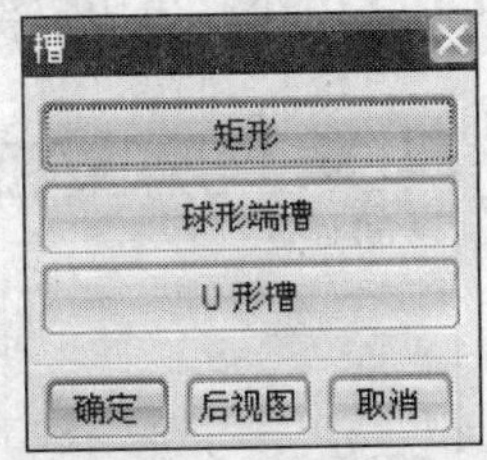

图 5.10　【槽】对话框

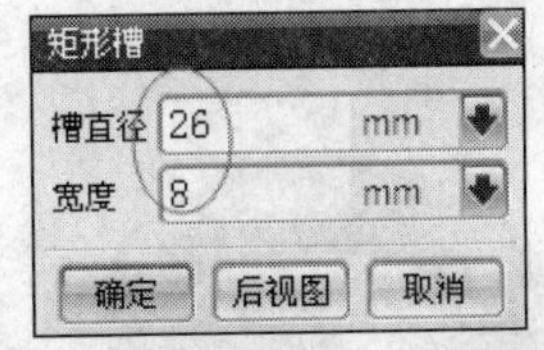

图 5.11　【矩形槽】对话框

（2）根据提示选择如图 5.12 所示的圆柱表面为沟槽放置面，在【矩形槽】对话框中设置【槽直径】为 26，【宽度】为 8，单击确定按钮，此时在圆柱表面显示一个大圆盘。选择目标边和工具边，并输入距离值为 0，单击 确定 按钮，即可创建如图 5.13 所示的圆柱沟槽。

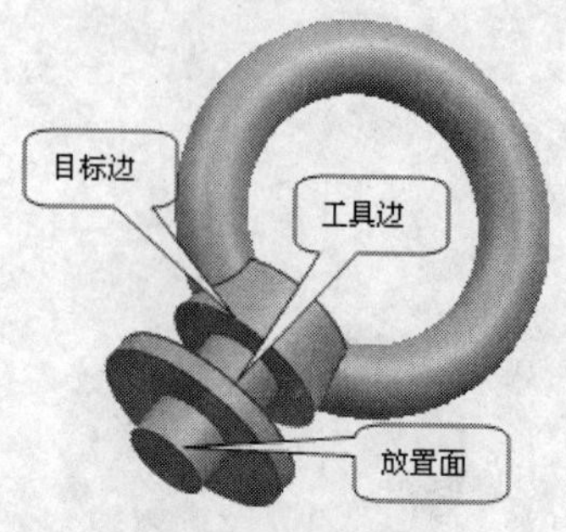

图 5.12　圆柱面的大圆盘

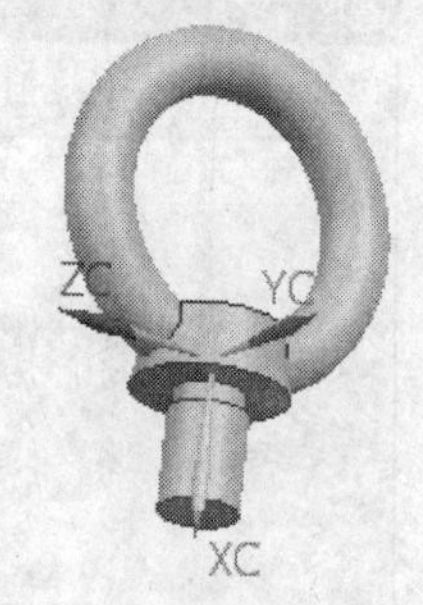

图 5.13　圆柱的沟槽

※ STEP 4　细化模型

（1）选择【编辑】/【显示和隐藏】/【隐藏】命令，打开如图 5.14 所示的【类选择】对话框。单击其中的【类型过滤器】按钮，弹出如图 5.15 所示的【根据类型选择】对话框。

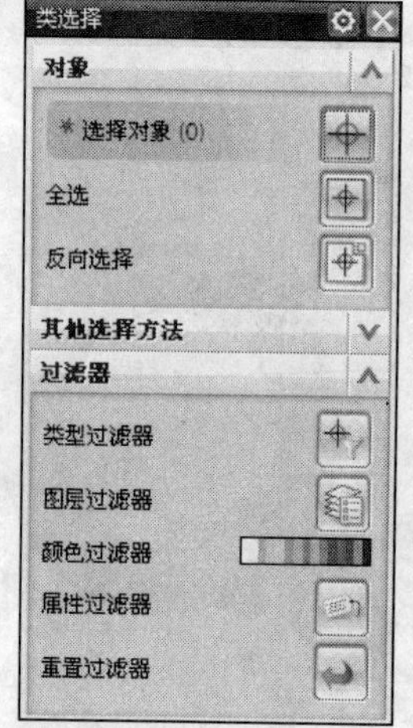

图 5.14　【类选择】对话框

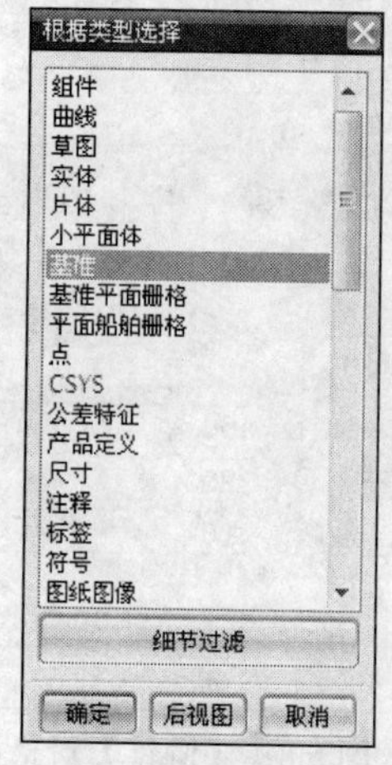

图 5.15　【根据类型选择】对话框

（2）选择其中的【基准】选项，单击 确定 按钮，将所有的基准面和基准轴隐藏，如图 5.16 所示。

（3）单击【特征】工具栏中的按钮，弹出【边倒圆】对话框，如图 5.17 所示。选择如图 5.18 所示的倒圆边线，设置圆角半径为 5，如图 5.19 所示。单击 确定 按钮，即可生成边倒圆特征。

图 5.16　隐藏基准

图 5.17　【边倒圆】对话框

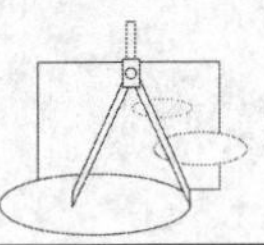

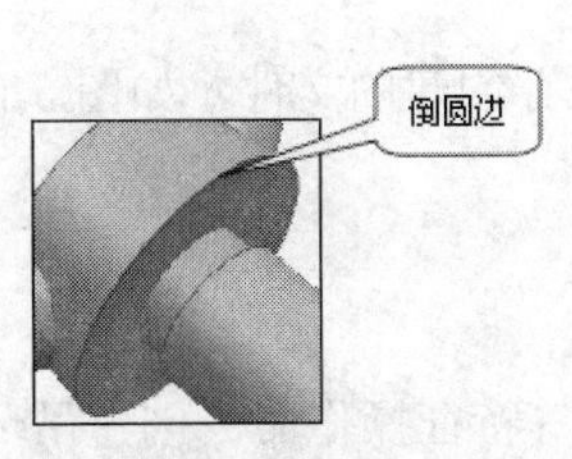

图 5.18　选择倒圆边

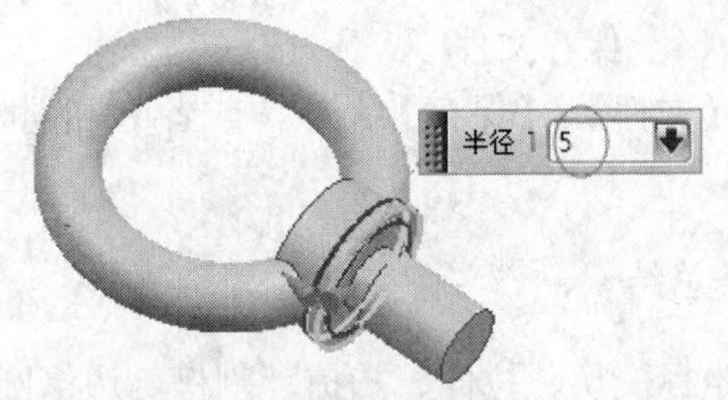

图 5.19　边倒圆参数设置

（4）单击【特征】工具栏中的按钮，弹出如图 5.20 所示的【倒斜角】对话框。设置【横截面】为【对称】，选择如图 5.21 所示的边缘线，设置【距离】为 2，单击确定按钮，即可生成倒角特征。用同样的方法对圆柱端面进行倒斜角，设置【距离】为 3.5，效果如图 5.22 所示。

图 5.20　【倒斜角】对话框

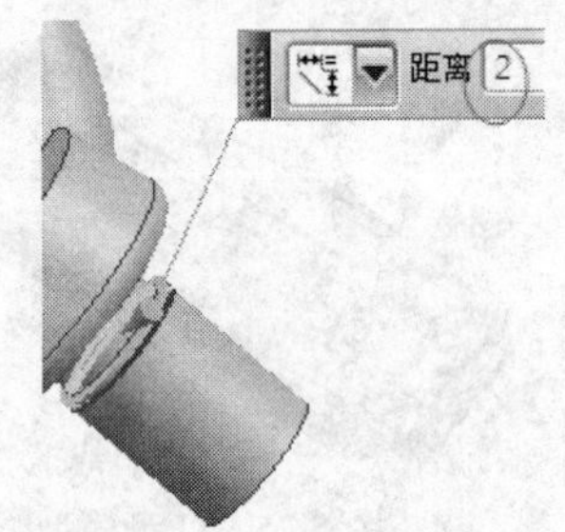

图 5.21　倒斜角参数设置

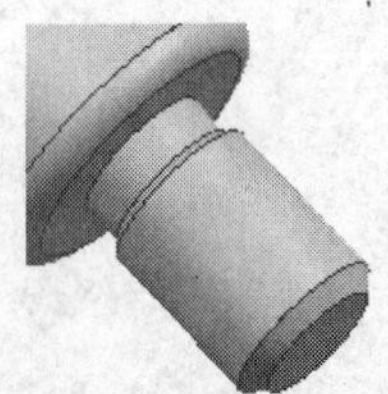

图 5.22　倒斜角效果

※ STEP 5　创建螺纹

（1）选择【插入】/【设计特征】/【螺纹】命令，或者单击【特征】工具栏中的按钮，弹出【螺纹】对话框，如图 5.23 所示。在【螺纹类型】选项中选中【详细】单选按钮，并指定螺纹放置的圆柱面。

（2）在【螺纹】对话框中设置【小径】为 26.5、【长度】为 35、【螺距】为 3.5、【角度】为 60，单击确定按钮，生成如图 5.24 所示的螺纹。

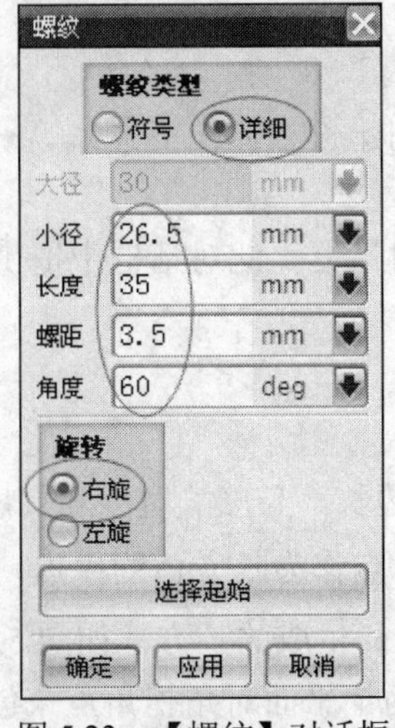

图 5.23　【螺纹】对话框

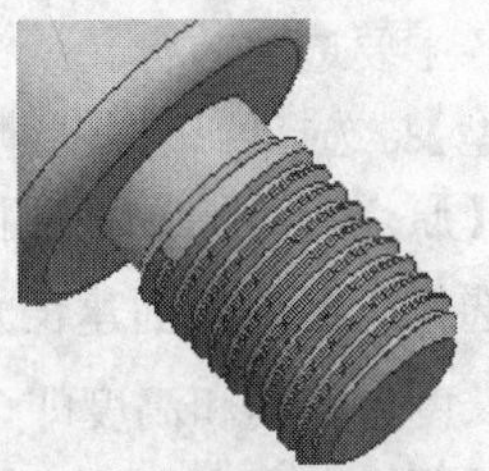

图 5.24　生成螺纹

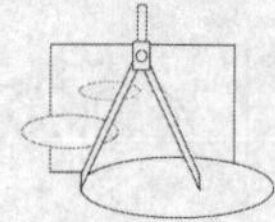

※ **STEP 6** 保存文件

选择【文件】/【保存】命令，或者单击按钮，保存创建的文件，如图 5.1 所示。

任务总结

利用坐标变换、拉伸、扫掠、割槽、边倒圆和螺纹等特征操作命令创建吊环，该设计任务展示了一般的特征创建过程，为学习本章的内容做铺垫。

课堂训练

创建如图 5.25 所示的 U 盘模型。

图 5.25　U 盘模型

5.1　创建体素特征

体素特征可作为模型的第一个特征出现，此类特征都具有比较简单的特征形状。使用基本体素特征工具可以直接生成实体，基本体素特征包括长方体、圆柱体、圆锥体和球体。

5.1.1　长方体

利用该工具可通过多种方法，直接在绘图区中创建长方体或正方体等一些具有规则形状特征的三维实体。

单击【特征】工具栏中的按钮，弹出【块】对话框。此对话框中提供了 3 种创建长方体的方式，如图 5.26 所示。

下面介绍各主要选项的含义。

- 【类型】：选择要进行创建的长方体类型。
  - 【原点和边长】：使用一个拐角点、三边长、长度、宽度和高度来创建实体。选择类型选项创建长方体时，需指定一点作为长方体的原点，再分别设置其长度、宽度和高度即可创建此类长方体，生成的长方体如图 5.27 所示。
  - 【两点和高度】：使用高度和块基座的两个平面对角拐角点来创建实体。单击

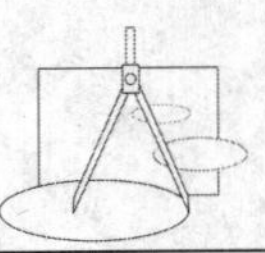

类型选项按钮创建长方体时，需在绘图区中指定处于长方体一个面上的两个对角点，再设置其高度参数即可生成长方体。

- 【两个对角点】：使用相对拐角的两个空间对角点创建实体。选择类型选项创建长方体时，需直接在绘图区中指定长方体的两个对角点，即处于不同长方体面上的两个角点，来确定所需的长方体。

- 【原点】：允许使用捕捉点选项定义块的原点。
- 【尺寸】：在【类型】设置为“原点和边长”或“二点和高度”时出现。设置尺寸参数包括长度（XC）、宽度（YC）和高度（ZC）。

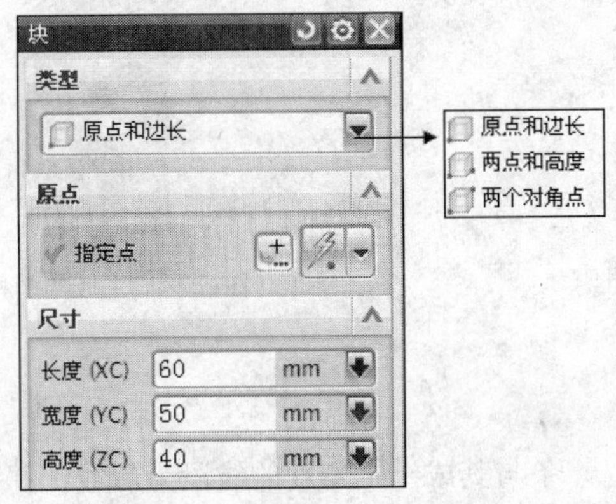

图 5.26　【块】对话框

图 5.27　生成的长方体

提示：如果块与另一个实体相交，则可从【布尔】列表中选择布尔选项，以完成指定目标的布尔操作。

5.1.2　圆柱体

圆柱体可以看做是以长方形的一条边为旋转中心线，并绕其旋转 360° 所形成的三维实体。此类实体比较常见，例如，机械传动中常用的轴类、销钉类等零件。

单击【特征】工具栏中的按钮，即可打开【圆柱】对话框。此对话框中提供了 2 种创建圆柱体的方式，如图 5.28 所示。

下面介绍各主要选项的含义。

- 【类型】：选择要进行创建的圆柱体类型。
  - 【轴、直径和高度】：使用方向矢量、直径和高度创建圆柱。先指定圆柱体的矢量方向和底面中点的位置，再分别设置其直径和高度即可，生成的圆柱如图 5.29 所示。
  - 【圆弧和高度】：使用圆弧和高度创建圆柱。在绘图区中创建一条圆弧曲线，以该圆弧为所创建圆柱体的直径参照曲线及其轴向，并设置其高度参数后，即可完成创建。
- 【轴】：在【类型】设置为“轴、直径和高度”时才显示。允许指定圆柱的原点和圆柱轴的矢量。

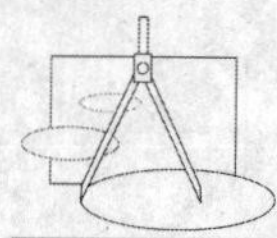

- 【圆弧】：在【类型】设置为“圆弧和高度”时才显示。允许选择圆弧或圆从而获得圆柱的方位。
- 【尺寸】：设置尺寸参数，包括圆柱的直径和高度。

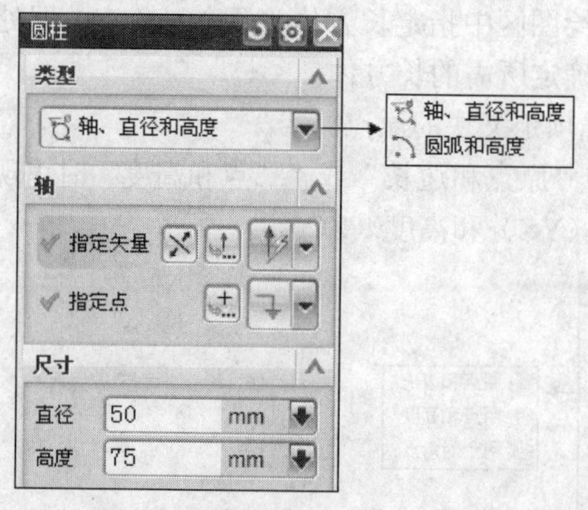

图 5.28　【圆柱】对话框

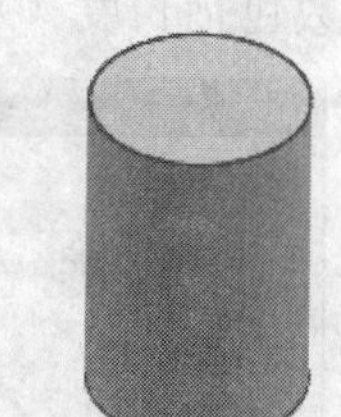

图 5.29　生成的圆柱

5.1.3　圆锥体

圆锥体是以一条直线为中心轴线，一条与其成一定角度的线段为母线，并绕该轴线旋转 360° 形成的实体。在 UG NX 8.0 中，使用【圆锥】工具可以创建出圆柱体和圆台体两种三维实体。

单击【特征】工具栏中的按钮，或者在菜单栏上选择【插入】/【设计特征】/【圆锥】命令，打开【圆锥】对话框。该对话框中提供了 5 种创建圆锥的方式，如图 5.30 所示。

下面介绍各主要选项的含义。

- 【类型】：选择要进行创建的圆锥类型。
  - 【直径和高度】：选择此选项创建此类型圆锥时，需先指定圆锥轴的原点和方向，再设置基座直径、顶面直径和高度参数，单击【确定】按钮创建圆锥体。
  - 【直径和半角】：选择此选项创建此类型圆锥时，需先指定圆锥轴的原点和方向，再设置基座直径、顶面直径并设置圆锥轴顶点与其边之间的半角参数，单击【确定】按钮创建圆锥体。
  - 【底部直径，高度和半角】：选择此选项创建此类型圆锥时，需先指定圆锥轴的原点和方向，再设置圆锥底部圆弧的直径和圆锥高度值并设置圆锥轴顶点与其边之间的半角参数，单击【确定】按钮创建圆锥体。
  - 【顶部直径，高度和半角】：选择此选项创建此类型圆锥时，需先指定圆锥轴的原点和方向，再设置圆锥顶面圆弧的直径和圆锥高度值并设置圆锥轴顶点与其边之间的半角参数，单击【确定】按钮创建圆锥体，生成的圆锥如图 5.31 所示。
  - 【两个共轴的圆弧】：选择此选项创建此类型圆锥时，需在视图中指定两个同轴的圆弧，即可创建以这两个圆弧曲线为大小端面参照的圆锥体。

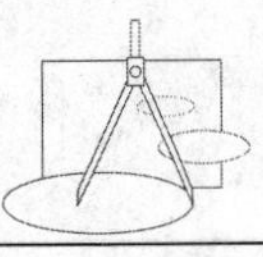

- 【轴】：在【类型】为“两个共轴的圆弧”时不可用。允许指定圆锥的原点和圆柱轴的矢量。
- 【尺寸】：设置尺寸参数，包括底部直径、顶部直径和高度。

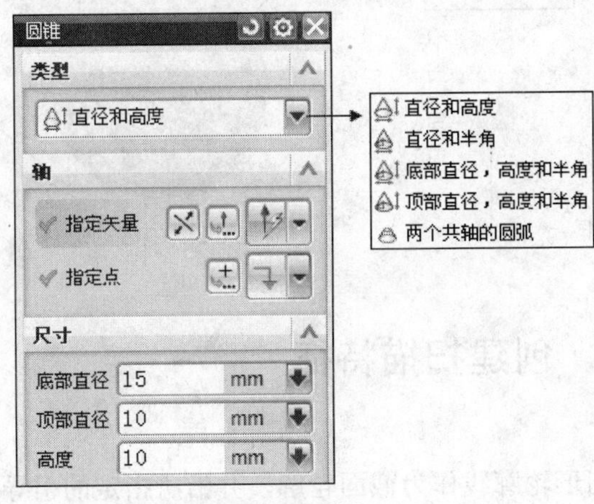

图 5.30　【圆锥】对话框

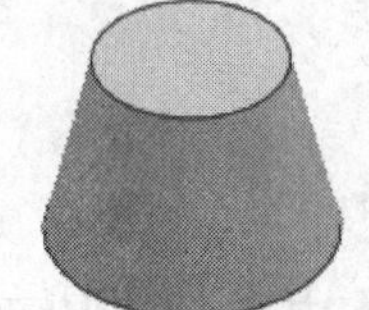

图 5.31　生成的圆锥

提示：创建圆锥的方式基本上分为设置参数方式和指定圆弧方式。对话框中的前 4 种方式都属于设置参数方式，利用此方式创建圆锥时需分别设置有关参数；【圆锥】对话框中的【两个共轴的圆弧】属于指定圆弧方式，利用该方式创建圆锥时，需在视图中指定两个不相等的圆弧且圆弧不必平行。

5.1.4　球体

球体是三维空间中，到一个点的距离相同的所有点的集合所形成的实体，它广泛应用于机械、家具等结构设计中，例如球轴承的滚子、球头螺栓、家具拉手等。

单击【特征】工具栏中的按钮，弹出【球】对话框。该对话框中提供了两种创建球体的方式，如图 5.32 所示。

下面介绍各主要选项的含义。

- 【类型】：选择要进行创建的球体类型。
  - 【中心点和直径】：选择此选项创建球体特征时，需先设置球体的直径，再使用【点】对话框确定球心，即可创建球体，如图 5.33 所示。
  - 【圆弧】：选择此选项创建此类型球体时，需在图中选取现有的圆弧曲线为参考圆弧，系统将完成指定特征的创建。
- 【中心点】：在【类型】设置为【中心点和直径】时才显示。允许定义球的原点（中心）。捕捉点选项可用于定义点。
- 【圆弧】：在【类型】设置为【圆弧】时才显示。允许选择圆弧或圆从而获得球的方位。
- 【尺寸】：当【类型】设置为【中心点和直径】时才显示。用于设置圆柱的直径参数。

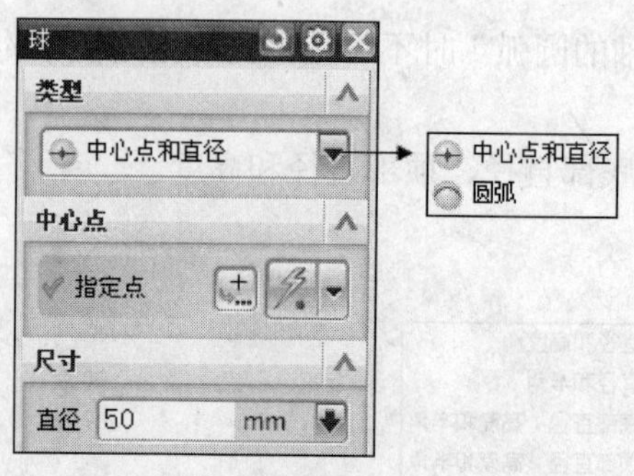

图 5.32 【球】对话框

图 5.33 生成的球体

5.2 创建扫描特征

利用扫描特征工具可以将二维图形轮廓线作为截面轮廓，并沿所指定的引导路径曲线运动扫掠，从而得到所需的三维实体。此类工具是将草图特征创建实体，或利用建模环境中的曲线特征创建实体的主要工具，可分为拉伸、回转、扫掠和管道 4 种。

5.2.1 拉伸

拉伸特征是将拉伸对象沿所指定的矢量方向拉伸到某一指定位置所形成的实体。该拉伸对象可以是草图、曲线等二维元素。

在【特征】工具栏中单击【拉伸】按钮，弹出如图 5.34 所示的【拉伸】对话框。通过此对话框可进行【曲线】和【草图截面】两种方式的拉伸操作。

步骤如下：

（1）选择拉伸截面曲线。

（2）进入草绘工作界面，绘制拉伸截面曲线。

（3）设置拉伸方向。单击其右侧的下拉按钮可以选择矢量创建方式。

（4）选择布尔操作命令，以设置拉伸体与原有实体之间的存在关系。

（5）反转拉伸方向。

下面介绍各主要选项的含义。

- 【截面】：允许用户指定要拉伸的曲线或边。
- 【方向】：允许用户指定要拉伸截面的方向。
- 【极限】：可设定拉伸特征的整体构造方法和拉伸范围。
- 【布尔】：允许用户指定拉伸特征与创建该特征时所接触的其他体之间交互的方式。指定布尔运算，包括无、求和、求差和求交。
- 【拔模】：使用拔模可将斜率添加到拉伸特征的一侧或多侧。只能将拔模应用于基于平面截面的拉伸特征。
- 【偏置】：选择偏置选项，无论拉伸截面为非封闭还是封闭曲线，拉伸所得都为具

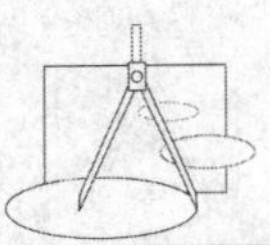

有一定截面厚度的实体。允许用户指定最多两个偏置来添加到拉伸特征。可以为这两个偏置指定唯一的值。在起始和终止框中或在它们的屏显输入框中输入偏置值。还可以拖动偏置手柄。只要起始偏置和终止偏置为相等值，偏置就在截面中对称。

- 【设置】：允许用户指定拉伸特征为一个或多个片体或实体。允许在创建或编辑过程中更改距离公差。
- 【预览】：默认情况下会选择显示结果，在设置参数的同时，视图中拉伸体的形状会相应变动。

利用【曲线】进行实体拉伸时，需先在图形中创建出拉伸对象，并且所生成的实体不是参数化的数字模型，即对其进行修改时无法修改截面参数。利用【草图截面】进行拉伸操作时，系统将进入草图工作界面，根据需要创建草图后切换至拉伸操作，此时即可进行相应的拉伸操作，利用这种拉伸方法创建的实体模型是具有参数化的数字模型，不仅能修改其拉伸参数，还可修改其截面参数。如图 5.35 所示为创建的拉伸特征。

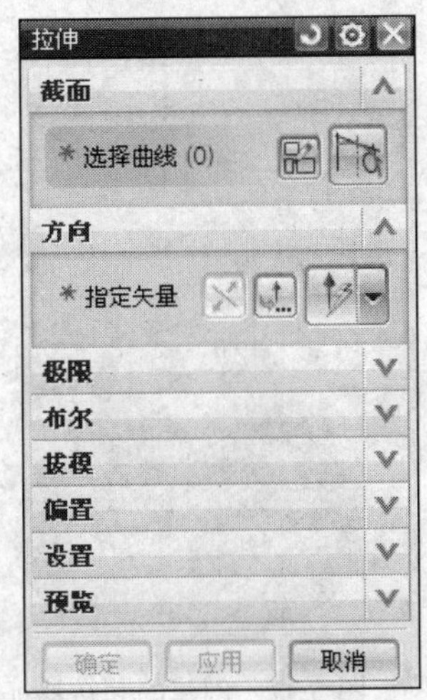

图 5.34　【拉伸】对话框

图 5.35　创建的拉伸特征

提示：如果选择的拉伸对象不封闭，拉伸操作将生成片体；如果拉伸对象为封闭曲线，将生成实体。

5.2.2　回转

回转操作是将草图截面或曲线等二维对象绕所指定的旋转轴线旋转一定的角度而形成实体模型，如带轮、法兰盘和轴类等零件。

单击【特征】工具栏中的【回转】按钮，弹出如图 5.36 所示的【回转】对话框。此对话框同样包括对【曲线】和【草图截面】两种方式的特征操作，其操作方式和【拉伸】的操作方式相似，区别在于：当利用【回转】进行实体操作时，所指定的矢量是该对象的旋转中心，所设置的旋转参数是旋转的起点角度和终点角度。

下面介绍各主要选项的含义。

- 【截面】：指定的截面是单一或多个开放或封闭的曲线或边集合。
- 【轴】：允许用户指定旋转轴。
- 【极限】：起始限制和终止限制表示回转体的相对两端，绕旋转轴从 0°～360°。
- 【布尔】：允许用户指定回转特征与创建该特征时所接触的其他体之间交互的方式，指定布尔运算，包括无、求和、求差和求交。
- 【偏置】：使用此选项创建回转特征的偏置。可以分别指定截面每一侧的偏置值。
- 【设置】：用于指定回转特征是一个还是多个片体，或者是一个实体。允许在创建或编辑过程中更改距离公差。
- 【预览】：默认情况下会选择显示结果，在设置参数的同时，视图中回转体的形状会相应变动。

如图 5.37 所示为创建的回转特征。

图 5.36 【回转】对话框

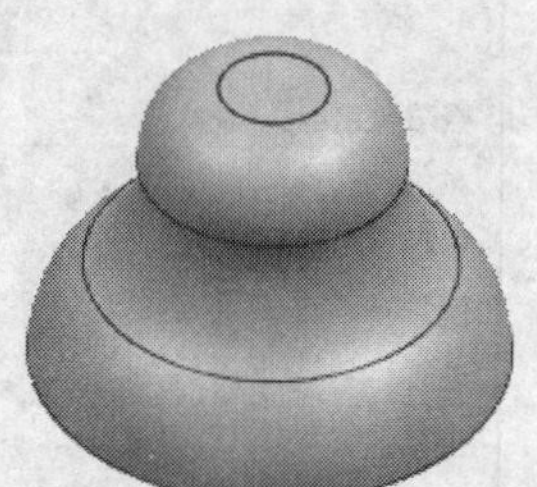

图 5.37 创建的回转特征

5.2.3 扫掠

在 UG NX 8.0 中，扫掠工具可以分为扫掠和沿引导线扫掠两种类型，它们的成型原理都是将一个截面图形沿指定的引导线运动，从而创建出三维实体或片体。

- 【扫掠】：使用此方式进行扫掠操作时，只能创建出具有所选取截面图形形状特征的三维实体或片体，其引导线可以是直线、圆弧、样条等曲线。单击【特征】工具栏中的【扫掠】按钮，弹出【扫掠】对话框。通过此对话框在绘图工作区中选取扫掠的截面曲线后，单击【引导线】选项中的【选择曲线】按钮，再选取图中的引导线，即可完成特征操作。

关键：使用扫掠方法进行扫掠操作时，所选择的引导线必须是首尾相接或相切的连续曲线，并且最多只能有 3 条。

- 【沿引导线扫掠】：此类型的操作方法与上面介绍的【扫掠】相似，区别在于使用此类型进行图形扫掠时，可以设置截面图形的偏置参数，并且扫掠生成的实体截面形状与引导线相应位置的法向平面的截面曲线形状相同。

单击【特征】工具栏中的【沿引导线扫掠】按钮，即可打开如图 5.38 所示的【沿引导线扫掠】对话框，按上述方法进行特征操作，生成的扫掠特征如图 5.39 所示。

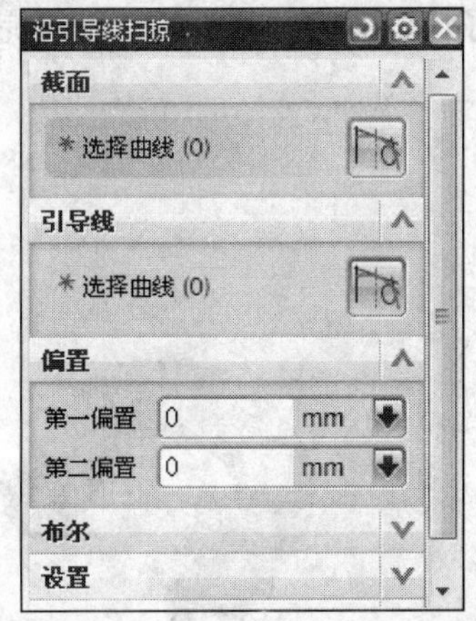

图 5.38　【沿引导线扫掠】对话框

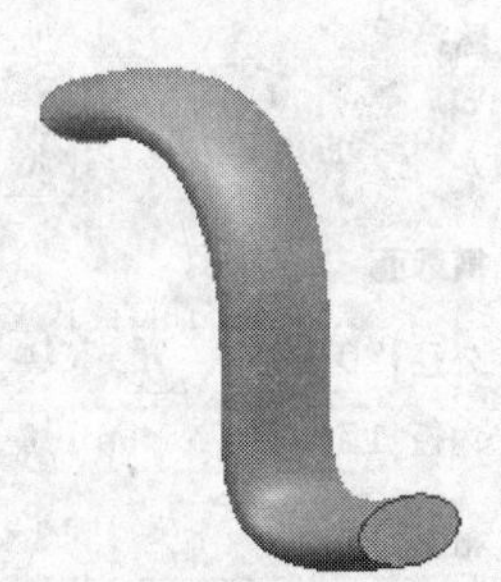

图 5.39　生成的扫掠特征

下面介绍各主要选项的含义。

- 【截面】：允许为截面选择一个曲面或一条曲线链。
- 【引导线】：允许为引导线选择一条曲线或一条曲线链。允许使用任何曲线对象作为引导路径的一部分。每条引导线串的所有对象必须光顺而且连续。
- 【偏置】：允许用户设置第一偏置将“扫掠”特征偏置以增加厚度和第二偏置进行偏置“扫掠”特征的基体。
- 【布尔】：允许用户使用布尔运算将创建的扫掠特征与目标实体相结合。
- 【设置】：允许用户设置体类型、成链公差和距离公差。

关键：如果视图中存在其他实体，在设置偏置参数后将会弹出【布尔操作】对话框，选择生成方式后即可完成扫掠操作。

5.2.4　管道

管道特征是扫掠的特殊情况，它的截面只能是圆。管道生成时需要输入管子的外径和内径，若内径为零，所生成的为实心管子。

单击【特征】工具栏中的【管道】按钮，弹出如图 5.40 所示的【管道】对话框。

下面介绍各主要选项的含义。

- 【路径】：允许指定管道延伸的路径。可为任意光顺的曲线链。
- 【横截面】：可设置外径和内径参数。
  - 【外径】：用于设置要创建的管道的外直径参数，其设置值必须大于 0。
  - 【内径】：用于设置要创建的管道的内直径参数，其设置值必须小于外直径且大于或等于 0。

- 【布尔】：允许用户使用布尔运算将创建的扫掠特征与目标实体相结合。
- 【设置】：允许用户设置输出类型和公差。
  - ➢ 【多段】：用于设置管道的表面为多段面的合成面。
  - ➢ 【单段】：用于设置管道的表面为一段或两段表面。

通过此对话框，在图中选取引导线，再设置好管道的内径和外径，即可完成管道特征的创建，如图 5.41 所示。

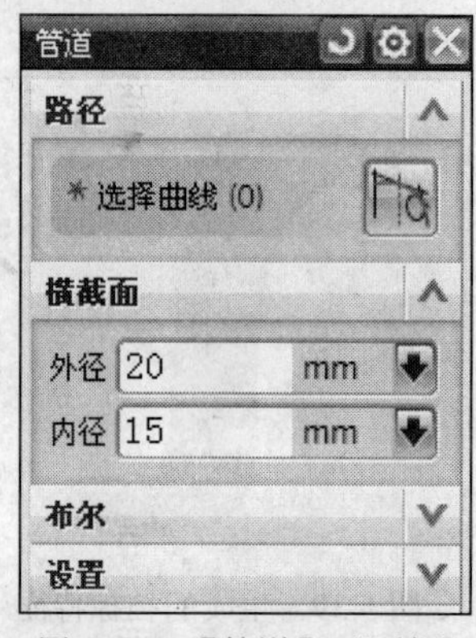

图 5.40　【管道】对话框

图 5.41　生成的管道特征

5.3　创建设计特征

设计特征是以现有模型为基础而创建的实体特征。利用设计特征工具可以方便地创建出更为细致的实体特征，如在实体上创建孔、凸台、腔体和沟槽等。此种类型的特征与现有模型完全关联，并且设计特征的生成方式都是参数化的，修改特征参数或者刷新模型即可得到新的模型。

5.3.1　孔

孔特征是指在模型中去除圆柱、圆锥或同时存在两种特征的实体而形成的实体特征。孔特征的创建在实体建模时经常用到，如创建轴端中心孔、螺纹底孔、螺栓孔等。

单击【特征】工具栏中的【孔】按钮，打开【孔】对话框，如图 5.42 所示。一般来说，创建孔特征应先指定孔类型，再指定其放置平面，最后设置其参数并指定其位置。UG NX 8.0 提供了常规孔、钻形孔、螺钉间隙孔、螺纹孔和孔系列 5 种创建孔的类型，选择不同类型的孔，对话框中的设置选项也会有所不同。每种类型的孔都可以通过指定穿通面来控制是否在实体内生成通孔，它们的操作方法相似，常规孔的创建如图 5.43 所示。

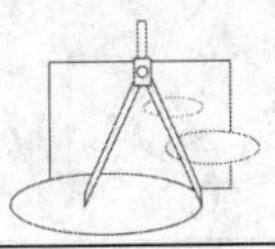

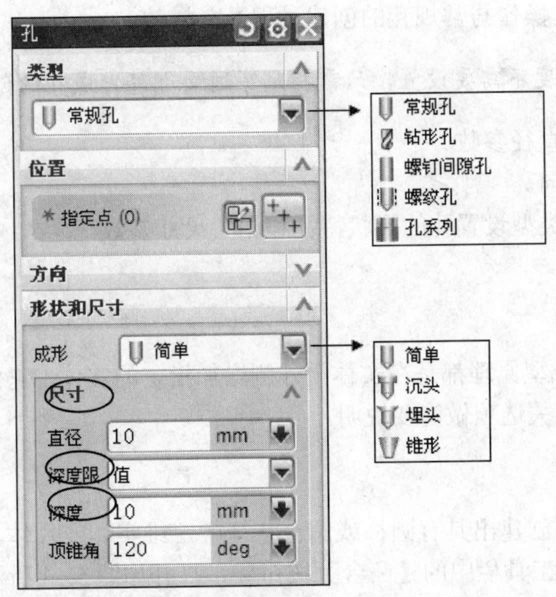

图 5.42　【孔】对话框

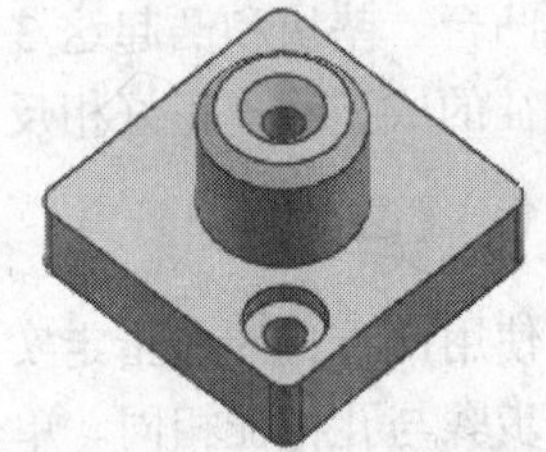
图 5.43　生成的常规孔特征

下面介绍各主要选项的含义。

- 【类型】：允许指定要创建的孔特征类型。
  - 【常规孔】：创建指定尺寸的简单孔、沉头孔、埋头孔或锥孔特征。常规孔可以是盲孔、通孔、直至选定对象或直至下一个面。单击【孔】对话框中的【类型】下拉列表框右侧的下拉按钮，打开如图 5.42 所示的【常规孔】类型对话框。使用此对话框时，首先确定孔的放置面并指定孔的中心，然后选择孔的形状和尺寸，最后设置相关尺寸即可完成常规孔特征操作，如图 5.43 所示。

提示： 沉头直径必须大于孔的直径，沉头深度必须小于孔深度。埋头直径必须大于孔的直径。

  - 【钻形孔】：使用 ANSI 或 ISO 标准创建简单钻形孔特征。在【孔】对话框的【类型】下拉列表框中选择【钻形孔】选项，此时为【钻形孔】类型的对话框。其操作与常规孔的创建过程是一样的。
  - 【螺钉间隙孔】：创建简单、沉头或埋头通孔，它们是为具体应用而设计的，如螺钉的间隙孔。在【孔】对话框的【类型】下拉列表框中选择【螺钉间隙孔】选项，此时为【螺钉间隙孔】类型的对话框。其操作与常规孔的创建过程是一样的。
  - 【螺纹孔】：创建螺纹孔，其尺寸标注由标准、螺纹尺寸和径向进刀定义。在【孔】对话框的【类型】下拉列表框中选择【螺纹孔】选项，此时为【螺纹孔】类型的对话框。其操作与常规孔的创建过程是一样的。
  - 【孔系列】：创建起始、中间和结束孔尺寸一致的多形状、多目标体的对齐孔。在【孔】对话框的【类型】下拉列表框中选择【孔系列】选项，此时为【孔系列】类型的对话框。其操作与常规孔的创建过程是一样的。

关键：当孔为通孔时，顶锥角和深度不需要设置，只需指定穿通面即可完成孔的创建。

- 【位置】：可设置外直径和内直径参数。
- 【方向】：允许用户指定孔方向。
- 【形状和尺寸】：可根据孔的类型设置孔的形状特征和相关尺寸参数。

5.3.2 凸台、垫块和凸起

凸台、垫块和凸起这 3 种特征的成型原理都是在实体面外侧增加指定的实体，它们和孔特征的成型原理正好相反。下面对相关选项做简要说明。

1. 【凸台】

使用此方式能在指定实体面的外侧创建出具有圆柱或圆台特征的三维实体或片体，其操作步骤与孔特征相同。单击【特征】工具栏中的【凸台】按钮，打开如图 5.44 所示的【凸台】对话框。使用此对话框先指定圆台的放置平面，然后设置其直径、高度和锥角的参数，最后使用定位对话框指定位置即可完成凸台的特征操作，如图 5.45 所示。

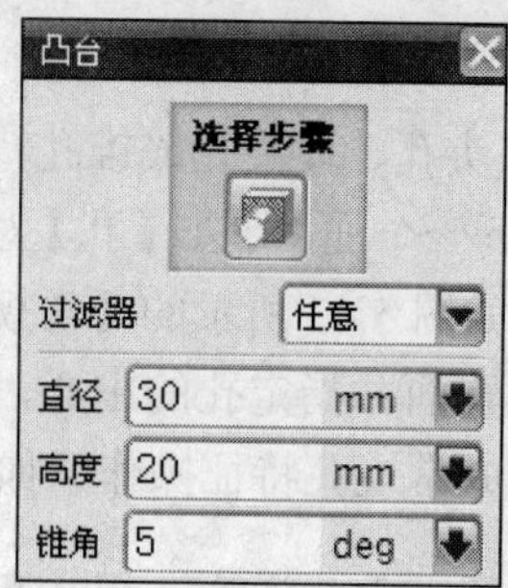

图 5.44　【凸台】对话框

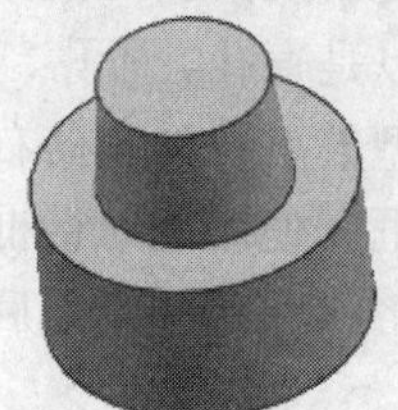

图 5.45　生成的凸台特征

提示：凸台的拔锥角为 0 时，所创建的凸台是一圆柱体；当为正值时，为一圆台体；当为负值时，凸台为一倒置的圆台体。该角度的最大值即是当圆柱体的圆柱面倾斜为圆锥体时的最大倾斜角度。

2. 【垫块】

使用此方式能在指定实体面上创建矩形和常规两种实体特征，该实体的截面形状可以是任意曲线或草图特征。单击【特征】工具栏中的【垫块】按钮，弹出如图 5.46 所示的【矩形垫块】对话框，先选择垫块类型，再选择一个平的放置面和一个水平参考，并输入特征参数的值，最后使用定位对话框精确定位垫块即可，效果如图 5.47 所示。

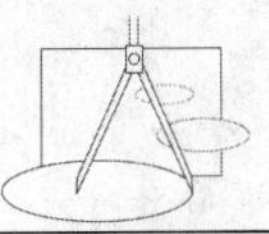

矩形垫块		
长度	25	mm
宽度	25	mm
高度	20	mm
拐角半径	0	mm
锥角	5	deg

图 5.46　【矩形垫块】对话框

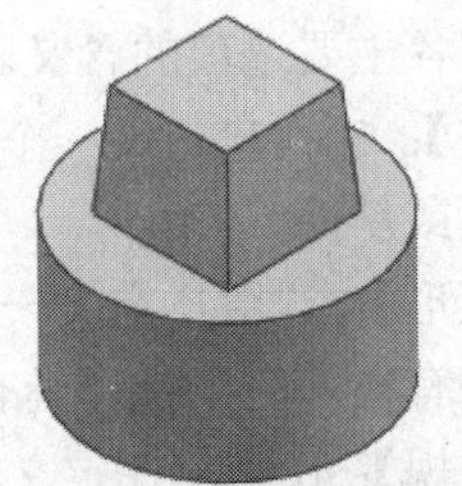

图 5.47　生成的垫块特征

3. 【凸起】

单击【特征】工具栏中的【凸起】按钮，弹出如图 5.48 所示的【凸起】对话框，此类型的操作方法不仅可以选取实体表面上现有的曲线特征，还可以进行草图绘制所需截面的形状特征，然后选取需凸起的表面，最后设置相关的参数即可完成凸起特征操作，如图 5.49 所示。

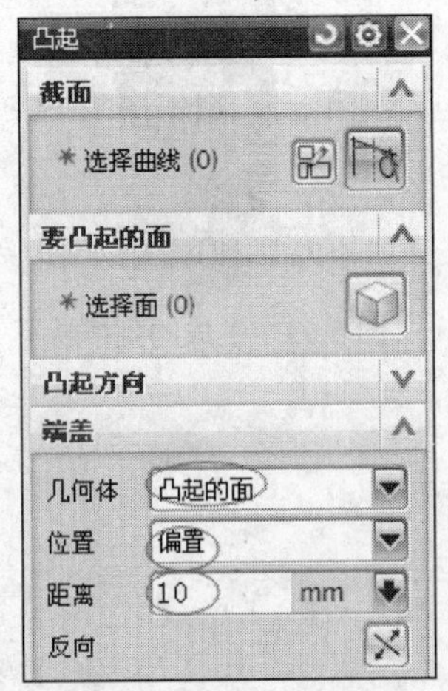

图 5.48　【凸起】对话框

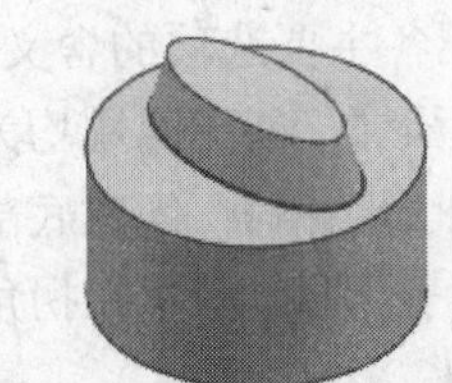

图 5.49　生成的凸起特征

5.3.3　腔体和割槽

利用腔体或槽工具可以在指定的实体上去除指定形状特征的实体，从而形成所需的腔体或割槽特征。

单击【特征】工具栏中的【腔体】按钮，弹出如图 5.50 所示的【腔体】对话框。使用此对话框进行相关的腔体操作，如图 5.51 所示。

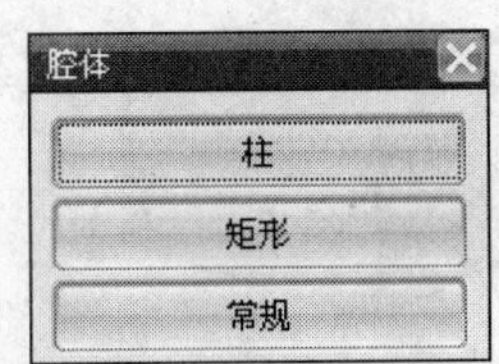

图 5.50　【腔体】对话框

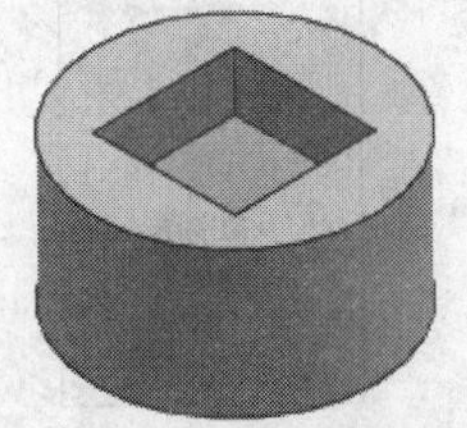

图 5.51　生成的腔体特征

下面介绍各主要选项的含义。

- 【柱】：让用户定义一个圆形的腔体，有一定的深度，有或没有圆角的底面，具有直面或斜面。
- 【矩形】：让用户定义一个矩形的腔体，有一定的长度、宽度和深度，在拐角和底面处有指定的半径，具有直面或斜面。
- 【常规】：让用户在定义腔体时，比照圆柱形的腔体和矩形的腔体选项有更大的灵活性。

单击【特征】工具栏中的【槽】按钮，弹出如图 5.52 所示的【槽】对话框，进行槽特征的创建。首先选择槽类型和圆柱形或圆锥形的定位面，再设置参数并单击 确定 按钮。槽工具临时显示为一个圆盘。从目标实体上除去部分材料将是割槽形状。然后选择目标边（在目标实体上）并选择工具边缘或中心线（在槽工具上）。最后输入选中的边之间需要的水平距离并单击 确定 按钮，再使用定位对话框精确定位槽，效果如图 5.53 所示。

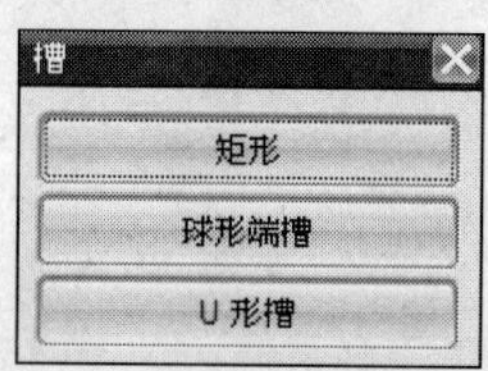

图 5.52　【槽】对话框

图 5.53　生成的割槽特征

下面介绍各主要选项的含义。

- 【矩形】：创建四周均为尖角的槽。
- 【球形端槽】：创建底部有完整半径的槽。
- 【U 形槽】：创建在拐角有半径的槽。

5.3.4　键槽

此工具可以在实体中去除具有矩形、球形端、U 形、T 型键或燕尾 5 种形状特征的实体，从而形成所需的键槽特征，所指定的放置表面必须是平面。

单击【特征】工具栏中的【键槽】按钮，弹出如图 5.54 所示的【键槽】对话框。使用此对话框进行相关的键槽创建，T 型键槽如图 5.55 所示。创建键槽首先指定其类型，然后指定其放置平面和水平参考，最后设置其特征参数并使用定位对话框设定其位置。

图 5.54　【键槽】对话框

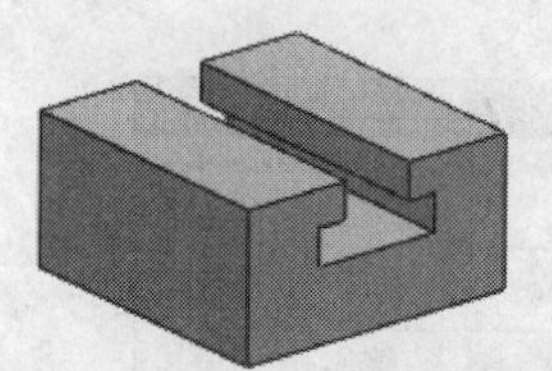

图 5.55　生成的 T 型键槽特征

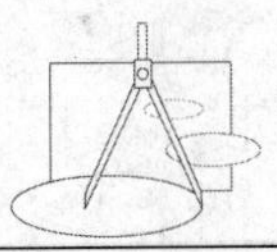

提示：由于【键槽】工具只能在平面上操作，所以在轴、齿轮、联轴器等零件的圆柱面上创建键槽之前，需要先建立好用以创建键槽的放置平面。

5.3.5　三角形加强筋

使用此工具可以完成机械设计中的加强筋以及支撑肋板的创建，它是通过在两个相交的面组内添加三角形实体而形成的。

单击【特征】工具栏中的【三角形加强筋】按钮，弹出如图 5.56 所示的【三角形加强筋】对话框。选择定位的第一和第二组面后，在【方法】下拉列表中包括【沿曲线】和【位置】两个选项，当选择【沿曲线】选项时，可以按圆弧长度或百分比确定加强筋在平面相交曲线上的位置；当选择【位置】选项时，可以通过指定加强筋的绝对坐标值确定其位置。一般情况下，第一个选项比较常用。然后指定所需三角形加强筋的尺寸，如角度、深度和半径，即可创建三角形加强筋，如图 5.57 所示。

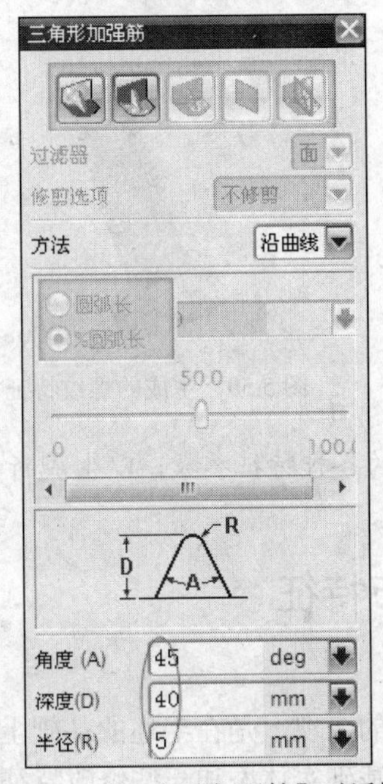

图 5.56　【三角形加强筋】对话框

图 5.57　生成的三角形加强筋特征

5.3.6　螺纹

螺纹是指在圆柱或圆锥表面上，沿螺旋线所形成的具有相同剖面的连续凸起和沟槽。在圆柱外表面上形成的螺纹称为外螺纹，在圆柱内表面上形成的螺纹称为内螺纹。内外螺纹成对使用，可用于各种机械连接、传递运动和动力。在机械设备安装中，螺栓和螺母被广泛地成对使用，由于是标准件，一般不需要单独设计，但在制作设备的三维模型过程中，有时也需要对其进行实体建模。单击【螺纹】按钮，弹出【螺纹】对话框，如图 5.58 所示。在 UG NX 8.0 中，提供了以下两种创建螺纹的方式。

- 【符号】：是指在实体上以虚线来显示创建的螺纹，而不是真实显示螺纹实体特征。这种创建方式有利于工程图中螺纹的标注，同时能够节省内存，加快软件的运算速度。选中【符号】单选按钮，弹出新的【螺纹】对话框。选择螺纹参数，连续单击【确定】按钮，即可获得符号螺纹效果。
- 【详细】：是指创建真实的螺纹，它将所有螺纹的细节特征都表现出来，如图 5.59 所示。但是由于螺纹几何形状的复杂性，使该操作创建和更新速度较慢，所以在一般情况下不建议使用。执行该操作对应的选项与符号螺纹完全相同，在此就不再赘述了。

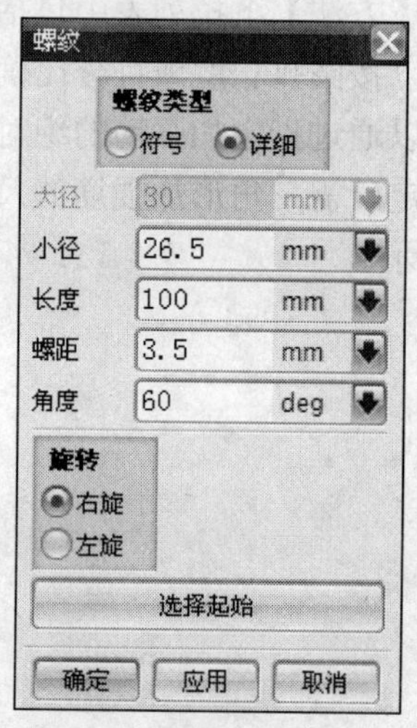

图 5.58 【螺纹】对话框

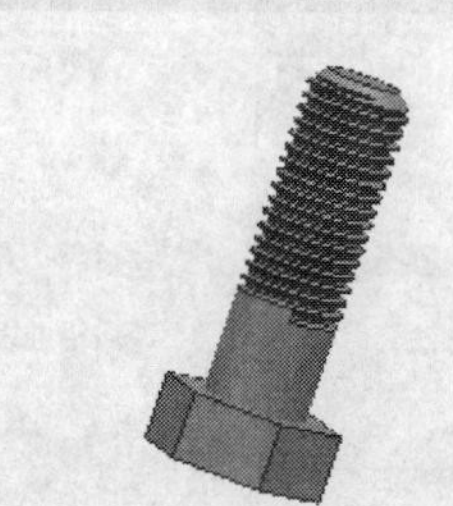

图 5.59 生成的螺纹特征

提示：可以在【螺纹】对话框中重新定义螺纹的各种特征参数，以生成新的螺纹。

5.4 创建细节特征

细节特征是在特征建模的基础上增加一些细节的表现，是在毛坯的基础上进行详细设计的操作手段。可以通过倒圆角和倒斜角操作，为基础实体添加一些修改特征，从而满足工艺的需要；也可以通过拔模、抽壳、修剪以及拆分等操作对特征进行实质性编辑，从而符合生产的要求。

5.4.1 倒圆角

倒圆角是在两个实体表面之间产生的平滑的圆弧过渡。在零件设计过程中，倒圆角操作比较重要，它不仅可以去除模型的棱角，满足造型设计的美学要求，而且还可以通过变换造型，防止模型受力过于集中造成的裂纹。在 UG NX 8.0 中可创建 3 种倒圆角类型，它们分别是边倒圆、面倒圆和软倒圆。

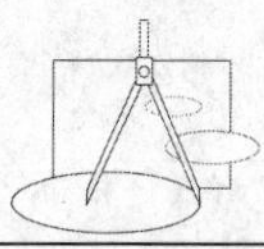

- 【边倒圆】：边倒圆特征是用指定的倒圆半径将实体的边缘变成圆柱面和圆锥面。根据圆角半径的设置可分为等半径倒圆和变半径倒圆两种类型。单击【边倒圆】按钮，打开如图 5.60 所示的【边倒圆】对话框，此对话框包括了倒圆角的 4 种方式，分别为固定半径倒圆角、可变半径点、拐角倒圆和拐角突然停止。创建的边倒圆特征如图 5.61 所示。
  - 【固定半径倒圆角】：此方式通过在系统默认的面板上设置固定的圆角半径，再选取棱边线直接创建圆角，比较常用。
  - 【可变半径点】：该方式是沿指定边缘，按可变半径对实体或片体进行倒圆操作，所创建的倒圆面通过指定的陡峭边缘，并与倒圆边缘邻接的一个面相切。
  - 【拐角倒圆】：该方式是相邻 3 个面上的 3 条棱边线的交点处产生的倒圆角，它是从零件的拐角处去除材料创建而成的。
  - 【拐角突然停止】：利用此工具可通过指定点或距离的方式将之前创建的圆角截断，依次选取拐角的终点位置，然后通过输入一定距离确定停止的位置。

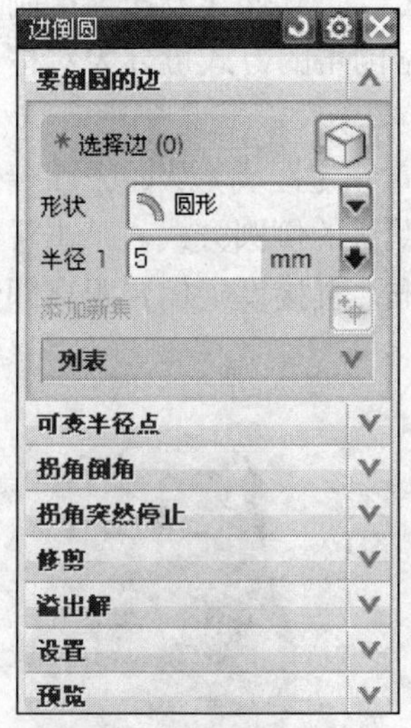

图 5.60　【边倒圆】对话框

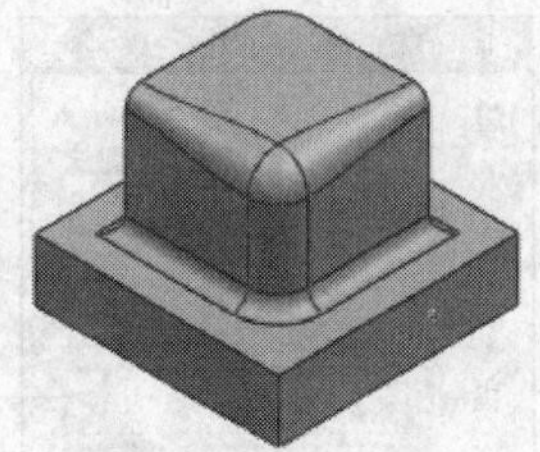

图 5.61　生成边倒圆特征

- 【面倒圆】：面倒圆特征是在选定的面组之间创建相切于面组的圆角面，圆角的形状可以是圆形、二次曲线或规律控制的 3 种类型。单击【面倒圆】按钮，打开【面倒圆】对话框。此对话框包括了两种面倒圆方式。
  - 【滚动球】：此方式是指使用一个指定半径的假想球与选择的两个面集相切形成方式特征，该方式一般为系统默认的倒圆方式。
  - 【扫掠截面】：该方式是指以某一形状的截面在两视面上进行扫掠，得到两组面间的倒圆面。

关键：创建二次曲线形状的倒圆时，通过【偏置方法】和【规律类型】中的不同选项，可创建不同的二次曲线形状，从而生成多种多样的倒圆角。

- 【软倒圆】：软倒圆特征是在选定面组之间创建的具有相切或曲率连续性的圆角

面。系统一般默认为相切连续性，也可以通过选择曲率的连续方式使圆角面更加光顺，从而能够体现产品造型的良好外观和艺术效果。单击【软倒圆】按钮，打开【软倒圆】对话框。对话框中的【光顺性】包括了两种光顺方式（即圆角面与相邻面组之间的连续方式）。

➢ 【匹配切矢】：选中【匹配切矢】单选按钮，按照“选择步骤”的顺序依次选取第一面组、第二面组、第一切线和第二切线。单击【定义脊线】按钮，并指定基线，然后连续单击【确定】按钮即可。

➢ 【曲率连续】：选中【曲率连续】单选按钮，按照相切连续的操作步骤创建软倒圆即可。在利用曲率连续方式创建软倒圆时，可以利用不同的规律曲线控制软倒圆的生成。

5.4.2 倒斜角

倒斜角又称倒角，它是处理模型周围棱角的方法之一。其操作方法与倒圆角相似，都是选取实体边缘，并按照指定尺寸进行倒角操作。根据倒角的方式可分为对称、非对称以及偏置和角度 3 种类型。

- 【对称】：对称倒斜角是相邻两个面上对称偏置一定距离，从而去除棱角的一种方式。它的斜角值是固定的 45°，并且是系统默认的倒圆方式。单击【倒斜角】按钮，打开如图 5.62 所示的【倒斜角】对话框，直接设置偏置距离即可，效果如图 5.63 所示。

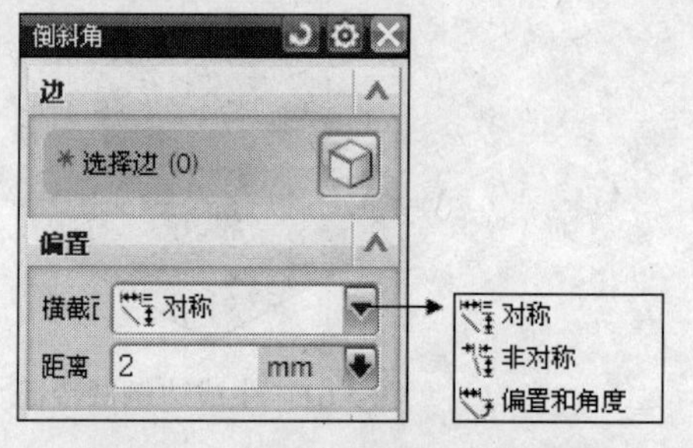

图 5.62 【倒斜角】对话框

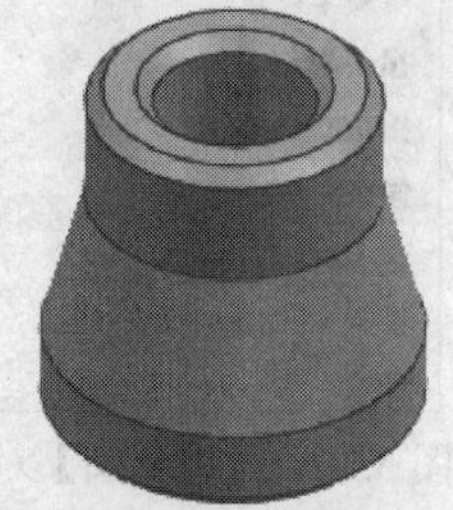

图 5.63 生成倒斜角特征

📖 关键：在该对话框中还包括【沿面偏置边】和【偏置面并修剪】两种偏置方式，【沿面偏置边】是指沿着表面进行偏置；【偏置面并修剪】是指选定一表面并修剪该面。

- 【非对称】：非对称截面设置是对两个相邻面分别设置不同的偏置距离所创建的倒角特征。在【横截面】选项列表中选择【非对称】选项，然后通过在两个偏置文本框中输入不同的参数值来创建倒斜角。
- 【偏置和角度】：偏置和角度是通过偏置距离和旋转角度两个参数来定义的倒角特征。其中偏置距离是沿偏置面偏置的距离，旋转角度是指与偏置面成的角度。如果单击【反向】按钮，可通过切换偏置面更改倒斜角的方向。

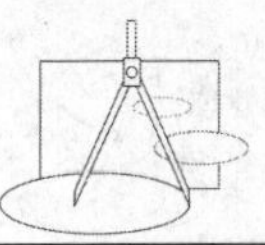

5.4.3　拔模

注塑件和铸件往往需要一个拔模斜面才能顺利脱模，这就是所谓的拔模处理。它主要是对实体的某个面沿一定方向的角度创建特征，使得特征在一定方向上有一定的斜度。此外，单一屏幕、圆柱面以及曲面都可以建立拔模特征。单击【特征】工具栏中的【拔模】按钮，弹出如图 5.64 所示的【拔模】对话框。在此对话框中要创建拔模特征，需要定义拔模方向、拔模角度、拔模的面和固定面 4 个参数，创建的拔模特征如图 5.65 所示。在 UG NX 8.0 中分别有从平面、从边、与多个面相切和至分型边 4 种方式创建拔模特征。

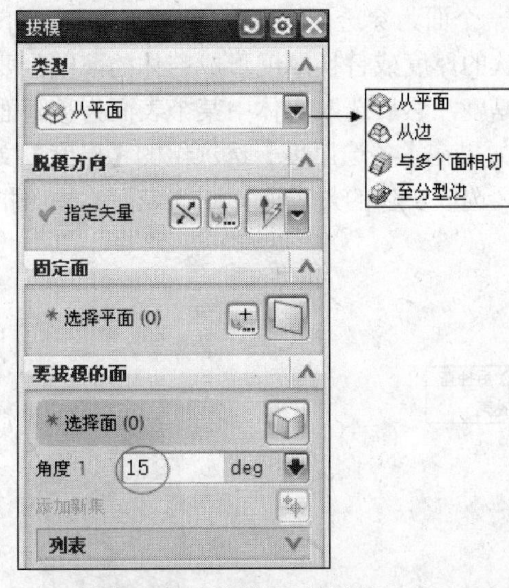

图 5.64　【拔模】对话框

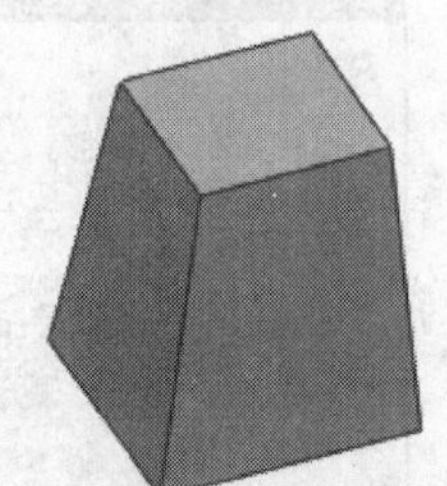

图 5.65　生成拔模特征

下面对各方式进行简要说明。

- 【从平面】：从平面拔模是通过选定的平面产生拔模方向，然后依次选取固定平面、拔模曲面，并设定拔模角度来创建拔模特征。如果在【角度】文本框中设置的角度为负值，将产生相反方向的拔模特征。
- 【从边】：从边拔模是从一系列实体的边缘开始，与拔模方向成一定的拔模角度，并对指定的实体进行拔模操作，它常用于变角度拔模。创建边拔模特征与创建面拔模的方法相似，只不过面拔模在指定拔模方向后，指定的是固定面，而边拔模特征指定的是固定边。
- 【与多个面相切】：相切拔模适用于对相切表面拔模后要求仍然保持相切的情况。产生拔模方向后，选取要拔模的平面，即保持相切的平面，并在【角度】文本框中设置拔模角度即可。
- 【至分型边】：该拔模方式用于从参考点所在的平面开始，并与拔模方向成一定拔模角度，沿指定的分型边缘对实体进行拔模操作，适用于实体分体型拔模特征的创建。要创建分型边拔模特征，确定拔模方向后，依据提示选取固定平面，并选取分型线，最后设置拔模角度值即可。

5.4.4 抽壳

壳特征在机械制造中又被称为抽壳，是从指定的平面向下移除一部分材料而形成的新特征。它常用于塑料或者铸造零件中，可以把成型零件的内部掏空，使零件的厚度变薄，从而大大节省了材料。单击【特征】工具栏中的【抽壳】按钮，即可打开【抽壳】对话框，如图 5.66 所示。在 UG NX 8.0 中有两种方式创建抽壳特征。

下面对这两种方式进行简要说明。

- 【移除面，然后抽壳】：是指选取一个面为穿透面，则以所选取的面为开口，和内部实体一起抽掉，剩余的面以默认的厚度或替换厚度形成腔体的薄壁。要创建该类型抽壳特征，可首先指定拔模厚度，然后选取实体中某个表面为移除面，即可获得抽壳特征，如图 5.67 所示。如果在【备选厚度】选项组的【厚度】文本框中输入新的厚度值，并在绘图工作区选取实体的外表面，则该表面将按照指定厚度发生改变。

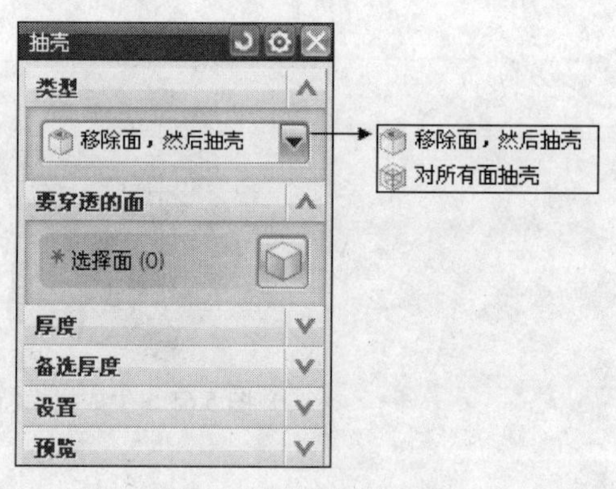

图 5.66　【抽壳】对话框

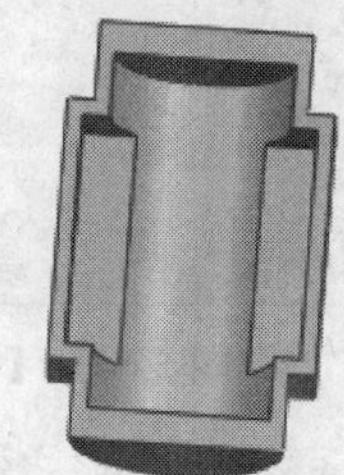

图 5.67　生成抽壳特征

- 【对所有面抽壳】：是指按照某个指定的厚度，在不穿透实体表面的情况下挖空实体，即可创建中空的实体。该抽壳方式与移除面，然后抽壳的不同之处在于：移除面抽壳是选取移除面进行抽壳操作，而该方式是选取实体进行抽壳操作。

关键：在设置抽壳厚度时，输入的厚度值可正可负，但其绝对值必须大于抽壳的公差值，否则将出错；并且在抽壳过程中，偏移面步骤并不是必需的。

5.4.5 对特征形成图样

对特征形成图样可以看做是一种特殊的复制方法，如果将创建好的特征模型进行形成图样操作，可以快速建立同样形状的多个呈一定规律分布的特征阵列。在 UG NX 8.0 建模过程中，利用该操作可以对实体进行多个成组的镜像或者复制，避免对单一实体的重复操作。单击【特征】工具栏中的【对特征形成图样】按钮，即可打开【对特征形成图样】对话框，如图 5.68 所示。其阵列方式包括线性、圆形、多边形、螺旋式、沿、常规和参考

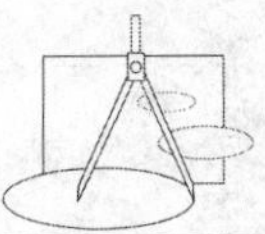

阵列。

下面对各方式进行简要说明。

- 【线性】：线性阵列常用于有棱边实体表面的重复性特征的创建，如电话机、键盘上的按键等设计。执行该操作，将指定的特征平行于 XC 轴和 YC 轴复制成二维或一维的矩形排列，使阵列后的特征呈矩形（行数×列数）排列。在图 5.68 中，设置线性阵列两个方向的参数，单击【确定】按钮，则生成线性阵列特征，如图 5.69 所示。

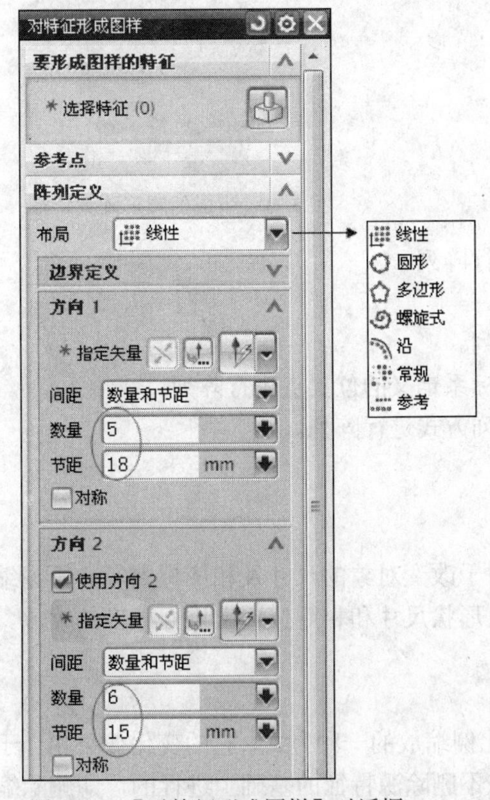

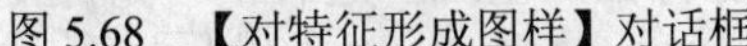

图 5.68 【对特征形成图样】对话框

图 5.69 生成的线性阵列特征

关键：矩形阵列操作必须在 XC-YC 坐标系平面或平行于 XC-YC 坐标系平面上进行。因此，在执行矩形阵列之前，如有必要，需要调整工作坐标系（WCS）的方式。另外，在执行阵列操作时，必须确保阵列后的所有成员都能与目标特征所在的实体接触。

- 【圆形】：圆形阵列常用于环形、盘类零件上重复性特征的创建，如轮圈的轮辐造型、风扇的叶片等。该操作用于以圆形阵列的形式来复制所选的实体特征，使阵列后的特征呈圆周排列。

  创建圆形阵列的方法与矩形阵列相似，不同之处在于：圆形阵列方式需指定阵列的数量和角度值，并且要指定旋转轴或点和方向，使其沿参照对象进行圆形阵列操作。在【对特征形成图样】对话框中按图 5.70 设置圆形阵列参数，则生成圆形阵列特征，如图 5.71 所示。

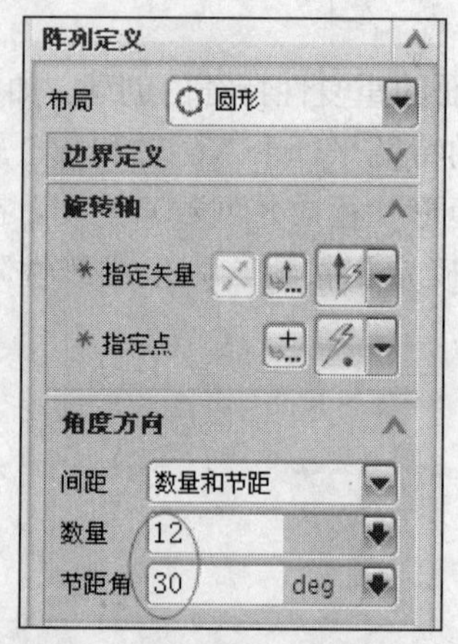

图 5.70　圆形阵列参数设置

图 5.71　生成的圆形阵列特征

- 【多边形】：沿一个正多边形进行阵列。
- 【螺旋式】：沿螺旋线进行阵列。
- 【沿】：沿一条曲线路径进行阵列。
- 【常规】：根据空间的点或由坐标系定义的位置点进行阵列。
- 【参考】：参考模型中已有的阵列方式进行阵列。

5.4.6　缩放体

缩放体工具用来缩放实体大小，可用于改变对象的尺寸及相应位置等。不论缩放点在何位置，实体特征都会以改点为基准，在形状尺寸和相对位置上进行相应的缩放。一般包括均匀、轴对称和常规 3 种缩放方式。

下面对各方式进行简要说明。

- 【均匀】：均匀缩放是整体性等比例缩放的一种方式，它的变化效果相当于鼠标的缩放功能，不同的是该缩放是在不删除源特征的基础上进行的，即删除缩放特征后，源特征依然存在。要进行均匀缩放，单击【缩放体】按钮，打开如图 5.72 所示的【缩放体】对话框。选取一个缩放点，并在【均匀】文本框中设置比例因子即可，效果如图 5.73 所示。
- 【轴对称】：要创建轴对称缩放比例体，需要选取一个参考点和一个参考轴，此时系统可以沿轴方向或其他方向单独放大某个特征，也可以同时放大所有特征。

关键：在执行轴对称缩放操作时，必须指定轴方向和垂直于该轴的方向进行等比例缩放，该操作对应的实体将沿轴向放大或缩小。

- 【常规】：要进行常规缩放，需要选取一个参考坐标系来创建比例体。在【指定 CSYS】选项组中指定新的坐标系，或者接受系统默认的当前工作坐标系，并设置比例因子。

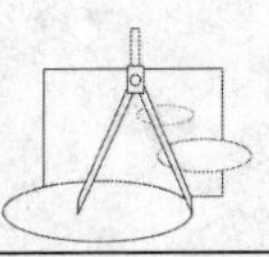

📖 **关键：** 在执行常规缩放时，需要根据所设的比例因子在所选轴方向和垂直于该轴的方向进行等比例缩放，如果将 Z 轴的比例因子设置为大于 1，则实体将沿 Z 轴方向放大。

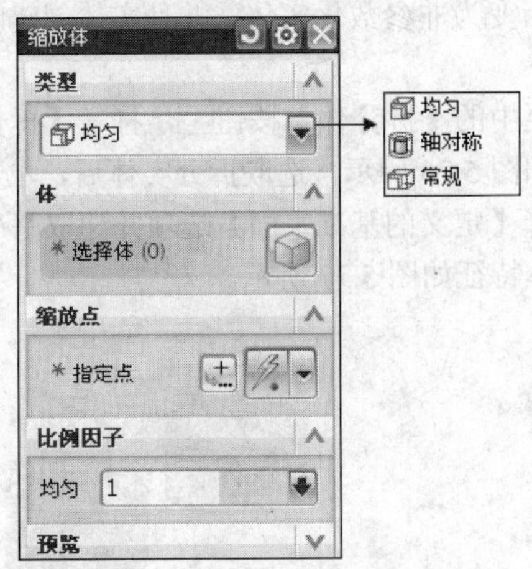

图 5.72　【缩放体】对话框

图 5.73　生成的缩放体特征

5.4.7　修剪体

修剪是将实体一分为二，保留一边而切除另一边，并仍然保留参数化模型。其中修剪的实体和用来修剪的基准面和片体相关，实体修剪后仍然是参数化实体，并保留实体创建时的所有参数。

单击【特征】工具栏中的【修剪体】按钮，打开【修剪体】对话框，如图 5.74 所示。要对实体进行修剪，关键是选取用来修剪实体的平面，可以是创建的新基准平面或曲面，也可以是系统默认的基准平面。如图 5.75 所示是用基准平面修剪的实体。单击【反向】按钮，可切换修剪实体的方向。

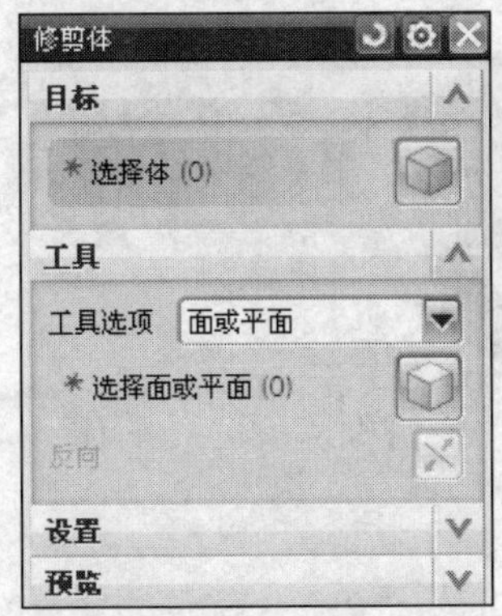

图 5.74　【修剪体】对话框

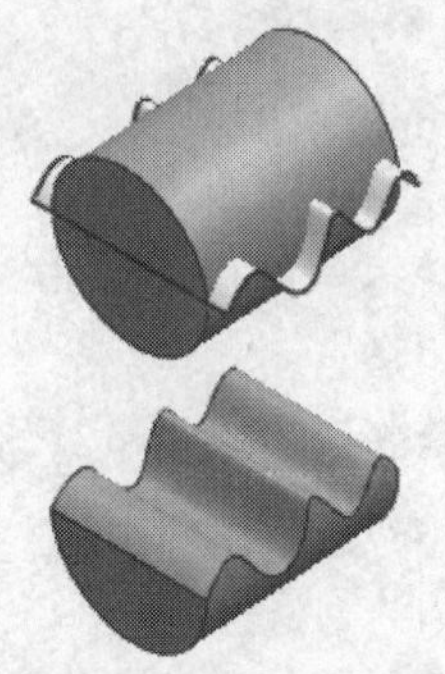

图 5.75　用基准平面生成的修剪体特征

📖 **关键：** 在使用实体表面或片体修剪实体时，修剪面必须完全通过实体，否则会显示出错提示信息。基准平面为没有边界的无穷面，实体必须位于基准平面的两边。

5.4.8　拆分体

分割体是将实体一分为二，同时保留两边。被分割的实体和用来分割的几何体具有相同的形状。和修剪体不同的是，实体分割后变为非参数化实体，并且实体创建时的所有参数全部丢失，因此一定要谨慎使用。

要拆分实体，首先单击【特征】工具栏中的【拆分体】按钮，打开【拆分体】对话框，根据提示在绘图工作区选取该实体，如图 5.76 所示。选取拆分实体后，单击【确定】按钮，打开另一个【拆分体】对话框，选择【定义的基准平面】选项并选取基准平面，则系统将用基准平面拆分实体，生成的拆分体特征如图 5.77 所示。

图 5.76　【拆分体】对话框

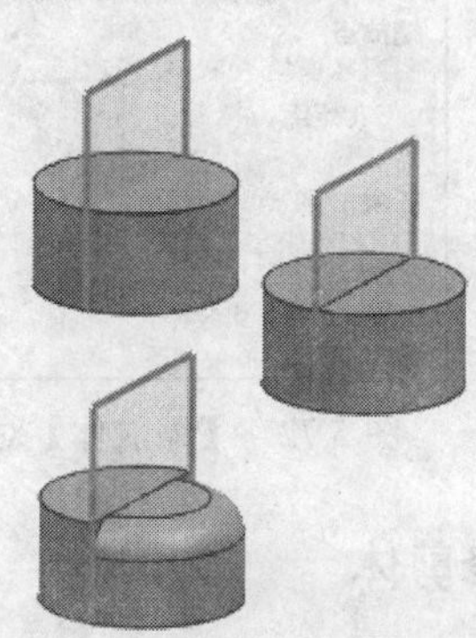

图 5.77　生成的拆分体特征

任务 5-2　创建烟灰缸

试创建如图 5.78 所示的烟灰缸。

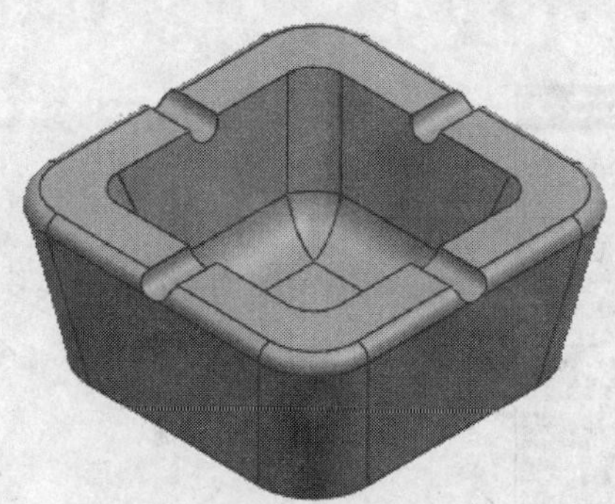

图 5.78　烟灰缸

任务分析

分析烟灰缸实体，可以看出该图形的主要特点是先创建矩形拉伸实体特征，再创建矩

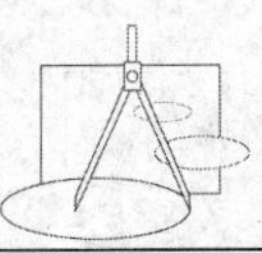

形腔体，并在顶面创建两个圆形拉伸特征修剪实体，最后进行边倒圆即可完成。

相关知识

绘制矩形、拉伸特征、矩形腔体、圆形曲线、移动坐标、倒圆角等命令的应用。

任务实施

※ STEP 1 绘制矩形和拉伸特征

（1）创建一个新文件并进入建模模式。

（2）右击绘图工作区，弹出快捷菜单，选择【定向视图】/【俯视图】命令。

（3）选择【插入】/【曲线】/【矩形】命令，或者单击【曲线】工具栏中的□按钮，进入绘制矩形模式，系统弹出【点】对话框，如图 5.79 所示。

（4）在【点】对话框中输入（0，0，0）坐标作为矩形顶点 1，单击 确定 按钮确认。输入（100，100，0）作为矩形顶点 2，单击 确定 按钮，创建一个 100×100 的矩形。

（5）选择【插入】/【设计特征】/【拉伸】命令，或者单击【特征】工具栏中的□按钮，进入拉伸特征模式，系统弹出【拉伸】对话框，设置开始距离为 0，结束距离为 50，拔模角度为-10，如图 5.80 所示。绘制矩形和拉伸效果如图 5.81 所示。

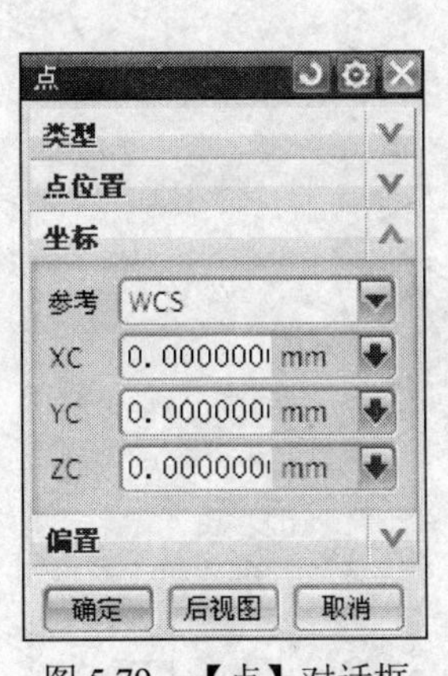

图 5.79 【点】对话框

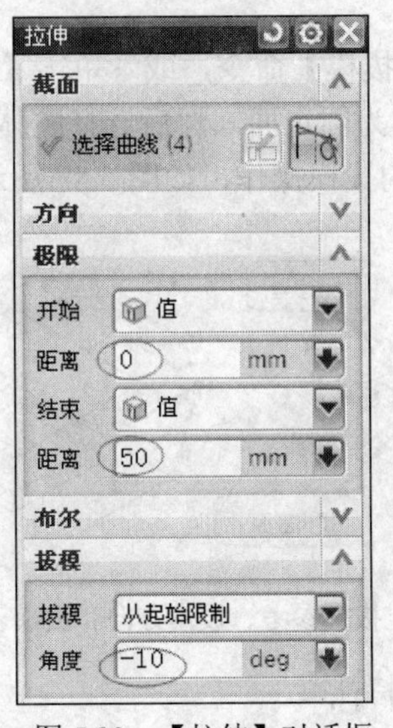

图 5.80 【拉伸】对话框

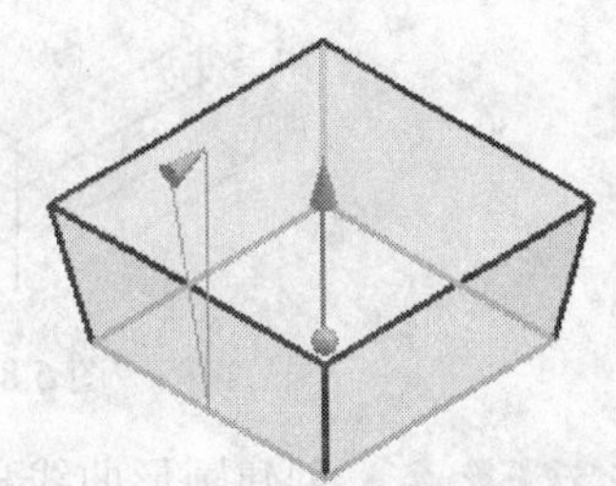

图 5.81 绘制矩形和创建拉伸特征

※ STEP 2 创建矩形腔体

（1）选择【插入】/【设计特征】/【腔体】命令，或者单击【特征】工具栏中的□按钮，进入腔体特征模式，系统弹出【腔体】对话框，如图 5.82 所示。选择“矩形”的腔体方式，然后选择上表面作为放置面，再选择 100×100 矩形的一条边线作为水平参考。

（2）系统弹出【矩形腔体】对话框，设置参数如图 5.83 所示。然后利用如图 5.84 所示的【定位】对话框，设置竖直定位和水平定位的距离参数均为 50，如图 5.85 所示。选择定位目标边和刀具边，将腔体定位到拉伸特征上，如图 5.86 所示。

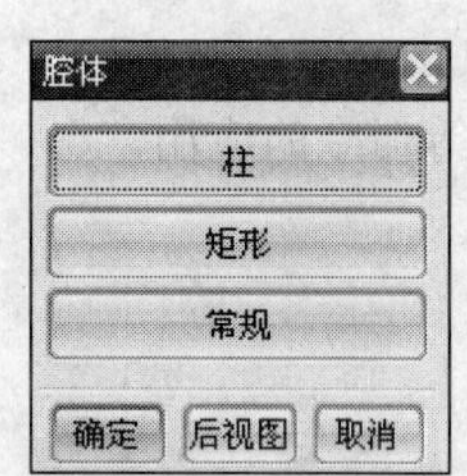

图 5.82 【腔体】对话框

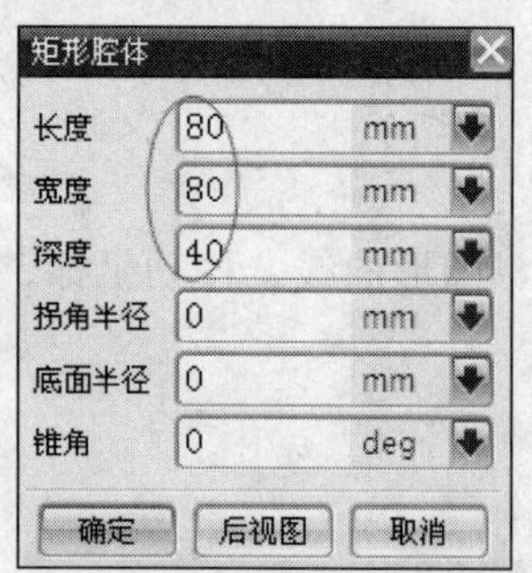

图 5.83 【矩形腔体】对话框

图 5.84 【定位】对话框

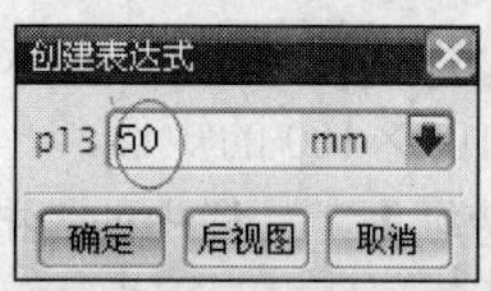

图 5.85 输入定位值

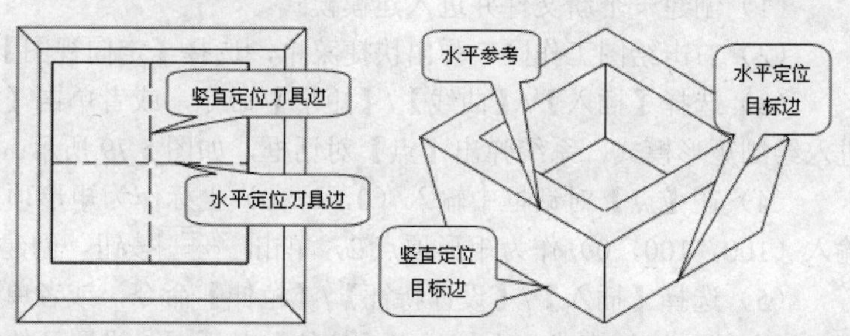

图 5.86 指定水平参考、刀具边和目标边

※ STEP 3 内腔拔模

选择【插入】/【细节特征】/【拔模】命令，或者单击【特征】工具栏中的按钮，弹出【拔模】对话框，选择上表面作为固定面，然后选择腔体的 4 个内表面作为拔模表面，最后设置拔模角度为 15，完成腔体的拔模操作，如图 5.87 所示。

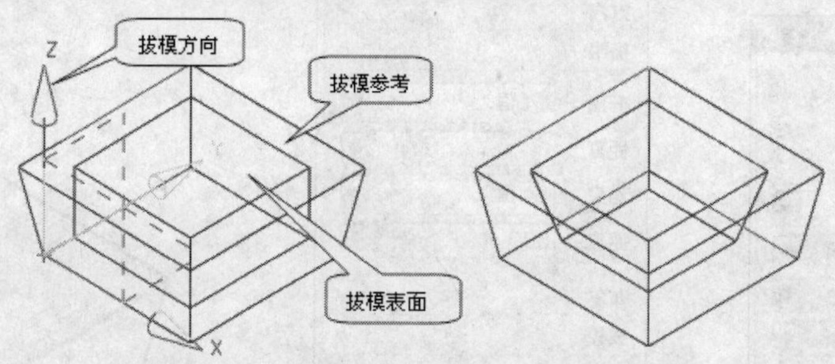

图 5.87 指定拔模参考、拔模方向和拔模表面

※ STEP 4 创建圆形曲线和拉伸特征

（1）选择【格式】/WCS/【定向】命令，或者单击【实用工具】工具栏中的按钮，移动坐标系到点（50，50，50），并绕 XC 轴旋转 90°。

（2）选择【插入】/【曲线】/【基本曲线】命令，利用【基本曲线】对话框中的圆形曲线功能，然后以原点为圆心，创建半径为 5 的圆，效果如图 5.88 所示。

（3）选择【插入】/【设计特征】/【拉伸】命令，弹出【拉伸】对话框。选取步骤（2）所创建的圆形作为拉伸截面，然后设置【极限】栏中的【结束】为“对称值”，并设置【距离】为 60，最后进行布尔运算的“求差”运算，设置参数值如图 5.89 所示。

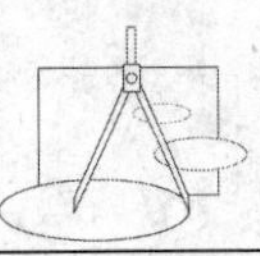

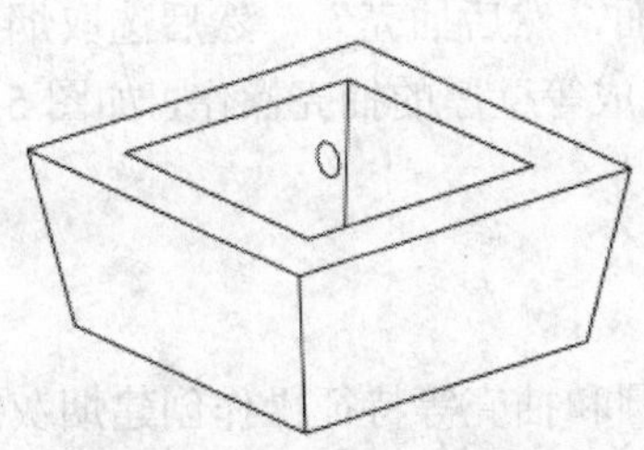

图 5.88　绘制拉伸曲线轮廓

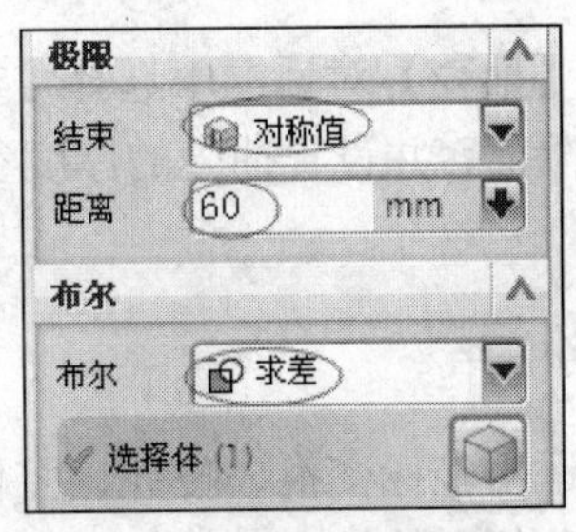

图 5.89　设置参数值

（4）单击【实用工具】工具栏中的按钮，将坐标系统 YC 轴旋转 90°。再按照步骤（2）、（3）的操作过程创建另一个圆形曲线的拉伸特征，单击确定按钮，效果如图 5.90 所示。

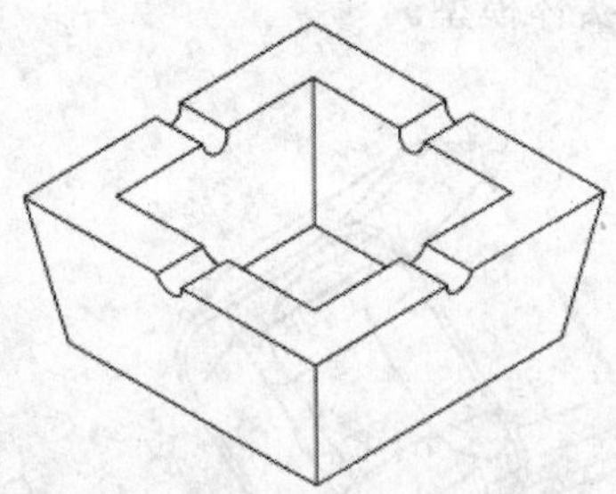

图 5.90　创建拉伸特征及布尔运算

※ STEP 5　创建边倒圆特征

选择【插入】/【细节特征】/【边倒圆】命令，或者单击【特征】工具栏中的按钮，在弹出的【边倒圆】对话框中设置半径值为 20，再选择矩形拉伸特征的 4 条棱边（倒圆边 1）进行倒圆操作，如图 5.91 所示。接着按同样的步骤对腔体特征的 4 条棱边（倒圆边 2）以 R10 进行倒圆操作；对腔体特征的底边（倒圆边 3）以 R15 进行倒圆操作；对矩形拉伸特征上表面的轮廓边（倒圆边 4）以 R5 进行倒圆操作，效果如图 5.91 所示。

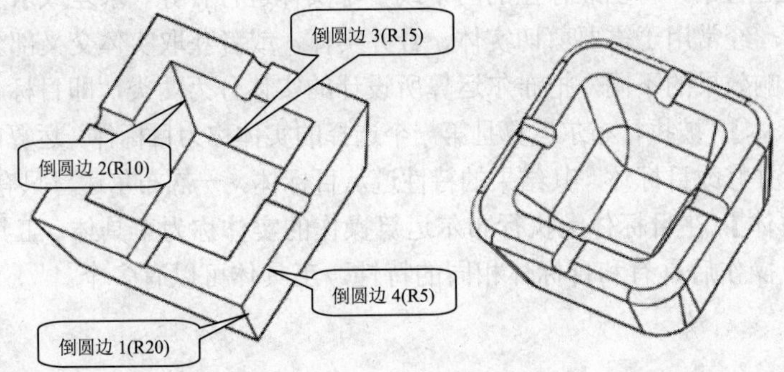

图 5.91　倒圆边

关键：在对倒圆边 4 进行倒圆操作时，要分别倒圆，并要对拐角处进行倒圆操作。

※ STEP 6　创建抽壳特征

选择【插入】/【偏置/缩放】/【抽壳】命令，或者单击【特征】工具栏中的按钮，在弹出的【抽壳】对话框中选择【类型】为“移除面，然后抽壳”，然后选取烟灰缸的底面作为移除面，并设置抽壳的厚度参数为 3，最后完成等壁厚的抽壳操作，如图 5.92 所示。

任务总结

综合运用坐标变换、拉伸、腔体、拔模、边倒圆和抽壳等特征操作创建烟灰缸。实际上创建实体的方法很多，使用命令时可灵活把握。

课堂训练

绘制如图 5.93 所示的手锤实体模型。

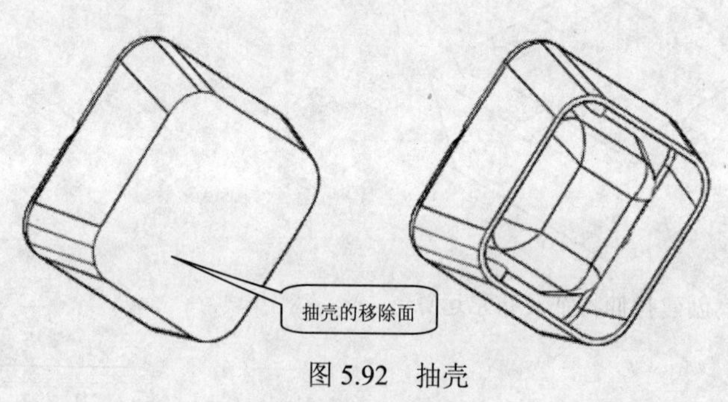

图 5.92　抽壳

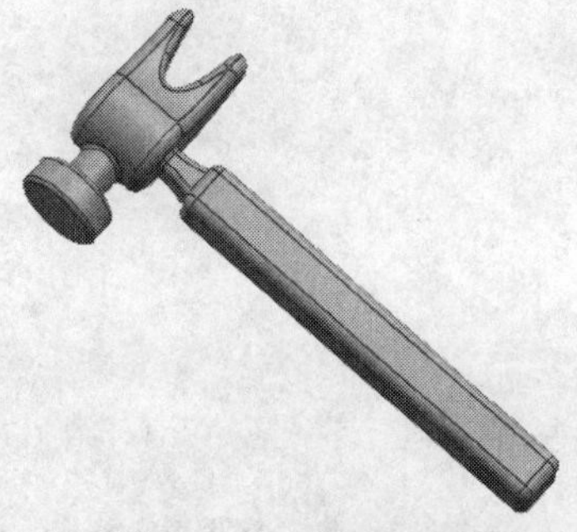

图 5.93　手锤模型

5.5 布尔运算

在实体建模过程中，将已经存在的两个或多个实体进行合并、求差或求交的一种操作手段称为布尔运算。经常用于需要剪切实体、合并实体，或者获取实体交叉部分的情况。根据布尔运算结果影响效果的不同，把布尔运算所设计的实体分为两类，即目标体和工具体。

- 【目标体】：被执行布尔运算且第一个选择的实体称为目标体。运算的结果加到目标体上，并修改目标体，其结果的特性遵从目标体。一次布尔运算只有一个目标体。
- 【工具体】：在目标体上执行布尔运算操作的实体称为工具体。工具体将加到目标体上，操作后具有和目标体相同的特性。工具体可以有多个。

5.5.1 求和

将两个或多个实体组合成一个新的实体称为求和操作，它的使用方法与 AutoCAD 中的并集工具相似，同时还可以设置是否保留选取的工具体和目标体。

选择【插入】/【组合】/【求和】命令，或者单击【求和】按钮，即可打开【求和】对话框。依次选取目标体和工具体进行合并操作，如图 5.94 所示。在【预览】栏中单击【显

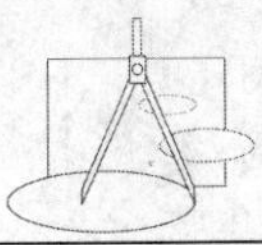

示结果】按钮，可以预览合并效果，如图 5.95 所示。

图 5.94　【求和】对话框

图 5.95　求和效果

关键：如果选中对话框中的【保持目标】复选框，合并实体的同时，保留原目标体；如果选中【保持工具】复选框，合并实体的同时，保留原工具体。

5.5.2　求差

将工具体与目标体相交的部分去除而生成一个新的实体的操作称为求差操作，它适用于实体和片体两种类型，同样也可以设置是否保留选取的目标体和工具体。

选择【插入】/【组合】/【求差】命令，或者单击【求差】按钮，打开如图 5.96 所示的【求差】对话框。依次选取目标体和工具体，单击【确定】按钮即可，效果如图 5.97 所示。如果欲保留原目标体或工具体，可分别选中【保持目标】或【保持工具】复选框，还可同时选中两个复选框来保留两个原实体。在【预览】栏中单击【显示结果】按钮，可以预览求差效果。

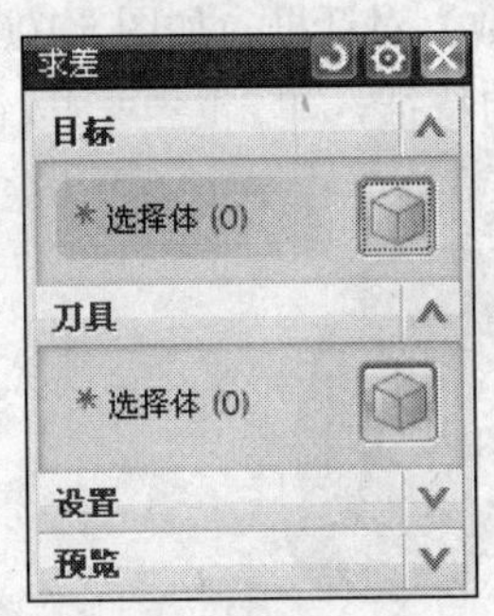

图 5.96　【求差】对话框

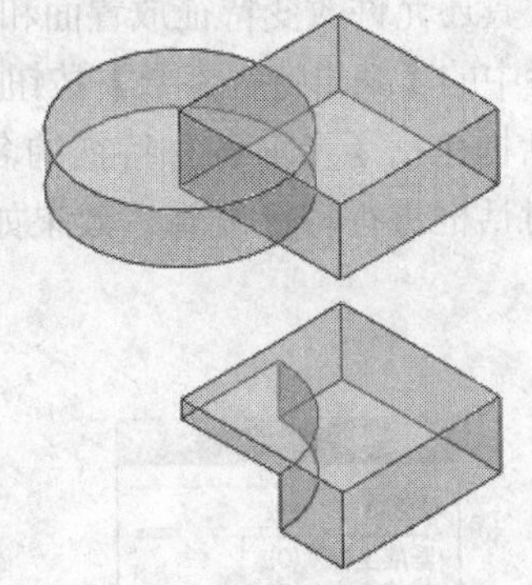

图 5.97　求差效果

5.5.3　求交

截取目标体与所选工具体之间的公共部分而生成一个新的实体的过程称为求交操作。其公共部分即是进行该操作时两个体的相交部分。它与【求差】工具正好相反，得到的是去除公共部分实体。

选择【插入】/【组合】/【求交】命令，或者单击【求交】按钮，打开如图 5.98 所示的【求交】对话框。依次选取目标体和工具体进行求交操作，如图 5.99 所示。在【预览】栏中单击【显示结果】按钮，可以预览求交效果。

图 5.98 【求交】对话框

图 5.99 求交结果

5.6 特征编辑

特征编辑是指在完成特征创建后，对特征不满意的地方进行重新编辑的操作过程。利用该功能可以实现特征的重定义，避免了人为的误操作产生的错误特征，也可以通过修改特征参数，以满足新的设计要求。

5.6.1 编辑特征参数

编辑特征参数允许重新定义任何参数化特征的参数值，并使模型更新以显示所做的修改。此外，该工具还允许改变特征放置面和改变特征类型。要重定义特征参数，可单击【编辑特征】工具栏中的【编辑特征参数】按钮，打开【编辑参数】对话框，如图 5.100 所示。

该对话框包括了当前各种特征的名称，选择要编辑的特征，单击确定按钮，即可打开相应的对话框进行特征编辑，效果如图 5.101 所示。

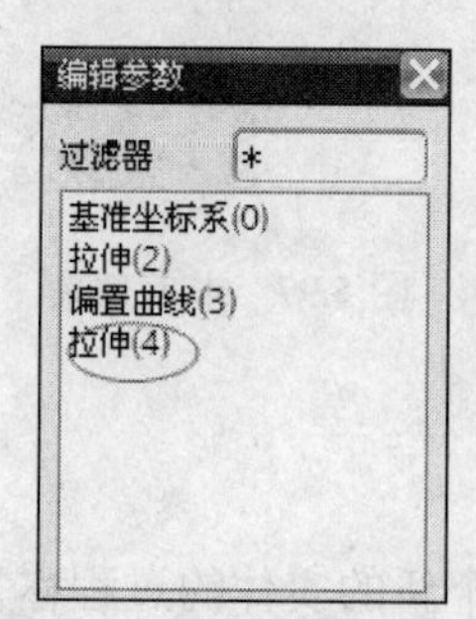

图 5.100 【编辑参数】对话框

图 5.101 编辑拉伸特征效果

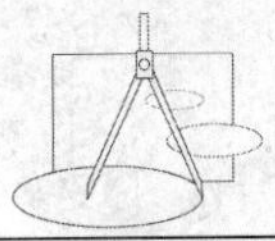

下面主要介绍 5 种特征参数的编辑方式。

- 【修改特征参数】：通过在特征对话框中重新定义特征的参数，可以生成新特征。选取要编辑的特征，打开【编辑参数】对话框。输入新的参数值，并连续单击确定按钮即可。

提示：在资源栏或绘图区中直接选取该特征，右击，并选择【编辑特征参数】选项，将打开相应的【编辑参数】对话框。

- 【重新附着】：通过重新指定所选特征的附着平面，从而改变特征生成的位置或方向，包括草绘平面、特征放置面、特征位置参照等附着元素。选择要编辑的特征，并选择【重新附着】选项，打开【重新附着】对话框。要进行重新附着操作，单击【目标放置面】按钮，并选取新的放置面，然后单击【定义定位尺寸】按钮，并依次选取位置参数定义新的尺寸，最后连续单击确定按钮即可。

关键：如果编辑的特征之间存在父子关系，改变一个父特征，其子特征也会随着相应改变。

- 【更变类型】：主要用来改变所选特征的类型，它可以将孔（包括钣金孔）或槽特征变成其他类型的孔或槽特征。执行该操作，打开创建所选特征时对应的特征类型对话框，选取所需要的类型，则所选特征的类型改变为新的类型。
- 【圆角和倒角编辑】：用于添加未倒角的边缘、移除或替换已倒角的边缘，它仅适用于边倒角形成的特征。在【编辑参数】对话框中选择圆角或倒角特征，并单击【确定】按钮，打开【边倒角】对话框。输入新的半径值，单击【确定】按钮即可创建新的倒圆角。
- 【编辑实例特征】：主要用于编辑阵列或者镜像的实例特征，选择不同的阵列方式，将打开相应的【编辑参数】对话框。选取实例特征的源特征，打开【编辑参数】对话框。

  【重新附着】：在编辑阵列的原始特征时，指定新的放置面和位置。设置阵列重新附着的方法与上面介绍的方法相同，这里就不再赘述了。

5.6.2　编辑位置参数

编辑位置可以通过编辑定位尺寸值来移动特征，也可以为那些在创建特征时没有指定定位尺寸或定位尺寸不全的特征添加定位尺寸，此外，还可以直接删除定位尺寸。

要编辑特征位置，单击【编辑特征】工具栏中的【编辑位置】按钮，根据【编辑位置】对话框的提示选取编辑特征，并打开新的【编辑位置】对话框，如图 5.102 所示。

在该对话框中列出了 3 种位置编辑方式，分别介绍如下。

- 【添加尺寸】：可以在所选择的特征和相关实体之间添加尺寸，主要用于未定位的特征和定位尺寸不全的特征。单击该按钮，则根据【定位】对话框，添加相应的定位尺寸。

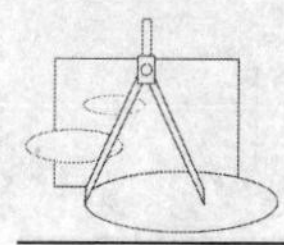

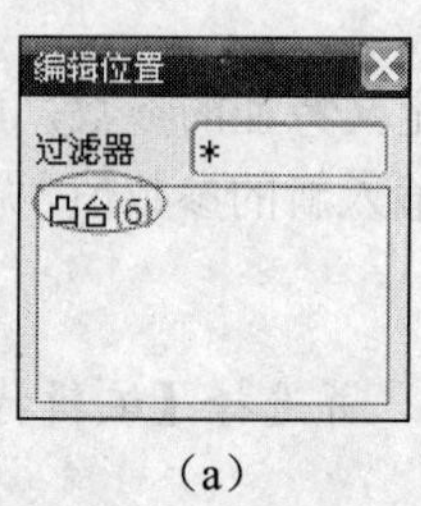

（a）

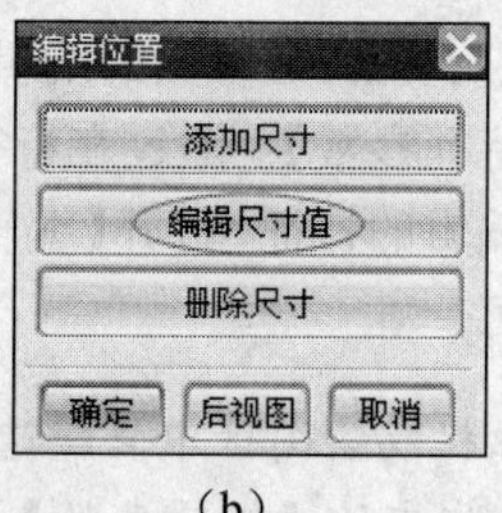

（b）

图 5.102 【编辑位置】对话框

- 【编辑尺寸值】：主要用来修改已经存在的尺寸参数。单击该按钮，打开【编辑位置】对话框，在绘图工作区中显示特征参数值，设置定位尺寸，连续单击【确定】按钮，即可完成尺寸编辑操作，如图 5.103 所示，效果如图 5.104 所示。
- 【删除尺寸】：单击【删除尺寸】按钮，打开【移除定位】对话框，在绘图区选取不用的尺寸值，单击【确定】按钮，即可删除不用的尺寸。

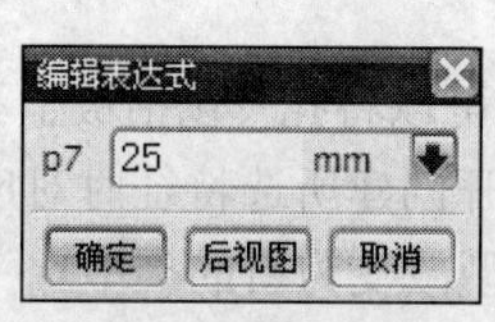

图 5.103 输入参数值

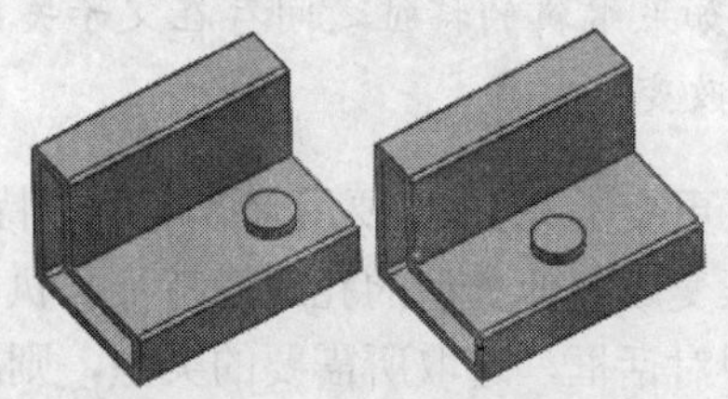

图 5.104 编辑位置效果

关键：*在编辑尺寸位置时，要编辑对象的尺寸值，必须在此之前设置该对象的位置表达式。*

5.6.3 移动特征

移动特征是将非关联的特征移动到所需位置，它的应用主要包括两个方面：第一，可以将没有任何定位的特征移动到指定位置；第二，对于有定位尺寸的特征，可以利用编辑位置尺寸的方法移动特征。

单击【编辑特征】工具栏中的【移动特征】按钮，根据【移动特征】对话框的提示选取要移动的特征，打开新的【移动特征】对话框，如图 5.105 所示。在该对话框中包括了 4 种移动特征的方式，分别介绍如下。

- DXC、DYC、DZC：通过在基于当前工作坐标系的 DXC、DYC、DZC 文本框中输入增量值来移动指定的特征，如图 5.106 所示，效果如图 5.107 所示。
- 【至一点】：利用【点构造器】对话框，分别指定参考点和目标点，将所选实体特征移动到目标点。
- 【在两轴间旋转】：可以将特征从一个参照轴旋转到目标轴。首先使用【点构造器】工具捕捉旋转点，然后在【矢量构成器】对话框中指定参考轴方向和目标轴方向即可。
- 【CSYS 到 CSYS】：可以将特征从一个参考坐标系重新定位到目标坐标系。通过在 CSYS 对话框中定义新的坐标系，系统将把实体特征从参考坐标系移动到目标坐标系。操作方法比较简单，这里就不再赘述了。

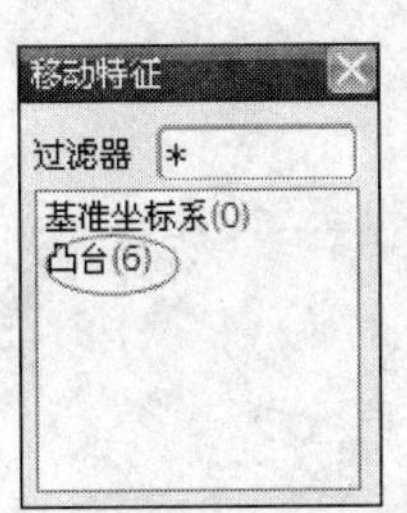

图 5.105　【移动特征】对话框

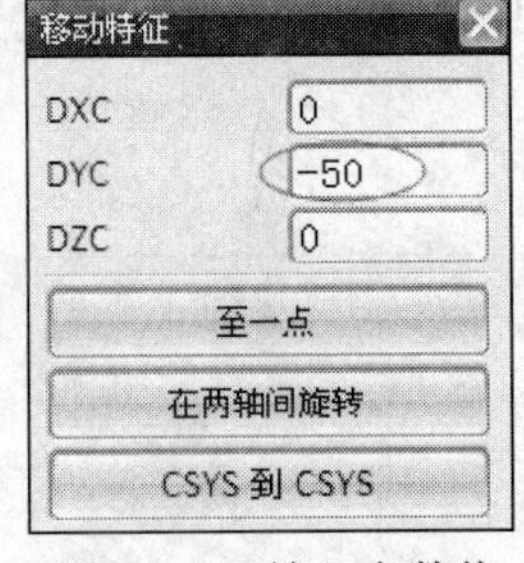

图 5.106　输入参数值

图 5.107　移动特征效果

5.6.4　抑制特征

抑制特征是从实体模型上临时移除一个或多个特征，即取消它们的显示。此时，被抑制的特征及其子特征前面的绿勾消失。

单击【编辑特征】工具栏中的【抑制特征】按钮，打开【抑制特征】对话框，如图 5.108 所示。在【过滤器】列表中选择要抑制的特征，【选定的特征】列表中将显示该抑制的特征，单击【确定】按钮即可，效果如图 5.109 所示。

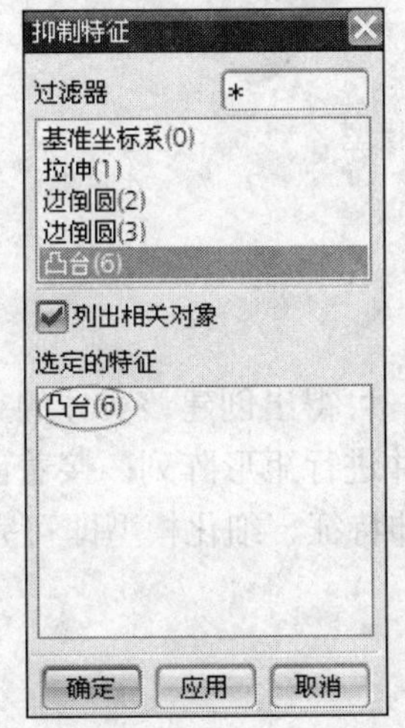

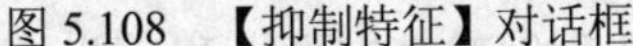

图 5.108　【抑制特征】对话框

图 5.109　抑制特征结果

关键： 在资源栏或绘图区中选取要抑制的特征，右击，然后选择【抑制】选项。按住 Ctrl 键，可以一次选取多个特征。

如果欲取消特征的抑制，可单击【编辑特征】工具栏中的【取消抑制】按钮，取消相应特征的显示。

5.7　创建手机模型

任务 5-3　创建手机模型

试创建如图 5.110 所示的手机模型。

图 5.110　手机实体模型

任务分析

通过参考手机实体，并仔细分析手机实体模型，可得出创建该实体的主要方法：先由拉伸实体特征拉伸出手机主体；再创建椭圆形按钮并进行矩形阵列；接着创建功能按钮和听筒椭圆小孔的拉伸切除特征；最后创建屏幕的拉伸特征、细化模型即可完成。

相关知识

绘制样条线和椭圆曲线、编辑曲线、拉伸特征、创建基准面、移动坐标、倒圆角等命令的应用。

任务实施

※ **STEP 1**　创建手机主体

（1）启动 UG，创建一个新文件并进入建模模块。

（2）选择【插入】/【曲线】/【样条】命令，或单击【曲线】工具栏中的～按钮，在

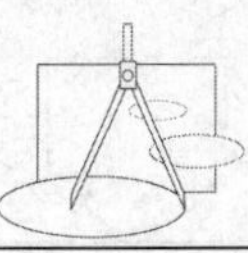

【样条】对话框中选择【通过点】选项并利用如图 5.111 所示【点】的对话框，通过创建点（0，0，0）、（15，-1，0）、（30，-1.5，0）、（45，-4，0）、（60，-6，0）、（70，-7，0）、（90，-7，0）和（105，-7.5，0）来创建一条样条曲线。利用曲线偏置功能，以偏置距离“-10”来偏置样条曲线。然后利用直线功能，创建两条直线连接样条曲线和偏置曲线，效果如图 5.112 所示。

图 5.111　【点】对话框

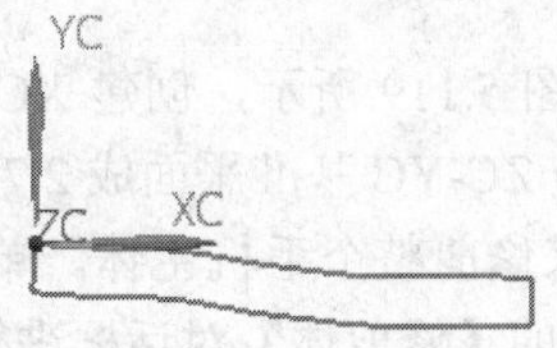

图 5.112　绘制拉伸曲线

（3）选择【插入】/【设计特征】/【拉伸】命令，或者单击【特征】工具栏中的按钮，进入拉伸特征模式，系统弹出【拉伸】对话框，如图 5.113 所示，沿+ZC 轴方向，拉伸整个封闭曲线，拉伸的开始距离和结束距离分别是 0 和 45，效果如图 5.114 所示。然后选择【插入】/【细节特征】/【边倒圆】命令，或者单击【特征】工具栏中的按钮，在系统弹出【边倒圆】对话框后，选取倒圆边，按照提示的倒圆半径对不同的边缘进行倒圆操作，效果如图 5.115 所示。

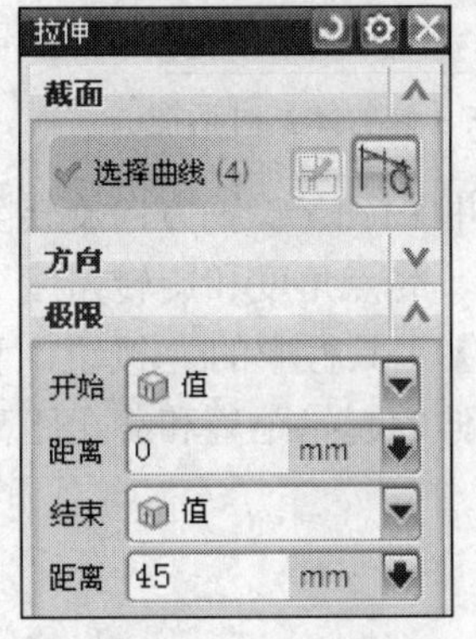

图 5.113　【拉伸】对话框

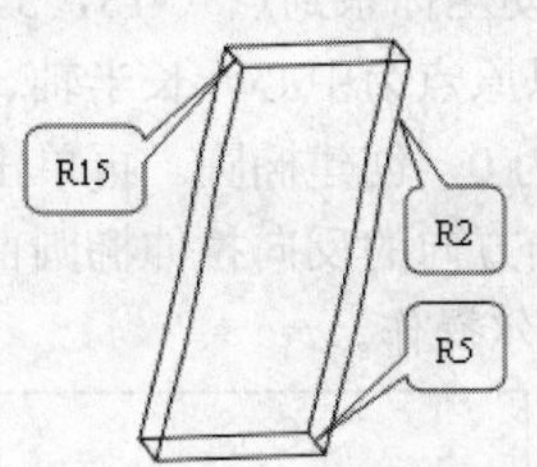

图 5.114　拉伸主体

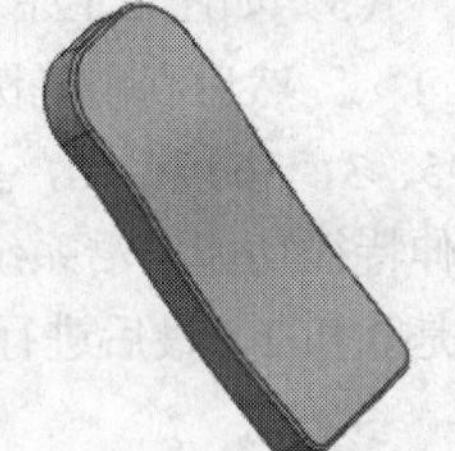

图 5.115　细化手机主体

※ **STEP 2**　创建按钮拉伸实体

（1）如图 5.116 所示，移动坐标系到后端面上直边的左端点处，并保持-XC 轴方向旋转坐标系 90°，然后利用椭圆功能，以点（0，10，3）为中心，长半轴、短半轴和终点角度分别为 10、5 和 360，创建椭圆。

（2）通过椭圆的两个相对极限点创建一条直线，利用修剪曲线功能，以直线的两端为第一和第二边界对象修剪椭圆曲线，如图 5.117 所示。

（3）选择【插入】/【设计特征】/【拉伸】命令，或者单击【特征】工具栏中的按钮，利用拉伸特征功能，沿-ZC 轴方向拉伸整个封闭曲线，拉伸的开始距离和结束距离分别是 0 和 2，最后进行“并”布尔操作，效果如图 5.118 所示。

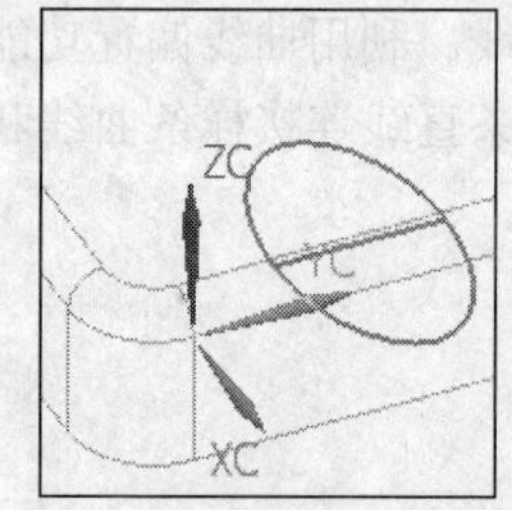

图 5.116　创建椭圆曲线

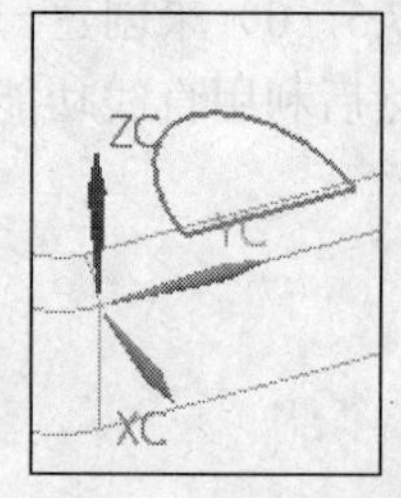

图 5.117　修剪椭圆曲线

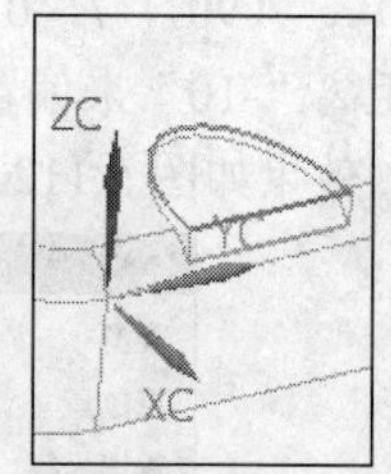

图 5.118　创建半椭圆拉伸实体

（4）如图 5.119 所示，创建 XC-YC、ZC-YC 基准平面和-YC 基准轴，再创建一个过-YC 基准轴与 ZC-YC 基准平面成 2.727218°的基准平面，并利用这个基准平面，沿系统默认修剪方向来修剪整个手机主体。单击【特征】工具栏中的【修剪体】按钮，利用如图 5.120 所示的【修剪体】对话框进行修剪。

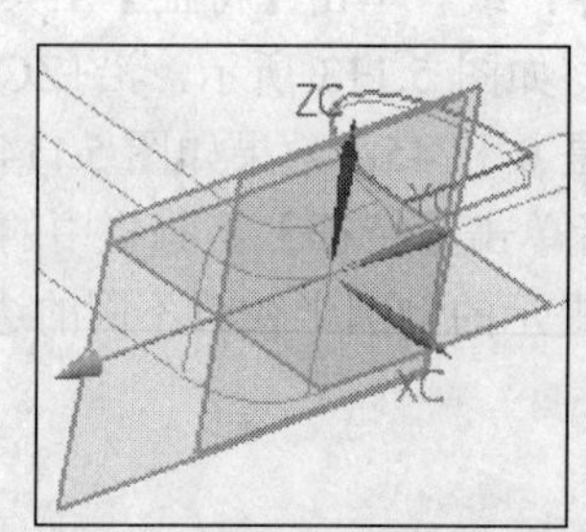

图 5.119　修剪半椭圆拉伸实体

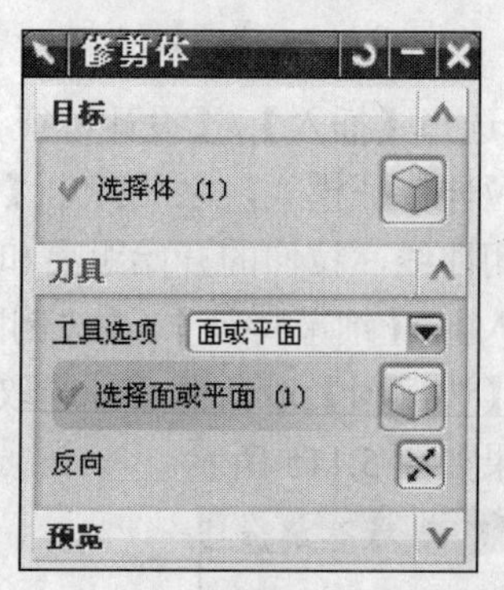

图 5.120　【修剪体】对话框

（5）如图 5.121 所示，移动坐标系到点（-13，5，3），并保持+YC 轴方向旋转坐标系 1°。然后利用椭圆功能，以原点为中心，长半轴、短半轴、终点角度和旋转角度分别为 5、3、360 和-70，其他参数为 0，创建椭圆。再单击【特征】工具栏中的按钮，利用拉伸特征功能，沿系统默认拉伸方向的反向拉伸椭圆曲线，拉伸的起始距离和终止距离分别是 0 和 2，最后进行“并”布尔操作。

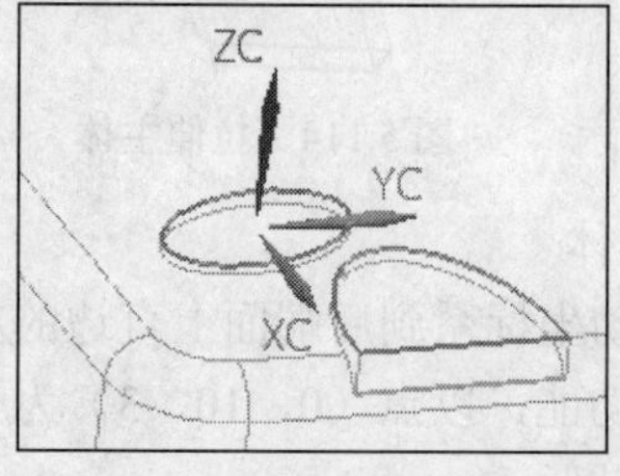

图 5.121　创建椭圆拉伸实体

（6）单击【特征】工具栏中的【对特征形成图样】按钮，弹出【对特征形成图样】对话框，如图 5.122 所示。在【阵列定义】选项的下拉列表框中选择“线性”，在【方向 1】

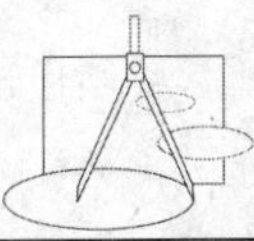

选项中设置【数量】为 4、【节距】为-9，在【方向 2】选项中设置【数量】为 3、【节距】为 12，效果如图 5.123 所示。

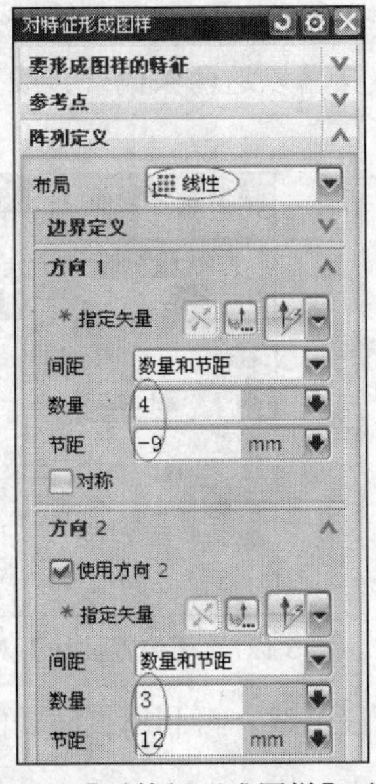

图 5.122 【对特征形成图样】对话框

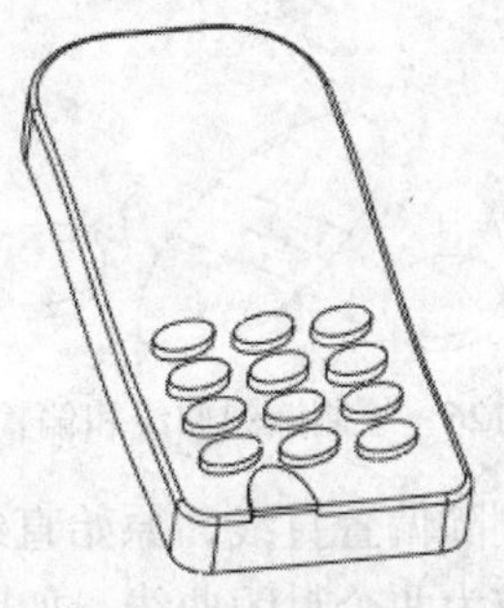

图 5.123 椭圆线性阵列

（7）保持+YC 轴方向旋转坐标系 2°。如图 5.124 所示，利用圆功能，以点（-40，0，0）为圆心，点（-43，0，0）为圆上点，创建圆形。并沿系统默认拉伸方向的反向拉伸圆形曲线，拉伸的开始距离和结束距离是 0 和 3，最后进行“并”布尔操作。

（8）同步骤（6），选择小圆柱为阵列对象，在【阵列定义】选项的下拉列表框中选择“线性”，在【方向 1】选项中设置【数量】为 1、【节距】为 1，在【方向 2】选项中设置【数量】为 2、【节距】为 20，效果如图 5.124 所示。

（9）选择【编辑】/【移动对象】命令，弹出【移动对象】对话框，如图 5.125 所示，设置 3 个坐标增量值为-7、27 和 1，来移动圆形曲线。并通过该移动曲线，沿系统默认拉伸方向的反向拉伸该圆形曲线，拉伸的开始距离和结束距离分别是 0 和 3，最后进行“并”布尔操作。

图 5.124 创建拉伸实体和引用特征

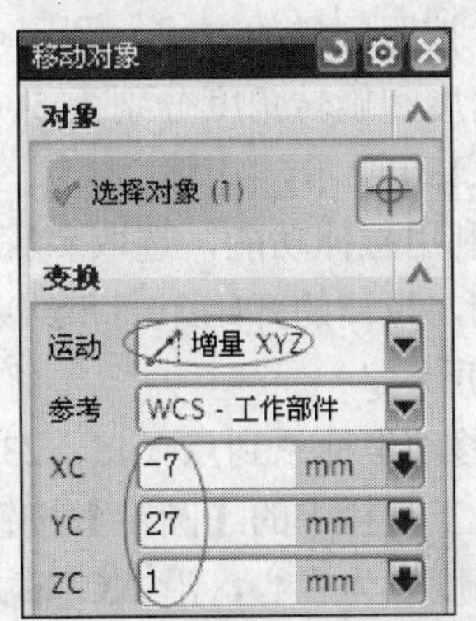

图 5.125 【移动对象】对话框

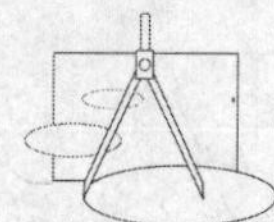

（10）保持+YC 轴方向旋转坐标系 4°。如图 5.126 所示，利用椭圆功能，以原点为中心，长半轴、短半轴、终点角度和旋转角度分别为 9、4、360 和 20，其他参数为 0，创建椭圆。然后通过椭圆的两个相对极限点创建一条直线，利用如图 5.127 所示的【偏置曲线】对话框，以偏置距离 2 沿两个方向偏置该直线。接着以这两条偏置直线为分割边界，以它们和椭圆的 4 个交点为分割点来分割椭圆。

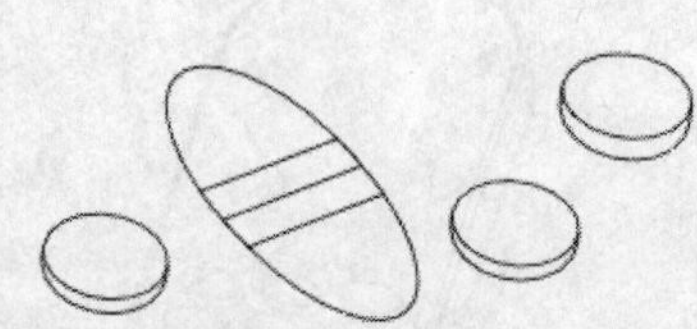

图 5.126　绘制椭圆曲线和偏置直线

图 5.127　【偏置曲线】对话框

（11）删除偏置直线、原始直线和椭圆中部的两段弧线。再利用直线功能连接剩下的曲线，使其成为两个封闭曲线，如图 5.128 所示。

（12）利用拉伸功能，选取两条封闭曲线，沿系统默认拉伸方向的反向拉伸它们，拉伸的开始距离和结束距离分别是 0 和 5，最后进行“并”布尔操作，效果如图 5.129 所示。

图 5.128　修剪椭圆曲线

图 5.129　创建拉伸实体

※ STEP 3　创建听筒、手机屏幕和手机天线

（1）移动坐标系到前端面上直边的左端点处，然后利用椭圆功能，以点（7，10，3）为中心，长半轴、短半轴、终点角度和旋转角度分别为 3、0.5、360 和 10，其他参数为 0，创建椭圆。按照同样的方式，利用点（7，13，3）和点（7，16，3），创建长半轴、短半轴、终点角度和旋转角度分别为 5、1、360、0 和 6、1、360、-10，其他参数为 0 的椭圆，效果如图 5.130 所示。

（2）利用拉伸功能，选取步骤（1）创建的 3 个封闭曲线，沿系统默认拉伸方向的反向拉伸它们，拉伸的开始距离和结束距离分别是 0 和 2，最后进行“减”布尔操作，效果如图 5.131 所示。

（3）移动坐标系到点（15，23，5）上，并保持-YC 轴方向旋转坐标系 10°。然后单击【特征】工具栏中的【圆锥】按钮，即可利用如图 5.132 所示的【圆锥】对话框，以“直径和高度”为中心，沿-XC 轴方向，创建【底部直径】、【顶部直径】和【高度】分别为 8、7 和 30 的圆锥体，最后进行“并”布尔操作，如图 5.133 所示。

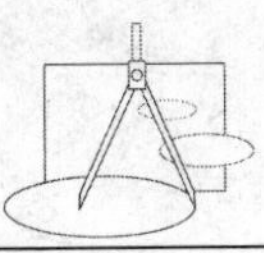

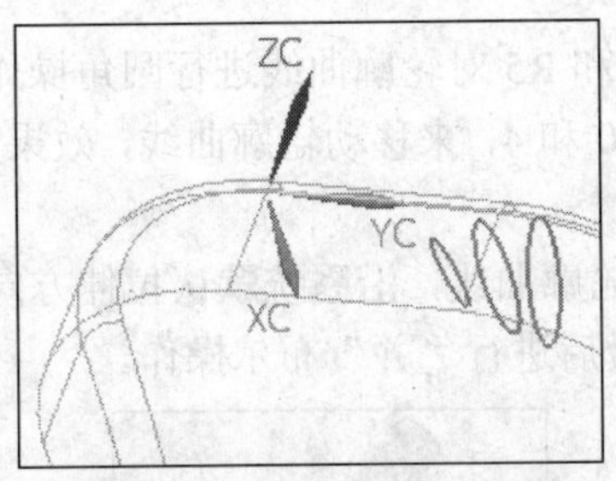

图 5.130　创建 3 个椭圆曲线

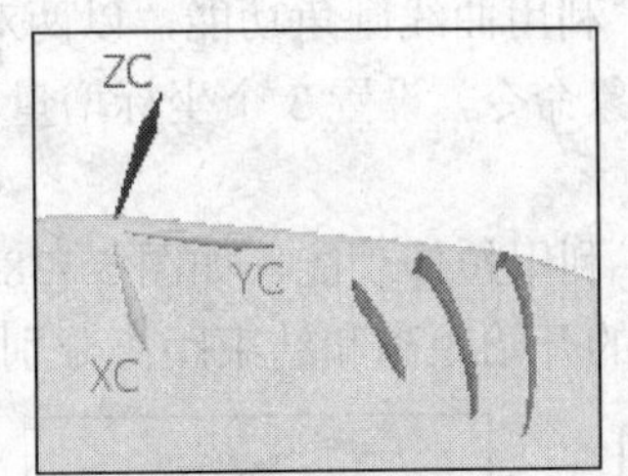

图 5.131　拉伸修剪

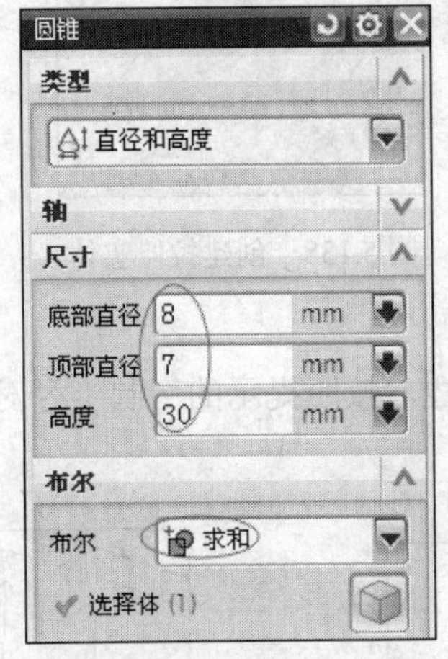

图 5.132　【圆锥】对话框

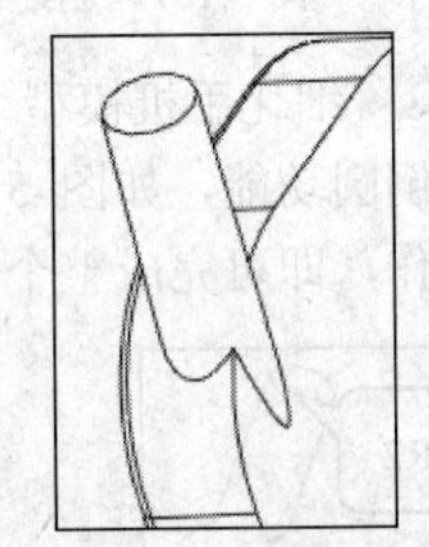

图 5.133　创建圆锥实体

（4）移动坐标系到点（5，-15.5，0）上，并保持+YC 轴方向旋转坐标系 10°。然后利用椭圆功能，以点（0，0，0）为中心，长半轴、短半轴、终点角度和旋转角度分别为 25、18、360 和 0，其他参数为 0，创建椭圆 1。按照同样的方式，利用点（-25，10，0）和点（35，0，0），创建长半轴、短半轴、终点角度和旋转角度分别为 25、18、360 和 90，其他参数为 0 的椭圆 2 和椭圆 3，如图 5.134 所示。

（5）利用如图 5.135 所示的【分割曲线】对话框，对 3 个椭圆进行修剪，得到轮廓曲线形状，如图 5.136 所示。

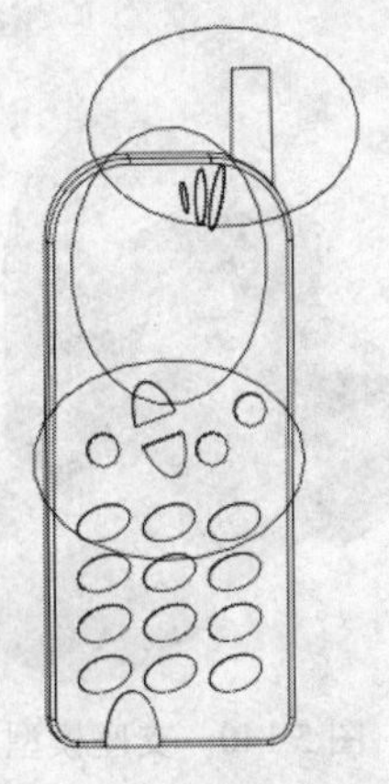

图 5.134　绘制椭圆曲线

图 5.135　【分割曲线】对话框

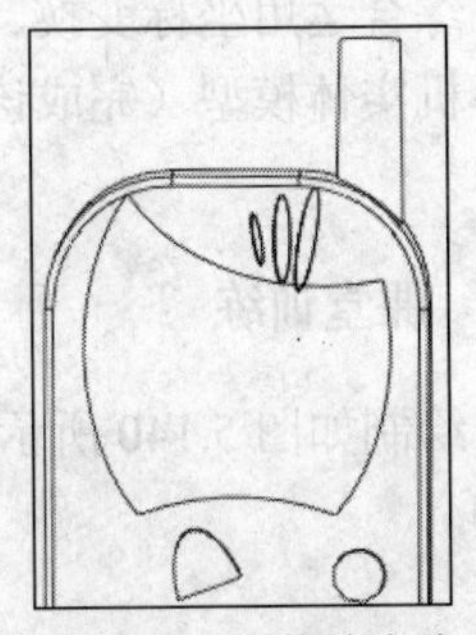

图 5.136　修剪轮廓线

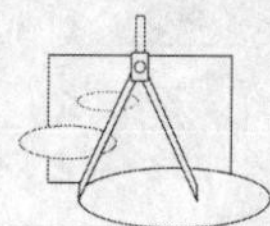

（6）利用曲线圆角功能，以两对象圆角方式和 R5 对轮廓曲线进行圆角操作。然后利用移动对象命令，设置 3 个坐标增量值分别为 0、0 和 4，来移动轮廓曲线，效果如图 5.137 所示。

（7）利用拉伸功能，如图 5.138 所示，选取轮廓曲线，沿系统默认拉伸方向的反向拉伸，拉伸的开始距离和结束距离分别是-3 和 0，最后进行“并”布尔操作。

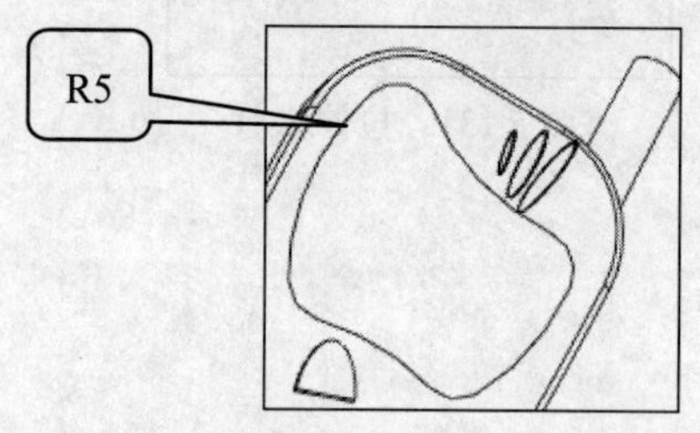

图 5.137　创建倒圆角

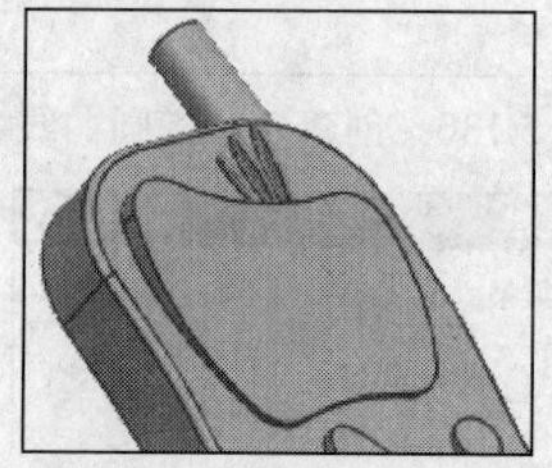
图 5.138　创建拉伸实体

※ **STEP 4**　细化手机模型

利用边倒圆功能，如图 5.139 所示，选取倒圆边，按照提示的倒圆半径对不同的边缘进行倒圆操作，即可完成整个手机实体模型的创建。

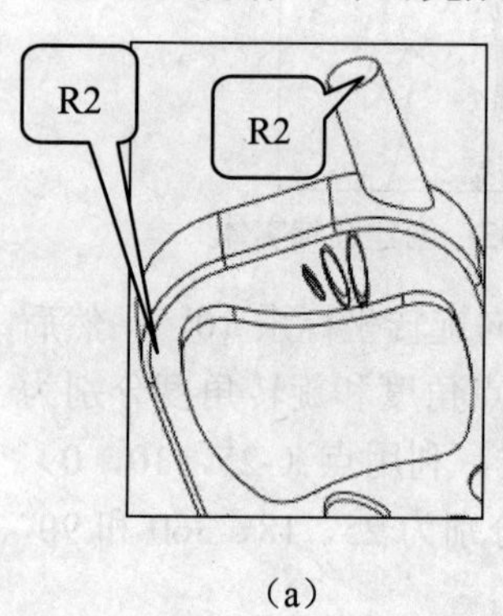

（a）

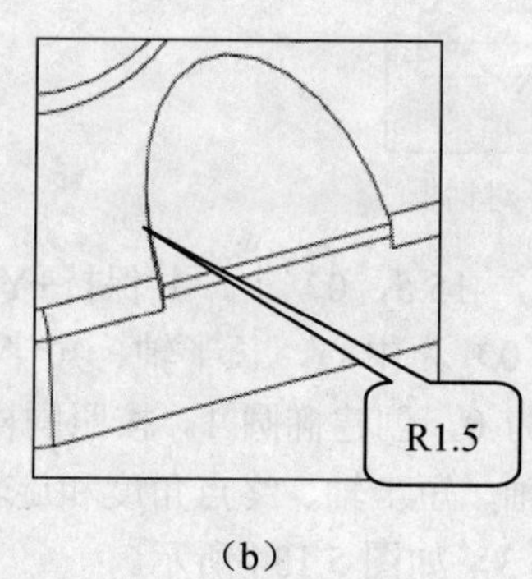

（b）

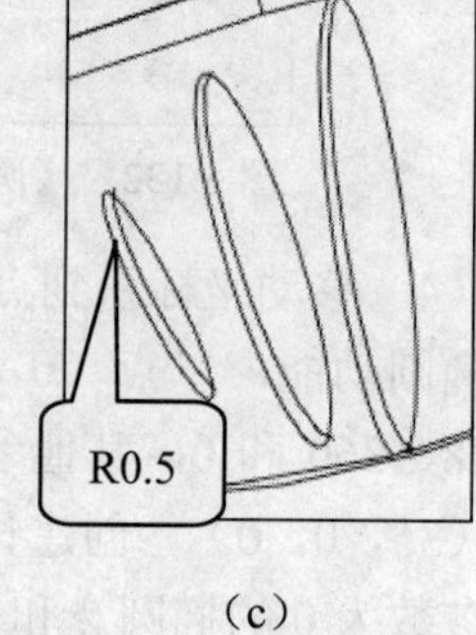

（c）

图 5.139　创建倒圆特征

任务总结

综合运用坐标变换、拉伸、曲线、实例特征等操作创建手机实体模型（完成该设计任务有一定难度）。

课堂训练

绘制如图 5.140 所示的支座模型（chapter5/5.140.prt）。

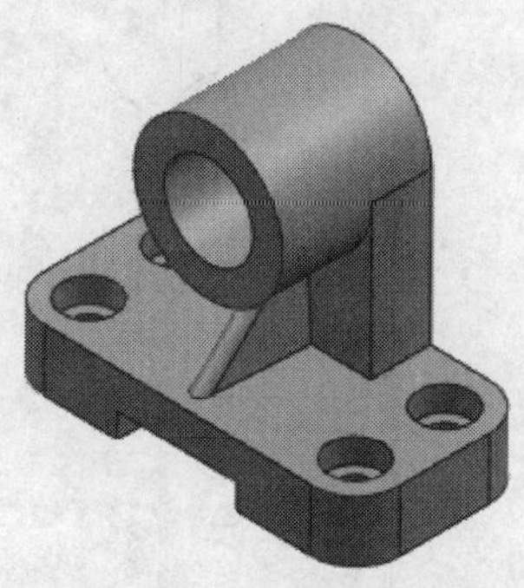
图 5.140　支座模型

习　题

1．创建如图 5.141 所示的游戏机外壳模型（chapter5/5.141.prt）。

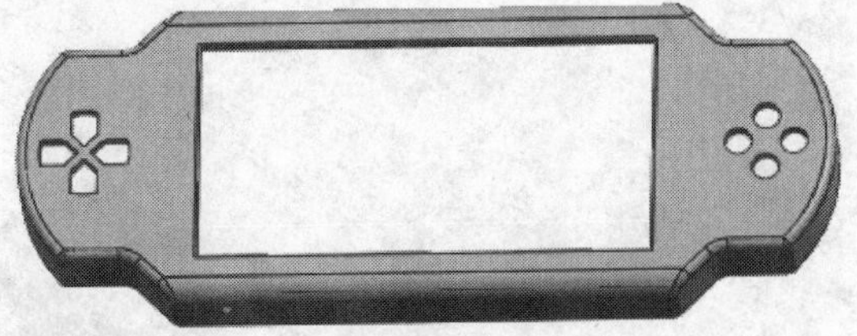

图 5.141　游戏机外壳模型

2．创建如图 5.142 所示的电动机盖模型（chapter5/5.142.prt）。

图 5.142　电动机盖模型

3．创建如图 5.143 所示的电池底壳模型（chapter5/5.143.prt）。

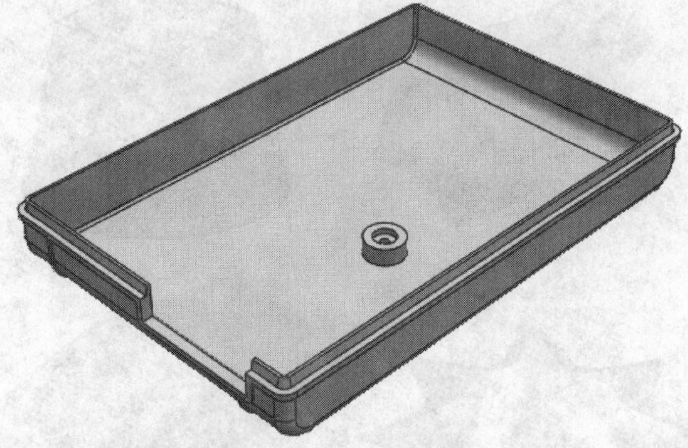

图 5.143　电池底壳模型

第6章 曲 面 功 能

本章要点

- 曲面创建
- 曲面编辑

任务案例

- 入门引例：创建灯罩模型
- 创建水龙头模型
- 创建车身模型

在 UG 软件的建模过程中，很多外形复杂的产品都需要采用曲面造型来完成复杂形状的构建，因此掌握 UG 自由曲面的创建对造型工程师来说是极其重要的，这也是体现 CAD 建模能力的重要标志。

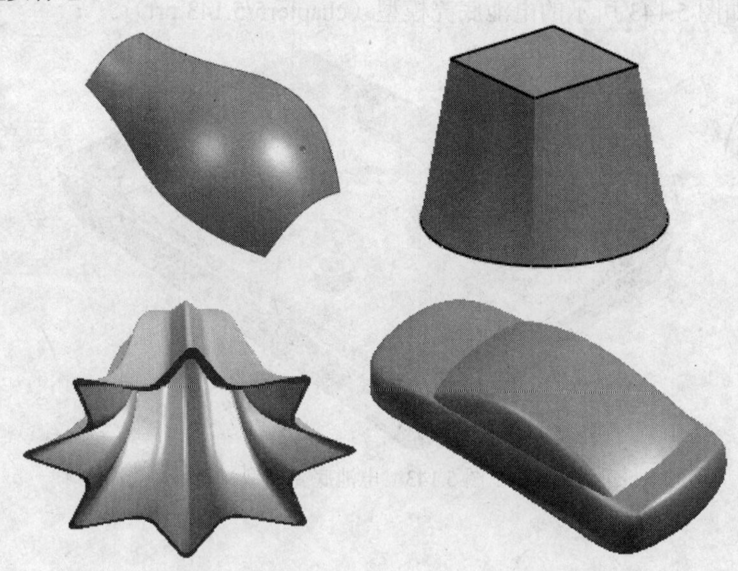

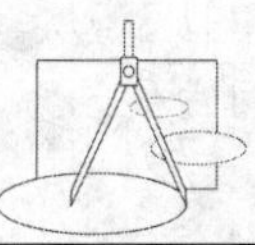

下面先引入一个实例来说明曲面功能的应用。

任务 6-1　入门引例：创建灯罩模型

创建如图 6.1 所示的灯罩模型。

图 6.1　灯罩模型

任务分析

在学习曲面功能之前，不妨先用一些基本命令来完成灯罩模型的创建，从而对本章的学习内容有一个大致的了解。

仔细分析灯罩的形状，灯罩主要是由星形图形通过造型曲面功能创建而成。灯罩的壁厚则可以用两个灯罩模型进行布尔求差的运算获得。

相关知识

移动对象、变换、隐藏或显示、通过曲线网格、布尔运算等基本命令的应用。

任务实施

※ **STEP 1**　移动对象

（1）选择【文件】/【打开】命令或单击【标准】工具栏中的按钮，打开源文件 chapter6/6.2.prt，如图 6.2 所示。

图 6.2　灯罩线架

（2）选择【开始】/【建模】命令或单击按钮，进入建模模块。

（3）选择【编辑】/【移动对象】命令，或单击【标准】工具栏中的按钮，弹出【移动对象】对话框，选取屏幕中的样条曲线 1 为操作对象，在【变换】选项中的【运动】栏下拉列表中选择【角度】，在【指定矢量】栏的【自动判定的矢量】下拉列表中选择按钮，单击【点构造器】按钮，指定轴点为（0，0，0），输入【角度】为 45，在【结果】选项中选中【复制原先的】单选按钮，输入【距离/角度分割】为 1，【非关联副本数】为 7，如图 6.3 所示。单击 确定 按钮，生成曲线模型，如图 6.4 所示。

图 6.3 【移动对象】对话框

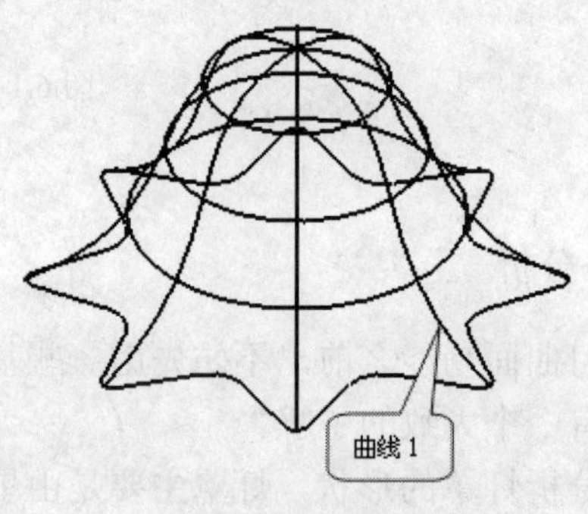

图 6.4 曲线模型

※ STEP 2 通过曲线网格创建曲面

选择【插入】/【网格曲面】/【通过曲线网格】命令，或单击【曲面】工具栏中的按钮，弹出【通过曲线网格】对话框。根据系统提示，选取主曲线，如图 6.5 所示。选取屏幕中的星形图形，单击鼠标中键，选取直线终点，连续单击两次鼠标中键。再根据系统提示，选取交叉曲线，选取样条曲线 1，单击鼠标中键，选取样条曲线 2，单击鼠标中键，这样顺次选取样条曲线直到重新选取到样条曲线 1 为止，单击 确定 按钮，生成灯罩曲面模型 1，如图 6.6 所示。

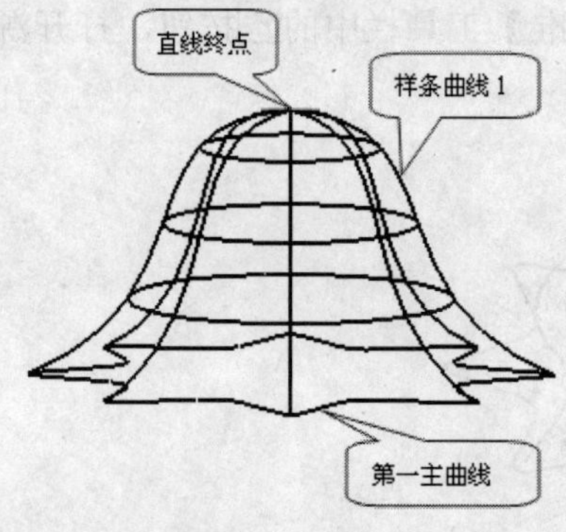

图 6.5 灯罩线架

图 6.6 灯罩曲面模型 1

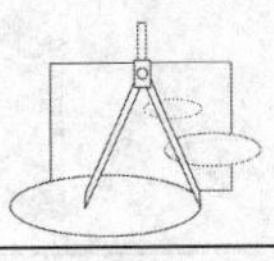

技巧：选择星形图形时，选择【曲线规则】下拉列表中的【相连曲线】方式可以一次性选取整个星形图形，使选取更加简便。

※ STEP 3 隐藏操作

选择【编辑】/【显示和隐藏】/【隐藏】命令，或单击【标准】工具栏中的按钮，弹出【类选择】对话框，选择 STEP 2 所创建的灯罩曲面模型 1，单击确定按钮，隐藏所选曲面。

※ STEP 4 变换操作

选择【编辑】/【变换】命令，或单击【标准】工具栏中的按钮，弹出【变换】对话框，选中所有曲线，单击确定按钮。弹出如图 6.7 所示对话框，单击比例按钮，弹出【点】对话框，输入点（0，0，0），单击确定按钮，在弹出的对话框中输入刻度尺 0.95，如图 6.8 所示，单击确定按钮，进入下一个对话框，如图 6.9 所示，单击复制按钮，生成缩小曲线，如图 6.10 所示，单击取消按钮，退出对话框。

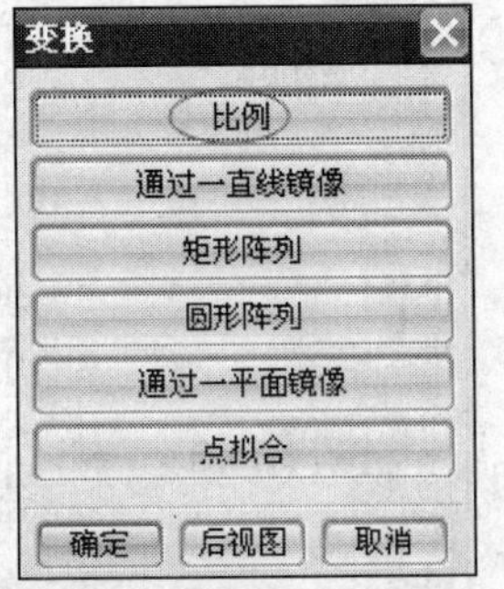

图 6.7　【变换】对话框（1）

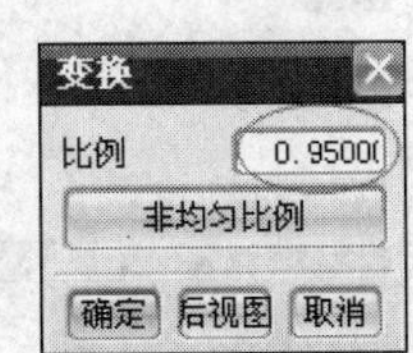

图 6.8　【变换】对话框（2）

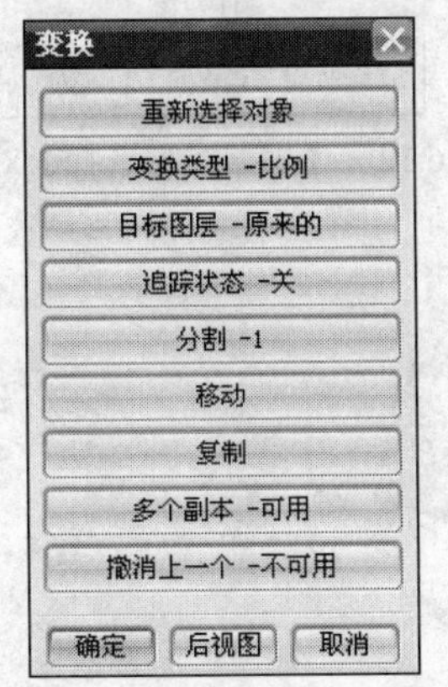

图 6.9　【变换】对话框（3）

图 6.10　生成缩小曲线

※ STEP 5 通过曲线网格创建曲面

选择【插入】/【网格曲面】/【通过曲线网格】命令，或单击【曲面】工具栏中的按钮，弹出【通过曲线网格】对话框，同 STEP 2，创建灯罩曲面模型 2。

※ STEP 6 显示和隐藏操作

（1）选择【编辑】/【显示和隐藏】/【隐藏】命令，或单击【标准】工具栏中的按钮，弹出【类选择】对话框，如图 6.11 所示。单击【过滤器】选项中的【类型过滤器】按钮，弹出【根据类型选择】对话框，如图 6.12 所示。选择【曲线】选项，单击确定按钮，返回【类选择】对话框，单击【全选】按钮，选取所有曲线，再单击确定按钮，隐藏所有曲线。

（2）选择【编辑】/【显示和隐藏】/【显示】命令，或单击【标准】工具栏中的按钮，弹出【类选择】对话框，选择灯罩曲面模型 1，单击确定按钮，显示灯罩曲面模型 1。

※ STEP 7　布尔求差运算

单击【特征】工具栏中的按钮，弹出【求差】对话框，根据系统提示，选择两个灯罩曲面模型，单击确定按钮，完成灯罩模型的创建，如图 6.13 所示。

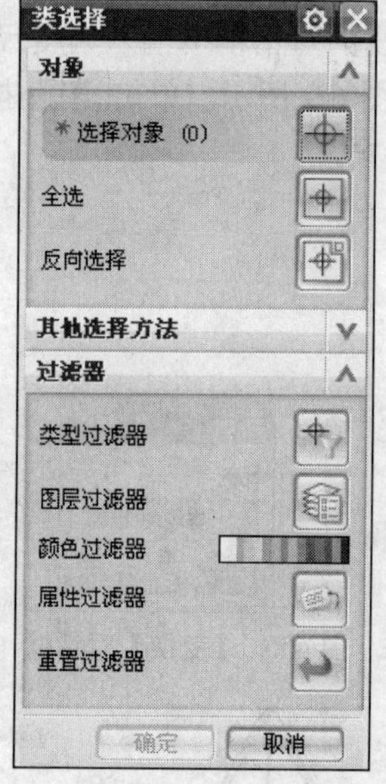

图 6.11　【类选择】对话框

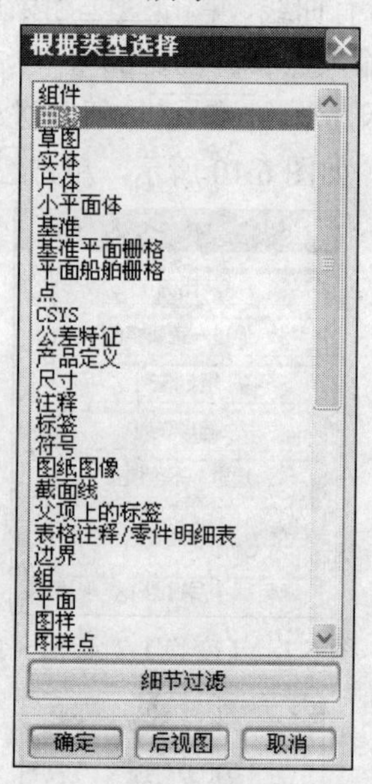

图 6.12　【根据类型选择】对话框

图 6.13　灯罩模型

任务总结

利用移动对象、变换、隐藏或显示、通过曲线网格、布尔运算等操作命令完成灯罩模型的创建，可以提高学习兴趣，使用户初步熟悉曲面功能操作面板，为深入学习和掌握本

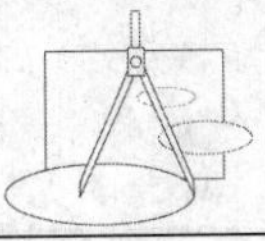

章节内容打下基础。

6.1 曲面创建

6.1.1 通过点

选择【插入】/【曲面】/【通过点】命令，或单击【曲面】工具栏中的按钮，弹出【通过点】对话框，如图 6.14 所示。单击确定按钮，弹出如图 6.15 所示的【过点】对话框。

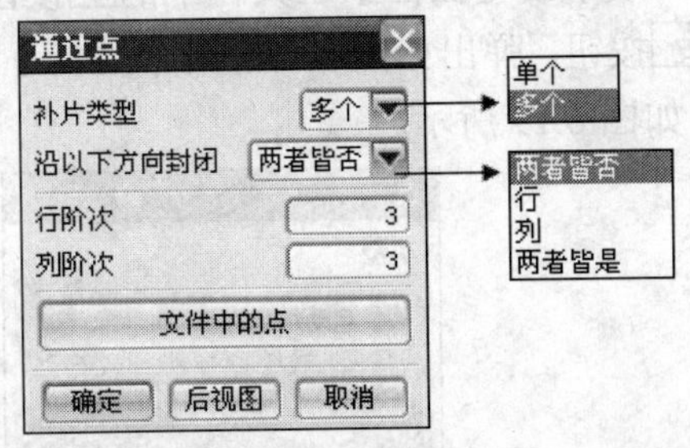

图 6.14　【通过点】对话框

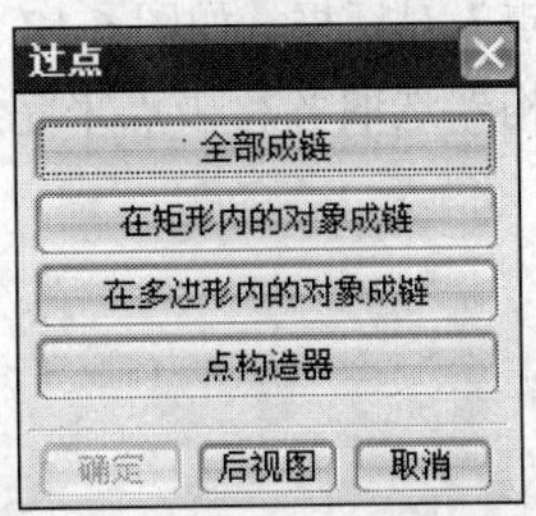

图 6.15　【过点】对话框

下面对各选项进行简要说明。

- 【补片类型】：用于生成包含单面片或多面片的片体，它包含【单个】和【多个】两个选项。
  - 【单个】：创建仅由一个面片组成的片体。
  - 【多个】：创建由单面片矩形阵列组成的片体，如图 6.16 所示。

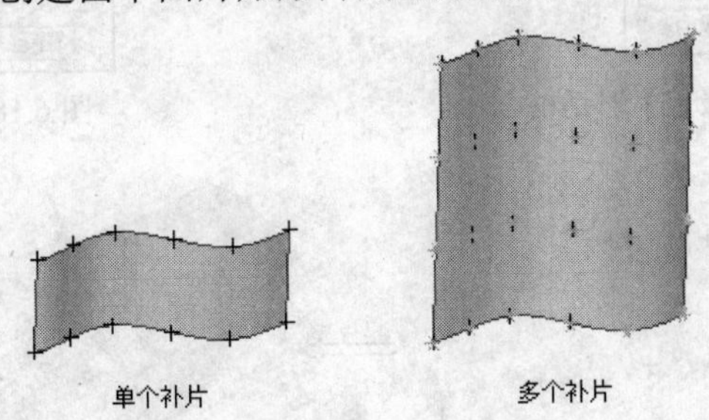

图 6.16　补片类型示意图

- 【沿以下方向封闭】：用于通过下列选项选择一种方式来封闭一个多面片片体。
  - 【两者皆否】：自体以指定点开始和结束。
  - 【行】：点的第一列变成最后一列。
  - 【列】：点的第一行变成最后一行。
  - 【两者皆是】：在行和列两个方向上封闭片体。
- 【全部成链】：用于连接窗口中已经存在的定义点，但点与点之间需要一定的距离。它用来定义起点与终点，获取起点与终点之间连接的点。

- 【在矩形内的对象成链】：用于通过拖动鼠标定义矩形方框来选取定义点，并连接矩形方框内的点。
- 【在多边形内的对象成链】：用于通过鼠标来定义多边形方框来选取定义点，并连接多边形方框内的点。
- 【点构造器】：用于选取定义点的位置。每指定一行点后，系统都会用对话框提示【是】或【否】确定当前定义点。

6.1.2　从极点

选择【插入】/【曲面】/【从极点】命令，或单击【曲面】工具栏中的按钮，弹出【从极点】对话框，如图 6.17 所示。单击 确定 按钮，弹出如图 6.18 所示的【点】对话框。通过点构器选取各行极点来完成曲面的创建，如图 6.19 所示。

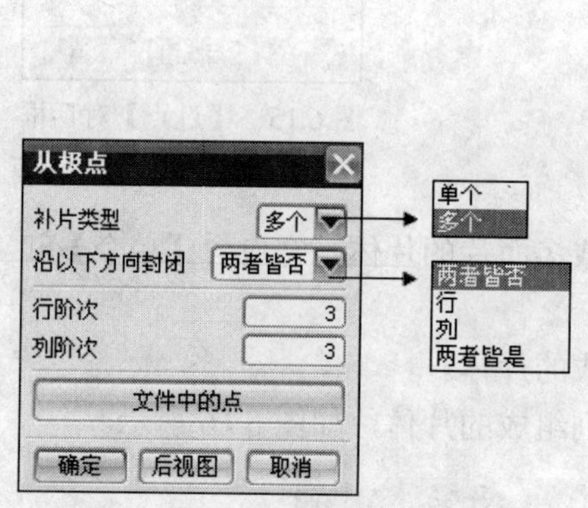

图 6.17　【从极点】对话框

图 6.18　【点】对话框

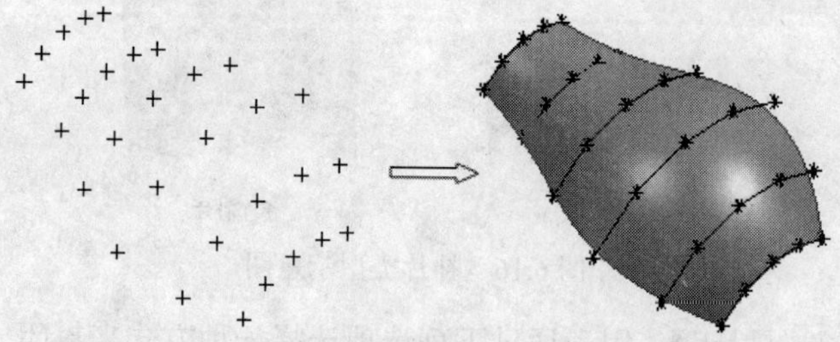

图 6.19　从极点示意图

📖 **关键**：当设置的行阶数的数值太小时，可以利用【指定另一行】来继续选取下一行极点。

下面对部分选项进行简要说明。

- 【行阶次】：代表 U 向的阶数，阶次从点数最高的行开始。
- 【列阶次】：代表 V 向的阶数，阶次比指定的行数小 1。
- 【文件中的点】：可通过选择包含点的文件来定义这些点。

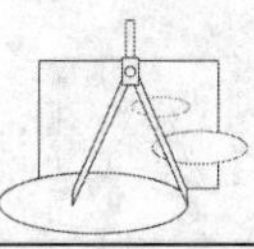

6.1.3　从点云

从点云用于读取选中范围内的许多点数据来创建曲面。选择【插入】/【曲面】/【从点云】命令，或单击【曲面】工具栏中的按钮，弹出【从点云】对话框，如图 6.20 所示。拖动鼠标，选中所有点云，当选取的点满足参数设置的要求时，单击确定按钮，弹出如图 6.21 所示的【拟合信息】对话框，单击确定按钮，生成曲面模型，如图 6.22 所示。

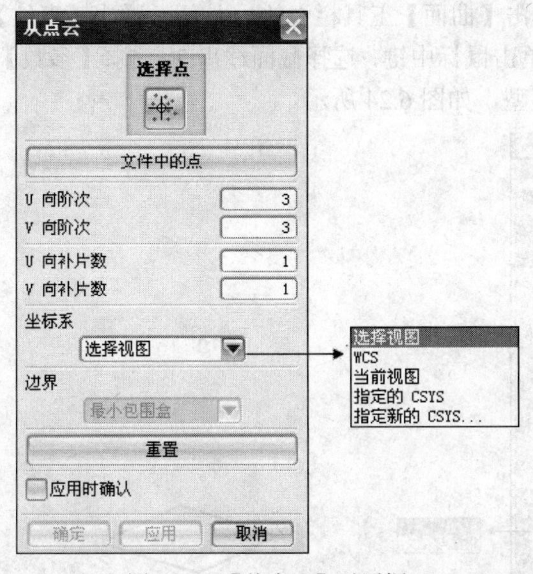

图 6.20　【从点云】对话框

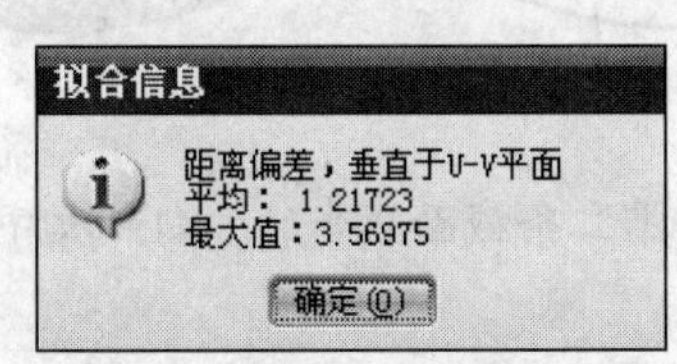

图 6.21　【拟合信息】对话框

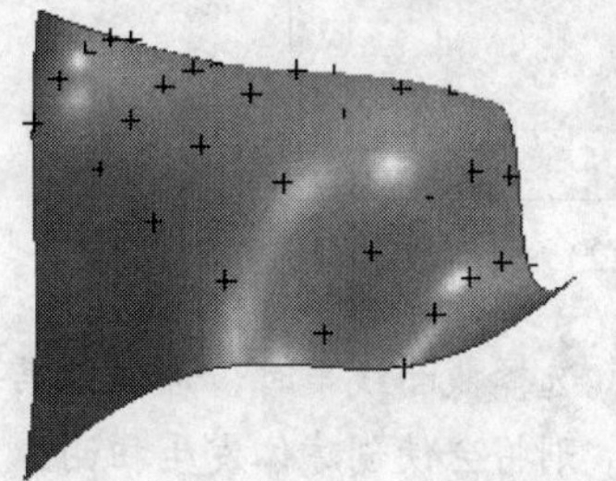

图 6.22　从点云示意图

下面对部分选项进行简要说明。

- 【U 向阶次】：用于在 U 向控制片体的阶次。默认的阶次为 3，可改变范围为 1～24。
- 【V 向阶次】：用于在 V 向控制片体的阶次。默认的阶次为 3，可改变范围为 1～24。
- 【U 向补片数】：用于指定 U 方向的补片数目。
- 【V 向补片数】：用于指定 V 方向的补片数目。
- 【边界】：用于定义正在创建的片体的边界。

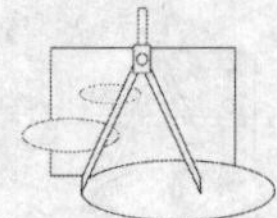

- 【重置】：用于创建另外一个片体而不用离开对话框。
- 【应用时确认】：单击【应用】按钮以后，打开【应用时确认】对话框，可在此对话框中预览结果，并选择接受、拒绝或分析所得结果。

6.1.4 直纹面

直纹曲面是通过两条曲线轮廓生成的直纹片体或实体。选择【插入】/【网格曲面】/【直纹面】命令，或单击【曲面】工具栏中的按钮，弹出【直纹】对话框，如图 6.23 所示。选取截面线串 1，单击鼠标中键，选择截面线串 2，选择【参数】对齐方式，单击确定按钮，生成直纹曲面模型，如图 6.24 所示。

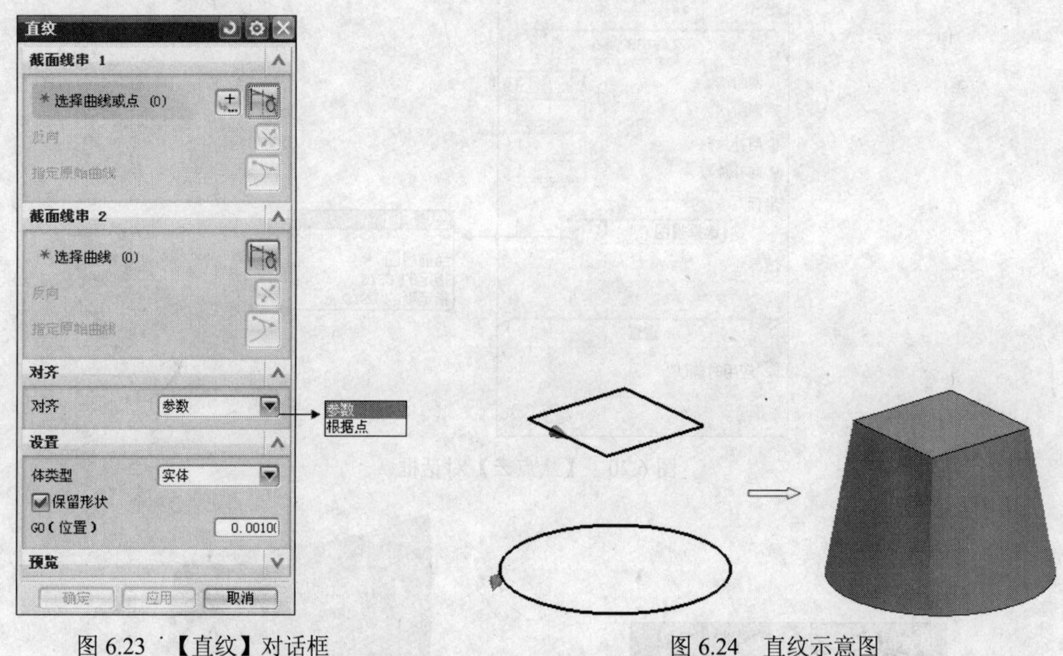

图 6.23 【直纹】对话框

图 6.24 直纹示意图

关键：选择截面线串时，应保证第一条截面线串与第二条截面线串的方向和次序相同，否则将会使创建体发生扭曲。

下面对部分选项进行简要说明。

- 【截面线串 1】：用于选择第一条截面线。
  - ➢ 【选择曲线或点】：用于选择曲线或点。
  - ➢ 【反向】：用于改变箭头指向。
  - ➢ 【指定原始曲线】：用于选择封闭曲线环时，更改原点曲线。
- 【截面线串 2】：用于选择第二条截面线。
- 【对齐】：包括【参数】与【根据点】两种对齐方法。
  - ➢ 【参数】：沿截面曲线将等参数曲线要通过的点以相等的参数间隔隔开。使用每条曲线的整个长度。

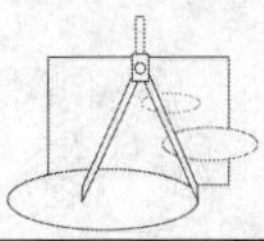

- 【根据点】：用于将不同外形的截面线串间点对齐。
- 【设置】：对体类型等进行设置。
  - 【保留形状】：用于允许保留锐边，覆盖逼近输出曲面的默认值。
  - 【GO（位置）】：用于指定输入几何体与生成的几何体之间的最大距离，默认值是建模首选项中的距离公差。
- 【预览】：用于预览生成的模型。

6.1.5　通过曲线组

使用通过曲线组可以通过多个轮廓曲线或截面线串创建片体或实体。选择【插入】/【网格曲面】/【通过曲线组】命令，或单击【曲面】工具栏中的按钮，弹出【通过曲线组】对话框，如图 6.25 所示。分别选取如图 6.26 所示的 5 个截面线串，每选取一个截面线串，单击鼠标中键进入下一个选取，单击确定按钮，生成模型如图 6.27 所示。

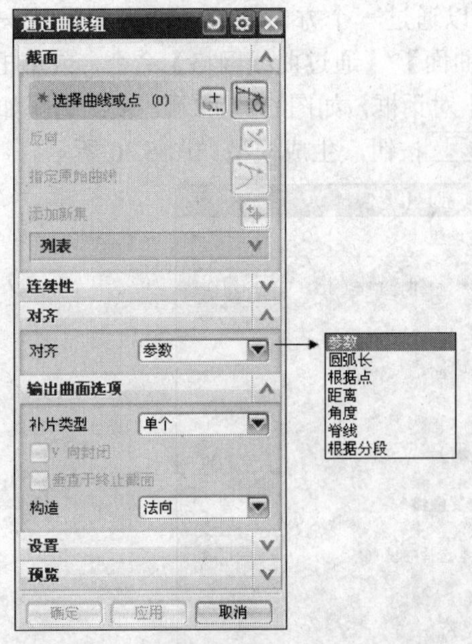

图 6.25　【通过曲线组】对话框

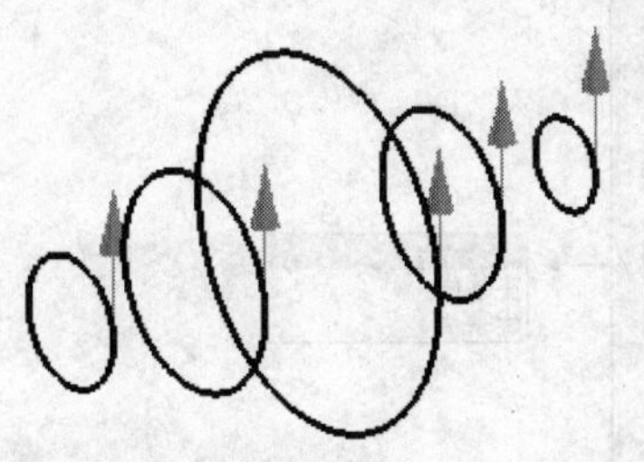

图 6.26　截面线串组

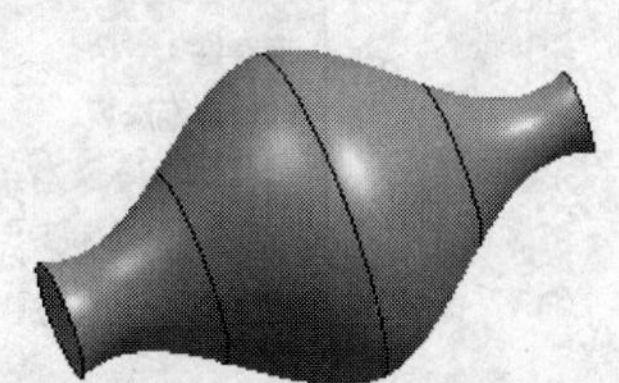

图 6.27　通过曲线组示意图

关键：选择截面线串时，应保证截面线串之间的方向和次序相同，否则将会使创建体发生扭曲。

【对齐】选项包括参数、圆弧长、根据点、距离、角度、脊线和根据分段 7 种对齐方式。

- 【参数】：沿截面线串以相等的圆弧长参数间隔隔开等参数曲线连接点。
- 【圆弧长】：沿定义的曲线以相等的圆弧长间隔隔开等参数曲线连接点。
- 【根据点】：将不同外形的截面线串间的点对齐。
- 【距离】：在指定方向上将点沿每条曲线以相等的距离隔开。
- 【角度】：在指定轴线周围将点沿每条曲线以相等的角度隔开。
- 【脊线】：将点放置在选定曲线与垂直于输入曲线的平面相交处，得到的体的宽度取决于这条脊线的限制。
- 【根据分段】：沿截面线串以相等的距离隔开等参数曲线。

6.1.6　通过曲线网格

使用通过网格曲线可以通过一个方向的截面网格和另外一个方向的引导线来创建曲面。选择【插入】/【网格曲面】/【通过曲线网格】命令，或单击【曲面】工具栏中的按钮，弹出【通过曲线网格】对话框，如图 6.28 所示。依次选择如图 6.29 所示的 4 条主曲线和 4 条交叉线串，单击 确定 按钮，生成模型如图 6.30 所示。

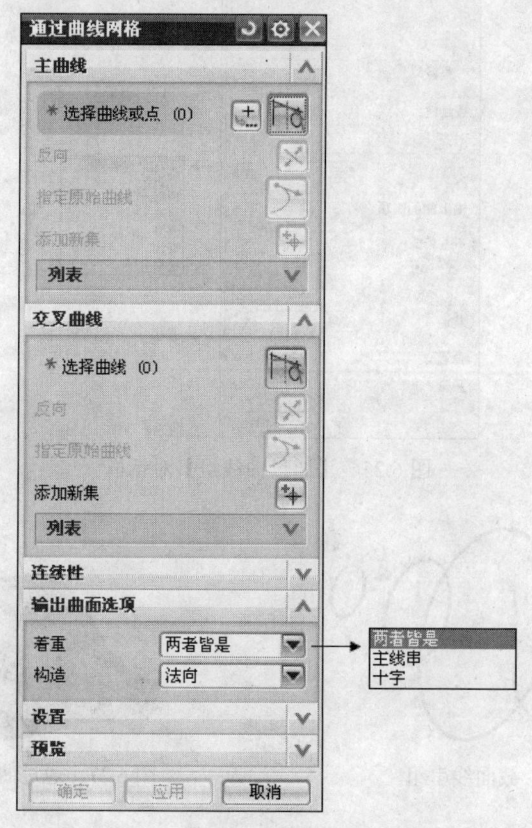

图 6.28　【通过曲线网格】对话框

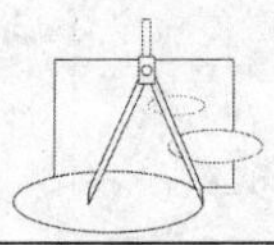

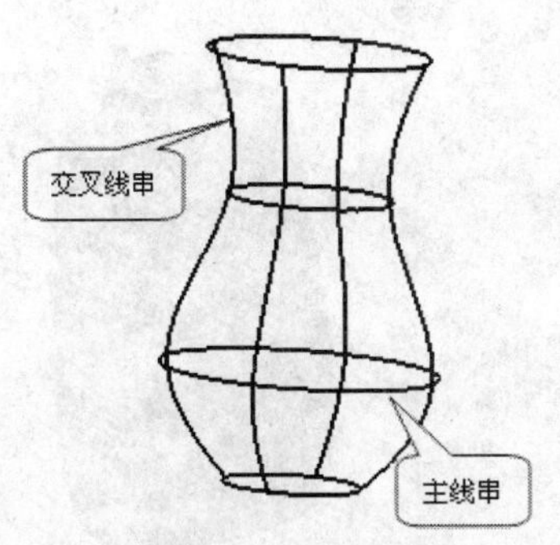

图 6.29　曲线网格线架

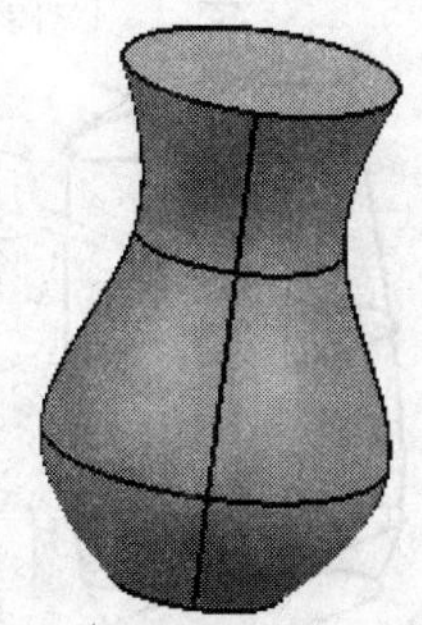

图 6.30　通过曲线网格示意图

下面对部分选项进行简要说明。

- 【两者皆是】：主线串和交叉线串有同样的效果。
- 【主线串】：主线串更有影响。
- 【十字】：交叉线串更有影响。

6.1.7　扫掠

扫掠是通过将曲线轮廓以预先描述的方式沿空间路径移动来创建曲面。选择【插入】/【扫掠】/【扫掠】命令，或单击【曲面】工具栏中的按钮，弹出【扫掠】对话框，如图 6.31 所示。根据系统提示，分别选取 5 条截面线串、2 根引导线串和脊线为操作对象，如图 6.32 所示。单击 确定 按钮，生成扫掠曲面，如图 6.33 所示。

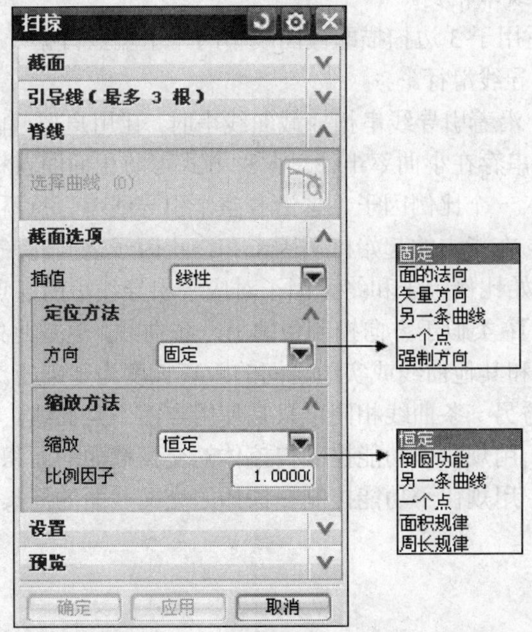

图 6.31　【扫掠】对话框

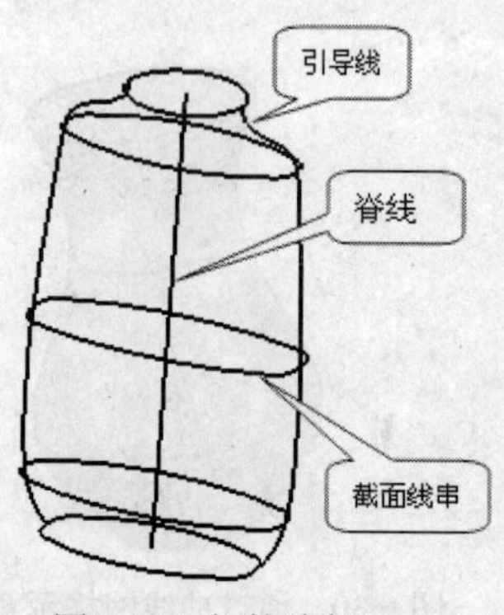

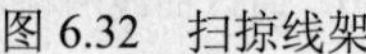

图 6.32 扫掠线架

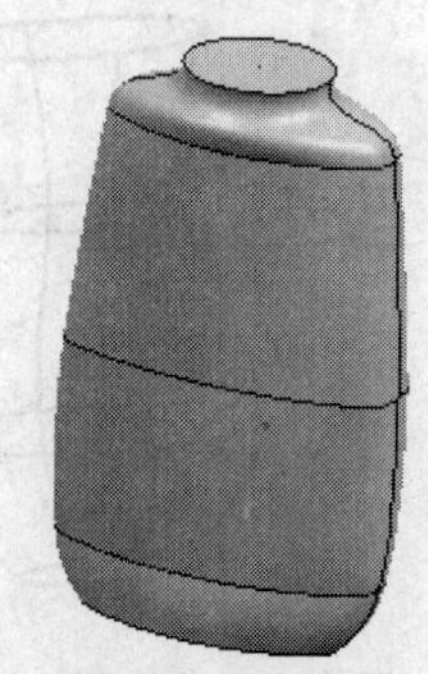

图 6.33 扫掠示意图

技巧：在【曲线规则】的下拉列表中选择【相切曲线】选项，可以一次选取所有相切的曲线作为截面线串，节省选取时间。

下面对部分选项进行简要说明。

- 【固定】：截面线路以固定方向沿引导线串移动，形成简单平行或平移。
- 【面的法向】：局部坐标系的第二个轴和沿引导线的各个点处的某个基面的法向矢量一致。用来约束截面线串和基面的联系。
- 【矢量方向】：截面线串在沿引导线串扫描过程中，第二轴始终与指定的矢量方向一致。
- 【另一条曲线】：使用另一条曲线与引导线串上相应的点来获得第二个轴，注意曲线不可与引导线串相交。
- 【一个点】：适用于 3 边扫描即截面线串的一个端点占据一个固定的位置，另外一个端点沿着引导线滑行。
- 【强制方向】：沿着引导线串扫掠截面线串时，让用户把截面的方向固定在一个矢量。若引导线串存在小曲率半径，此种方式可防止曲面自相交。
- 【恒定】：输入一个比例因子，它沿着整个引导线串保持不变。
- 【倒圆功能】：在指定的起始比例因子和终止因子之间允许线性的或三次的比例，这些指定的起始比例因子和终止因子对应于引导线串的起点和终点。
- 【另一条曲线】：类似于方向控制中的另一条曲线，但是此处在任意给定点的比例是以引导线串和其他曲线或实边之间的距离长度为基础的。
- 【一个点】：与另一条曲线相同，只是使用点而不是曲线。
- 【面积规律】：用规律子功能控制扫掠体的交叉截面的面积。
- 【周长规律】：用规律子功能控制扫掠体的交叉截面的周长。

6.1.8 剖切曲面

剖切曲面是用二次曲线构造技术定义的截面创建体。选择【插入】/【网格曲面】/【截面】命令，或单击【曲面】工具栏中的按钮，弹出【剖切曲面】对话框，如图 6.34 所示。

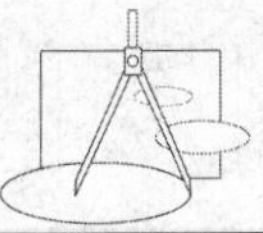

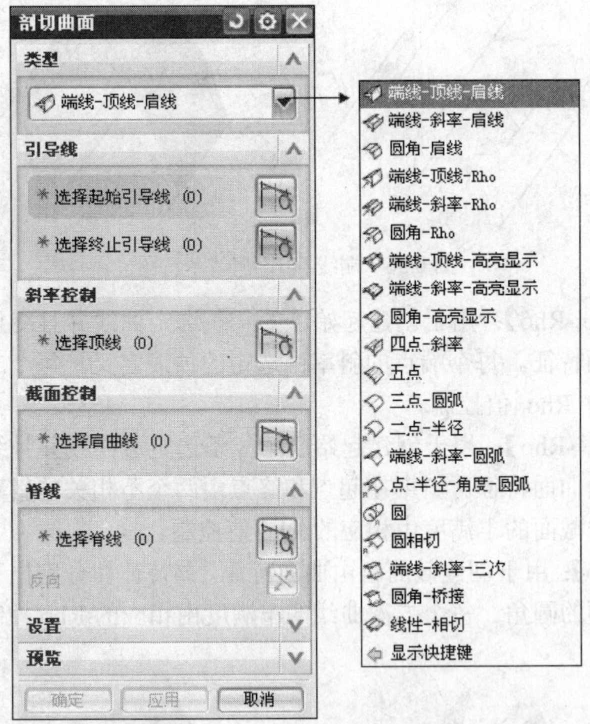

图 6.34　【剖切曲面】对话框

下面对部分选项进行简要说明。

- 【端线-顶线-肩线】：用于生成起始于第一条选定曲线，通过一条称为肩曲线的内部曲线并且终止于第三条选定曲线的截面自由曲面特征。每个端点的斜率由选定的顶线定义，如图 6.35 所示。

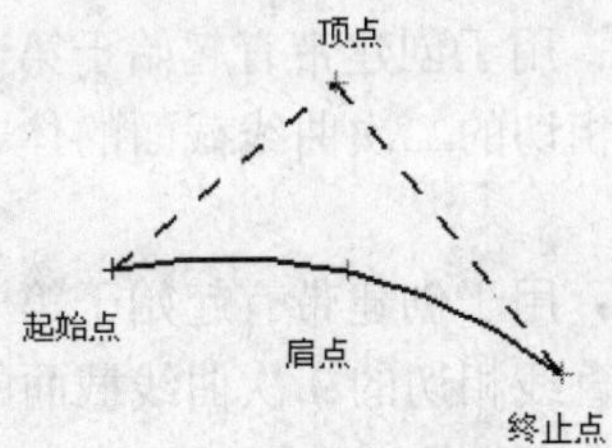

图 6.35　端线-顶线-肩线示意图

- 【端线-斜率-肩线】：用于生成起始于第一条选定曲线，通过一条内部曲线（称为肩曲线）并且终止于第三条曲线的截面自由曲面特征。斜率在起点和终点由两个不相关的斜率控制曲线定义。依次选取直线 1、直线 2、直线 3、直线 4、直线 5、直线 6 分别作为起始引导线、终止引导线、起始斜率曲线、终止斜率曲线、选择肩曲线、选择脊线，单击 确定 按钮，生成模型如图 6.36 所示。
- 【圆角-肩线】：用于创建截面自由曲面特征，该特征在分别位于两个体上的两条曲线间形成光顺的圆角。体起始于第一条选定的曲线，与第一个选定体相切，终止于第二条曲线，与第二个体相切，并且通过肩曲线。

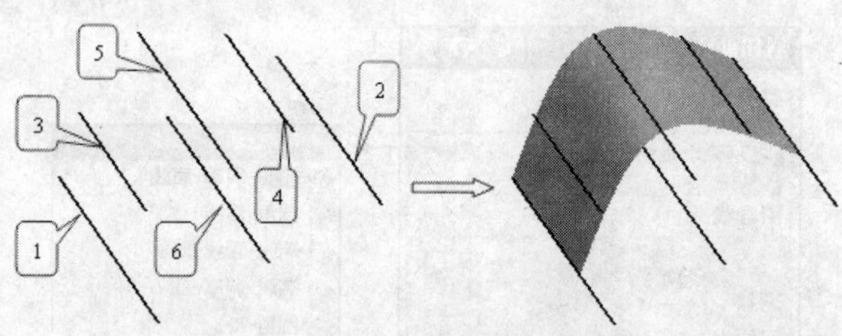

图 6.36　端线-斜率-肩线示意图

- 【端线-顶线-Rho】：用于创建起始于第一条选定曲线并且终止于第二条曲线的截面自由曲面特征。每个端点的斜率由选定的顶线定义。每个二次曲线截面的丰满度由相应的 Rho 值控制。
- 【端线-斜率-Rho】：用于创建起始于第一条选定边曲线并且终止于第二条边曲线的截面自由曲面特征。斜率在起点和终点由两个不相关的斜率控制曲线定义。每个二次曲线截面的丰满度由相应的 Rho 值控制。
- 【圆角-Rho】：用于创建截面自由曲面特征，该特征在分别位于两个体的两条曲线间形成光顺的圆角。每个二次曲线的丰满度由相应的 Rho 控制，如图 6.37 所示。

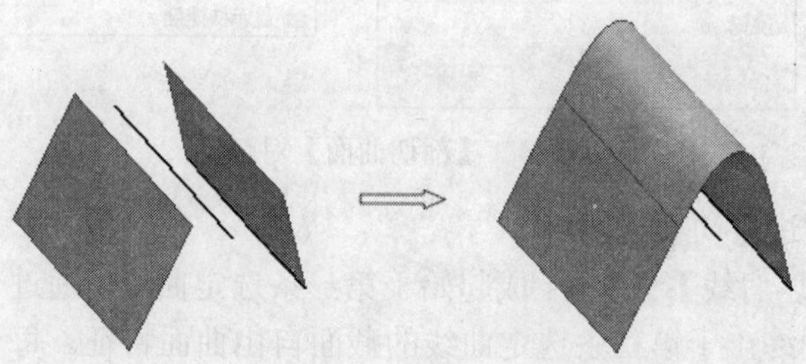
图 6.37　圆角-Rho 示意图

- 【端线-顶线-高亮显示】：用于创建带有起始于第一条直线选定曲线并终止于第二条曲线而且与指定直线相切的二次曲线截面的体。每个端点的斜率由选定的顶线定义。
- 【端线-斜率-高亮显示】：用于创建带有起始于第一条边曲线选定曲线并终止于第二条边曲线而且与指定直线相切的二次曲线截面的体。斜率在起点和终点由两个不相关的斜率控制曲线定义。
- 【圆角-高亮显示】：用于创建带有分别位于两个体上的两条曲线之间构成光顺圆角并与指定直线相切的二次曲线截面的体，如图 6.38 所示。

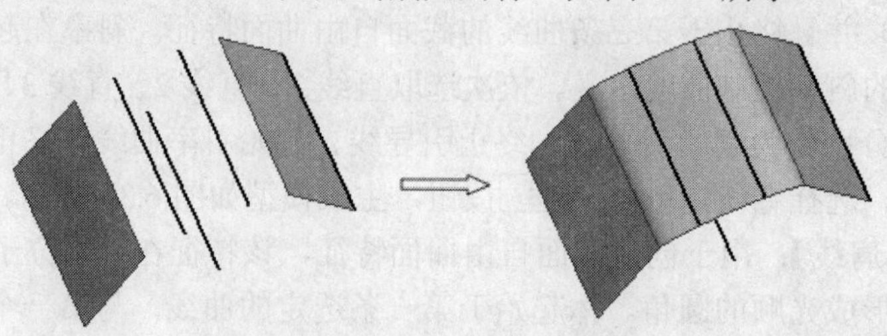
图 6.38　圆角-高亮显示示意图

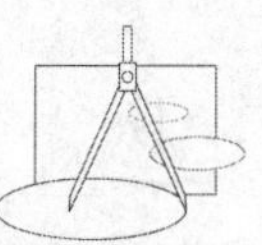

- 【四点-斜率】：用于创建起始于第一条选定曲线，通过两条内部曲线并且终止于第四条曲线的截面自由曲线特征。也选择定义起始斜率的斜率控制曲线。
- 【五点】：该选项可以使用 5 条现在曲线作为控制曲线来创建截面自由曲面特征。体起始于第一条选定曲线，通过 3 条选定的内部控制曲线，并且终止于第五条选定曲线。而且提示选择脊线。5 条控制曲线必须完全不同，但是脊线可以为先前选定的控制曲线。
- 【三点-圆弧】：该选项可以通过选择起始曲边曲线、内部曲线、终止边曲线和脊线来创建截面自由曲面特征。片体的截面是圆弧，如图 6.39 所示。

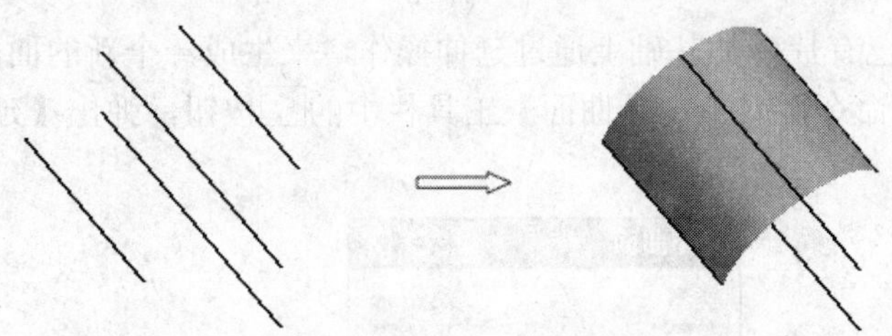

图 6.39　三点-圆弧示意图

- 【二点-半径】：用于创建带有指定半径圆弧截面的体。对于脊线方向，从第一条选定曲线到第二条选定曲线以逆时针方向创建。半径必须至少是每个截面的起始边与终止边之间距离的一半。
- 【端线-斜率-圆弧】：用于创建起始于第一条选定边曲线并且终止于第二条边曲线的截面自由曲面特征。斜率在起始处由选定的控制曲线决定，片体的截面是圆弧。
- 【点-半径-角度-圆弧】：用于通过在选定边缘、相切面、体的曲率半径和体的跨越角度的定义起点来创建带有圆弧截面的体。角度可以从-179°～-1°或从 1°～179°变化，但是禁止通过 0，半径必须大于 0。曲面的默认位置在面法向的方向上，或者可以将曲面反向到相切面的反方向，如图 6.40 所示。

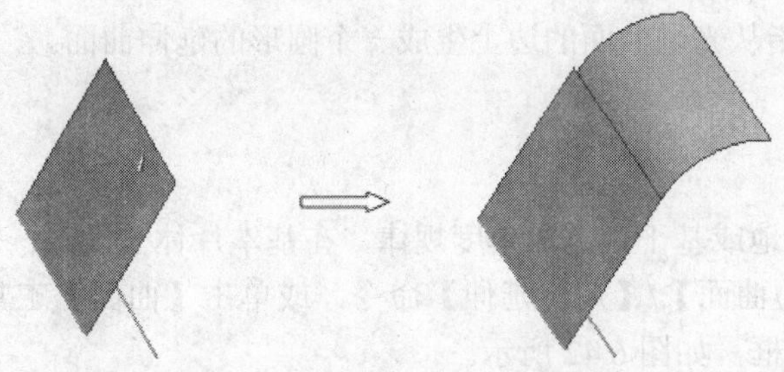

图 6.40　点-半径-角度-圆弧示意图

- 【圆】：用于创建整圆截面曲面。选择引导线串、可选方位线串和脊线来创建圆截面曲面，然后定义曲面的半径。
- 【圆相切】：用于创建与面相切的圆弧截面曲面。通过选择其相切面、起始曲线和脊线并定义曲面的半径来创建这个曲面。
- 【端线-斜率-三次】：用于创建带有截面的 S 形体，该截面在两条选定的边曲线之间构成光顺的三次圆角。斜率在起点和终点由两个不相关的斜率控制曲线定义。

- 【圆角-桥接】：用于创建体，该体具有在位于两组面上的两条曲线之间构成桥接的截面。
- 【线性-相切】：用于创建与一个或多个面相切的线性截面曲面。选择其相切面、起始曲面和脊线来创建这个曲面。
- 【显示快捷键】：用于显示各命令的快捷键。

6.1.9 延伸

延伸曲面是在已有片体的基础上通过延伸操作，来生成一个新的曲面。选择【插入】/【曲面】/【延伸】命令，或单击【曲面】工具栏中的按钮，弹出【延伸曲面】对话框，如图 6.41 所示。

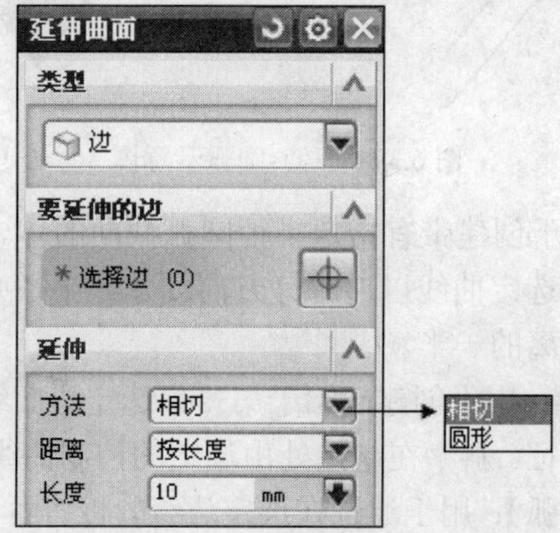

图 6.41 【延伸曲面】对话框

下面对部分选项进行简要说明。

- 【相切】：指用相邻于现在基面的边或拐角创建一个延伸曲面。
- 【圆形】：指从光顺曲面的边上生成一个圆形的延伸曲面。

6.1.10 规律延伸

规律延伸是动态地或基于距离和角度规律，在基本片体上创建一个规律控制的延伸。选择【插入】/【弯边曲面】/【规律延伸】命令，或单击【曲面】工具栏中的按钮，弹出【规律延伸】对话框，如图 6.42 所示。

下面对部分选项进行简要说明。

- 【长度规律】：在其【规律类型】下拉列表中选择长度规律类型，用于采用规律子功能的方式来定义延伸面的长度函数。
- 【角度规律】：在其【规律类型】下拉列表中选择角度规律类型，用于采用规律子功能的方式来定义延伸面的角度函数。

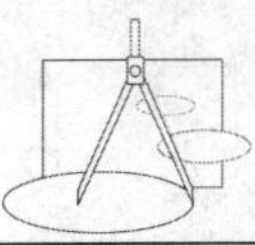

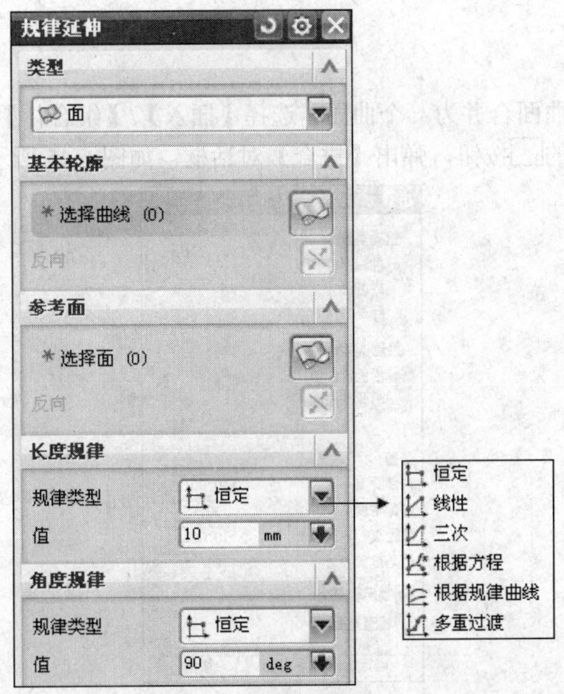

图 6.42　【规律延伸】对话框

6.1.11　偏置曲面

偏置曲面沿着已有面的法向偏置点通过一定距离，来生成正确的偏置曲面。选择【插入】/【偏置/缩放】/【偏置曲面】命令，或单击【曲面】工具栏中的按钮，弹出【偏置曲面】对话框，如图 6.43 所示。选择基面，并设置偏置距离为-30，单击确定按钮，生成模型如图 6.44 所示。

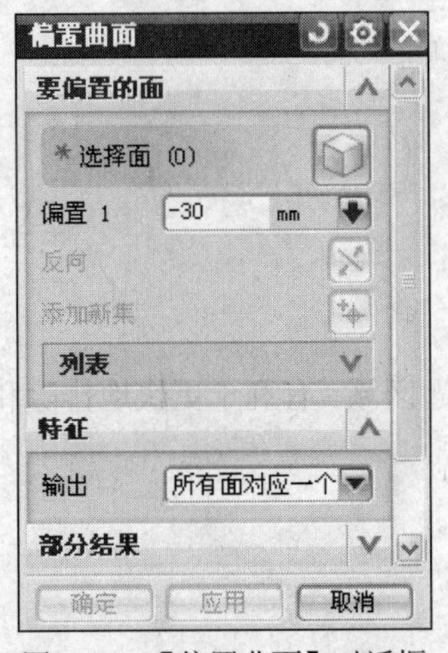

图 6.43　【偏置曲面】对话框

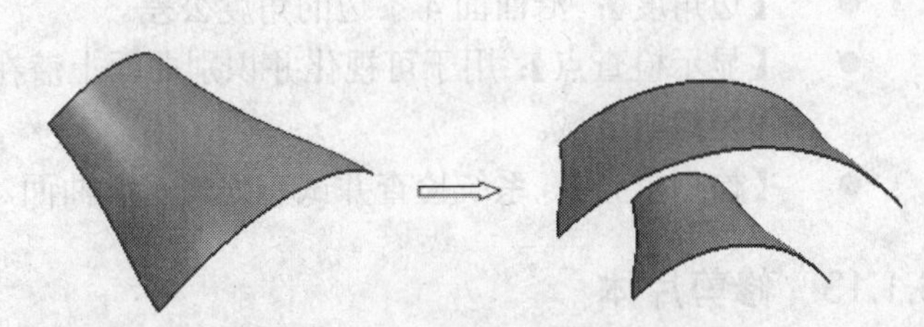

图 6.44　偏置曲面示意图

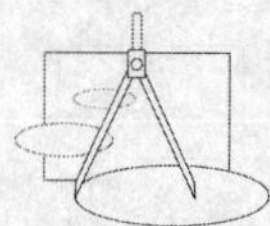

6.1.12 拼合

拼合可以将几个曲面合并为一个曲面。选择【插入】/【组合体】/【拼合】命令，或单击【曲面】工具栏中的按钮，弹出【拼合】对话框，如图 6.45 所示。

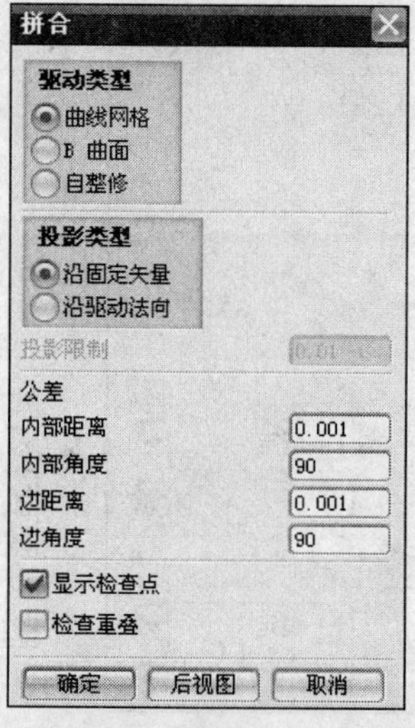

图 6.45 【拼合】对话框

下面对部分选项进行简要说明。

- 【曲线网格】：在内部驱动始终是 B 曲面。可选择一组交叉曲线后选择一组主曲线。主曲线和交叉曲线的数量为 2～50。最外面的主曲线和交叉曲线作为合并曲面的边界（每条主曲线必须与每条交叉曲线相交一次且仅为一次，而且它们必须在目标曲面的边界之内）。
- 【B 曲面】：可以选择已有的 B 曲面作为驱动。
- 【自整修】：可以逼近单个未修剪的 B 曲面。
- 【沿固定矢量】：可以使用矢量构造器来定义投影矢量。
- 【沿驱动法向】：可以使用驱动曲面法向的投影矢量。
- 【内部距离】：曲面内部的距离公差。
- 【内部角度】：曲面内部的角度公差。
- 【边距离】：沿曲面 4 条边的距离公差。
- 【边角度】：沿曲面 4 条边的角度公差。
- 【显示检查点】：用于可视化并识别曲面上潜在的问题区域。有利于更快地排除和修复问题区域。
- 【检查重叠】：系统检查并试着处理重叠曲面。

6.1.13 修剪片体

修剪片体通过曲线、面或基准平面修剪片体的一部分，使修剪的片体与模型曲面一致。

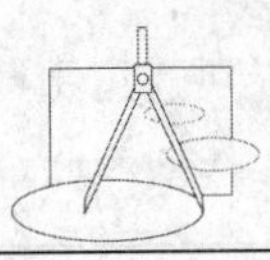

选择【插入】/【修剪】/【修剪的片体】命令，或单击【曲面】工具栏中的按钮，弹出【修剪片体】对话框，如图 6.46 所示。

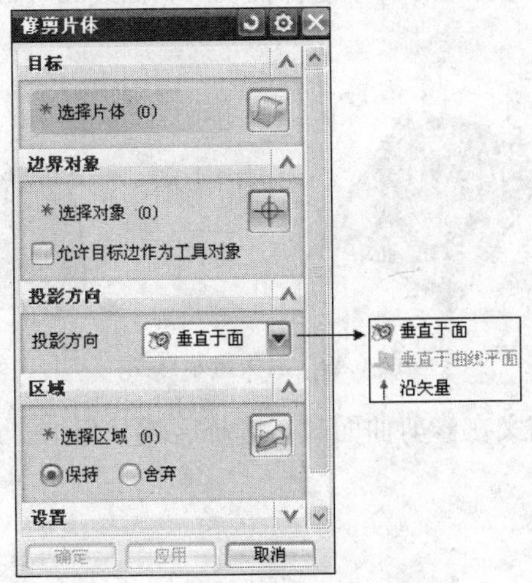

图 6.46 【修剪片体】对话框

下面对部分选项进行简要说明。

- 【目标】：用于选择目标片体。
- 【边界对象】：选择修剪工具对象，该对象可以是面、边、曲线和基准平面。

  【允许目标边缘作为工具对象】：将目标片体的边作为修剪对象过滤掉。
- 【投影方向】：用于定义要做的标记的曲面/边的投影方向。
  - 【垂直于面】：选择目标片体 1，选择片体 2 作为边界对象，效果如图 6.47 所示。

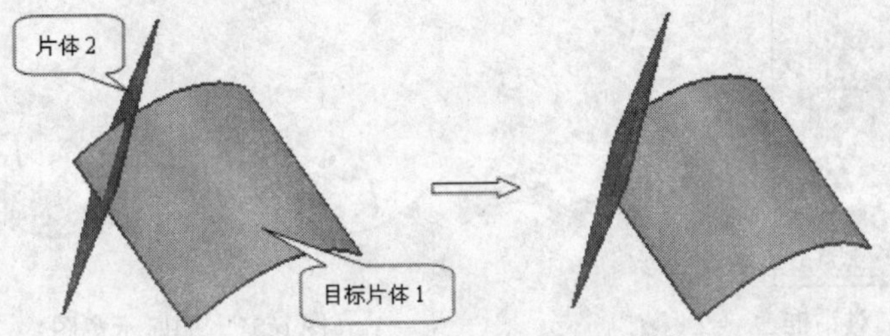

图 6.47 垂直于面示意图

  - 【垂直于曲线平面】：选择目标体，选取曲线 1 作为边界对象，效果如图 6.48 所示。

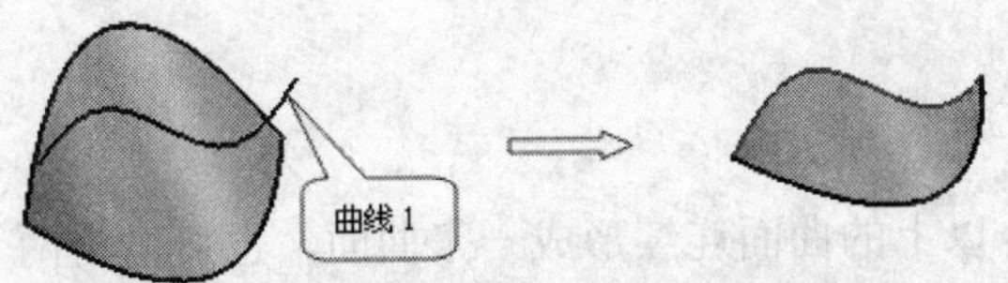

图 6.48 【垂直于曲线平面】示意图

要点：选取目标片体时，应单击目标片体上需要保留的区域，否则系统默认的第一个保留区域将不是我们所要保留的片体。

➢ 【沿矢量】：选择目标体，选择曲线 1、曲线 2 作为边界对象，效果如图 6.49 所示。

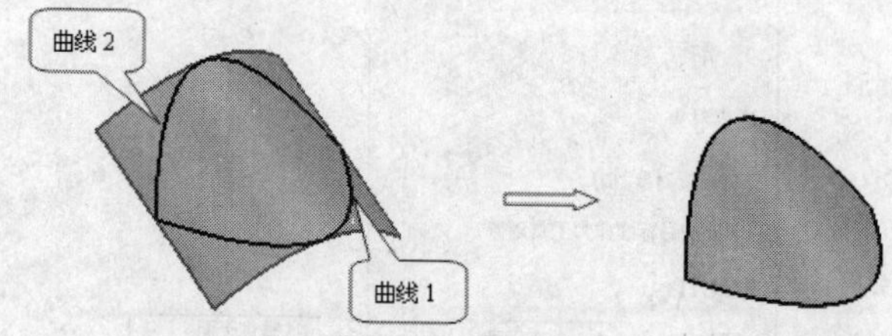

图 6.49　沿矢量示意图

● 【区域】：用于定义在修剪曲面时，选择区域是保持，还是舍弃。

6.1.14　加厚

加厚是指将一个或多个相互连接的面或曲面偏置为一个实体。选择【插入】/【偏置/缩放】/【加厚】命令，或单击【特征】工具栏中的按钮，弹出【加厚】对话框，如图 6.50 所示。选择曲面，输入【偏置 1】和【偏置 2】分别为 3 和 2.5，单击确定按钮，生成加厚模型如图 6.51 所示。

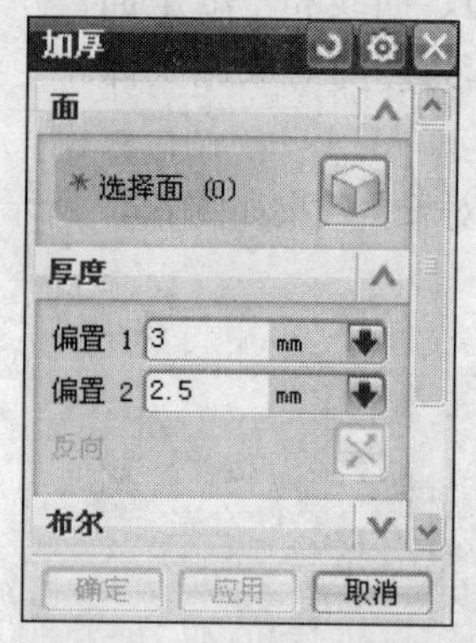

图 6.50　【加厚】对话框

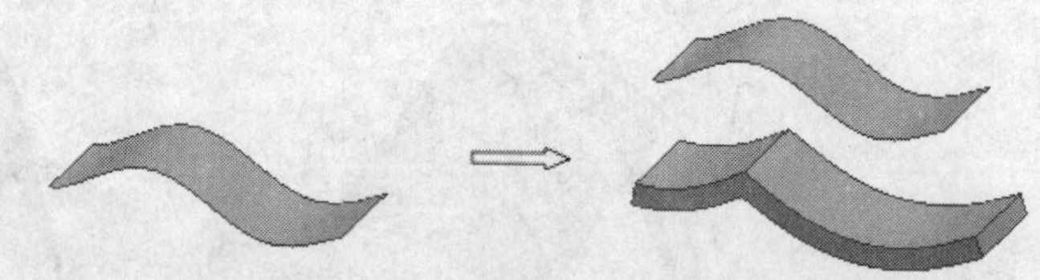

图 6.51　加厚示意图

下面对部分选项进行简要说明。

● 【偏置 1】：指加厚实体的终止距离。
● 【偏置 2】：指加厚实体的起始距离。

6.1.15　缝合

缝合指两个或两个以上的曲面连续形成一张曲面，也可以将两个或两个以上的实体缝合生成一个实体。选择【插入】/【组合体】/【缝合】命令，或单击【特征操作】工具栏中的按钮，弹出【缝合】对话框，如图 6.52 所示。选择目标片体，单击鼠标中键，再选择刀具片体，单击确定按钮，效果如图 6.53 所示。

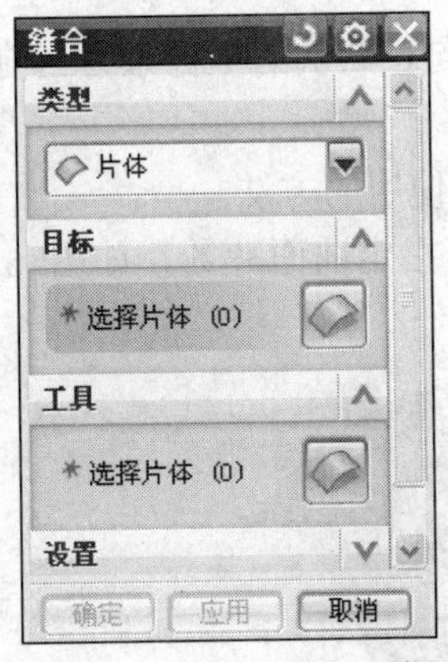

图 6.52　【缝合】对话框

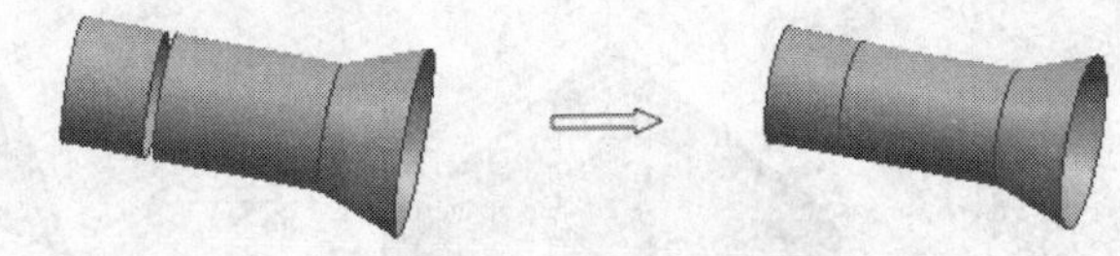
图 6.53　缝合示意图

下面对部分选项进行简要说明。

- 【目标】：从第一个曲面中选择一个或多个目标面。
- 【工具】：从第二个曲面中选择一个或多个工具面。

6.1.16　大致偏置

大致偏置指通过一组面或片体创建无自相交、锐边或拐角的偏置片体。选择【插入】/【偏置/缩放】/【大致偏置】命令，或单击【曲面】工具栏中的按钮，弹出【大致偏置】对话框，如图 6.54 所示。

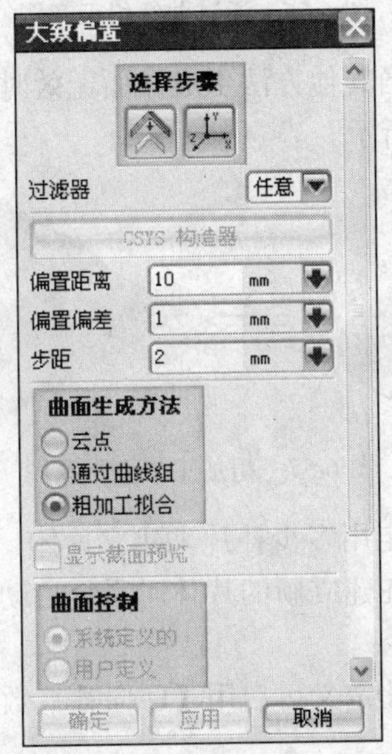

图 6.54　【大致偏置】对话框

下面对部分选项进行简要说明。

- 【偏置面/片体】：选择要偏置的面或片体。
- 【偏置 CSYS】：用于为偏置选择或创建一个坐标系，其中 Z 方向指明偏置方向，X 方向指明步进或截取方向，Y 方向指明步距方向。默认的坐标系为当前坐标系。

- 【曲面生成方法】：用于指定系统建立粗略偏置曲面时使用的方法。
  - 【云点】：用此方法则启用【曲面控制】选项，可指定曲面片数，如图 6.55 所示。

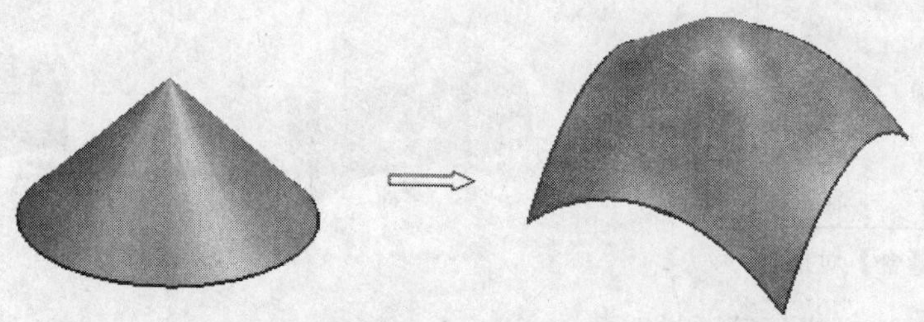

图 6.55　云点示意图

  - 【通过曲线组】：使用【通过曲线组】的方法来建立曲面，如图 6.56 所示。

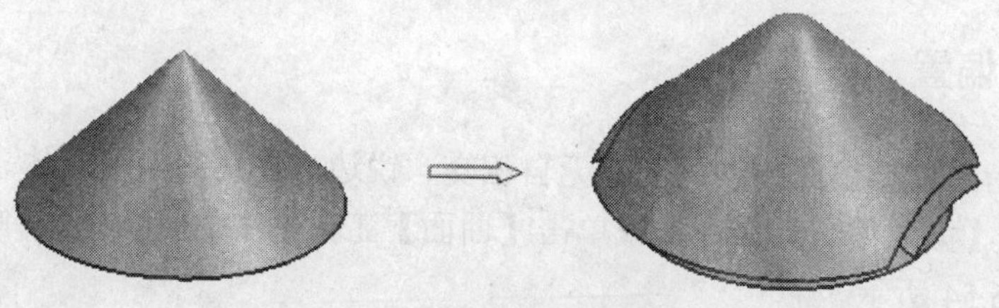

图 6.56　通过曲线组示意图

  - 【粗加工拟合】：当其他方法生成曲面无效时，系统利用该选项来创建低精度曲面，如图 6.57 所示。

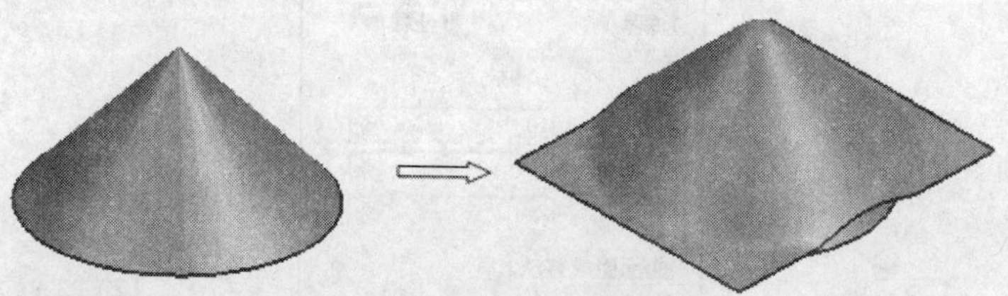

图 6.57　粗加工拟合示意图

- 【曲面控制】：用于确定用多少补片来建立片体。
  - 【系统定义的】：在建立新的片体时系统自动添加计算数目的 U 向补片来给出最佳效果。
  - 【用户定义】：用此定义可启用【U 向补片数】字段。

6.1.17　片体到实体助理

片体到实体助理指从一组未缝合的片体中形成实体。选择【插入】/【偏置/缩放】/【片体到实体助理】命令，或单击【曲面】工具栏中的按钮，弹出【片体到实体助理】对话

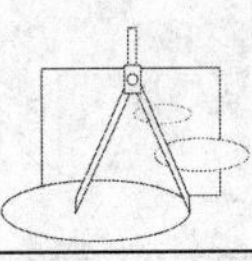

框，如图 6.58 所示。选择片体 1 作为目标片体，选择片体 2 和片体 3 作为工具片体，输入【第一偏置】、【第二偏置】、【缝合公差】的数值分别为 5.00000、2.00000、2.00100，单击 确定 按钮，效果如图 6.59 所示。

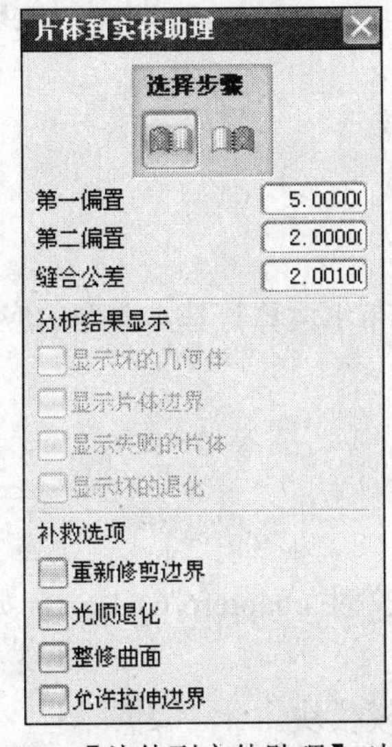

图 6.58　【片体到实体助理】对话框

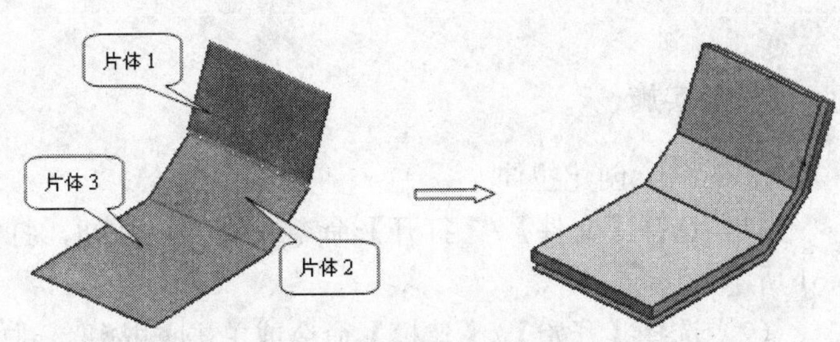

图 6.59　片体到实体助理示意图

下面对部分选项进行简要说明。

- 【目标片体】：用于选择目标片体。
- 【工具片体】：用于选择工具片体。
- 【重新修剪边界】：用于更正一些问题，而不用更改底层几何体的位置。
- 【光顺退化】：在通过显示坏的退化选项找到的退化上执行这种补救操作，并使它们变得光顺。
- 【整修曲面】：这种补救将减少用于代表曲面的数据量，而不会影响位置上的数据，从而生成更小、更快及更可靠的模型。
- 【允许拉伸边界】：用于尝试从拉伸的实体上复制工作方法。

任务 6-2　创建水龙头模型

创建如图 6.60 所示的水龙头模型。

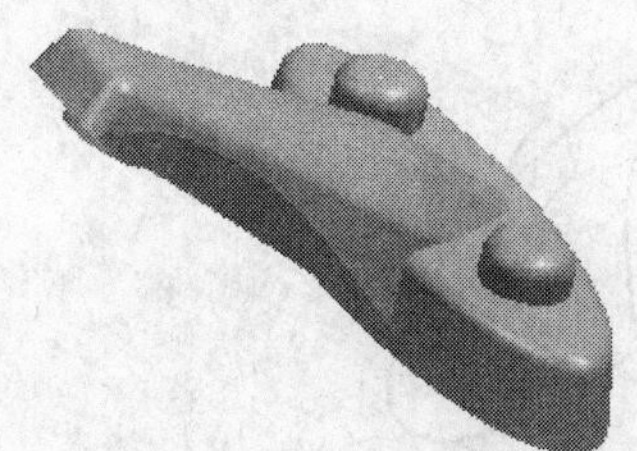

图 6.60　水龙头模型

任务分析

仔细分析水龙头构造，不难看出该模型可通过创建拉伸、圆柱体、直纹曲面、修剪体和边倒圆等操作来创建。

相关知识

基本曲线、变换、椭圆、直纹面、修剪体、圆柱、边倒圆、布尔运算等基本命令的应用。

任务实施

※ **STEP 1** 创建拉伸

（1）选择【文件】/【打开】命令或单击按钮，打开源文件 chapter6/6.61.prt，如图 6.61 所示。

（2）选择【开始】/【建模】命令或单击按钮，进入建模模块。

（3）选择【插入】/【设计特征】/【拉伸】命令，或单击【特征】工具栏中的按钮，弹出【拉伸】对话框，如图 6.62 所示。选择屏幕中的椭圆曲线，指定拉伸方向为垂直椭圆面向上。在【限制】栏的【开始值】中输入 0，【结束值】中输入 20，在【拔模】下拉列表中选择【从起始限制】选项，设置【角度】为 10，单击 确定 按钮，完成拉伸操作。单击鼠标右键，在弹出的快捷菜单中选择【渲染样式】子菜单下的【静态线框】命令，如图 6.63 所示。生成的模型如图 6.64 所示。

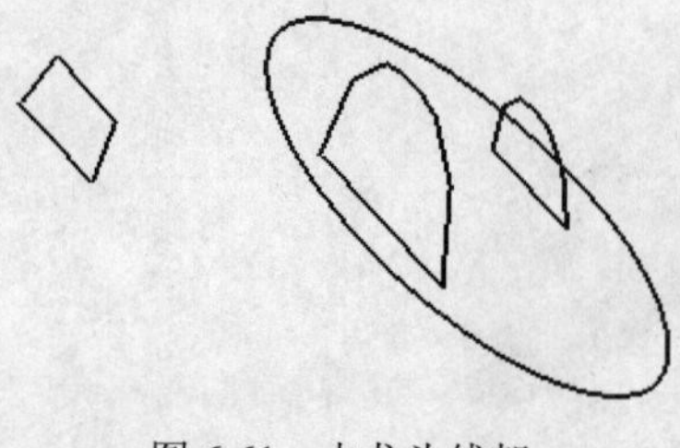

图 6.61　水龙头线架

图 6.62　【拉伸】对话框

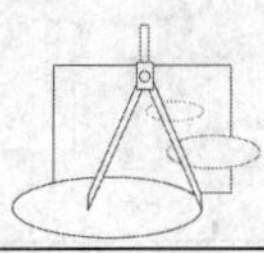

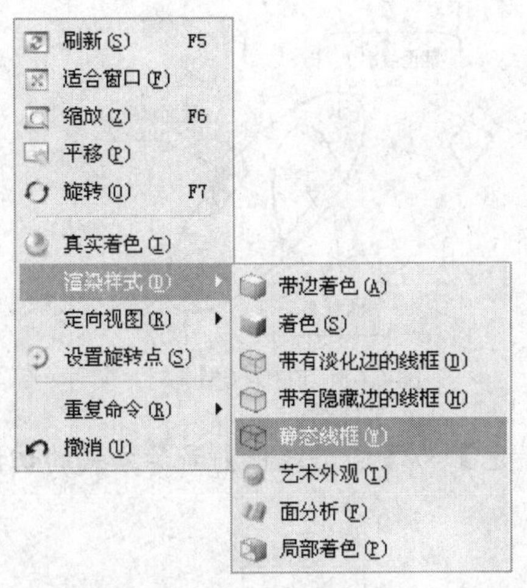

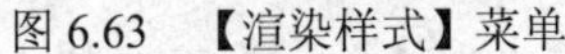

图 6.63　【渲染样式】菜单

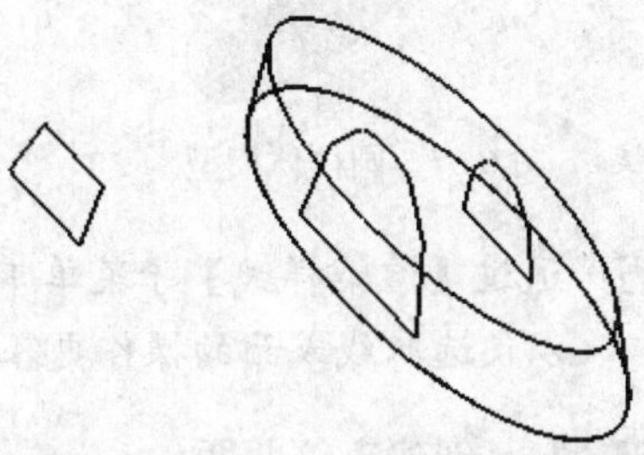

图 6.64　拉伸模型

提示： 在静态框模式下可以容易地选取实体内部曲线，避免实体面的干扰，为下一步创建直纹面做准备。

※ STEP 2　创建圆柱体

选择【插入】/【设计特征】/【圆柱体】命令，或单击【特征】工具栏中的按钮，弹出【圆柱】对话框。在【类型】下拉列表中选择【轴、直径和高度】选项，在【轴】栏中单击【指定矢量】按钮，弹出【矢量】对话框。在【类型】下拉列表中选择【ZC 轴】选项，单击确定按钮返回【圆柱】对话框，再单击【指定点】按钮，弹出【点】对话框，如图 6.65 所示。输入圆柱体 1 的中心坐标点为（35，0，0），单击确定按钮，返回主对话框。在【尺寸】栏中输入圆柱的直径和高度分别为 20 和 30，如图 6.66 所示，单击应用按钮，完成圆柱体 1 的创建。同理，创建以坐标点（-35，0，0）为中心的圆柱体 2，单击鼠标右键，在弹出的快捷菜单中选择【渲染样式】子菜单下的【带边着色】命令，生成的模型如图 6.67 所示。

※ STEP 3　隐藏操作

选择【编辑】/【显示和隐藏】/【隐藏】命令或单击按钮，弹出【类选择】对话框。再选择 STEP 1 和 STEP 2 所创建的模型，单击【确定】按钮，隐藏模型，效果如图 6.68 所示。

图 6.65　【点】对话框

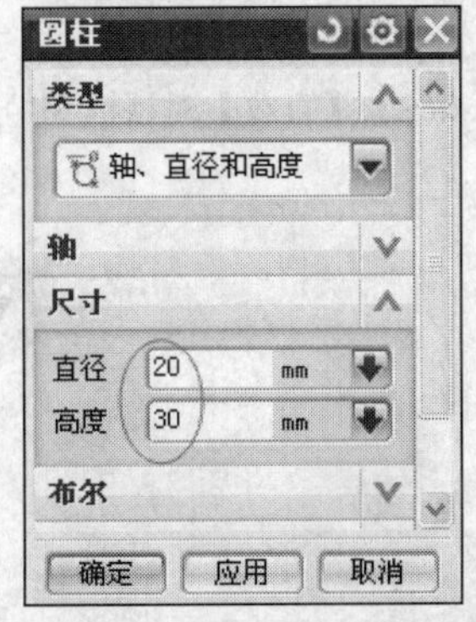

图 6.66　【圆柱】对话框

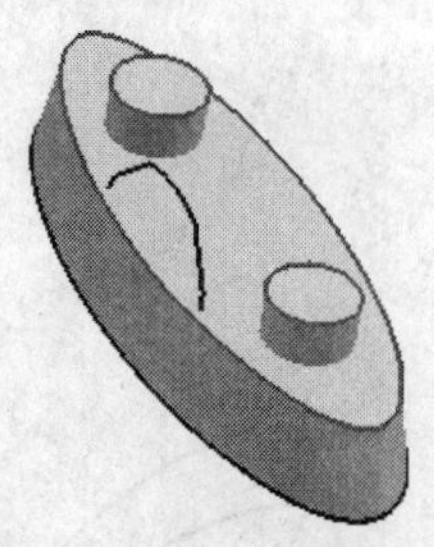

图 6.67　圆柱体模型

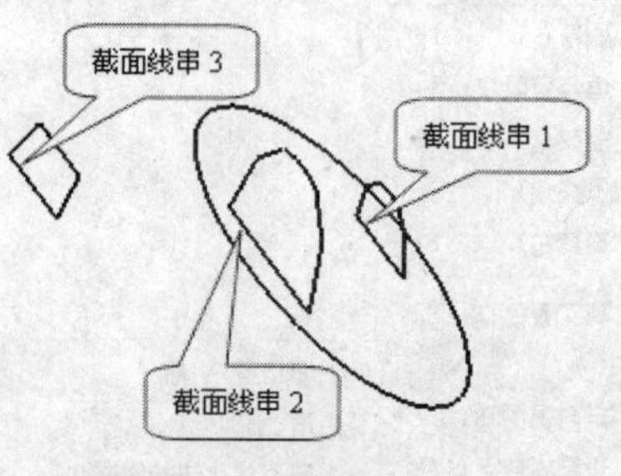

图 6.68　隐藏模型

技巧： 通过【渲染样式】子菜单下【带边着色】与【静态线框】显示方式的切换，可以使选取线或面的操作更容易。

※ STEP 4　创建直纹曲面

选择【插入】/【网格曲面】/【直纹面】命令，或单击【曲面】工具栏中的按钮，弹出【直纹】对话框，如图 6.69 所示。选择截面线串 1，单击鼠标中键，选择截面线串 2，在【对齐】下拉列表框中选择【参数】选项，单击应用按钮，完成直纹曲面 1 的创建。继续选择截面线串 2，单击鼠标中键，选择截面线串 3，在【对齐】选项下拉列表框中选择【根据点】选项，如图 6.70 所示，单击确定按钮，完成直纹曲面 2 的创建，如图 6.71 所示。

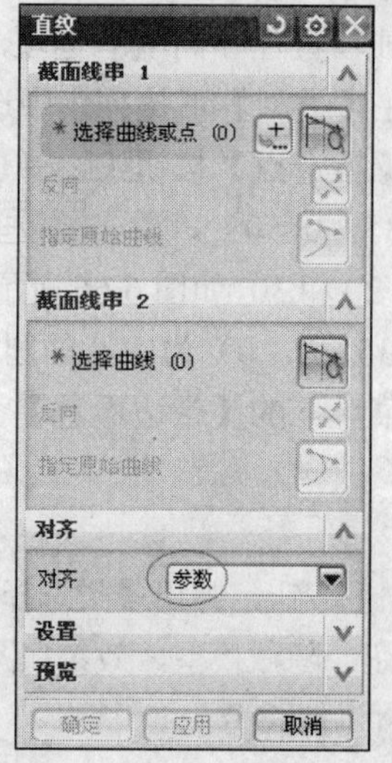

图 6.69　【直纹】对话框（1）

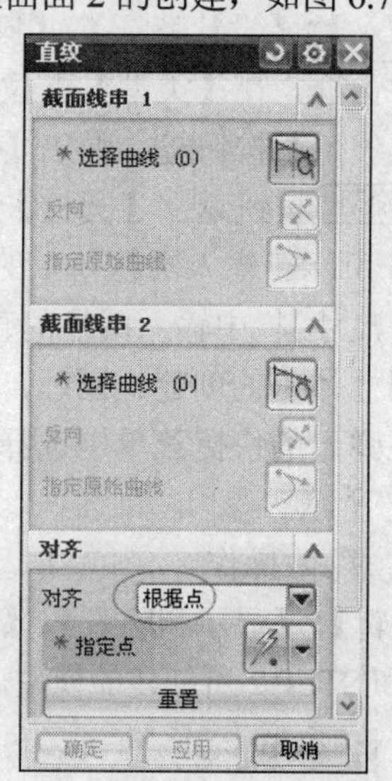

图 6.70　【直纹】对话框（2）

图 6.71　直纹模型

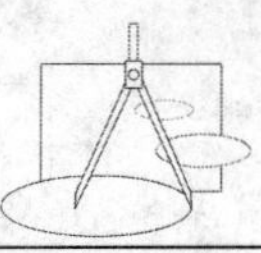

📖 **关键：** 选择截面线串时，应保证选择截面线串之间的方向和次序相同。采用【根据点】对齐方式，可以使不同外形的截面线串之间的点对齐。

※ **STEP 5**　变换坐标系

（1）选择【格式】/WCS/【原点】命令，或单击【实用工具】工具栏中的按钮，弹出【点构造器】对话框，输入（0，82，46），单击 确定 按钮，完成坐标系的移动。

（2）选择【格式】/WCS/【旋转】命令，或单击【实用工具】工具栏中的按钮，弹出【旋转 WCS 绕】对话框，选中【+XC 轴：YC→ZC】单选按钮，在【角度】文本框中输入 20，单击 确定 按钮，完成坐标系的旋转。

※ **STEP 6**　创建圆柱体

选择【插入】/【设计特征】/【圆柱体】命令，或单击【特征】工具栏中的按钮，弹出【圆柱】对话框。在【类型】下拉列表框中选择【 轴、直径和高度】选项，在【轴】栏中单击【指定矢量】按钮，弹出【矢量】对话框，在【类型】下拉列表中选择【-ZC 轴】选项，如图 6.72 所示。单击【指定点】按钮，弹出【点】对话框，如图 6.73 所示，输入（0，0，0）点为圆柱体的中心，单击 确定 按钮，返回【圆柱】对话框。在【尺寸】栏中输入圆柱的直径和高度分别为 20 和 12，如图 6.74 所示，单击 确定 按钮，生成圆柱体，如图 6.75 所示。

图 6.72　【矢量】对话框

图 6.73　【点】对话框

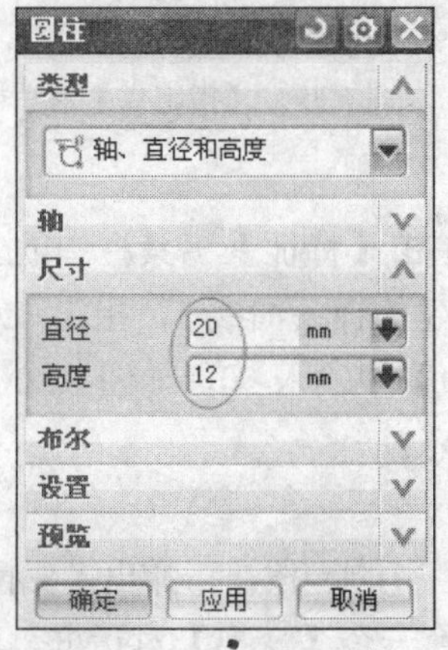

图 6.74　【点】对话框

图 6.75　圆柱体模型

※ **STEP 7** 变换坐标系

（1）选择【格式】/WCS/【原点】命令，或单击【实用工具】工具栏中的按钮，弹出【点构造器】对话框，选择如图 6.76 所示的点，单击确定按钮，完成坐标系的移动。

（2）选择【格式】/WCS/【旋转】命令，或单击【实用工具】工具栏中的按钮，弹出【旋转 WCS 绕】对话框。选中【-YC 轴：XC→ZC】单选按钮，在【角度】文本框中输入 180，单击应用按钮。再选中【+XC 轴：YC→ZC】单选按钮，在【角度】文本框中输入 20，移动坐标系旋转到如图 6.76 所示的位置。

※ **STEP 8** 创建样条曲线

选择【插入】/【曲线】/【样条】命令，或单击【曲线】工具栏中的按钮，弹出如图 6.77 所示的【样条】对话框，单击对话框中的通过点按钮，弹出【通过点生成样条】对话框，接受系统默认选项，单击确定按钮，弹出【样条】对话框，如图 6.78 所示。单击【点构造器】按钮，进入【点构造器】对话框，依次创建（0，0，0）、（5，-58，0）、（10，-78，0）3 点，单击确定按钮，弹出【指定点】对话框，如图 6.79 所示。单击是按钮，完成样条曲线 1 的创建。

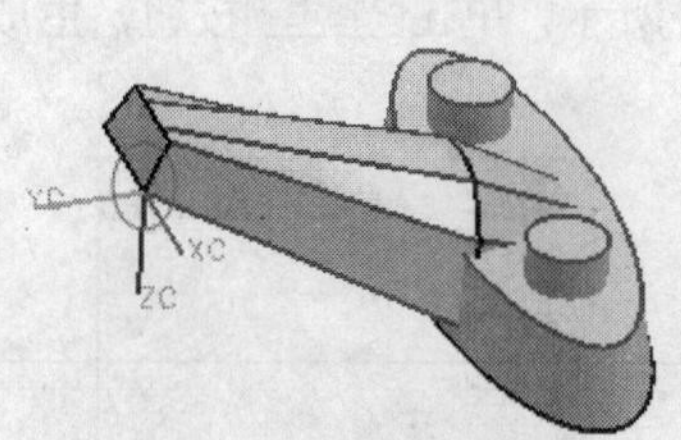

图 6.76 【变换坐标系】示意图

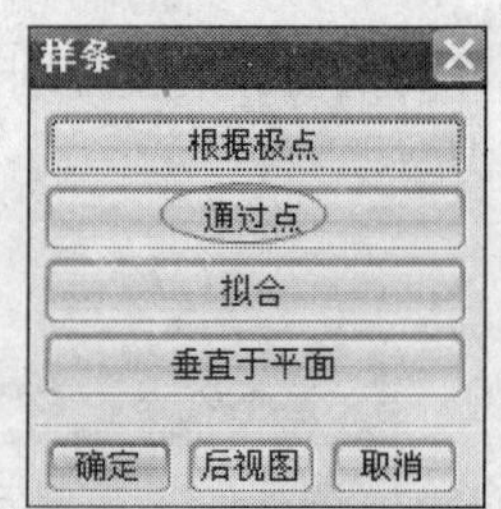

图 6.77 【样条】对话框

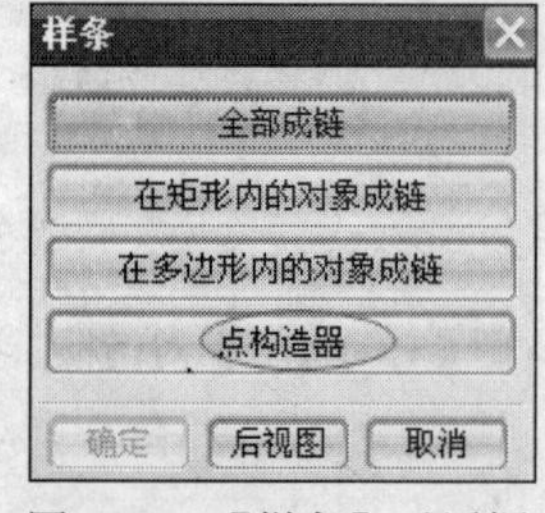

图 6.78 【样条】对话框

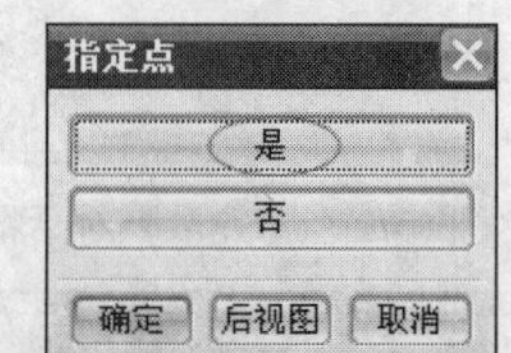

图 6.79 【指定点】对话框

※ **STEP 9** 创建拉伸

选择【插入】/【设计特征】/【拉伸】命令，或单击【特征】工具栏中的按钮，弹出如图 6.80 所示的【拉伸】对话框。选择 STEP 8 创建的样条曲线 1，指定+ZC 轴为拉伸方向，在【极限】栏的【开始值】中输入 0，【结束值】中输入 50，如图 6.80 所示，单击确定按钮，完成拉伸操作，生成的模型如图 6.81 所示。

※ **STEP 10** 镜像变换操作

选择【编辑】/【变换】命令或单击【标准】工具栏中的按钮，弹出【变换】对话框。在绘图工作区选择拉伸实体面，单击确定按钮，转换一个【变换】对话框，单击其中的

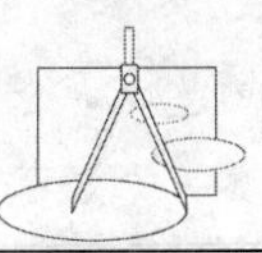

通过一平面镜像按钮，弹出【平面】对话框，如图 6.82 所示。选择【类型】下拉列表中的【YC-ZC 平面】选项，并在【偏置和参考】选项下输入偏置距离为-15，单击确定按钮，在弹出的如图 6.83 所示的对话框中单击复制按钮，完成镜像变换操作，再单击取消按钮退出对话框，生成的镜像曲面如图 6.84 所示。

图 6.80　【拉伸】对话框

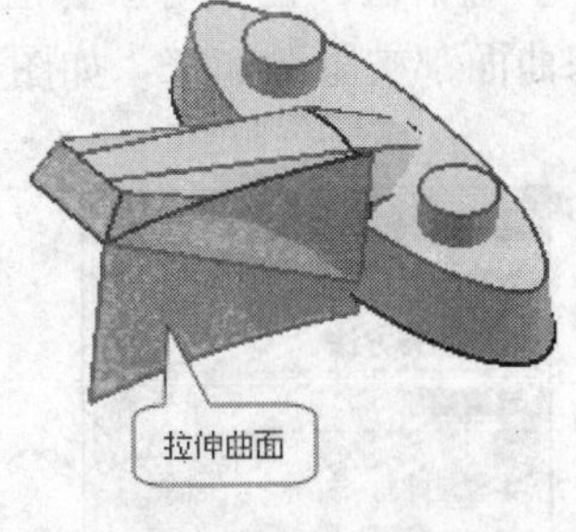

图 6.81　拉伸模型

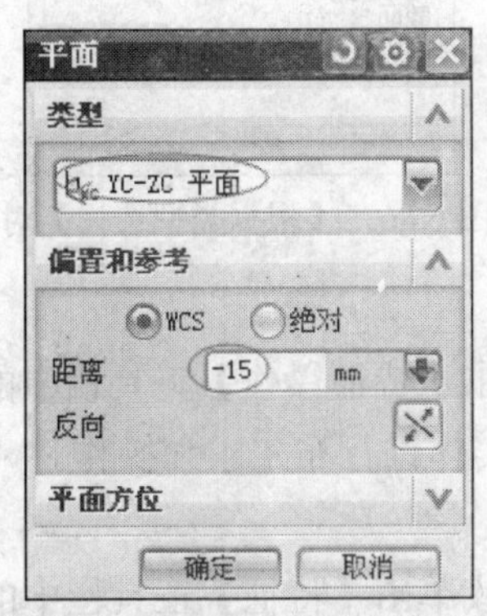

图 6.82　【平面】对话框

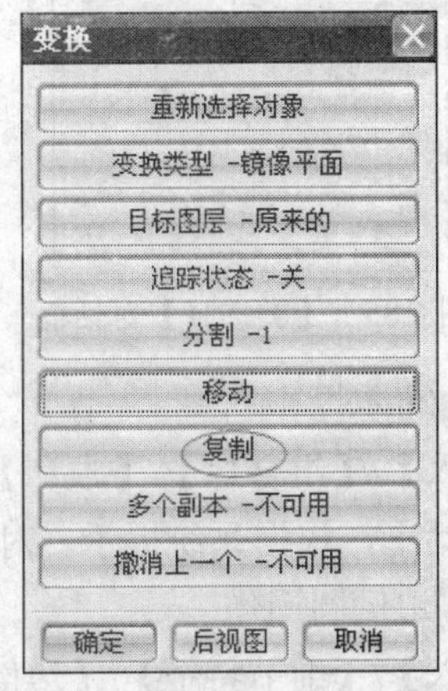

图 6.83　【变换】对话框

图 6.84　镜像面模型

※ STEP 11　创建修剪体

选择【插入】/【修剪】/【修剪体】命令，或单击【特征】工具栏中的按钮，弹出【修剪体】对话框，根据系统提示选择目标体，选择屏幕中的直纹面 2，单击鼠标中键，在【刀具】选项下选择拉伸曲面 1，单击反向按钮，使箭头方向指向直纹面 2 的外侧，单击确定按钮，完成修剪。同理，完成镜像曲面对直纹面 2 的修剪操作。

※ STEP 12 隐藏曲面和曲线

选择【编辑】/【显示和隐藏】/【隐藏】命令或单击【实用】工具栏中的按钮，弹出【类选择】对话框，如图 6.85 所示。单击【过滤器】栏中的【类型过滤器】按钮，弹出【根据类型选择】对话框，选择【曲线】和【片体】选项，如图 6.86 所示，单击 确定 按钮，返回【类选择】对话框。在【对象】栏中单击【全选】按钮，再单击 确定 按钮，屏幕中所有曲线和曲面都被隐藏起来，如图 6.87 所示。

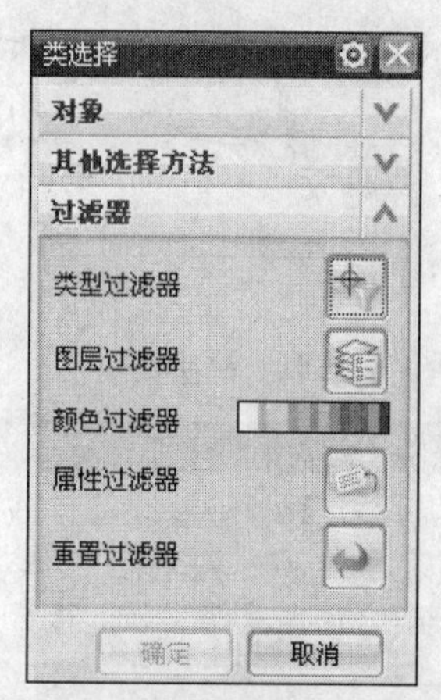

图 6.85 【类选择】对话框

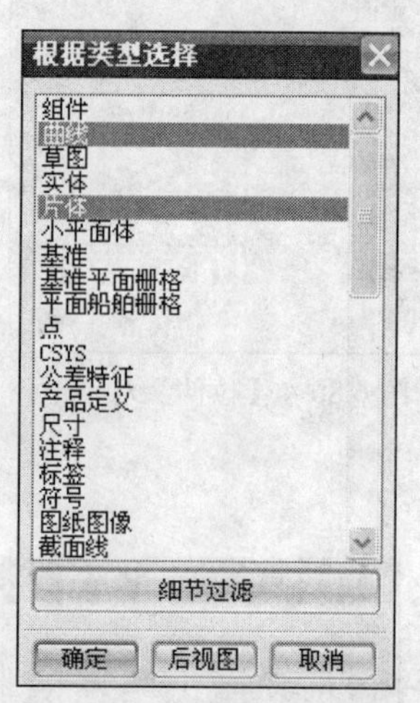

图 6.86 【根据类型选择】对话框

※ STEP 13 布尔操作

选择【插入】/【组合体】/【求和】命令，或单击【特征操作】工具栏中的按钮，弹出【求和】对话框，根据系统提示，对屏幕中所有实体进行布尔求和操作。

※ STEP 14 边倒圆操作

选择【插入】/【细节特征】/【边倒圆】命令，或单击【特征】工具栏中的按钮，弹出【边倒圆】对话框。选择如图 6.87 所示的各边，输入 5，单击 确定 按钮，完成倒圆操作，如图 6.88 所示。

※ STEP 15 保存文件

选择【文件】/【保存】命令，或者单击按钮，保存创建的文件。

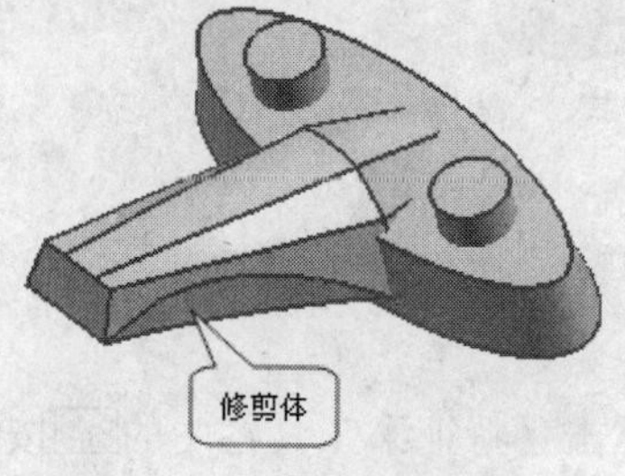

图 6.87 隐藏拉伸面模型

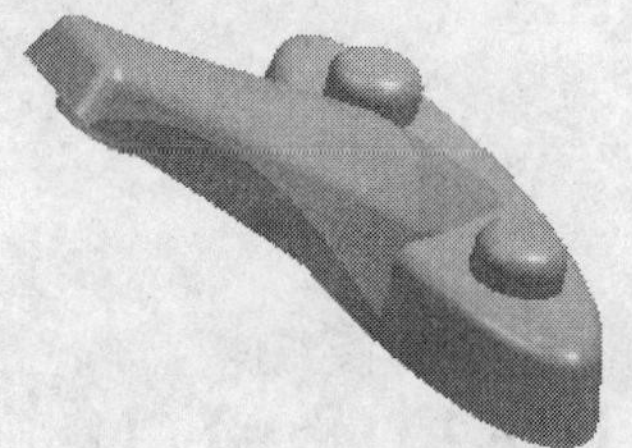

图 6.88 水龙头模型

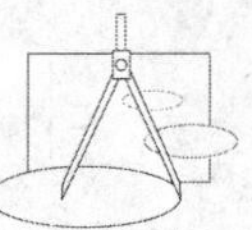

任务总结

主要掌握直纹命令与修剪体命令，同时要灵活地运用坐标系的变换来创建对象。

课堂训练

创建如图 6.89 所示的洗发露瓶曲面模型。

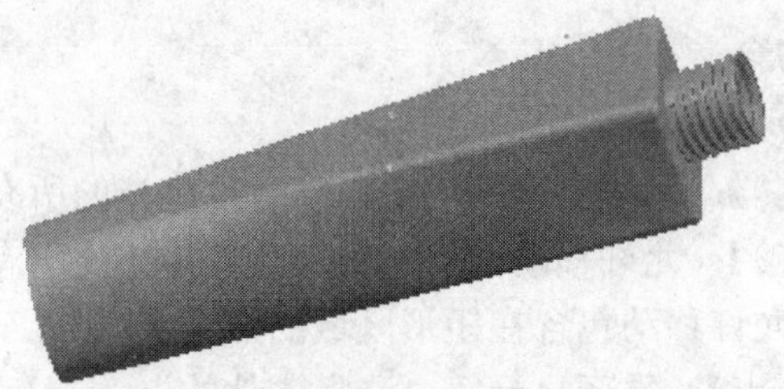

图 6.89　洗发露瓶曲面模型

知识拓展

根据本节对曲面造型的学习后，平时可以通过对各种瓶装类型的日常用品的创建来加强曲面造型能力。

6.2　曲 面 编 辑

6.2.1　移动定义点

移动定义点是通过移动曲面的定义点来完成曲面的修改。选择【编辑】/【曲面】/【移动定义点】命令，或单击【编辑曲面】工具栏中的按钮，弹出【移动定义点】对话框，如图 6.90 所示。

该对话框中各选项的含义如下。

- 【名称】：可以在该文本框中输入曲面名称来选择曲面。
- 【编辑原片体】：系统将对原先的曲面进行编辑。
- 【编辑副本】：系统将编辑后的曲面作为一个新的曲面生成。

选择曲面后，系统会弹出【移动点】对话框，如图 6.91 所示。

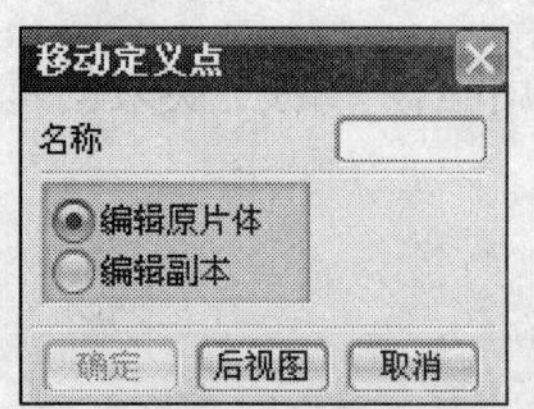

图 6.90 【移动定义点】对话框

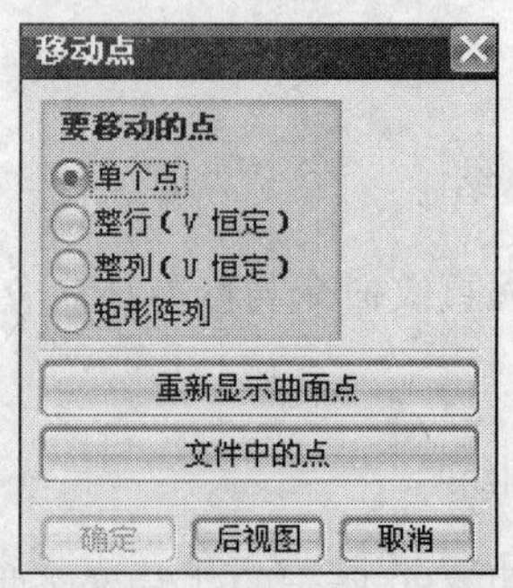

图 6.91 【移动点】对话框

该对话框中各选项的含义如下。

- 【单个点】：指定要移动的单个点。
- 【整行（V 恒定）】：允许移动同一行内（V 恒定）的所有点。
- 【整列（U 恒定）】：允许移动同一列内（U 恒定）的所有点。
- 【矩形阵列】：允许移动包含在矩形区域的点。
- 【重新显示曲面点】：重新显示符合选择条件的点。
- 【文件中的点】：读入文件中的点以替换原先的点。

选择移动点后，系统会弹出如图 6.92 所示的对话框，部分选项的含义如下。

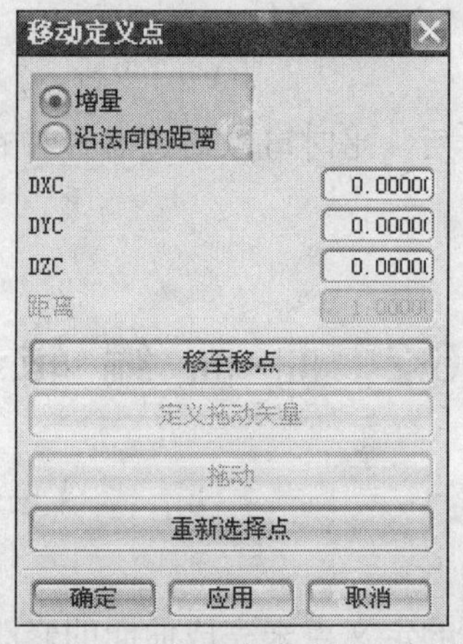

图 6.92 【移动定义点】对话框

- 【增量】：允许指定增量偏置，通过增量偏置来移动点。
- 【沿法向的距离】：将点沿其所在处的面的法向方向移动指定的距离。此选项不可用于极点。
- 【移至移点】：允许通过点构造器指定一点以将选中的点移动至该点。此选项只适用于单个点。
- 【定义拖动矢量】：定义用于拖动选项的矢量。此选项不可用于点。
- 【拖动】：将极点拖动至新的位置。此选项不可用于点。
- 【重新选择点】：单击该按钮，返回【移动点】对话框，进行重新选择。

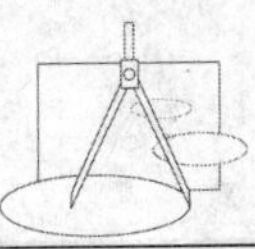

6.2.2　移动极点

移动极点是通过移动定义曲面的极点来完成曲面的修改。选择【编辑】/【曲面】/【移动极点】命令，或单击【编辑曲面】工具栏中的按钮，弹出【移动极点】对话框，如图 6.93 所示。

选择曲面后，系统会弹出【移动极点】对话框，如图 6.94 所示。

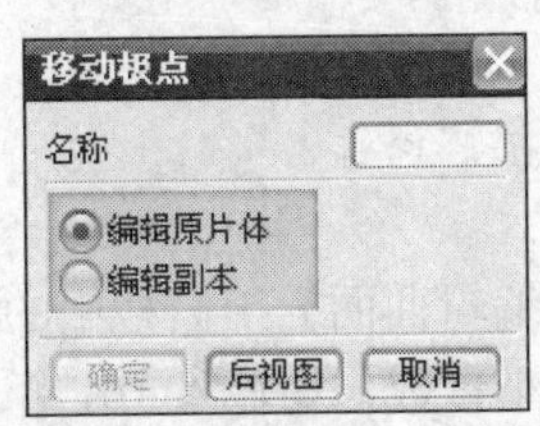

图 6.93　【移动极点】对话框（1）

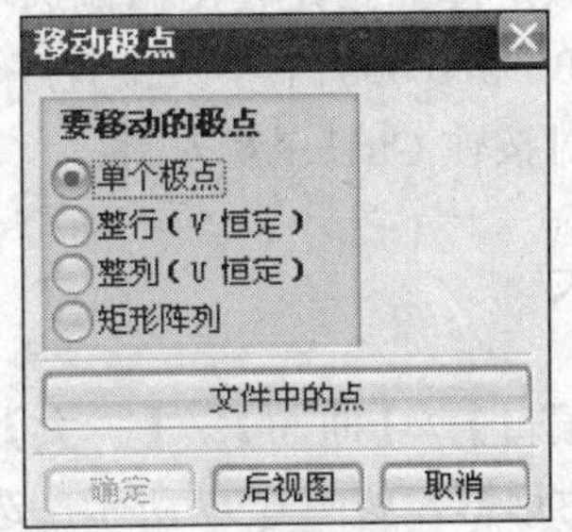

图 6.94　【移动极点】对话框（2）

选择移动点后，系统会弹出如图 6.95 所示的对话框。

该对话框中各选项的含义如下。

- 【沿定义的矢量】：通过沿当前定义矢量拖动来拖动选中的极点。
- 【沿法向】：将选中的极点沿着各自的法向拖动至曲面，如图 6.96 所示。

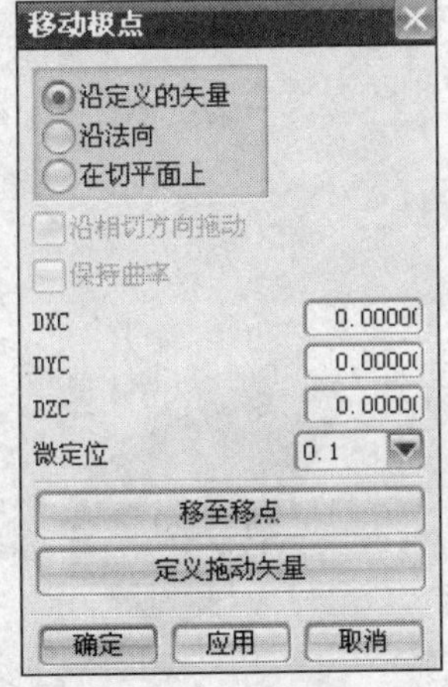

图 6.95　【移动极点】对话框（3）

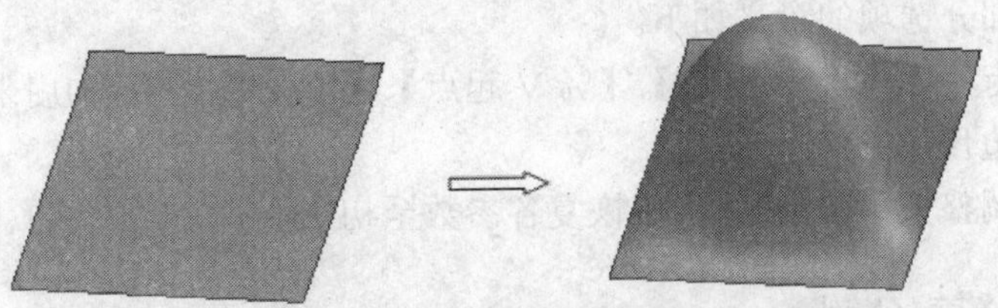

图 6.96　沿法向示意图

- 【在切平面上】：在与被投影的极点处的曲面相切的平面上拖动极点。

- 【沿相切方向拖动】：拖动一行或一列极点，保留相应边处的切向。选中该复选框时，其他所有的拖动选项均不可用。
- 【保持曲率】：拖动一行或一列极点，保留相应边处的曲率。选择要移动的极点行或列必须是从前导边或尾随边开始数的第二或三行或列。否则该选项不可用。如果曲面少于 6 行或列，该选项不可用。选中该复选框时，其他所有的拖动选项均不可用。
- 【微定位】：指定使用微调选项时动作的灵敏度与精细度。灵敏度级别有 0.1、0.01、0.001 和 0.0001。小数位置序号越大，拖动极点时所能达到的动作精细度越高。拖动时按住 Ctrl+鼠标左键。

6.2.3 扩大

选择【编辑】/【曲面】/【扩大】命令，或单击【编辑曲面】工具栏中的按钮，弹出【扩大】对话框，如图 6.97 所示。选择曲面，调整大小参数，均输入 10，单击 确定 按钮，生成扩大曲面，如图 6.98 所示。

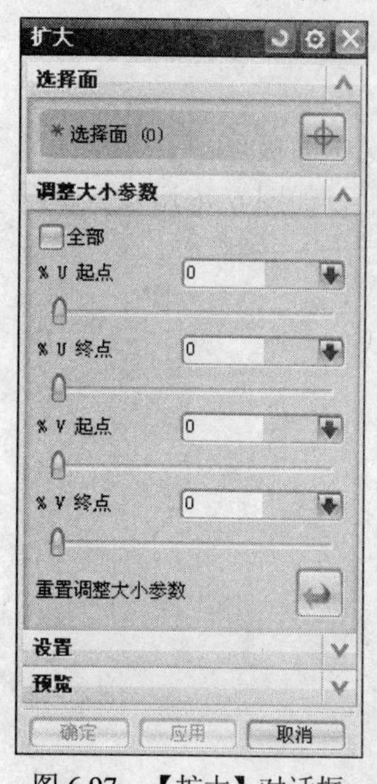

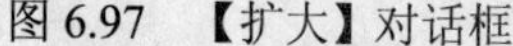
图 6.97 【扩大】对话框

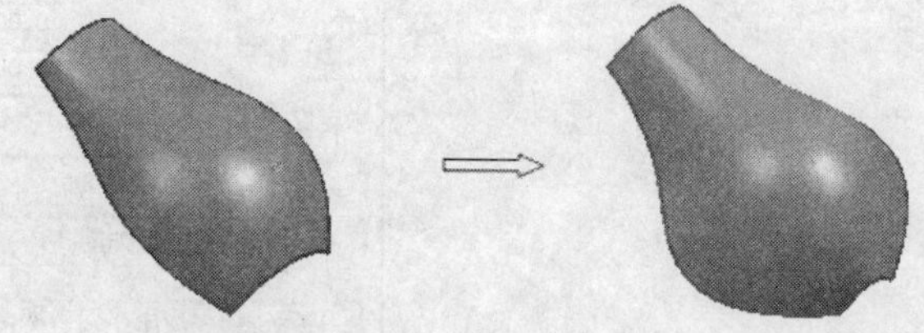
图 6.98 扩大示意图

该对话框中部分选项的含义如下。

- 【% U 起点】、【% U 终点】、【% V 起点】、【% V 终点】：均用来更改扩大曲面的未修剪边尺寸。
- 【重置调整大小参数】：用于恢复各参数至初始值。

6.2.4 等参数修剪/分割

等参数修剪/分割通过按 U 或 V 等参数方向的百分比参数来修剪或分割曲面。选择【编

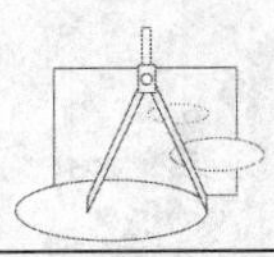

辑】/【曲面】/【等参数修剪/分割】命令，或单击【编辑曲面】工具栏中的按钮，弹出【修剪/分割】对话框，如图 6.99 所示。

该对话框中各选项的含义如下。

- 【等参数修剪】：单击【等参数修剪】按钮，选择曲面后，弹出如图 6.100 所示的对话框。设置【U 最小值】、【U 最大值】、【V 最小值】、【V 最大值】分别为 0、100、50、100，单击确定按钮，效果如图 6.101 所示。

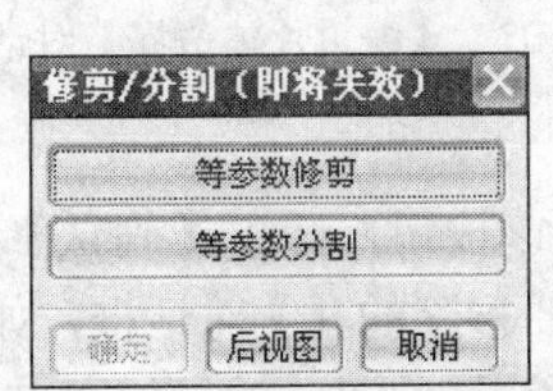

图 6.99　【修剪/分割】对话框

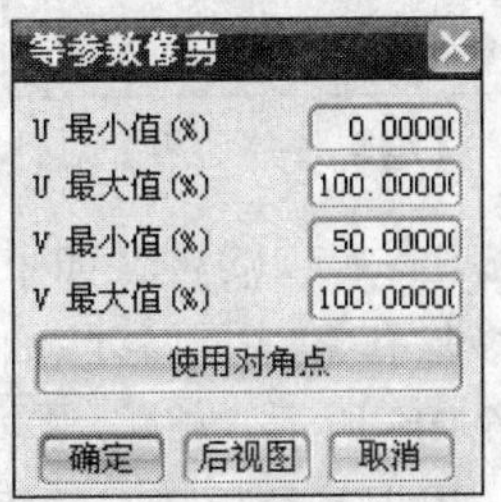

图 6.100　【等参数修剪】对话框

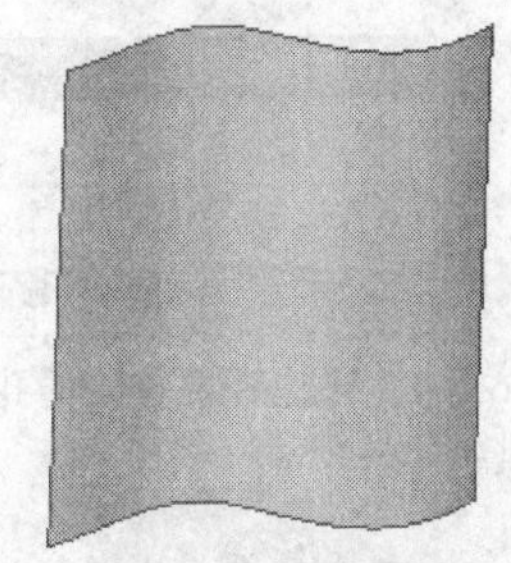

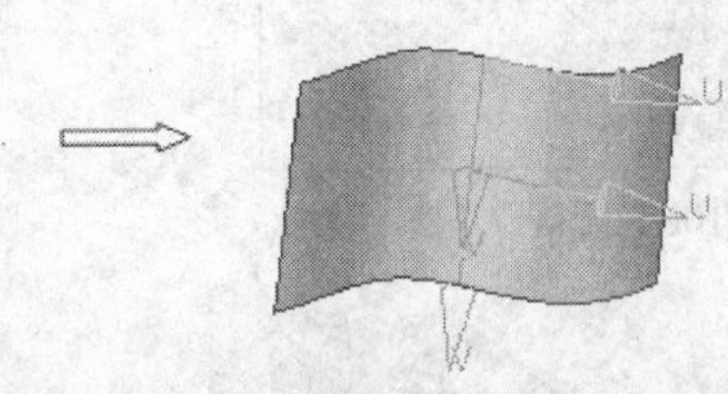

图 6.101　等参数修剪示意图

- 【等参数分割】：单击【等参数分割】按钮，选择曲面后，弹出如图 6.102 所示的对话框。单击片体，选中【U 恒定】单选按钮，设置【分割值】为 50，效果如图 6.103 所示。
  - 【U 恒定】：选择是否在常数 U 向分割曲面。
  - 【V 恒定】：选择是否在常数 V 向分割曲面。

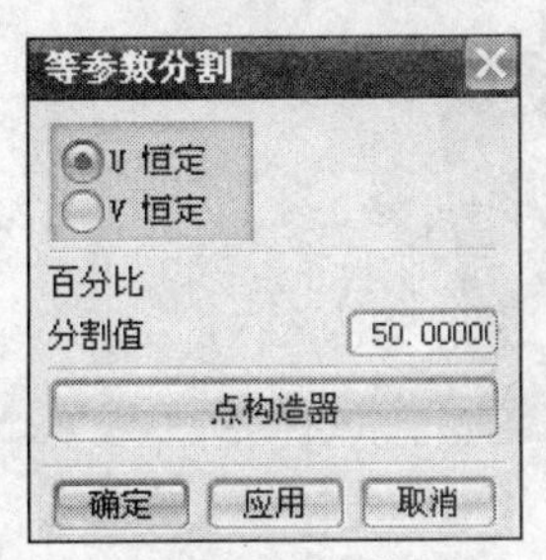

图 6.102　【等参数分割】对话框

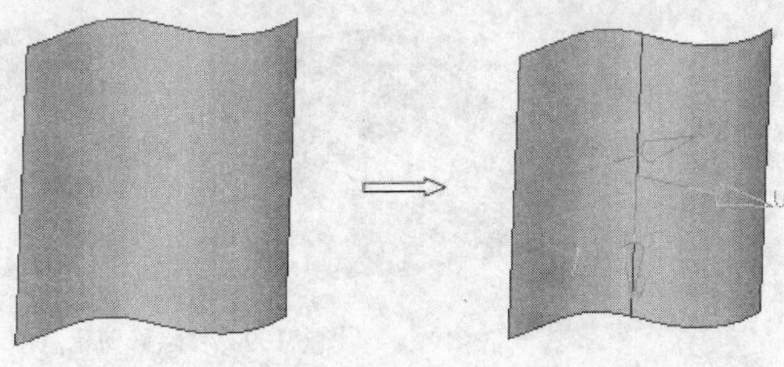

图 6.103　等参数分割示意图

6.2.5　边界

边界用于修改或替换曲面边界。选择【编辑】/【曲面】/【边界】命令，或单击【编辑曲面】工具栏中的按钮，弹出【编辑片体边界】对话框，如图 6.104 所示。选择片体后，弹出如图 6.105 所示的对话框。

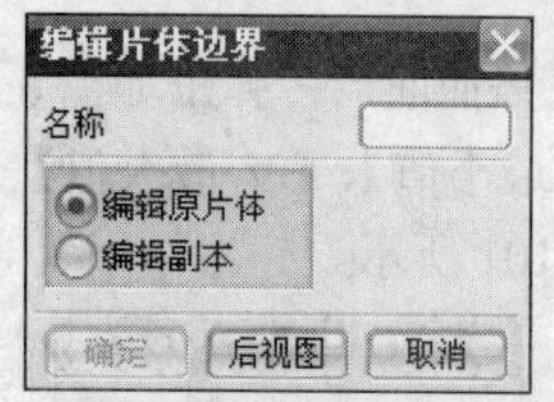

图 6.104 【编辑片体边界】对话框（1）

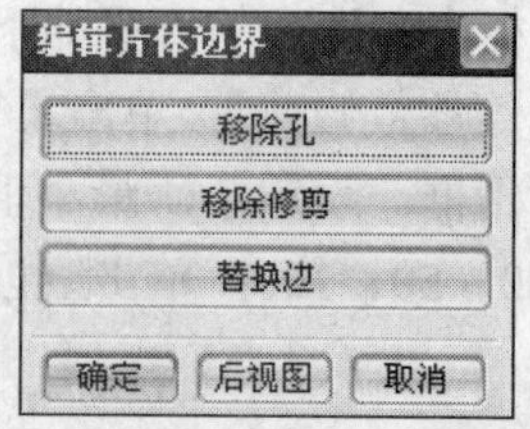

图 6.105 【编辑片体边界】对话框（2）

图 6.105 中各选项的含义如下。

- 【移除孔】：用于移除曲面中的孔特征。单击该按钮，弹出【确认】对话框，如图 6.106 所示。单击 确定 按钮，弹出【选择要移除的孔】对话框，如图 6.107 所示。根据系统提示，选择要移除的孔，单击 确定 按钮，效果如图 6.108 所示。

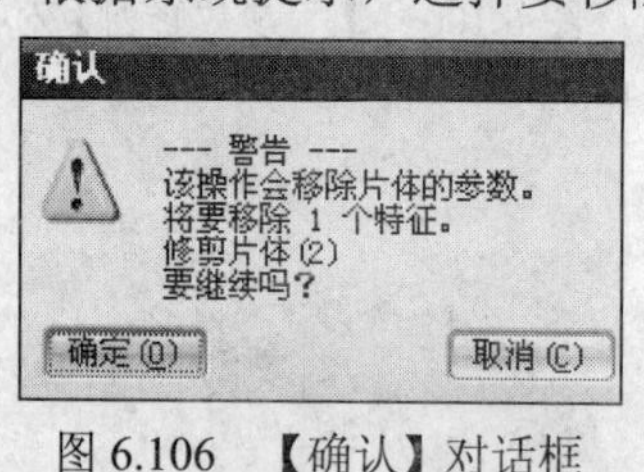

图 6.106 【确认】对话框

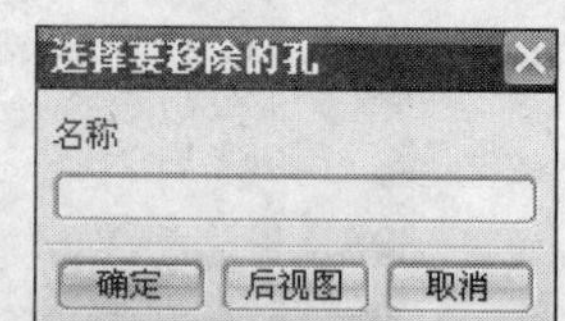

图 6.107 【选择要移除的孔】对话框

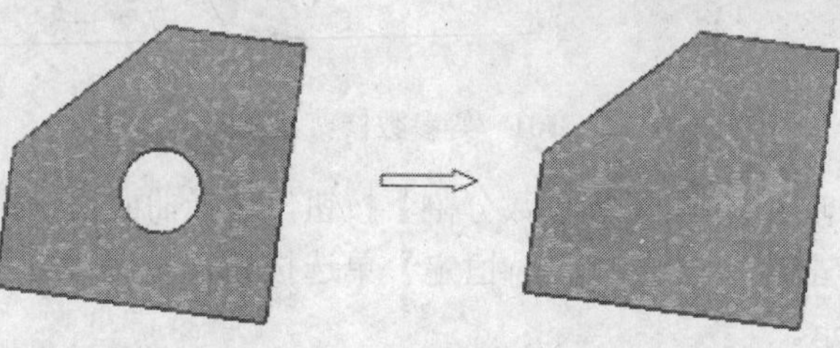
图 6.108 移除孔示意图

- 【移除修剪】：用于延伸曲面或修剪曲面。单击该按钮，效果如图 6.109 所示。

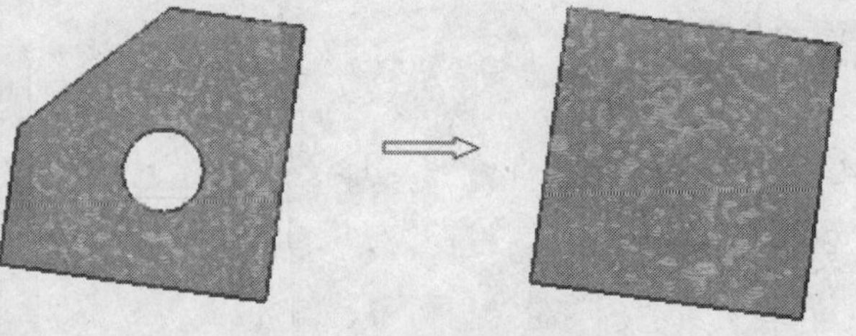
图 6.109 移除修剪示意图

- 【替换边】：用于重新定位曲线或替换原有边界。单击该按钮，替换边效果如图 6.110 所示。

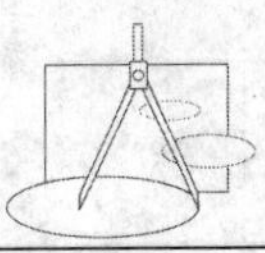

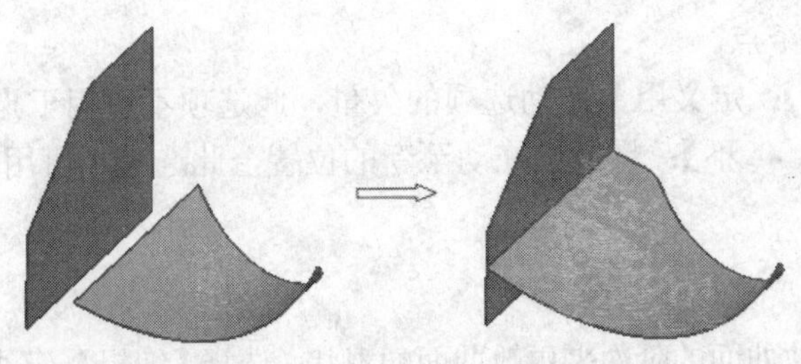

图 6.110　替换边示意图

6.2.6　更改边

更改边是通过修改曲面的边缘来生成新的曲面。选择【编辑】/【曲面】/【更改边缘】命令，或单击【编辑曲面】工具栏中的按钮，弹出【更改边】对话框，如图 6.111 所示。

选择片体后，系统会弹出如图 6.112 所示的对话框。

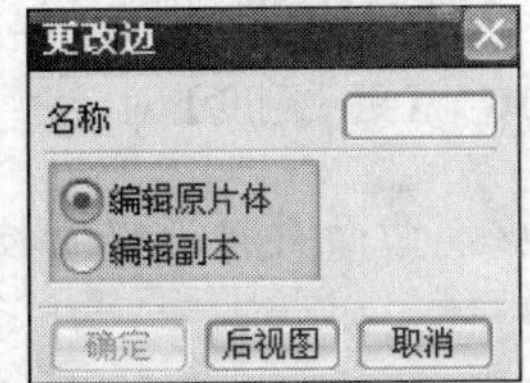

图 6.111　【更改边】对话框（1）

图 6.112　【更改边】对话框（2）

选择要更改的边后，系统会弹出如图 6.113 所示的对话框。

该对话框中各选项的含义如下。

- 【仅边】：仅将待调整的边缘与某个作为参考的体素匹配。单击该按钮，弹出如图 6.114 所示的对话框。

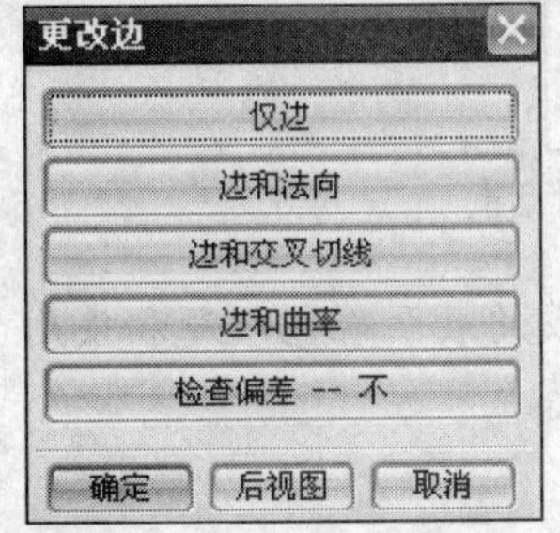

图 6.113　【更改边】对话框（3）

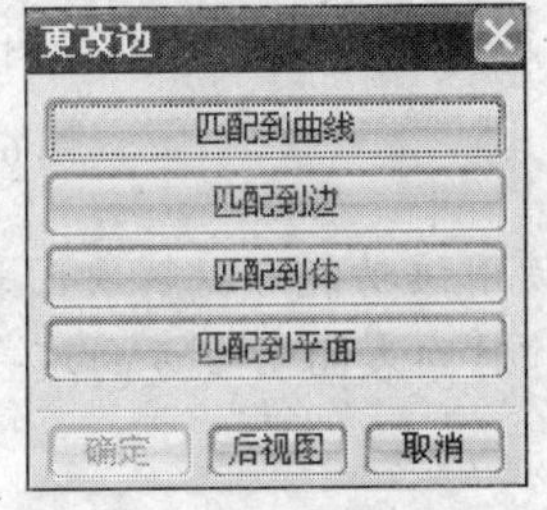

图 6.114　【更改边】对话框（4）

  - 【匹配到曲线】：使边变形，使其与选中曲线的形状和位置相匹配。
  - 【匹配到边】：使边变形，使其与另一体上的边的形状和位置相匹配。
  - 【匹配到体】：使体变形，使选中的边与主体相匹配。
  - 【匹配到平面】：使体变形，使选中的边位于指定的平面内。
- 【边和法向】：将点沿其所在处的面的法向方向移动指定的距离，此选项不可用于极点。
- 【边和交叉切线】：允许通过点构造器指定一点以将选中的点移动至该点，此选项只适用于单个点。

- 【边和曲率】：定义用于拖动选项的矢量，此选项不可用于点。
- 【检查偏差 -- 不】：将极点拖动至新的位置，此选项不可用于点。

6.2.7 更改刚度

更改刚度通过更改曲面的阶次来更改曲面的形状。选择【编辑】/【曲面】/【刚度】命令，或单击【编辑曲面】工具栏中的按钮，弹出【更改刚度】对话框，如图 6.115 所示。

选择曲面后，系统会弹出如图 6.116 所示的对话框。

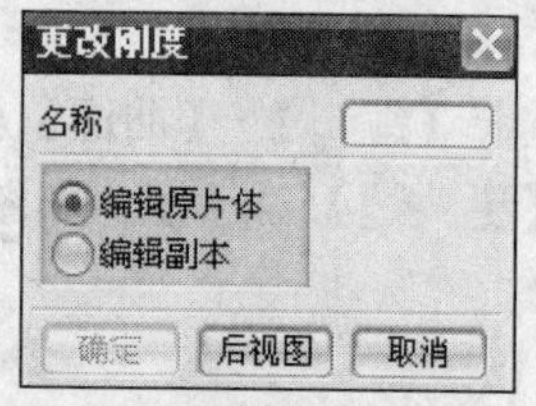

图 6.115 【更改刚度】对话框（1）

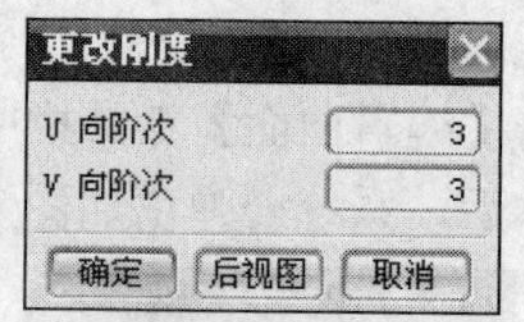

图 6.116 【更改刚度】对话框（2）

要点：增加曲面阶次后，曲面的极点不变，补片减少，曲面更接近它的控制多边形，反之则相反。封闭曲面不能改变硬度。

6.2.8 法向反向

法向反向用于反转片体的曲面法向。选择【编辑】/【曲面】/【法向反向】命令，或单击【编辑曲面】工具栏中的按钮，弹出【法向反向】对话框，如图 6.117 所示。

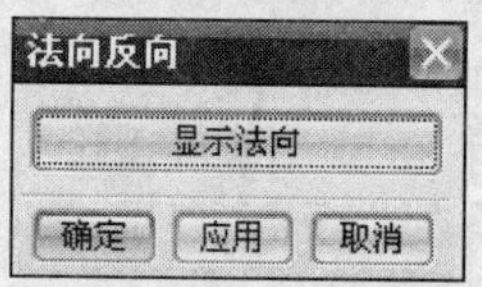

图 6.117 【法向反向】对话框

要点：使用该功能可以解决因表面法线不一致造成的表面着色问题和使用曲面修剪操作时因表面法线方向不一致而引起的更新故障。

6.3 创建汽车车身模型

任务 6-3　创建车身模型 

创建如图 6.118 所示的汽车车身模型。

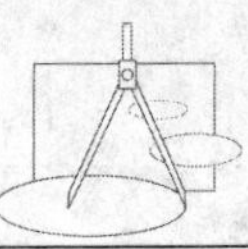

图 6.118　汽车车身模型

任务分析

该汽车外观曲面漂亮、过渡圆滑，要完成此汽车的曲面造型，需要灵活地选择各曲面造型命令来创建，所覆盖的曲面知识比较广。

相关知识

通过曲线组、桥接、截面、通过曲线网格、隐藏、变换、缝合等基本命令的应用。

任务实施

※ STEP 1　通过曲线组创建曲面

（1）选择【文件】/【打开】命令，或单击按钮打开源文件 chapter6/6.119.prt，如图 6.119 所示。

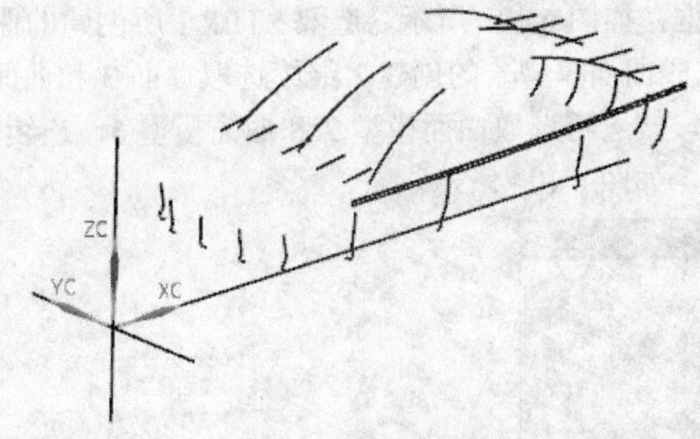

图 6.119　汽车线架

（2）选择【开始】/【建模】命令或单击按钮，进入建模模块。

（3）选择【插入】/【网格曲面】/【通过曲线组】命令，或单击【曲面】工具栏中的按钮，弹出【通过曲线组】对话框，接受默认选项，依次选取如图 6.120 所示的 5 条曲线，每选取一条曲线单击鼠标中键完成操作，单击 确定 按钮，生成前保险杠曲面模型 1，如图 6.121 所示。

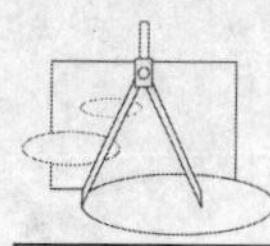

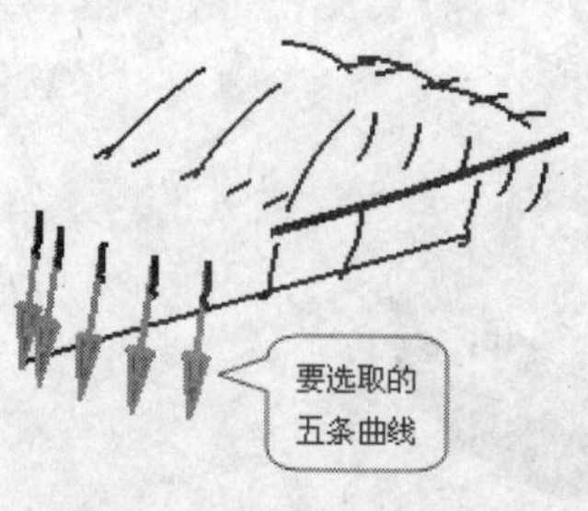

图 6.120　前保险杠线架

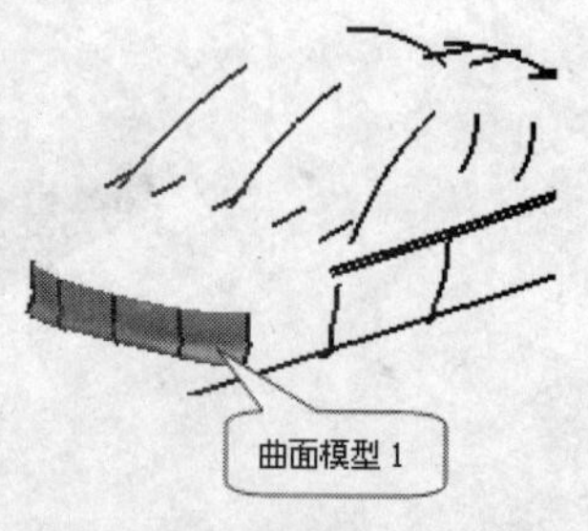

图 6.121　前保险杠曲面模型

关键：选择曲线时，应保证选择曲线组的方向和次序相同。

（4）参照步骤（3），依次创建车身前端曲面模型 2、车身侧面曲面模型 3、后保险杠曲面模型 4、车后端曲面模型 5，如图 6.122 所示。

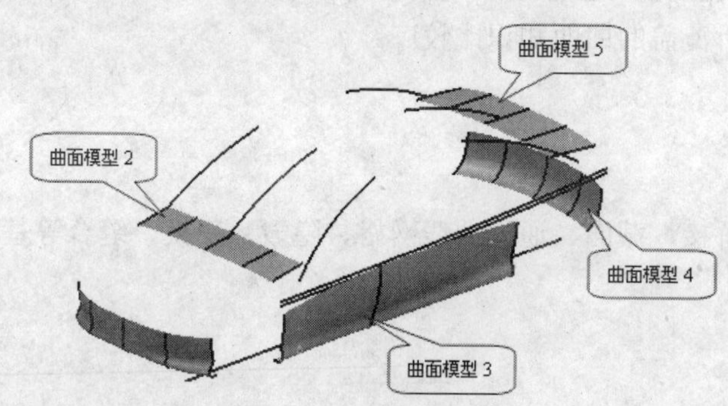

图 6.122　通过曲线组曲面模型

※ STEP 2　创建桥接曲面

选择【插入】/【细节特征】/【桥接】命令，或者单击【曲面】工具栏中的按钮，弹出【桥接曲面】对话框，如图 6.123 所示，选取 STEP 1 所创建的曲面模型 1 和曲面模型 3，单击 应用 按钮，完成曲面模型 6 的创建。继续选取曲面 3 和曲面 4，单击 应用 按钮，完成曲面模型 7 的创建，接着再选取曲面模型 2 和曲面模型 5，连续单击两次 确定 按钮，完成曲面模型 8 的创建，如图 6.124 所示。

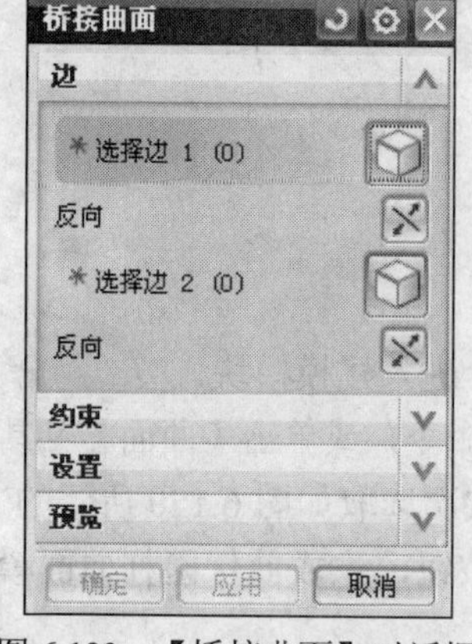

图 6.123　【桥接曲面】对话框

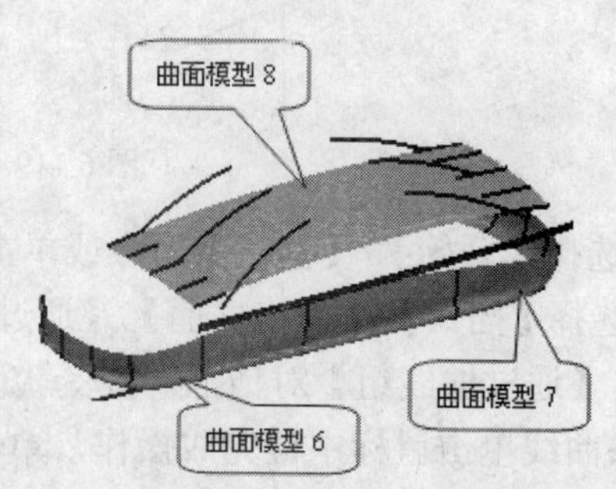

图 6.124　桥接曲面模型

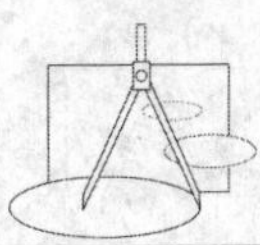

※ **STEP 3**　创建截面曲面

（1）选择【插入】/【网格曲面】/【截面】/【 由圆角-Rho 创建曲面】命令，或单击【曲面】工具栏中的按钮，弹出【剖切曲面】对话框，在【类型】下拉列表中选择【圆角-Rho】选项，如图 6.125 所示。依次选择起始引导线 1，单击鼠标中键，选择终止引导线 2，单击鼠标中键，选择起始面 1，单击鼠标中键，选择起始面 2，单击鼠标中键，选择脊线，如图 6.126 所示，单击确定按钮，完成发动机罩曲面模型 9 的创建。同理，创建后车厢曲面模型 10，如图 6.127 所示。

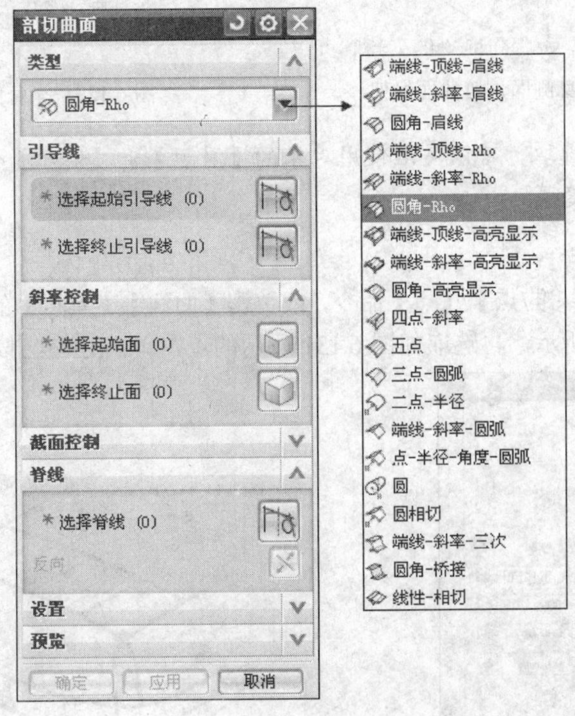

图 6.125　【剖切曲面】对话框

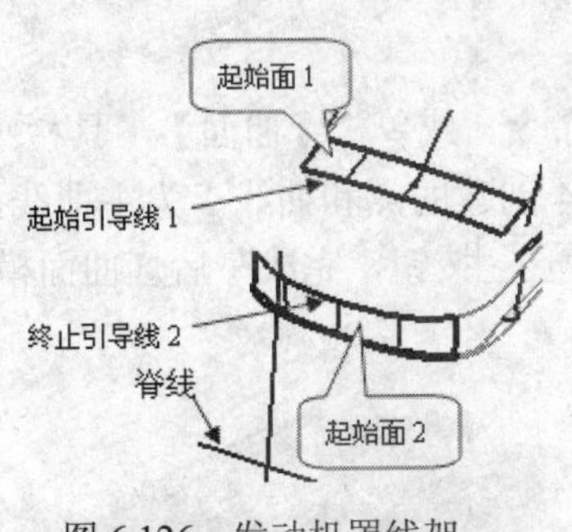

图 6.126　发动机罩线架

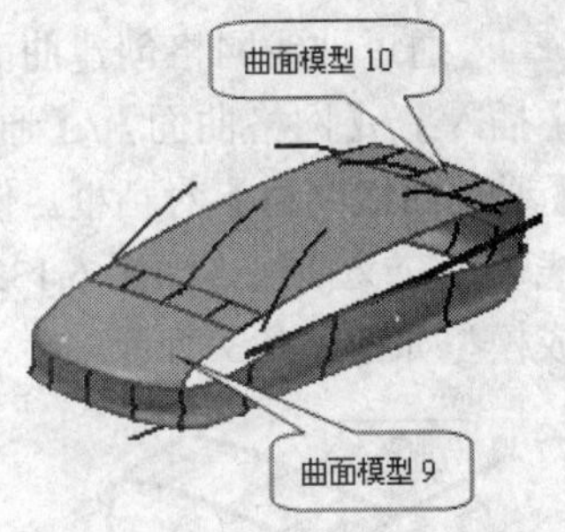

图 6.127　剖切曲面模型

（2）单击【曲面】工具栏中的按钮，弹出【剖切曲面】对话框，并在【类型】下拉列表中选择【 圆角-Rho】选项，如图 6.125 所示。依次选取如图 6.128 所示的起始引导线组、终止引导线组、起始面组、终止面组和脊线 5 个操作对象，单击确定按钮，完成车身侧面过渡曲面模型 11 的创建，如图 6.129 所示。

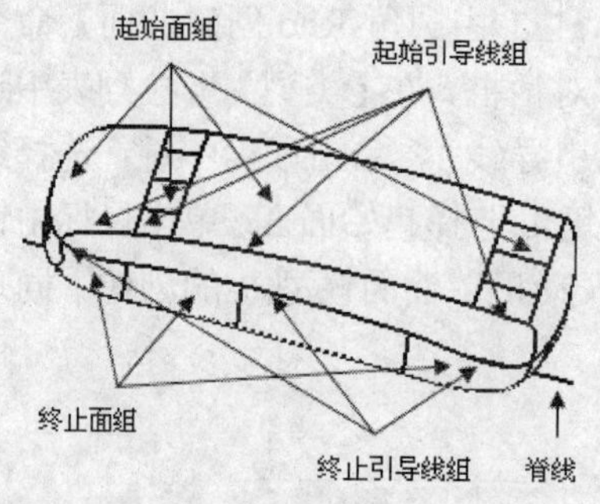

图 6.128　车身侧面过渡曲面线架

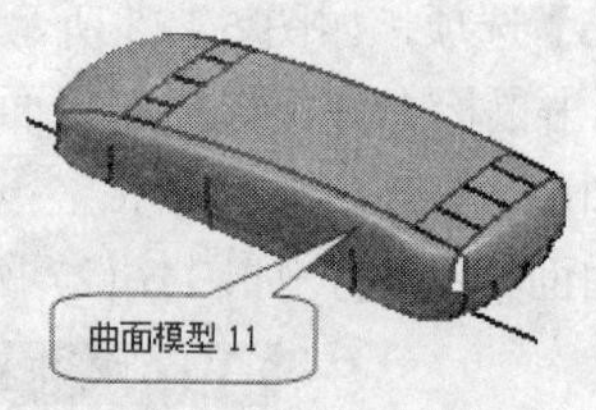

图 6.129　车身侧面过渡曲面

技巧：为了方便选取，可以灵活使用对象的【显示】和【隐藏】命令对不参加操作的曲线进行隐藏。

※ STEP 4　创建点

选择【插入】/【基准/点】/【点】命令，或单击【曲线】工具栏中的按钮，弹出【点】对话框，如图 6.130 所示，再选取如图 6.131 所示的点，单击确定按钮。

图 6.130　【点】对话框

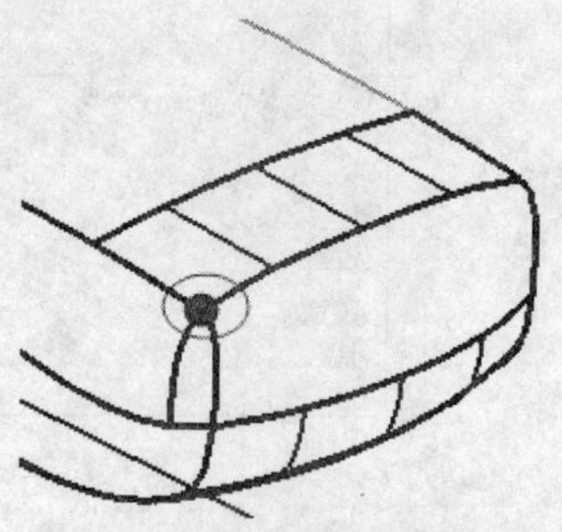
图 6.131　点位置示意图

※ STEP 5　通过曲线网格创建曲面

选择【插入】/【网格曲面】/【通过曲线网格】命令，或单击【曲面】工具栏中的按钮，弹出【通过曲线网格】对话框。依次选取 STEP 4 创建的点和曲线 1 为主曲线，选取曲线 2 和曲线 3 为交叉曲线，如图 6.132 所示，单击确定按钮，完成车后灯曲面模型 12 的创建，生成模型如图 6.133 所示。

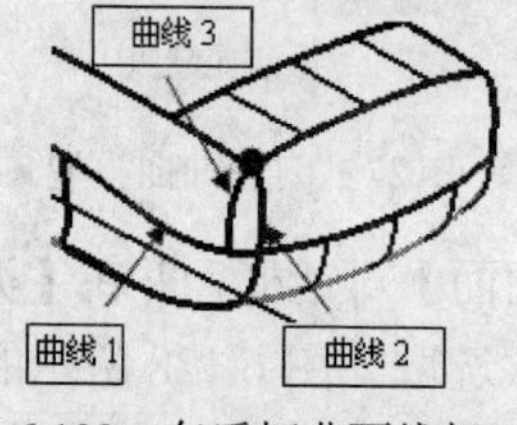

图 6.132　车后灯曲面线架

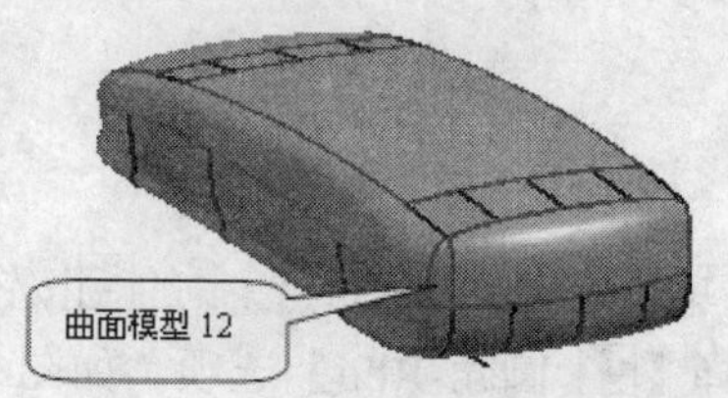

图 6.133　车后灯曲面模型

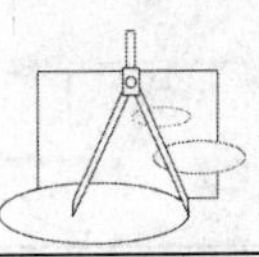

※ STEP 6　通过曲线组创建曲面

选择【插入】/【网格曲面】/【通过曲线组】命令，或单击【曲面】工具栏中的按钮，弹出【通过曲线组】对话框，依次选取如图 6.134 所示的曲线组 1、曲线组 2 来创建汽车前车窗曲面模型 13 和后车窗曲面模型 14，如图 6.135 所示。

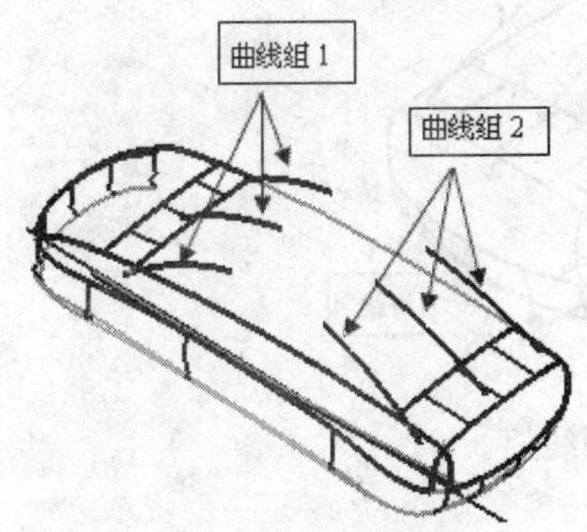

图 6.134　车窗曲面线架

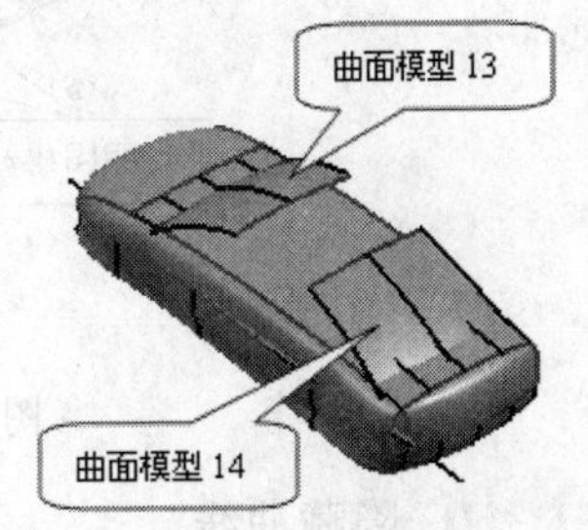

图 6.135　前、后车窗曲面模型

※ STEP 7　创建桥接曲面

选择【插入】/【细节特征】/【桥接】命令，或者单击【曲面】工具栏中的按钮，弹出【桥接曲面】对话框，将 SETP 6 所创建的曲面模型 13 和曲面模型 14 进行桥接操作，生成车顶曲面模型 15，如图 6.136 所示。

※ STEP 8　创建直纹面

选择【插入】/【网格曲面】/【直纹面】命令，或单击【曲面】工具栏中的按钮，弹出【直纹】对话框，依次选取截面线串 1 和截面线串 2，如图 6.137 所示，单击 确定 按钮，完成辅助曲面 16 的创建。

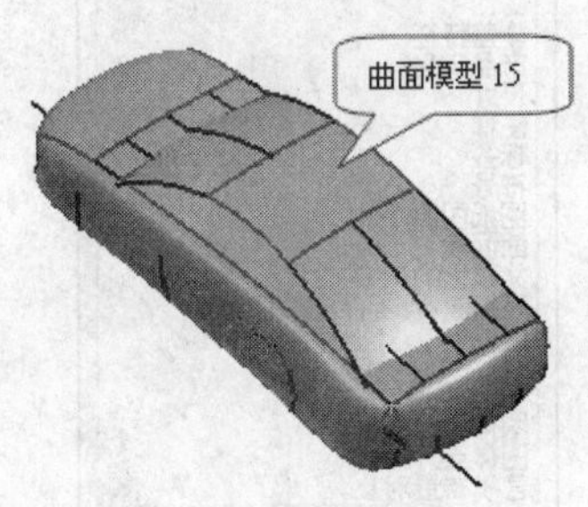

图 6.136　车顶曲面模型

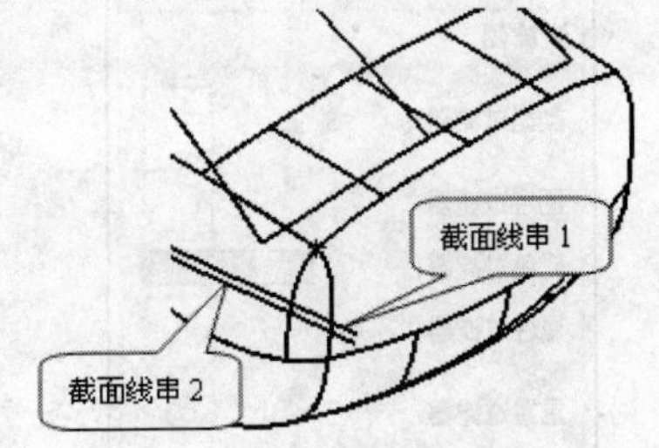

图 6.137　辅助曲面线架

※ STEP 9　创建截面曲面

选择【插入】/【网格曲面】/【截面】/【 由圆角-桥接创建截面】命令，或单击【曲面】工具栏中的按钮，弹出【剖切曲面】对话框，并在【类型】下拉列表中选择【 圆角-桥接】选项，依次选取如图 6.138 所示的起始引导线组、终止引导线组、起始面组、终止面组和脊线 5 个操作对象，单击 确定 按钮，完成车身侧面过渡曲面模型 17 的创建。

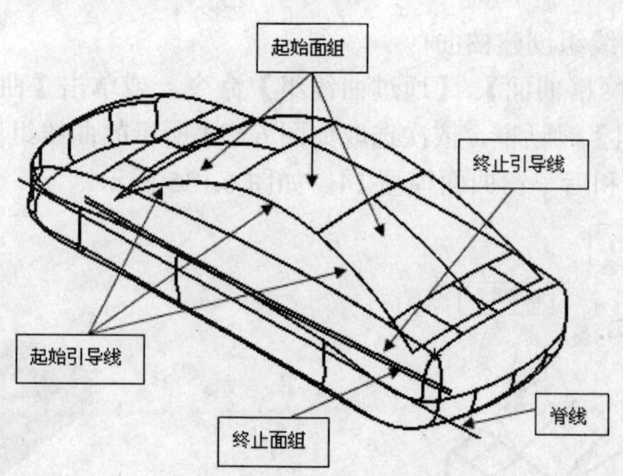

图 6.138　车身侧面过渡曲面线架

※ STEP 10 隐藏曲线

选择【插入】/【显示和隐藏】/【隐藏】命令或单击按钮，弹出【类选择】对话框，如图 6.139 所示。单击【类型过滤器】按钮，弹出如图 6.140 所示的【根据类型选择】对话框。选择所有曲线，单击 确定 按钮，返回【类选择】对话框，单击【全选】按钮，再单击 确定 按钮，隐藏所有曲线。

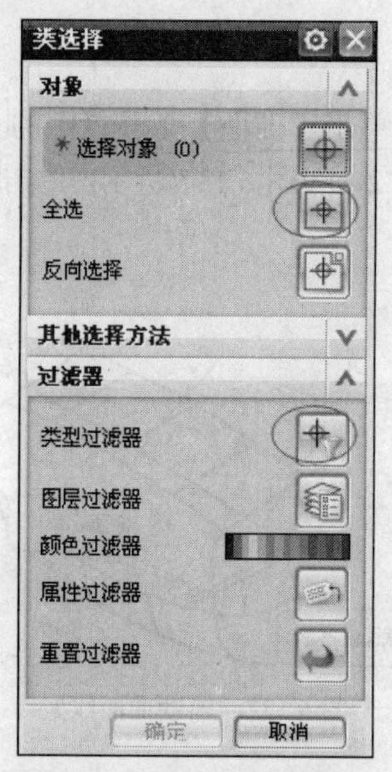

图 6.139　【类选择】对话框

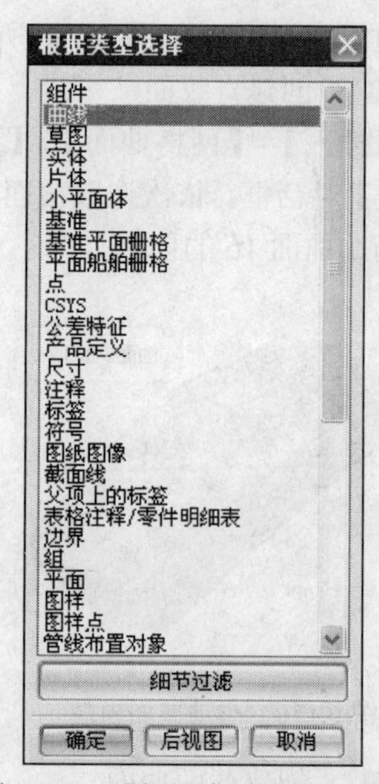

图 6.140　【根据类型选择】对话框

※ STEP 11 创建镜像曲面

单击【标准】工具栏中的按钮，弹出【变换】对话框。在屏幕中选择 6 个侧面为操作对象，单击 确定 按钮，进入【变换】对话框。单击其中的 通过一平面镜像 按钮，弹出【平面】对话框，如图 6.141 所示。选择【类型】下拉列表中的【 XC-ZC 平面】选项，单击 确定 按钮，在弹出的对话框中单击 复制 按钮，完成镜像变换操作。单击 取消 按钮退出对话框，完成镜像曲面 18 的创建，如图 6.142 所示。

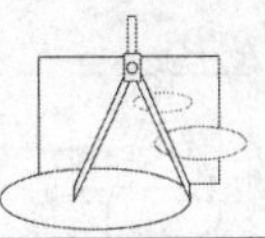

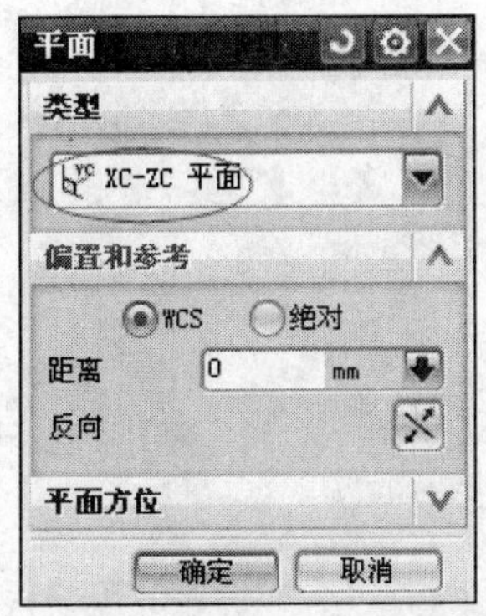

图 6.141　【平面】对话框

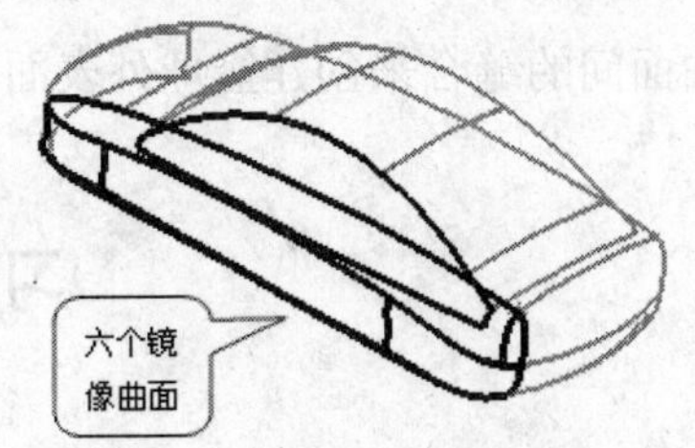

图 6.142　镜像曲面

※ STEP 12　创建缝合曲面

选择【插入】/【组合体】/【缝合】命令或单击按钮，弹出如图 6.143 所示的【缝合】对话框。选取前车窗、后车窗、车顶曲面和车窗过渡曲面，单击 应用 按钮，完成缝合曲面的创建。再选取其他曲面，单击 确定 按钮，生成汽车车身表面轮廓，如图 6.118 所示。

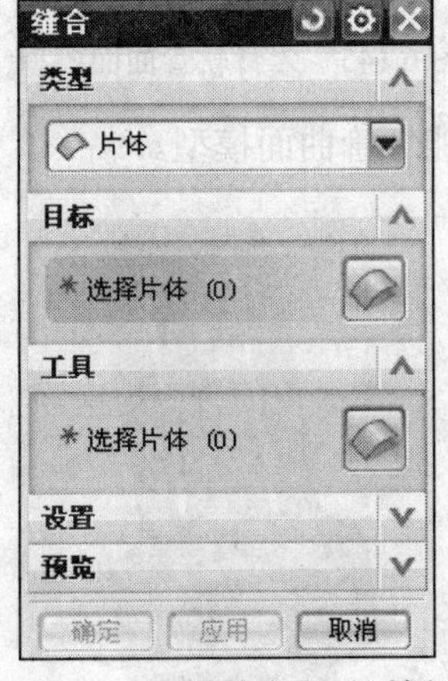

图 6.143　【缝合】对话框

任务总结

主要运用曲面常用的造型功能如通过曲线组、通过曲线网格、直纹面、缝合等来完成汽车车身表面模型的创建。

课堂训练

创建如图 6.144 所示的安全帽曲面模型。

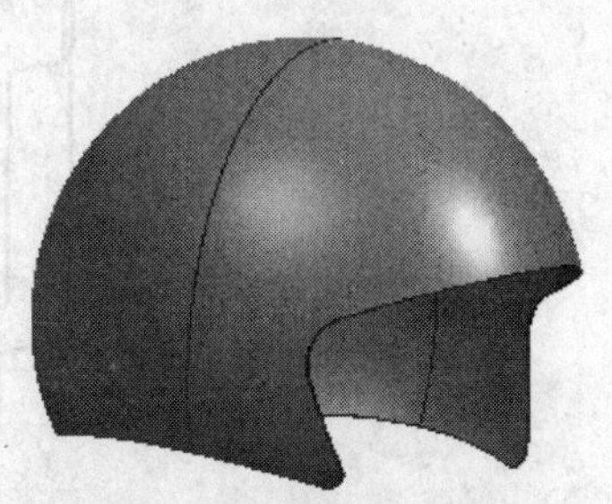

图 6.144　安全帽曲面模型

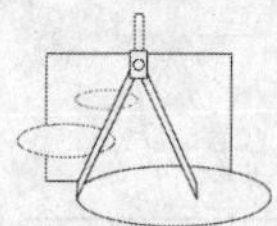

知识拓展

通过曲面间的缝合来创建篮球外表面模型。

习　　题

1．创建如图 6.145 所示的牙膏软管曲面模型。

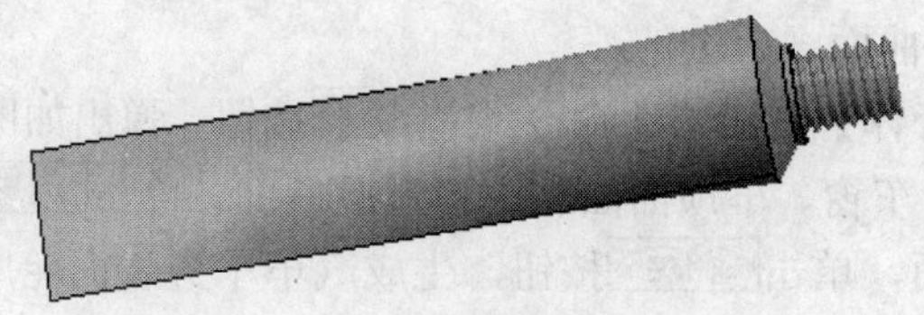

图 6.145　牙膏软管曲面模型

2．创建如图 6.146 所示的节能灯管曲面模型。

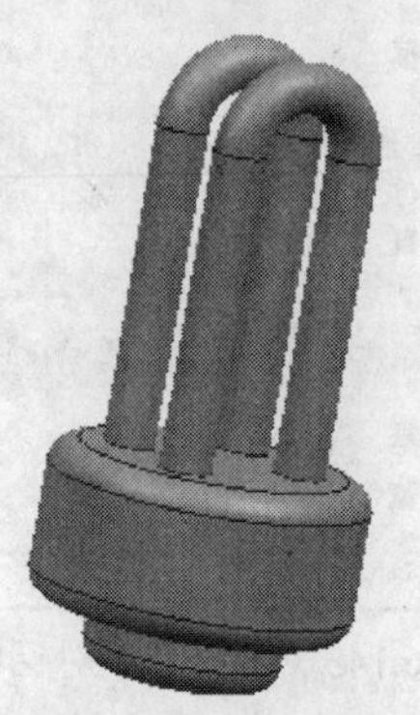

图 6.146　节能灯管曲面模型

3．创建如图 6.147 所示的叶轮曲面模型。

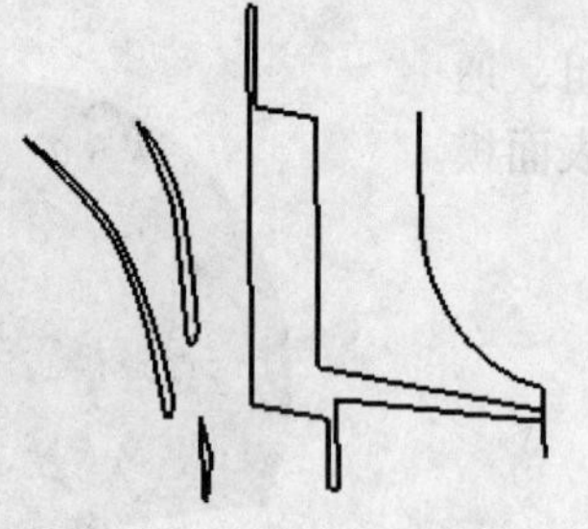

图 6.147　叶轮曲面模型

第7章　工　程　图

本章要点

- 📖 参数预设置
- 📖 图纸管理
- 📖 添加和编辑视图
- 📖 剖视图的应用
- 📖 工程图的标注

任务案例

- 📖 入门引例：创建工程图
- 📖 创建剖视图
- 📖 创建管接头工程图

UG 工程图是将建模功能中创建的三维实体模型引入到制图环境中生成的二维图。工程图由模型投影形成，因此它们互相关联，模型的任何修改都会引起工程图的相应变化，这也很好地保证了二者之间的完全一致性，但工程图的修改不会引起模型的变化。

下面先由引入实例来说明由三维模型生成工程图的过程。

任务 7-1　入门引例：创建工程图

根据如图 7.1 所示的阶梯轴的三维模型，创建如图 7.2 所示的工程图。

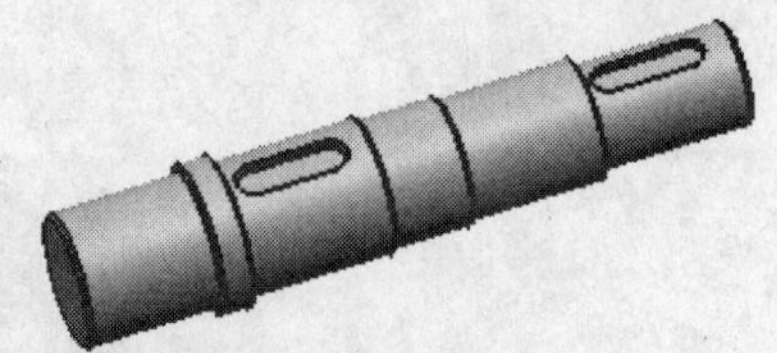

图 7.1　阶梯轴模型

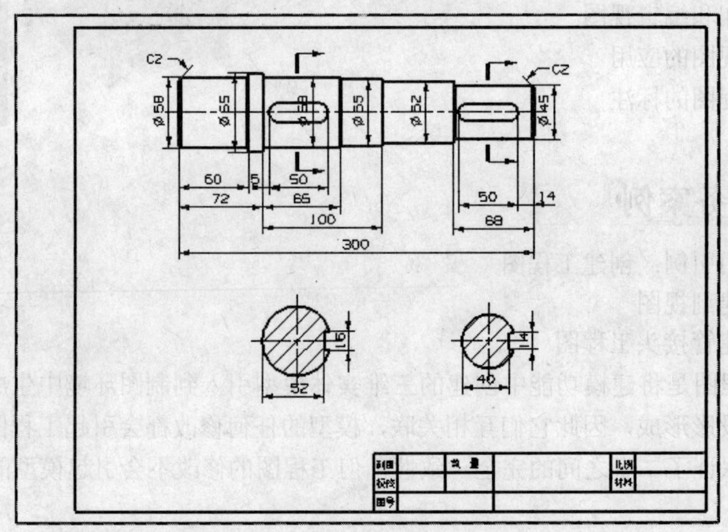

图 7.2　阶梯轴工程图

任务分析

从阶梯轴三维模型看，采用主视图可以把轴的结构形状基本表达清楚，另外在两个键槽位置添加剖面图。

相关知识

视图表达方法，进入制图模块，新建图纸，添加基本视图、剖视图，移动/复制视图，标注尺寸，添加图框、标题栏等。

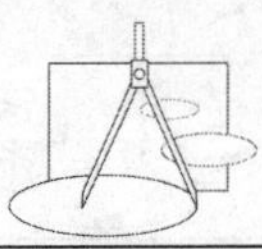

任务实施

※ STEP 1　进入 UG 建模模块，打开源文件 chapter7/7.1.prt。

※ STEP 2　进入制图创建模块。单击【标准】工具栏中的开始按钮，在弹出的下拉菜单中选择【制图】选项，或者单击【应用模块】工具栏中的按钮，进入制图模块。

※ STEP 3　新建图纸。单击【图纸】工具栏中的按钮，弹出【图纸页】对话框，设置图纸大小、比例、单位和投影方式等选项，如图 7.3 所示。单击确定按钮，创建图纸。

※ STEP 4　添加主视图。单击【图纸】工具栏中的按钮，弹出【基本视图】对话框，如图 7.4 所示。在视图的合适位置放置主视图，如图 7.5 所示。

图 7.3　【图纸页】对话框

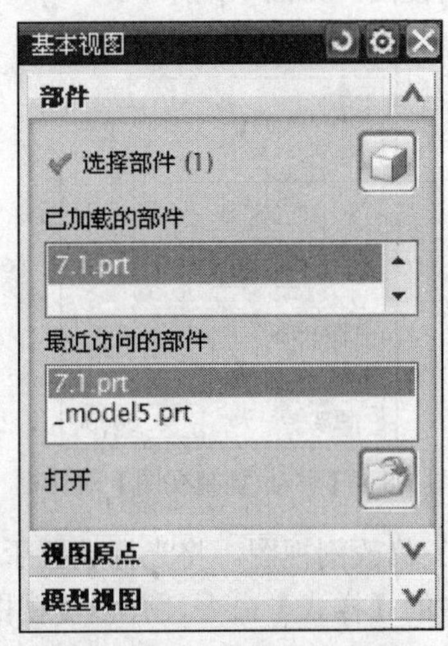

图 7.4　【基本视图】对话框

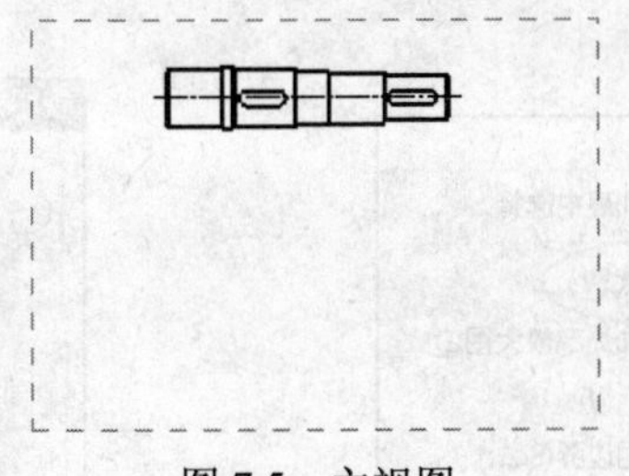

图 7.5　主视图

※ STEP 5　添加剖视图

（1）单击【图纸】工具栏中的按钮，弹出【剖视图】对话框，当选择父视图后，【剖视图】对话框会发生转变，如图 7.6 所示。

图 7.6　【剖视图】对话框

（2）添加左视图。在主视图左端键槽位置放置剖切线符号，在左视图的合适位置放置视图，如图 7.7 所示。

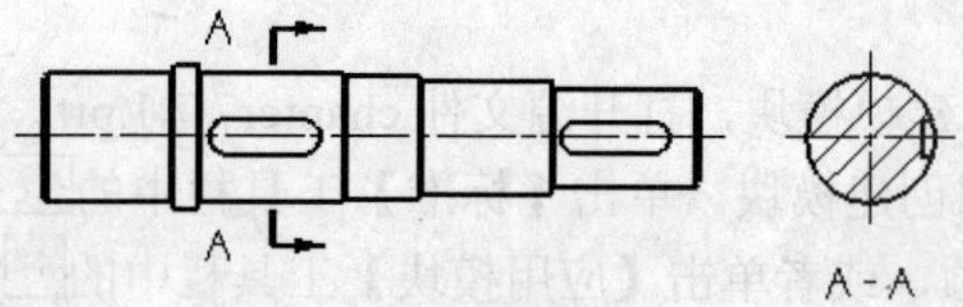

图 7.7 添加左视图

（3）移动视图。单击【图纸】工具栏中的按钮，弹出【移动/复制视图】对话框，如图 7.8 所示。根据提示选择左视图，单击按钮，对齐剖切线符号，在其下面合适的位置放置剖视图，如图 7.9 所示。

图 7.8 【移动/复制视图】对话框

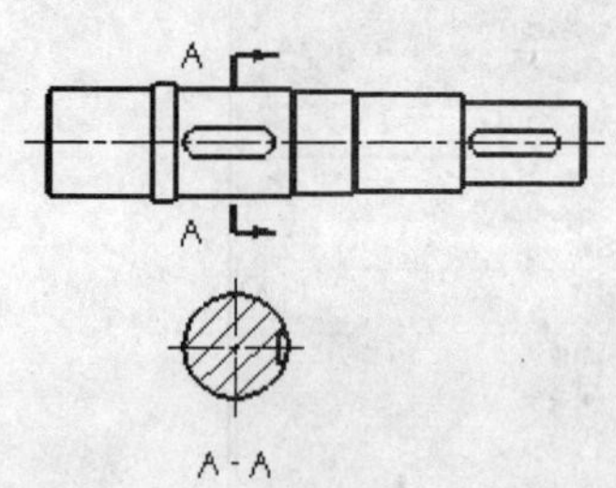

图 7.9 移动视图

（4）修改剖视图。将光标放置于剖视图附近右击，弹出快捷菜单，如图 7.10 所示。选择其中的【样式】命令，弹出【视图样式】对话框，打开【截面线】选项卡，取消选中【背景】复选框，如图 7.11 所示。单击确定按钮，则剖视图不显示背景投影线，效果如图 7.12 所示。

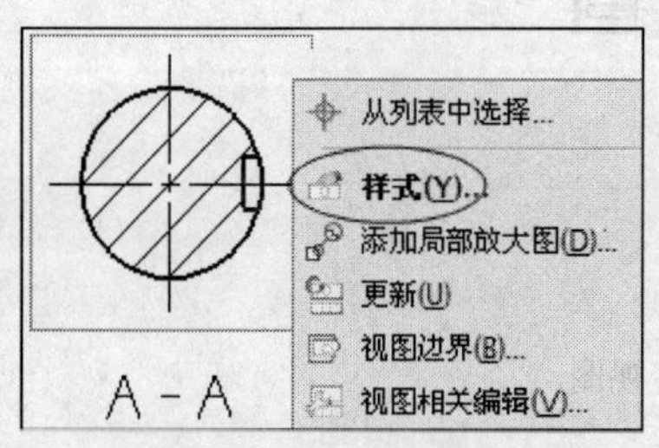

图 7.10 快捷菜单

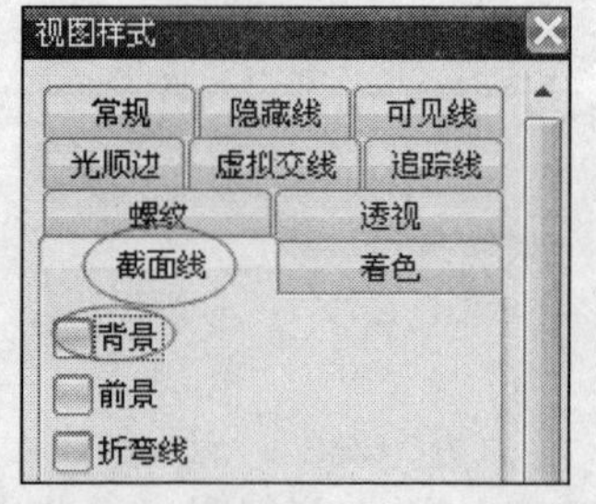

图 7.11 【视图样式】对话框

（5）采用步骤（1）～（4）的方法，创建主视图右端键槽的剖视图，效果如图 7.13 所示。

※ STEP 6 添加图框、标题栏。在菜单栏中选择【文件】/【导入】/【部件】命令，弹出【导入部件】对话框，单击确定按钮，转换为另一个【导入部件】对话框，如图 7.14 所示。选择其中的 A4.prt 文件，单击OK按钮，弹出【点】对话框，输入点的坐标为（0, 0），单击确定按钮，效果如图 7.15 所示。

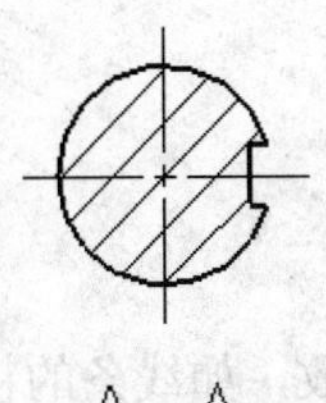

图 7.12　修改后的剖视图

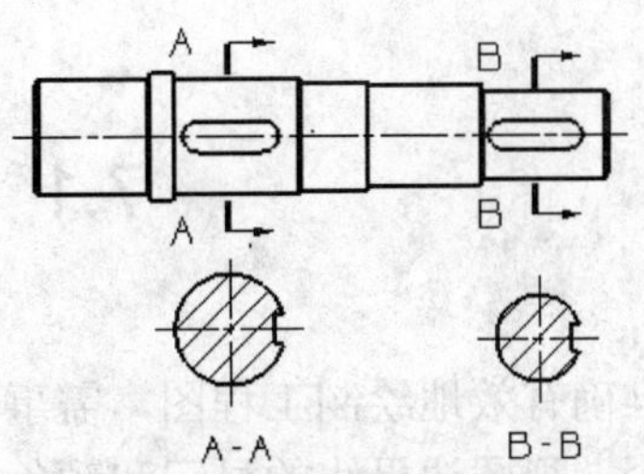

图 7.13　添加剖视图

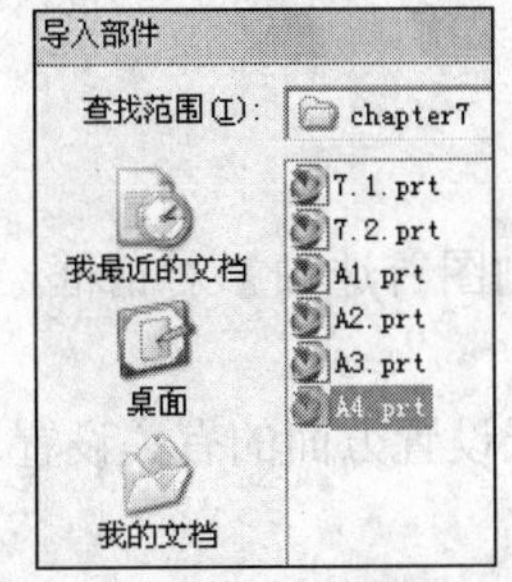

图 7.14　【导入部件】对话框

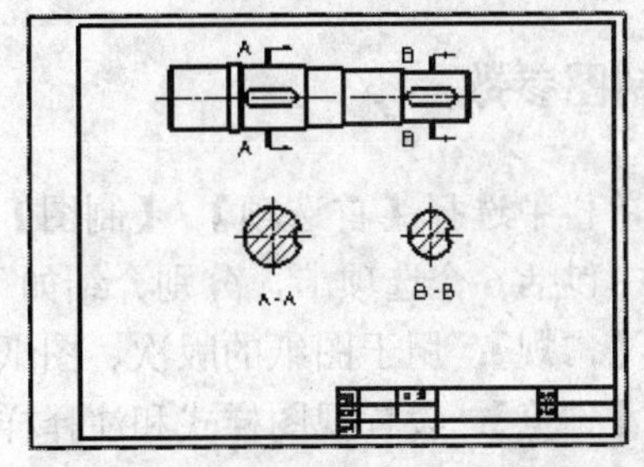

图 7.15　添加图框、标题栏

※ **STEP 7**　标注尺寸

（1）单击【尺寸】工具栏中的按钮，标注圆柱尺寸为 $\phi 52$、$\phi 58$，如图 7.16 所示。

（2）单击【尺寸】工具栏中的按钮，标注倒角尺寸为 C2，如图 7.16 所示。

（3）单击【尺寸】工具栏中的按钮，标注水平尺寸为 60、65、300，如图 7.17 所示。

（4）单击【尺寸】工具栏中的按钮，标注竖直尺寸为 14，如图 7.17 所示。

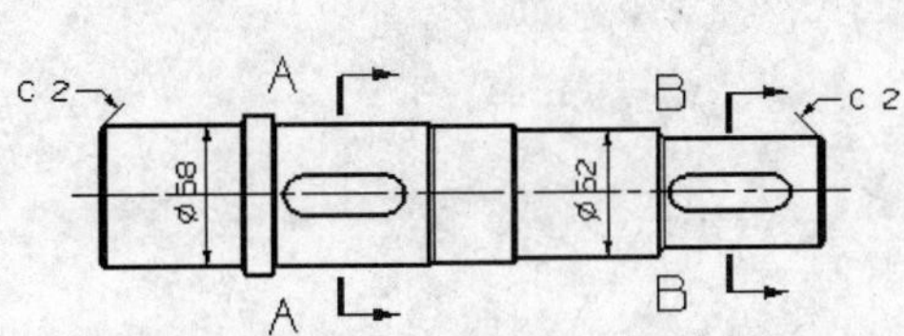

图 7.16　标注圆柱、倒角尺寸

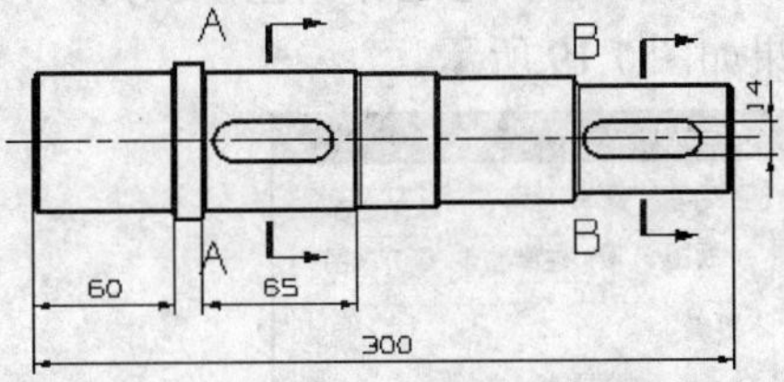

图 7.17　标注水平、竖直尺寸

（5）利用【尺寸】工具栏中的按钮，标注阶梯轴的全部尺寸，如图 7.2 所示。

※ **STEP 8**　在菜单栏选择【文件】/【另存为】命令，以文件名 7.2.prt 保存文件。

任务总结

利用添加基本视图、剖视图、移动/复制视图、修改剖视图--不显示背景投影线、标注尺寸等命令，创建阶梯轴工程图。

课堂训练

自己动手完成如图 7.2 所示的阶梯轴工程图。

7.1 参数预设置

为了准确有效地绘制工程图，需事先设置工程图的基本参数，如线条的粗细、隐藏线的显示与否、视图边界线的显示和颜色设置等。通过单击【首选项】菜单下的各命令可进行各项参数的设置。

7.1.1 制图参数

在菜单栏中选择【首选项】/【制图】命令，弹出【制图首选项】对话框，如图 7.18 所示。其中包括 6 个选项卡，分别介绍如下。

- 【常规】：用于图纸的版次、图纸工作流以及图纸设置方面的有关设置。
- 【预览】：设置视图样式和注释样式。
- 【图纸页】：设置图纸页的页号及编号。
- 【视图】：用于对视图的更新、边界和视觉有关的设置。
- 【注释】：可以设置当模型改变时是否删除相关的注释，可以利用线宽、线型和颜色来设置工程图对象的显示参数，以及删除模型改变前保留下来的相关对象。
- 【断开视图】：设置断开视图的断裂线。

在图 7.18 的【制图首选项】对话框中选择【视图】选项卡，利用【边界】选项组中的【显示边界】和【边界颜色】工具，可以控制是否显示视图边界和设置视图边界的颜色，效果如图 7.19 所示。

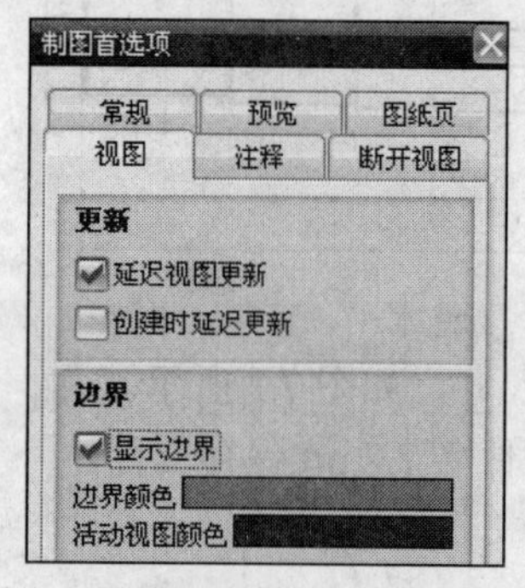

图 7.18 【制图首选项】对话框

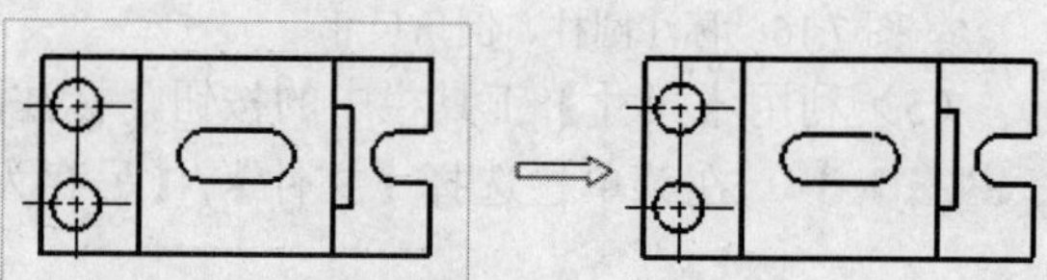

图 7.19 视图边界、颜色的选择和隐藏效果

7.1.2 注释参数

在菜单栏中选择【首选项】/【注释】命令，弹出【注释首选项】对话框，如图 7.20 所示。该对话框用于对尺寸、文字、符号、单位和填充/剖面线等参数进行设置。一般采用默认设置，或者根据具体情况稍作修改。

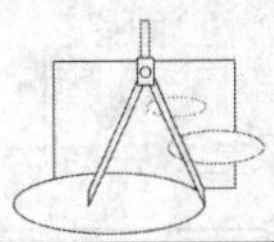

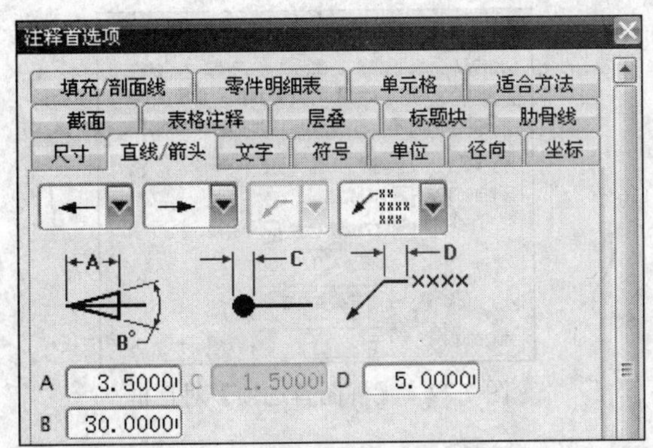

图 7.20　【注释首选项】对话框

7.1.3　剖切截面线参数

在菜单栏中选择【首选项】/【截面线】命令，弹出【截面线首选项】对话框，如图 7.21 所示。该对话框用于对剖切截面线的有关参数进行设置。一般采用默认设置，或者根据具体情况稍作修改。

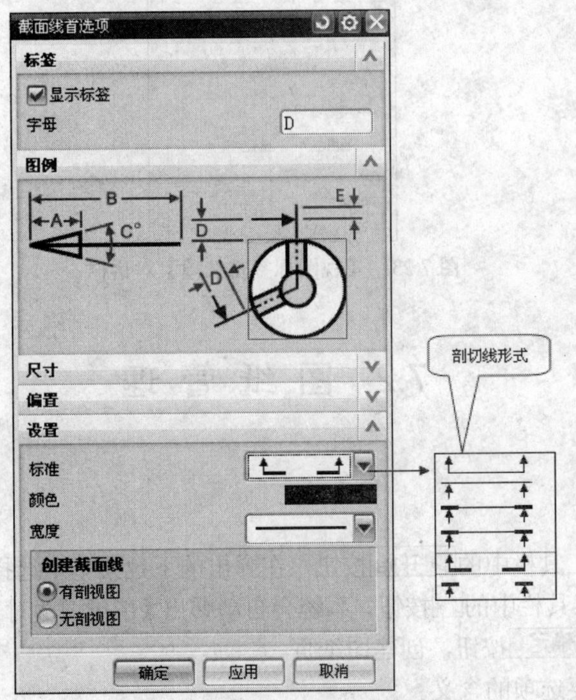

图 7.21　【截面线首选项】对话框

7.1.4　视图参数

在菜单栏中选择【首选项】/【视图】命令，弹出【视图首选项】对话框，如图 7.22 所示。该对话框用于对可见线、隐藏线、螺纹等有关参数进行设置。

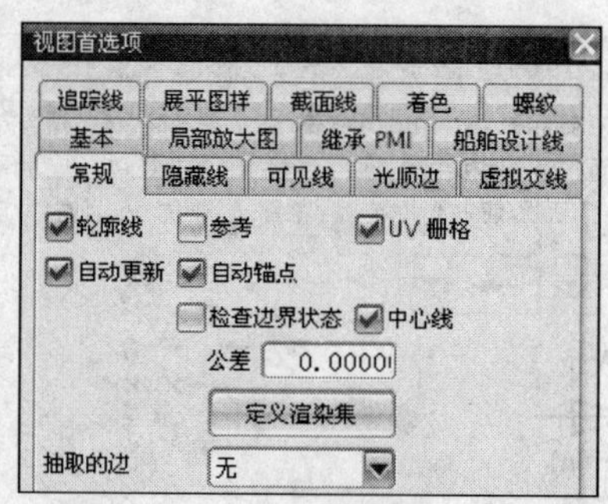

图 7.22 【视图首选项】对话框

7.1.5 视图标签参数

在菜单栏中选择【首选项】/【视图标签】命令，弹出【视图标签首选项】对话框，如图 7.23 所示。该对话框用于对视图标签的位置、字母格式、大小等有关参数进行设置。

图 7.23 【视图标签首选项】对话框

7.2 图 纸 管 理

7.2.1 创建图纸

单击【标准】工具栏中的开始按钮，在弹出的下拉菜单中选择【制图】选项，或者单击【应用模块】工具栏中的按钮，系统会自动弹出【图纸页】对话框，如图 7.24 所示。选取各选项，单击确定按钮，创建图纸页。

下面介绍各主要选项的含义。

- 【使用模板】：利用该选项，可以直接在对话框的【图纸页模板】列表框中选取所需的图纸名称，然后直接应用于当前的工程图模块中。
- 【标准尺寸】：利用该选项，可以在对话框的【大小】下拉列表中选取 A0～A4 这 5 种标准图纸中的任一种作为当前的工程图纸，并且可以对图纸的比例、名称、单位以及视图的投影视角进行所需的设置。

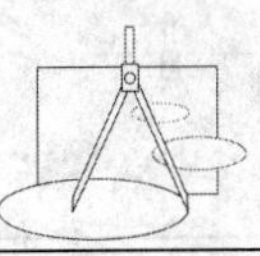

- 【定制尺寸】：利用该选项，可以自定义设置图纸的大小和比例。
- 【投影】：该选项用于设置视图的投影角度方式，包括第一象限角投影方式和第三象限角投影方式。

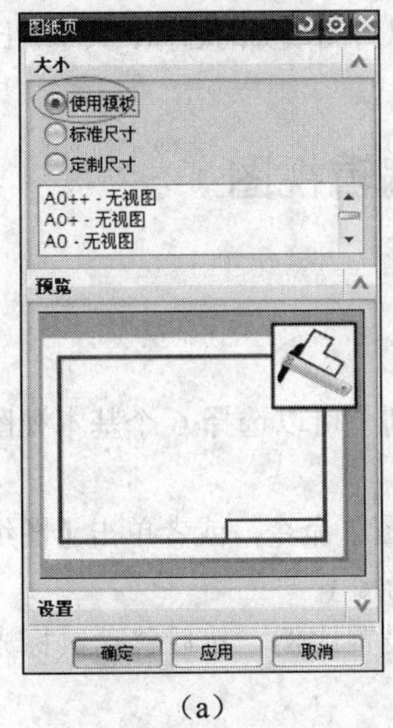

（a）

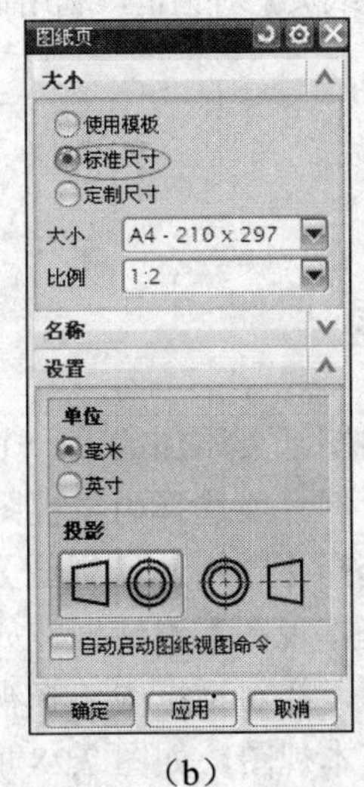

（b）

图 7.24　【图纸页】对话框

要点：按照我国的制图标准，一般应选择左边的第一象限角投影方式。

7.2.2　删除图纸

在图纸导航器中右击所要删除的图纸名称，弹出快捷菜单，选择其中的【删除】命令即可，如图 7.25 所示。如果要删除当前绘图工作区已打开的工程图，可在绘图区中将光标移动到该图纸的边线上右击，弹出快捷菜单，选择其中的【删除】命令，如图 7.26 所示。

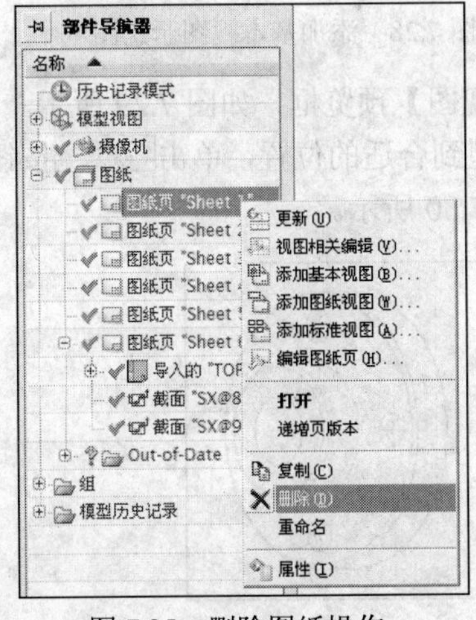

图 7.25　删除图纸操作

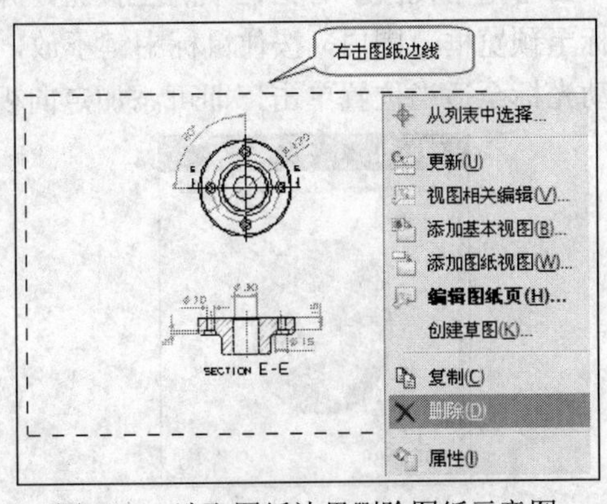

图 7.26　选取图纸边界删除图纸示意图

7.2.3 编辑图纸

选择图 7.26 中的【编辑图纸页】命令，可进行所选图纸页的编辑。选择该命令后，弹出如图 7.24 所示的【图纸页】对话框，利用该对话框可以对图纸页的名称、大小、比例等进行编辑。

7.3 添加和编辑视图

7.3.1 基本视图

基本视图是向图纸页添加的第一个视图，原则上可以选择 6 个基本视图当中的任意一个作为基本视图，但一般选择为主视图。

在菜单栏中选择【插入】/【视图】/【基本视图】命令，或者单击【图纸】工具栏中的按钮，弹出【基本视图】对话框，如图 7.27 所示。

建立主模型后，在对话框中选择视图方位，设置比例，然后移动鼠标光标到适当位置单击，完成添加基本视图，如图 7.28 所示。

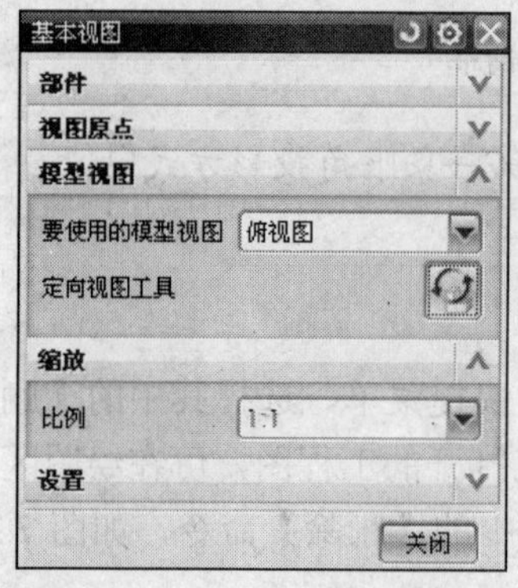

图 7.27 【基本视图】对话框

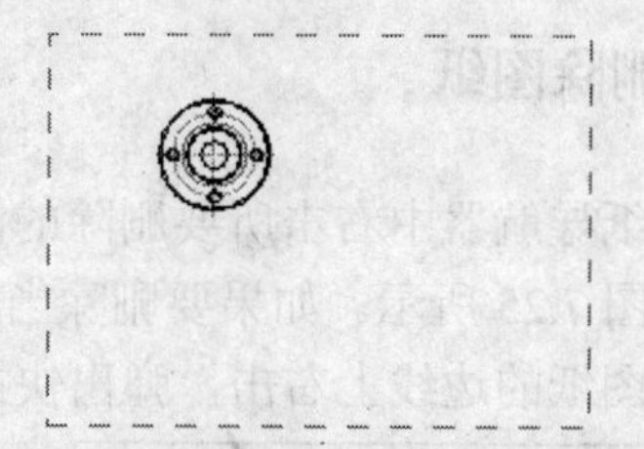

图 7.28 添加基本视图示意图

单击【基本视图】对话框中的按钮，弹出【定向视图】预览框，如图 7.29 所示。移动光标至预览框范围内，按住鼠标中键不放，旋转主模型到合适的位置，单击确定按钮。再移动光标至适当位置单击，即可添加定向视图，如图 7.30 所示。

图 7.29 【定向视图】预览框

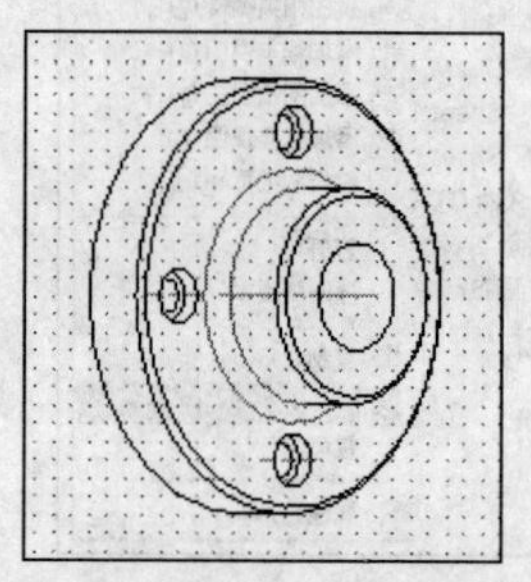

图 7.30 定向视图示意图

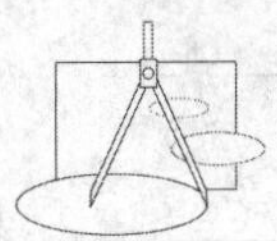

7.3.2 投影视图

在添加主视图后，系统会自动弹出【投影视图】对话框，如图7.31所示。在菜单栏中选择【插入】/【视图】/【投影视图】命令，或者单击【图纸】工具栏中的按钮，也可以打开此对话框。在放置视图的位置单击鼠标即可得到投影视图，可一次生成各个方向的视图和同时预览三维实体，如图7.32所示。

下面介绍各主要选项的含义。

- 【父视图】：系统默认自动选择上一步添加的视图为主视图来生成其他视图，但可以单击【选择视图】按钮选择相应的主视图。
- 【铰链线】：系统自动默认在主视图的中心位置出现一条折页线，同时可以拖动鼠标方向来改变折页线的法线方向，以此来判断并预览生成的视图。

图7.31 【投影视图】对话框

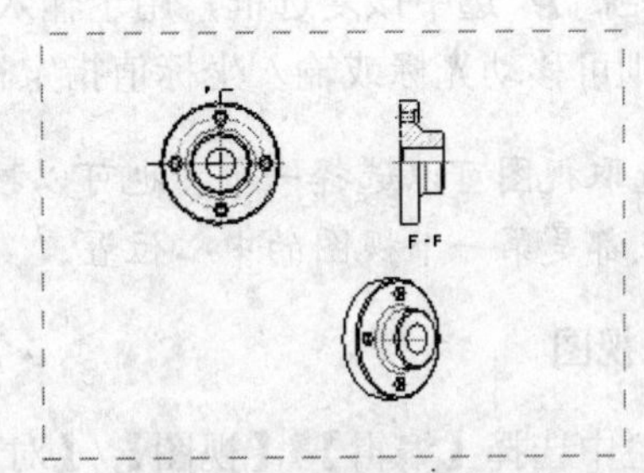

图7.32 【投影视图】示意图

7.3.3 从部件添加视图

在基本视图上添加的是所创建的主模型的投影视图，而部件添加视图则不需要将主模型加载到当前文件，可以直接在当前图纸页中添加任意部件的基本视图。单击图7.27中**部件**选项右侧的按钮，打开【基本视图】对话框，如图7.33所示。通过选取已加载的部件或单击按钮，进入如图7.34所示的【部件名】对话框，选择要添加视图的部件文件。

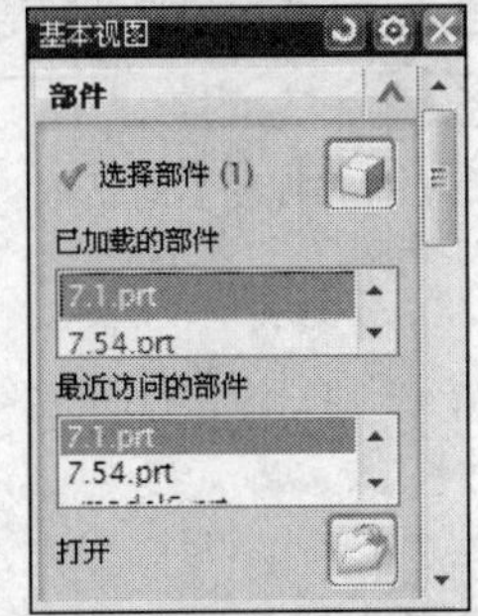

图7.33 【基本视图】对话框

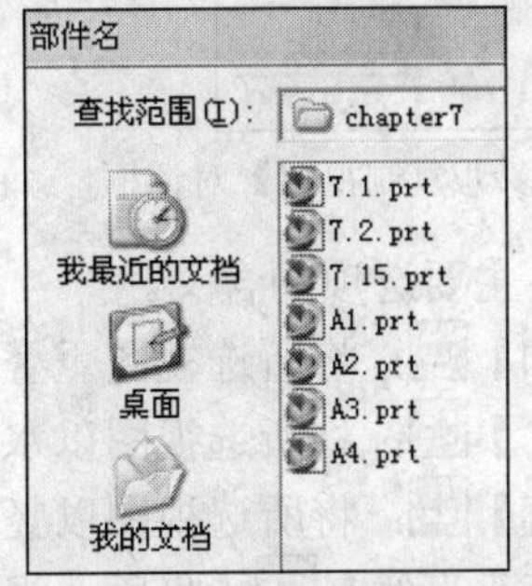

图7.34 【部件名】对话框

7.3.4　编辑视图

1. 移动/复制视图

在菜单栏中选择【编辑】/【视图】/【移动/复制视图】命令，或者单击【图纸】工具栏中的按钮，弹出【移动/复制视图】对话框，如图 7.35 所示。

下面介绍各主要选项的含义。

- 【至一点】：将所选视图移动或复制到某指定点，该点可用光标或坐标指定。
- 【水平】：将所选视图沿水平方向移动或复制到某一位置。
- 【竖直】：将所选视图沿竖直方向移动或复制到某一位置。
- 【垂直于直线】：将所选视图沿某一直线的垂直方向移动或复制到某一位置。
- 【至另一图纸】：将所选视图移动或复制到另一张图纸中。
- 【复制视图】：选中该复选框，用于复制视图，否则为移动视图。
- 【距离】：选中该复选框，用于输入移动或复制后的视图与原视图之间的距离值，否则可移动光标或输入坐标值指定视图位置。

要点：选取视图可以选择一个，也可以按 Ctrl 键选择多个。移动/复制视图时所定义的点都是第一个视图的中心位置。

2. 对齐视图

在菜单栏中选择【编辑】/【视图】/【对齐视图】命令，或者单击【图纸】工具栏中的按钮，弹出【对齐视图】对话框，如图 7.36 所示。

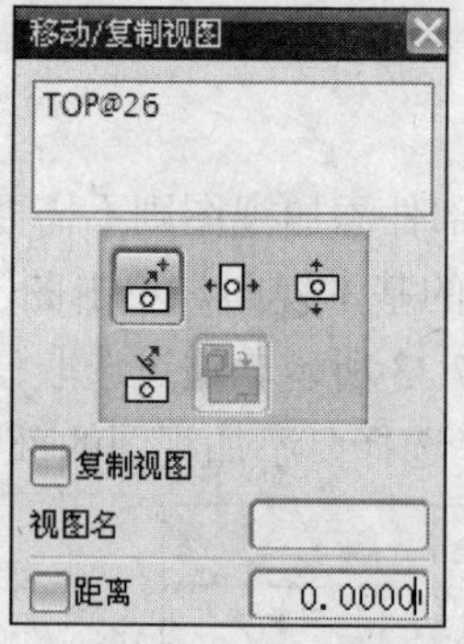

图 7.35　【移动/复制视图】对话框

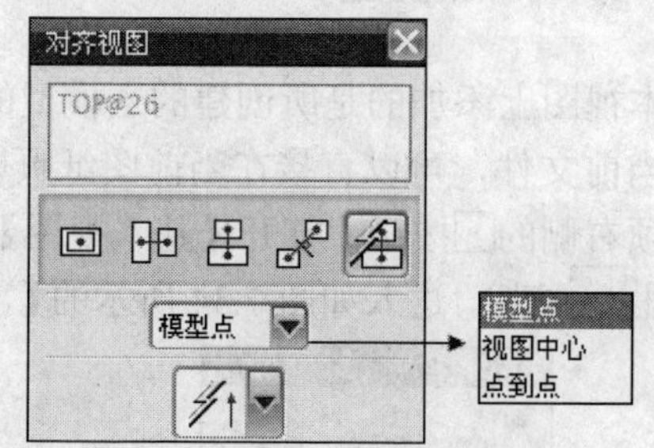

图 7.36　【对齐视图】对话框

下面介绍各主要选项的含义。

- 【叠加】：将所选视图重叠放置。
- 【水平】：将所选视图以水平方式对齐。
- 【竖直】：将所选视图以竖直方式对齐。
- 【垂直于直线】：将所选视图与一条指定的参考直线垂直对齐。
- 【自动判断】：自动判断所选视图可能的对齐方式。
- 【模型点】：选择模型上的点对齐视图。

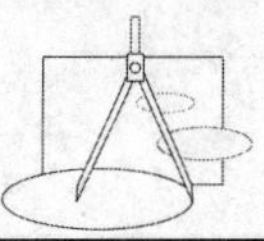

- 【视图中心】：选择视图中心对齐视图。
- 【点到点】：分别在不同的视图上选择点对齐视图。以第一个视图上的点作为固定点，其他视图上的点以某一对齐方式向固定点对齐。

3．编辑视图边界

在菜单栏中选择【编辑】/【视图】/【视图边界】命令，或者单击【图纸】工具栏中的按钮，或者直接在要编辑的视图边界上右击，在弹出的快捷菜单中选择【视图边界】命令，　弹出【视图边界】对话框，如图 7.37 所示。该对话框用于重新定义视图边界，可以缩小视图边界，只显示视图的某一部分，也可以放大视图边界，显示所有视图对象。缩小视图边界的示意图如图 7.38 所示。

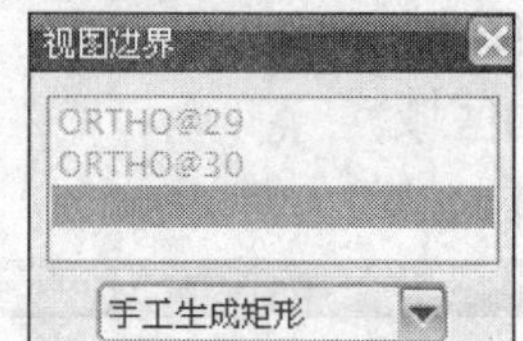

图 7.37　【视图边界】对话框

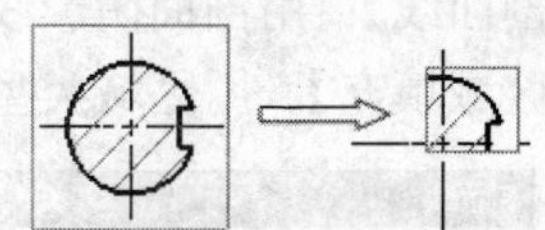

图 7.38　缩小视图边界的示意图

4．视图相关编辑

在菜单栏中选择【编辑】/【视图】/【视图相关编辑】命令，或者单击【制图编辑】工具栏中的按钮，弹出【视图相关编辑】对话框，如图 7.39 所示。

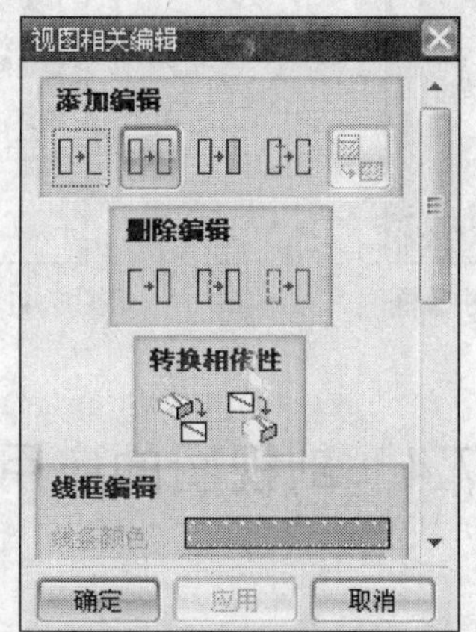

图 7.39　【视图相关编辑】对话框

下面介绍各主要选项的含义。

- 【擦除对象】：擦除选择的对象，如曲线、边等。擦除并不是删除，只是不可见，使用【删除擦除】命令可使对象重新显示。
- 【编辑整个对象】：编辑整个对象的显示方式，包括颜色、线型和线宽。
- 【编辑着色对象】：编辑着色对象的显示颜色。
- 【编辑对象段】：编辑部分对象的显示方式。
- 【编辑截面视图背景】：编辑剖视图背景线，在建立剖视图时，可以有选择地保留背景线，还可以增加新的背景线。

- 【删除擦除】：恢复被擦除的对象。
- 【删除部分修改】：恢复部分对象在原视图中的显示方式。
- 【删除全部修改】：恢复所有对象在原视图中的显示方式。
- 【模型转换到视图】：转换模型中单独存在的对象到指定视图中。
- 【视图转换到模型】：转换视图中单独存在的对象到模型中。

5. 定义剖面线和图案填充

单击【注释】工具栏中的按钮，弹出【剖面线】对话框，如图 7.40 所示。单击【注释】工具栏中的按钮，弹出【区域填充】对话框，如图 7.41 所示。这两个对话框用于在用户定义的边界内填充剖面线或区域，或在局部添加、修改剖面线。

- 【剖面线】：用剖面阴影线类型填充边界包含的区域。
- 【区域填充】：用区域类型填充边界包含的区域。

图 7.40 【剖面线】对话框

图 7.41 【区域填充】对话框

7.4 剖视图的应用

7.4.1 局部放大图

局部放大图的作用是为了显示在当前视图比例下无法清楚表达的细节部分。在菜单栏中选择【插入】/【视图】/【局部放大图】命令，或者单击【图纸】工具栏中的按钮，弹出【局部放大图】对话框，如图 7.42 所示。

局部放大图有以下两种类型。

- 【矩形】：用于指定视图的矩形边界。可以选择矩形中心点和边界点来定义矩形大小，也可拖动鼠标定义视图边界大小。
- 【圆形】：用于指定视图的圆形边界。可以选择圆形中心点和边界点来定义圆形大

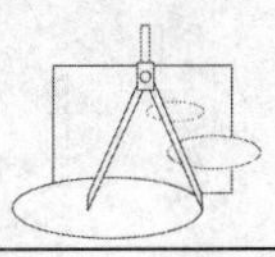

小，也可拖动鼠标定义视图边界大小。

如图 7.43 所示为局部放大图的示意图。

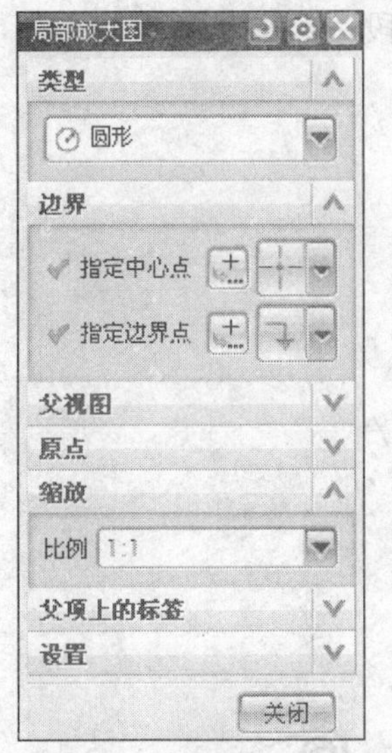

图 7.42　【局部放大图】 对话框

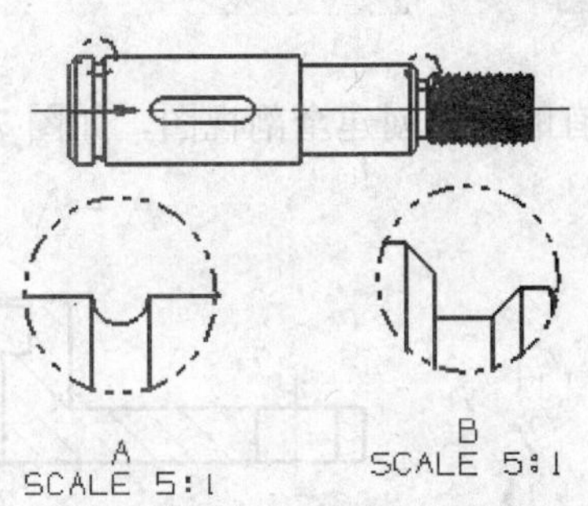

图 7.43　局部放大图的示意图

7.4.2　剖视图

剖视图主要用于表达零件的内部结构形状，利用该命令可以创建全剖视图和阶梯剖视图。在菜单栏中选择【插入】/【视图】/【剖视图】命令，或者单击【图纸】工具栏中的按钮，弹出【剖视图】对话框，如图 7.44 所示。当选择父视图后，【剖视图】对话框会发生转变，如图 7.45 所示。

图 7.44　【剖视图】对话框（1）

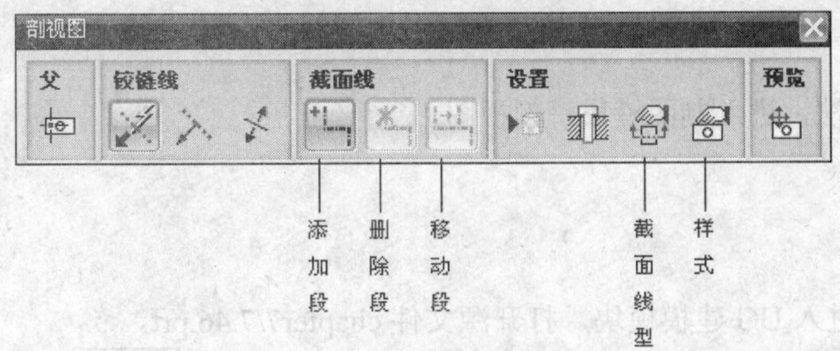

图 7.45　【剖视图】对话框（2）

图 7.45 中部分选项的含义如下。

- 【添加段】：用于添加剖切段和创建阶梯剖视图，不能添加弯边段和箭头段。

- 【删除段】：用于删除剖切段，不能删除弯边段和箭头段。该选项在创建了多个段时有效。
- 【移动段】：用于移动剖切段、弯边段和箭头段。
- 【截面线型】：用于设置剖切符号的样式。
- 【样式】：用于设置剖切截面线的样式。

任务 7-2　创建剖视图

根据已有的视图创建全剖视图，如图 7.46 所示。

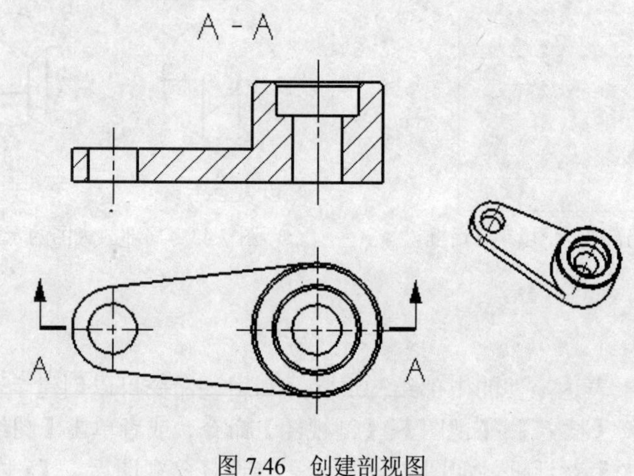

图 7.46　创建剖视图

任务分析

从模型结构形状看，前后对称，左右不对称，主视图采用全剖视图来表达比较合理。

相关知识

视图表达方法，进入制图模块，剖视图。

任务实施

※ STEP 1　进入 UG 建模模块，打开源文件 chapter7/7.46.prt。

※ STEP 2　进入制图创建模块。单击【标准】工具栏中的开始按钮，在弹出的下拉菜单中选择【制图】选项，或者单击【应用】工具栏中的按钮，进入制图模块。

※ STEP 3　单击【图纸】工具栏中的按钮，弹出如图 7.44 所示的【剖视图】对话框，选择父视图后，转变为如图 7.45 所示的【剖视图】对话框。

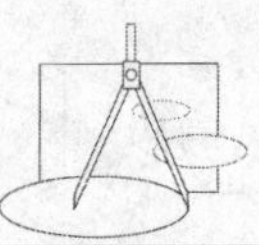

※ STEP 4　根据提示选取父视图对称中心线作为剖切位置，单击反向按钮使剖切线显示方向反向，以符合我国制图标准。移动光标到父视图上方适当位置，待出现对齐标记后单击，放置剖视图，如图 7.47 所示。创建的剖视图如图 7.48 所示。

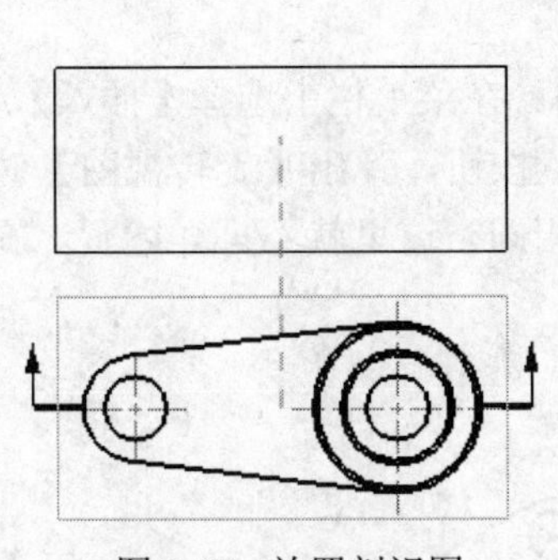

图 7.47　放置剖视图

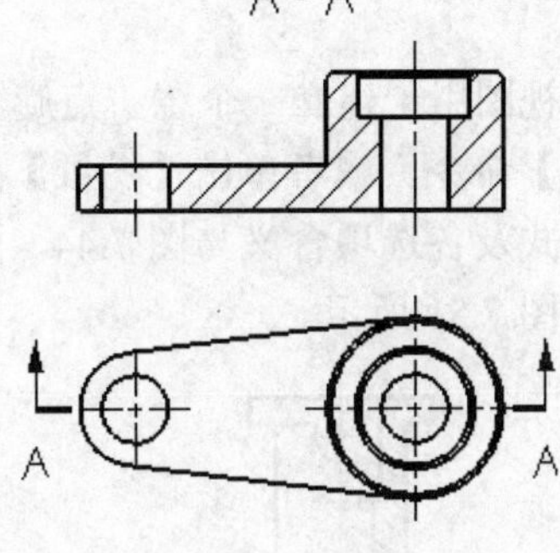

图 7.48　创建剖视图

任务总结

利用视图表达和剖视图相关知识，创建全剖视图。

课堂训练

根据已有的视图创建阶梯剖视图，如图 7.49 所示。

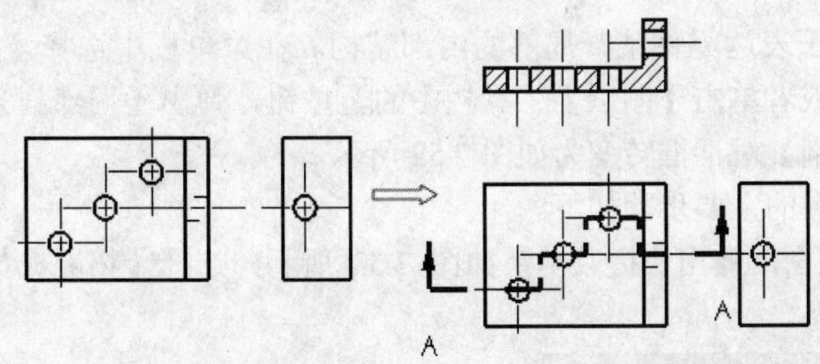

图 7.49　创建阶梯剖视图

知识拓展

由创建全剖视图的方法，推广到其他剖视图的应用。

7.4.3　半剖视图

半剖视图用于建立一个一半剖切、另一半不剖切的视图。在菜单栏中选择【插入】/【视图】/【半剖视图】命令，或者单击【图纸】工具栏中的按钮，弹出【半剖视图】对话框。

该对话框的形式及各选项含义与图 7.44、图 7.45 基本相同，这里就不再详述了。半剖视图的示意图如图 7.50 所示。

7.4.4　旋转剖视图

旋转剖视图用于建立一个绕一点旋转的剖切视图。在菜单栏中选择【插入】/【视图】/【旋转视图】命令，或者单击【图纸】工具栏中的按钮，弹出【旋转视图】对话框。该对话框的形式及各选项含义与图 7.44、图 7.45 基本相同，这里就不再详述了。旋转剖视图的示意图如图 7.51 所示。

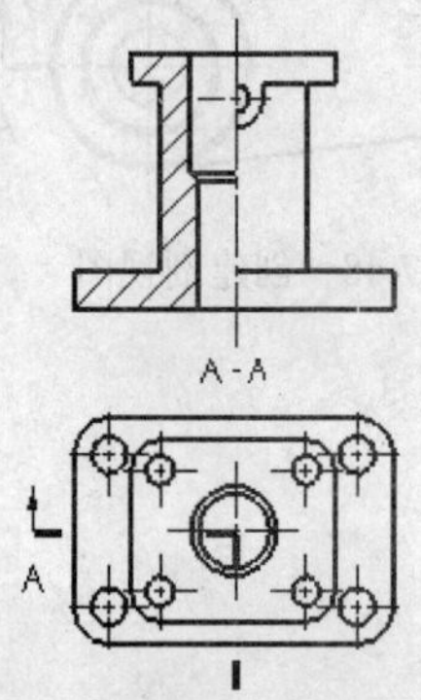

图 7.50　半剖视图的示意图

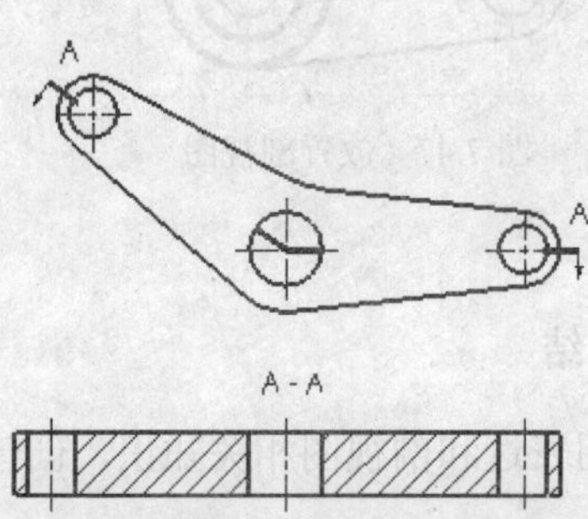

图 7.51　旋转剖视图的示意图

7.4.5　局部剖视图

局部剖视图用于表达零件某一局部的内部结构。在菜单栏中选择【插入】/【视图】/【局部剖】命令，或者单击【图纸】工具栏中的按钮，弹出【局部剖】对话框。当选择父视图后，【局部剖】对话框转变为如图 7.52 所示。

创建局部剖视图的主要步骤如下。

（1）右击主视图，弹出快捷菜单，如图 7.53 所示，选择【拓展成员视图】命令，进入扩展成员修改状态。

图 7.52　【局部剖】对话框

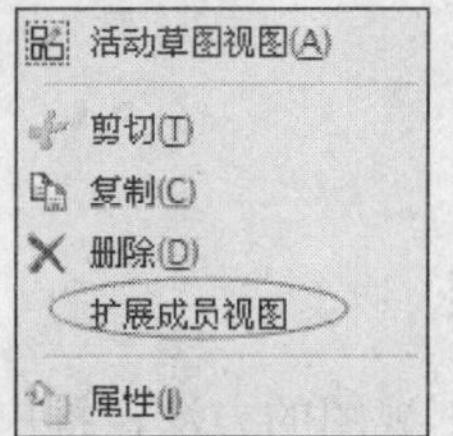

图 7.53　快捷菜单

（2）单击【曲线】工具栏中的按钮，在弹出的对话框中选中【封闭的】复选框，然后在轴的右端键槽位置绘制封闭的样条曲线，如图 7.54 所示。

（3）将鼠标移开视图范围右击，弹出快捷菜单，去掉【扩展】前面的【√】，返回到

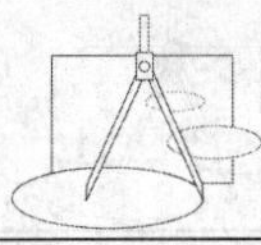

扩展前的状态。

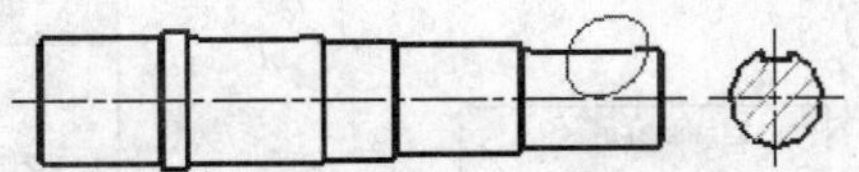

图 7.54　绘制封闭的样条曲线

（4）单击【图纸】工具栏中的按钮，弹出【局部剖】对话框。选择主视图，再选择剖面图的中心，此时出现箭头，表示剖开的方向。单击鼠标中键，选择封闭样条线，如图 7.55 所示。

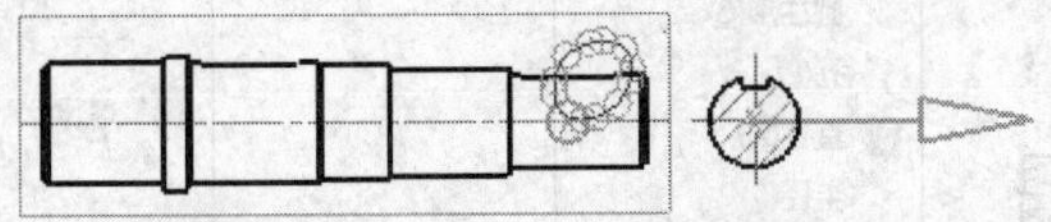

图 7.55　选择剖面图的中心及样条线

（5）单击确定按钮，效果如图 7.56 所示。

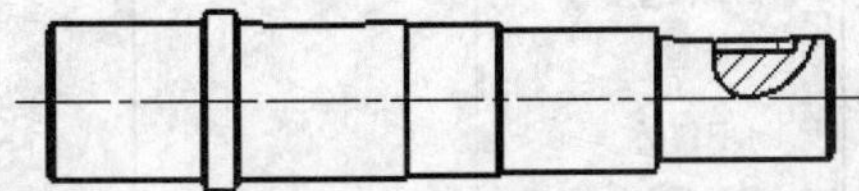

图 7.56　创建局部剖视图

技巧：在指定剖切位置时，如果选择不合适，可单击【移除上一个】按钮取消。

7.5　工程图标注

工程图的标注是反映零件尺寸、公差和技术要求等信息的重要方式，利用标注功能，可以在工程图上添加尺寸、形位公差、制图符号和文本注释等有关内容。

7.5.1　尺寸标注

1. 尺寸标注方法

（1）在菜单栏中选择【插入】/【尺寸】命令，弹出的子菜单如图 7.57 所示。

（2）【尺寸】工具栏如图 7.58 所示。

2. 【标注】工具栏

选择任何一种尺寸标注类型，都会弹出一个基本相同的【标注】工具栏，如图 7.59 所示。下面介绍该工具栏中部分选项的含义。

- 【公差选项】1.00：用于设置尺寸标注的公差类型。可以从其下拉列表中选择所需的公差类型。
- 【精度选项】1：用于设置尺寸数值的小数位数。可以从其下拉列表中选择所需的精度。

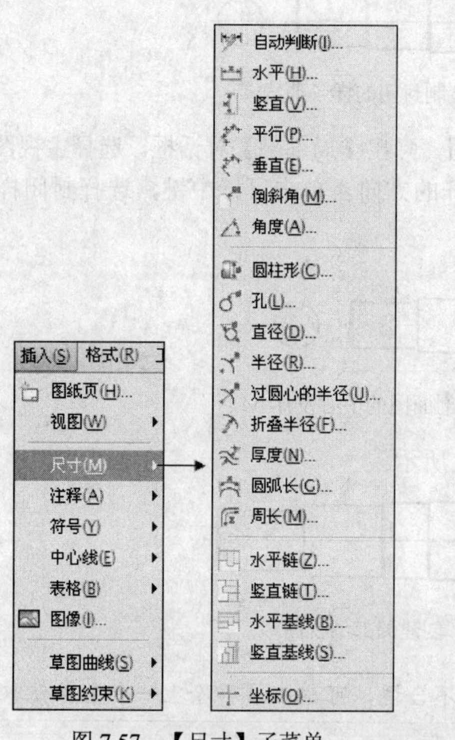

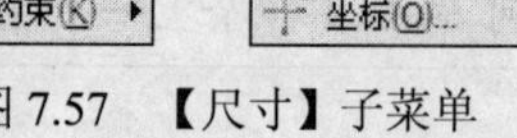
图 7.57　【尺寸】子菜单

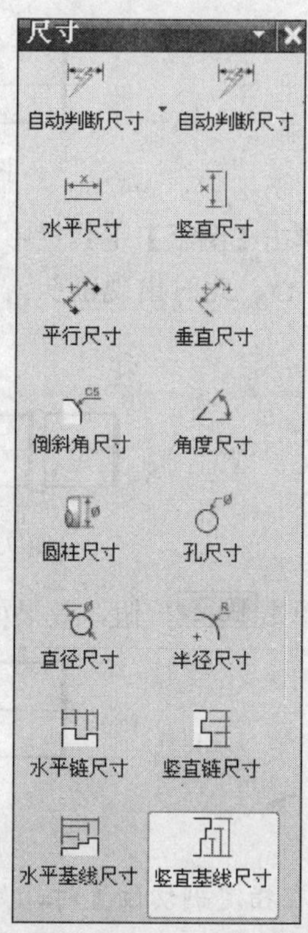

图 7.58　【尺寸】工具栏

图 7.59　【标注】工具栏

- 【文本编辑器】：单击该按钮，弹出【文本编辑器】对话框，如图 7.60 所示。用于设置文本的放置方式、字体大小、类型和形位公差符号等。
- 【重置】：用于将各选项还原为默认值。
- 【驱动】：用于驱动尺寸标注。
- 【尺寸样式】：单击该按钮，弹出【尺寸标注样式】对话框，如图 7.61 所示。
  - 【尺寸】：用于设置在尺寸标注中各种类型的尺寸位置、精度、公差和倒角的标注方式。
  - 【直线/箭头】：用于详细设置各种类型的箭头、引出线的类型、颜色、长短和位置等。
  - 【文字】：用于设置标注中的文字位置、对齐方式、大小、颜色、控制尺寸字母以及数字之间、尺寸线之间、尺寸与尺寸线之间的距离等。
  - 【单位】：用于控制尺寸的单位和角度、双精度等尺寸标注的格式和精度。
  - 【层叠】：用于设置尺寸公差的放置和间距大小。

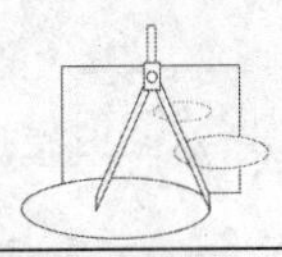

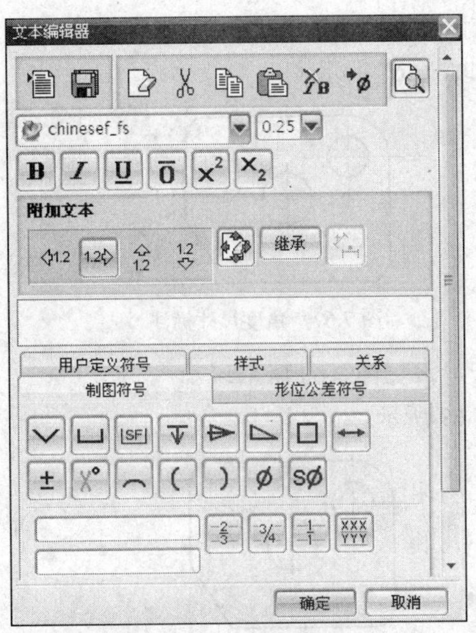

图 7.60　【文本编辑器】对话框

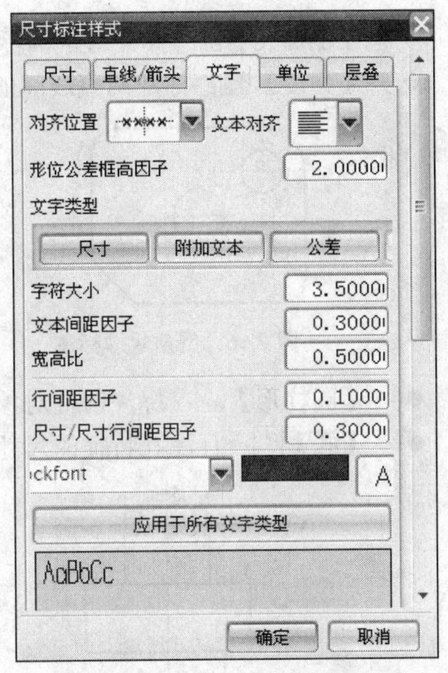

图 7.61　【尺寸标注样式】对话框

3. 各种标注类型的用法

【尺寸】子菜单中各命令的含义如下。

- 【自动判断】：系统自动根据情况判断可能标注的尺寸类型。
- 【水平】：标注所选对象间的水平尺寸，如图 7.62 所示。
- 【竖直】：标注所选对象间的竖直尺寸，如图 7.63 所示。

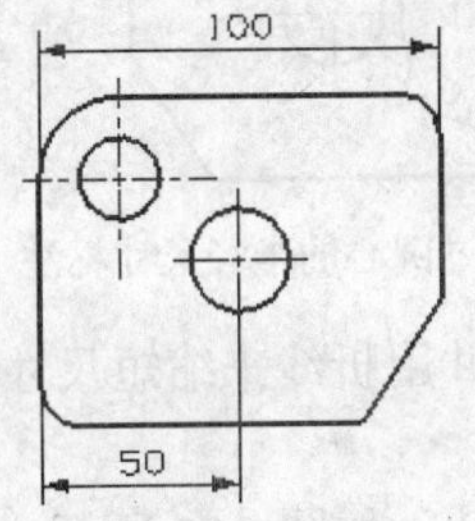

图 7.62　水平尺寸标注

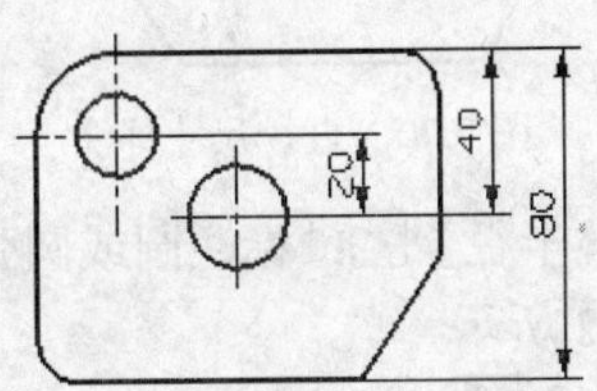

图 7.63　竖直尺寸标注

- 【平行】：标注对象间的平行尺寸，如图 7.64 所示。
- 【垂直】：标注点到直线（或中心线）的垂直尺寸，如图 7.65 所示。

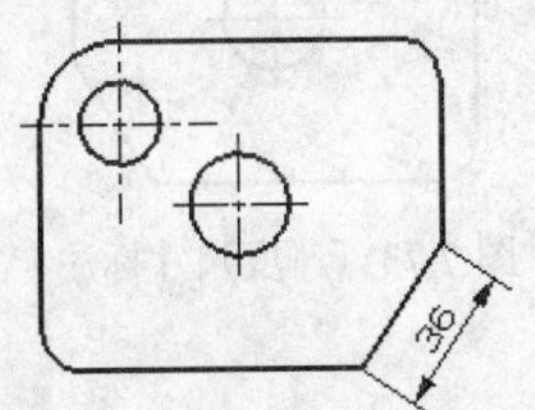

图 7.64　平行尺寸标注

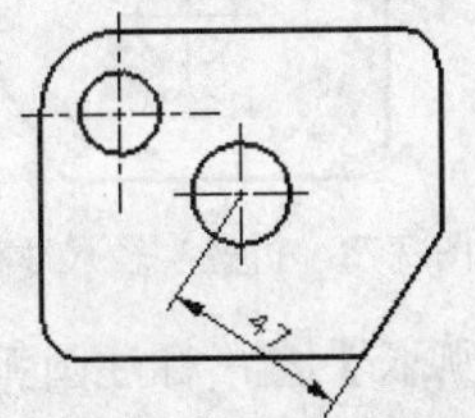

图 7.65　垂直尺寸标注

- 【倒斜角】：标注对于国标的 45° 倒角的标注，如图 7.66 所示。
- 【角度】：标注两直线间的角度，如图 7.67 所示。

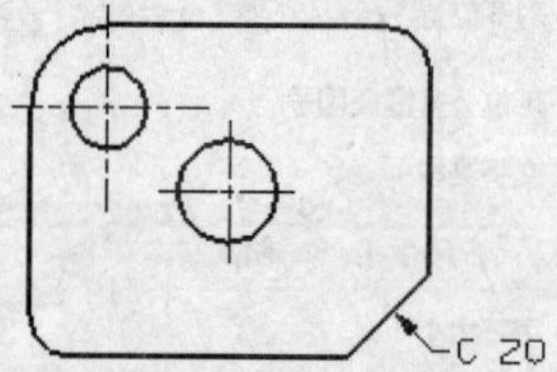

图 7.66 倒角尺寸标注

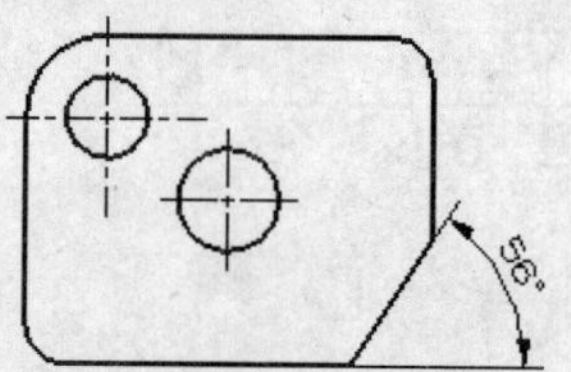

图 7.67 角度尺寸标注

- 【圆柱形】：标注圆柱对象的直径尺寸，如图 7.68 所示。
- 【孔】：标注孔特征的尺寸，如图 7.69 所示。

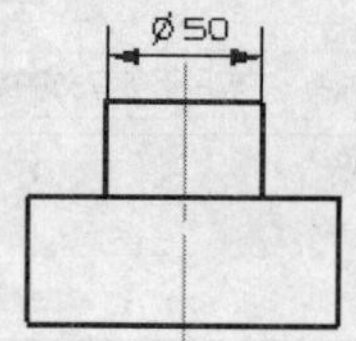

图 7.68 圆柱尺寸标注

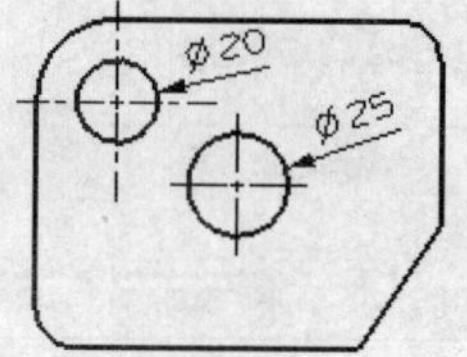

图 7.69 孔尺寸标注

- 【直径】：标注圆或圆弧的直径尺寸，如图 7.70 所示。
- 【半径】：标注圆或圆弧的半径尺寸。
- 【过圆心的半径】：标注圆或圆弧的半径尺寸，并标注过圆心，如图 7.71 所示。

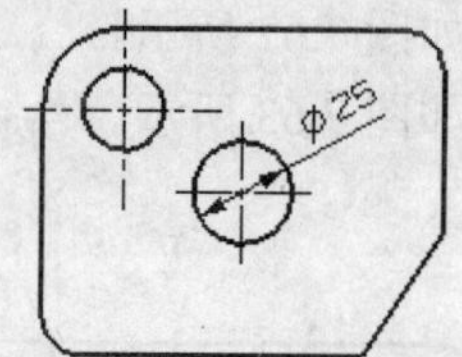

图 7.70 直径尺寸标注

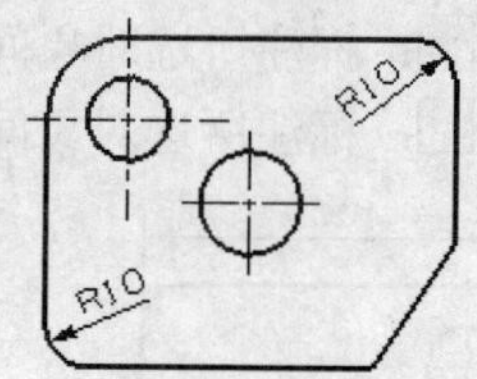

图 7.71 过圆心的半径尺寸标注

- 【折叠半径】：标注圆或圆弧的半径尺寸，并用折线来缩短尺寸线的长度，如图 7.72 所示。
- 【厚度】：标注等间距两对象之间的距离尺寸，如图 7.73 所示。

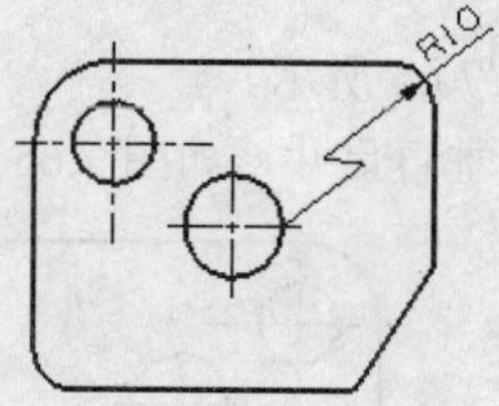

图 7.72 折叠半径尺寸标注

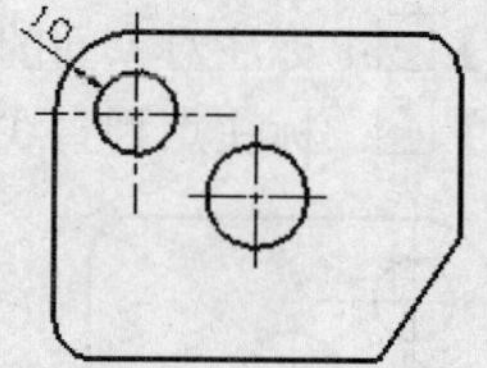

图 7.73 厚度尺寸标注

- 【圆弧长】：标注圆弧的弧长尺寸。
- 【周长】：控制选定直线或圆弧的整体长度。

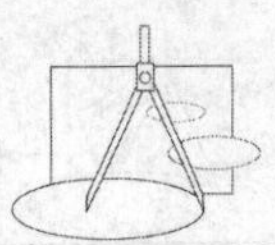

- 【水平链】：连续标注多个首尾相连的水平尺寸，如图 7.74 所示。
- 【竖直链】：连续标注多个首尾相连的竖直尺寸，如图 7.75 所示。

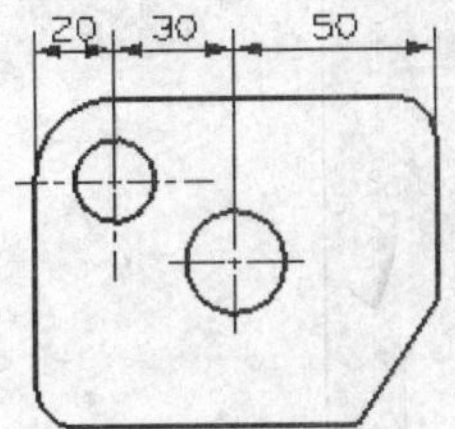

图 7.74　水平链尺寸标注

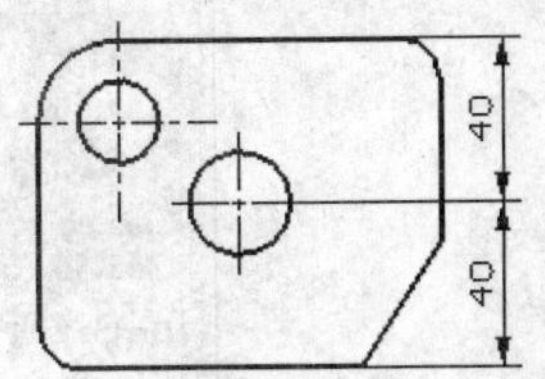

图 7.75　竖直链尺寸标注

- 【水平基线】：以一条基线为基准连续标注一组水平尺寸，如图 7.76 所示。
- 【竖直基线】：以一条基线为基准连续标注一组竖直尺寸，如图 7.77 所示。

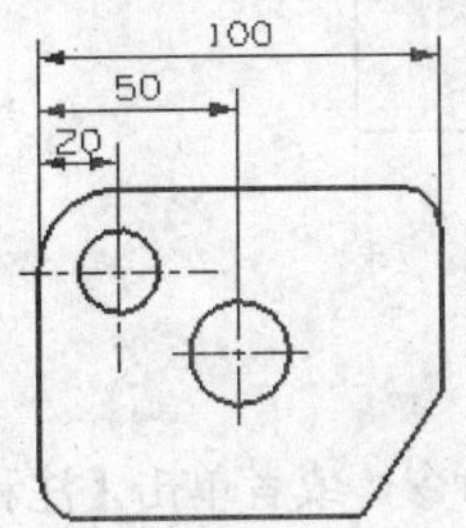

图 7.76　水平基线尺寸标注

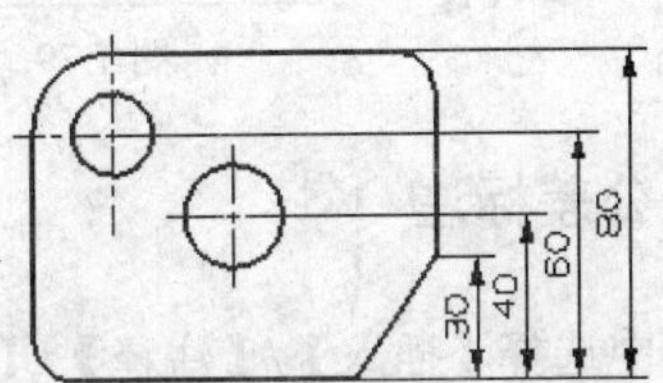

图 7.77　竖直基线尺寸标注

- 【坐标】：用于修改尺寸的放置位置，如图 7.78 所示。

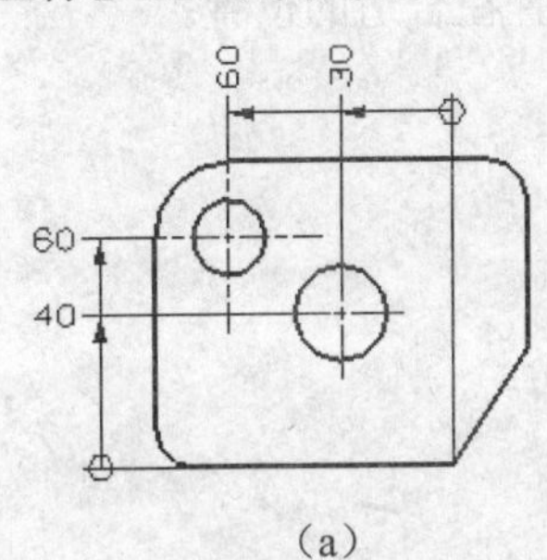

(a)

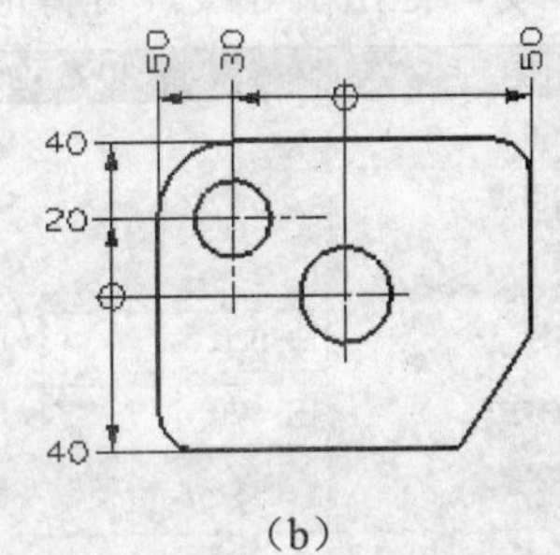

(b)

图 7.78　坐标尺寸标注

7.5.2　文本注释标注

文本注释是工程图的重要内容。单击【注释】工具栏中的按钮，弹出【注释】对话框，如图 7.79 所示。在该对话框中，可以直接创建和编辑文本，也可以利用【类别】下拉列表中的制图、形位公差等选项创建制图符号和形状位置公差符号等。详细用法将在后面的任务 7-3 中介绍。

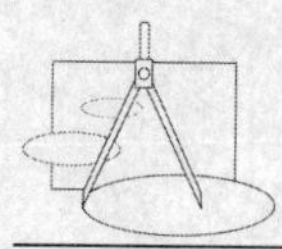

图 7.79 【注释】对话框

7.5.3 形位公差标注

在菜单栏中选择【插入】/【注释】/【特征控制框】命令，或者单击【注释】工具栏中的按钮，弹出【特征控制框】对话框，如图7.80所示。在对话框相关的栏目选择符号、代号和公差值，便可形成所需要的形位公差符号，如图7.81所示。选择要标注的图形，按住鼠标左键拖动，拖出引导线，可将形位公差符号放置在合适的位置。

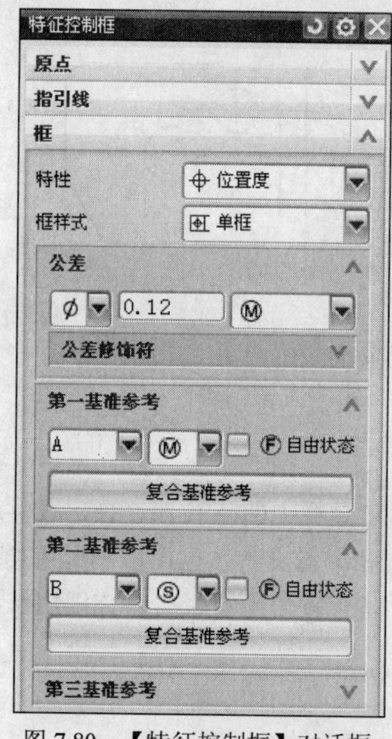

图 7.80 【特征控制框】对话框

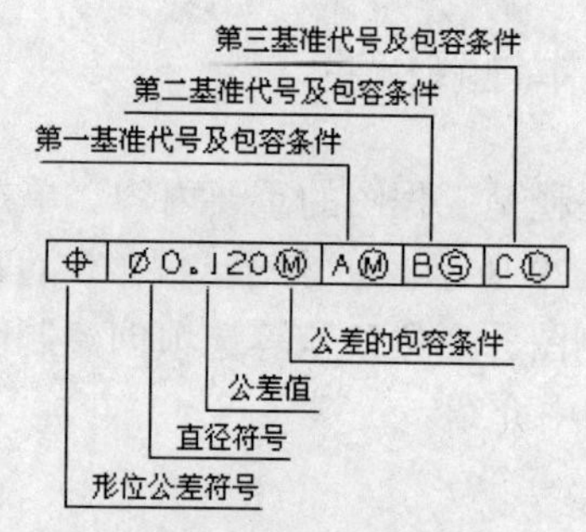

图 7.81 形位公差符号

7.5.4　中心线标注

在菜单栏中选择【插入】/【中心线】命令，或单击如图 7.82 所示的【中心线】工具栏中的相应按钮，创建圆、圆柱、长方体的中心线等。

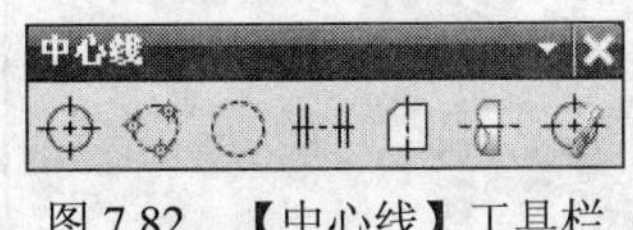

图 7.82　【中心线】工具栏

下面介绍该工具栏中各个选项的含义。

- 【直线中心线】：在选取的点或圆弧上插入中心线。
- 【螺栓圆中心线】：为圆周分布的螺纹孔或控制点插入带孔标记的环形中心线。
- 【圆形中心线】：在沿圆周分布的对象上产生环形中心线。
- 【对称中心线】：在选取的对象上产生对称中心线。
- 【长方体中心线】：在长方体对象上创建中心线。
- 【圆柱中心线】：在选取的对象上产生圆柱中心线。
- 【自动中心线】：根据所选对象的类型，由系统自动判断中心线类型。

7.5.5　添加图框、标题栏

绘制一张完整的工程图，图框是必不可少的。将图框绘制成图样文件，在需要时可以随时调用，就会方便很多。

添加图框的主要步骤如下。

1. 创建标题栏图样

在制图模块中，利用直线、矩形和注释等命令创建标题栏，如图 7.83 所示。在菜单栏中选择【文件】/【选项】/【保存选项】命令，弹出【保存选项】对话框，再选择【仅图样数据】选项，单击确定按钮，关闭对话框。

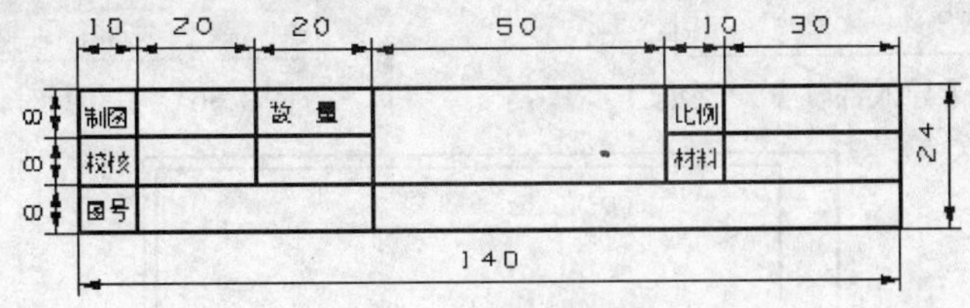

图 7.83　创建标题栏

2. 创建图框图样

国家标准规定的图纸规格有 5 种：A4-210×297、A3-297×420、A2-420×594、A1-594×841、A0-841×1189。这里以 A4 图纸为例，创建图框如图 7.84 所示。在菜单栏中选择【文件】/【选项】/【保存选项】命令，弹出【保存选项】对话框，再选择【仅图样数据】选项，单击确定按钮，关闭对话框。

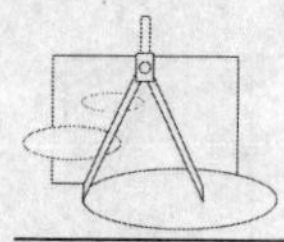

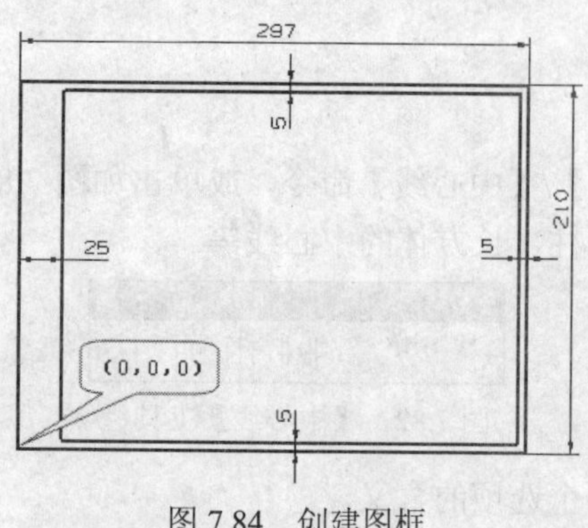

图 7.84　创建图框

3. 调用图样

在菜单栏中选择【文件】/【导入】/【部件】命令，弹出【导入部件】对话框，单击 确定 按钮，转换为另一个【导入部件】对话框，如图 7.85 所示。选择其中的 7.83.prt 文件，单击 OK 按钮，弹出如图 7.86 所示的【点】对话框，输入调用点的坐标（152，5），单击 确定 按钮，效果如图 7.87 所示。在菜单栏中选择【文件】/【另存为】命令，以文件名 A4.prt 保存文件。

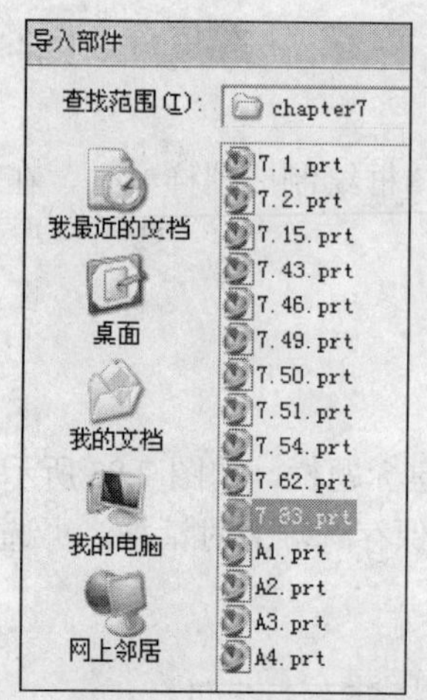

图 7.85　【导入部件】对话框

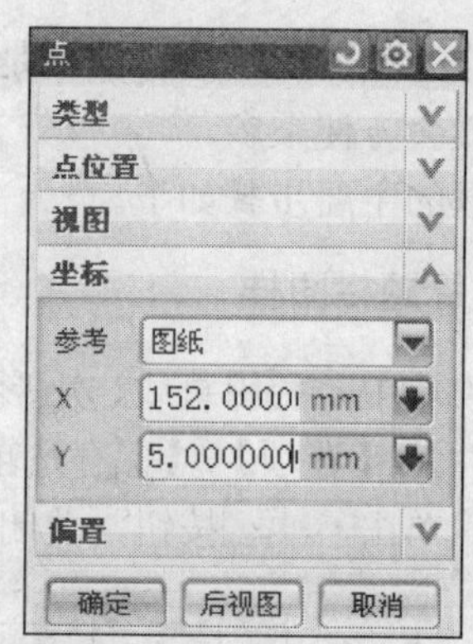

图 7.86　【点】对话框

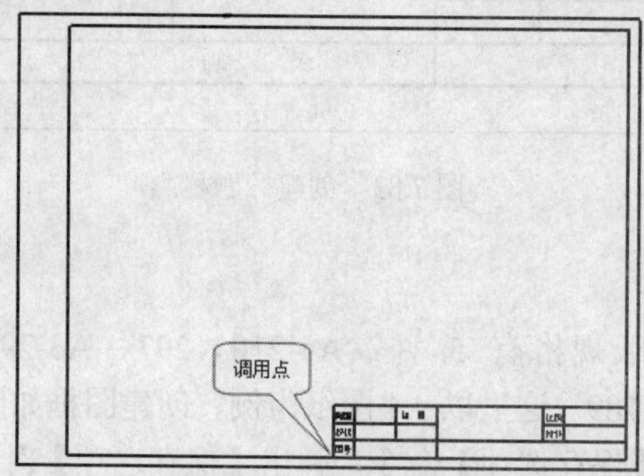

图 7.87　调用标题栏

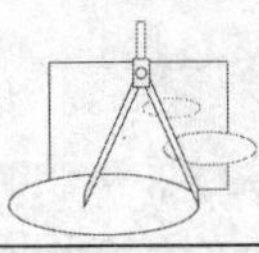

4．添加图框、标题栏

（1）新建图纸。进入制图模块，弹出如图 7.24 所示的【图纸页】对话框，图纸大小选择为 A4-210×297，其他为默认设置，单击确定按钮，效果如图 7.88 所示。

（2）用与前面“3. 调用图样”相同的方法，将图 7.87 的图框和标题栏添加到新建图纸页中，输入调用点的坐标（0，0，0），效果如图 7.89 所示。

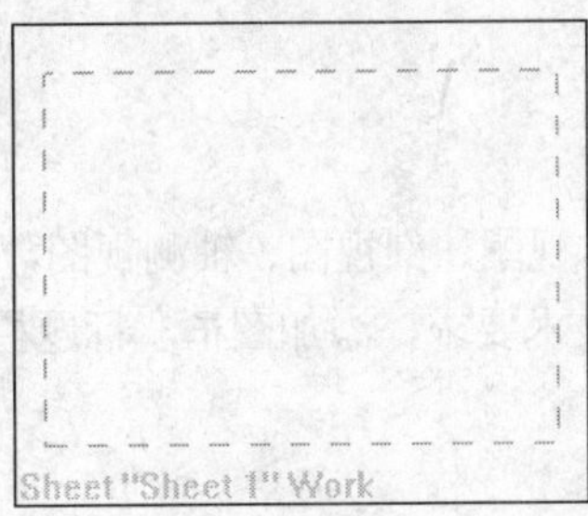

图 7.88　新建图纸

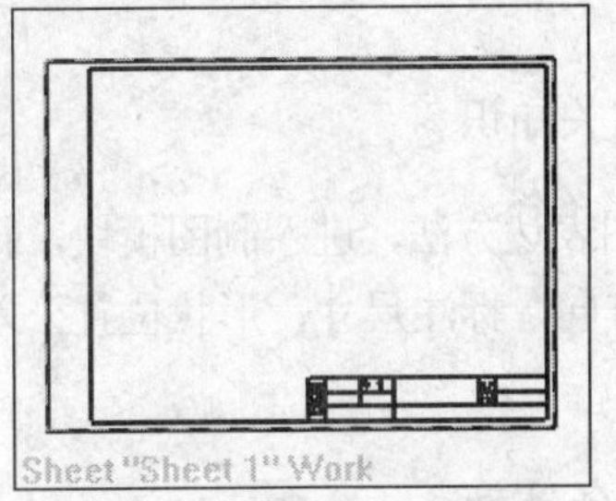

图 7.89　添加图框、标题栏

7.6　创建管接头工程图

任务 7-3　创建管接头工程图

根据如图 7.90 所示的管接头的三维模型，创建如图 7.91 所示的工程图。

图 7.90　管接头模型

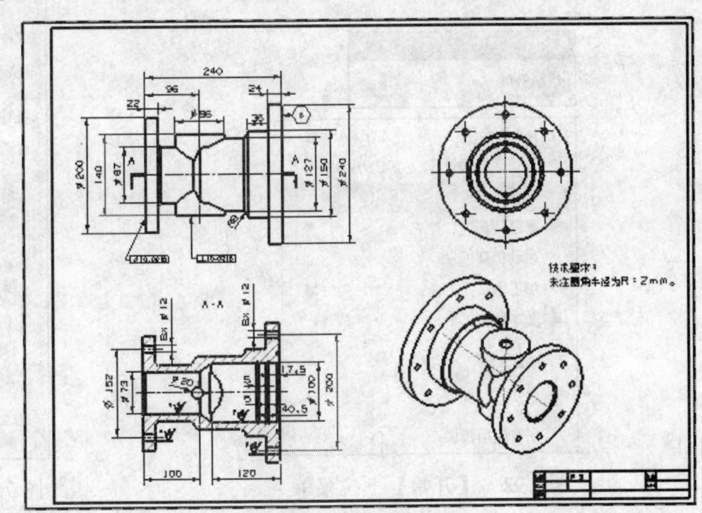

图 7.91　管接头工程图

任务分析

从管接头三维模型看，采用三个基本视图可以将其外部结构形状表达清楚，同时俯视图采用全剖视可以表达其内部结构形状。

相关知识

视图表达方法，进入制图模块，新建图纸，添加基本视图、剖视图、轴测视图，旋转预览视图的方向，标注尺寸、形状位置公差、表面粗糙度和技术要求，添加图框、标题栏等。

任务实施

※ STEP 1 进入 UG 建模模块，打开源文件 chapter7/7.90.prt。

※ STEP 2 进入制图模块，创建新图纸页。单击【标准】工具栏中的开始按钮，在弹出的下拉菜单中选择【制图】选项，如图 7.92 所示，系统会自动弹出【图纸页】对话框。选择图纸【大小】为 A2-420×594、【比例】为 1:2、【单位】为毫米，并在【投影】选项组中选择【第一象限角投影方式】选项，如图 7.93 所示。单击确定按钮，创建图纸页。

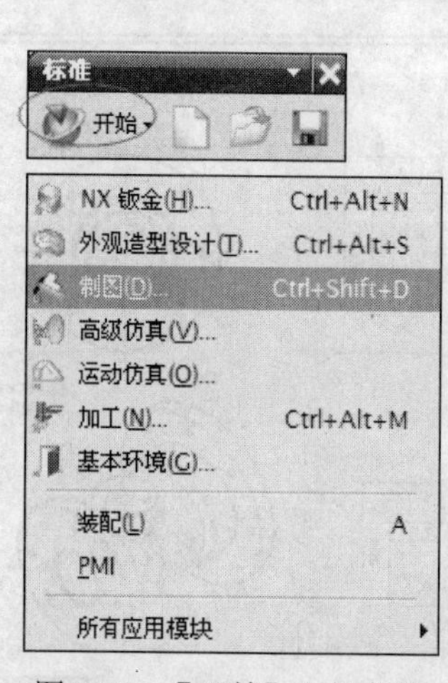

图 7.92 【开始】下拉菜单

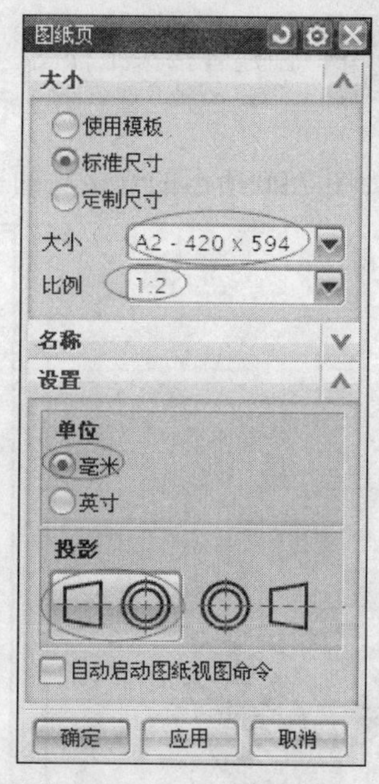

图 7.93 【图纸页】对话框

※ STEP 3 添加主视图

（1）单击【图纸】工具栏中的按钮，系统会自动弹出【基本视图】对话框，如图 7.4 所示。同时会出现主视图预览图，如图 7.94 所示。

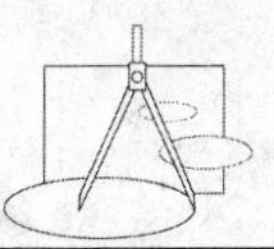

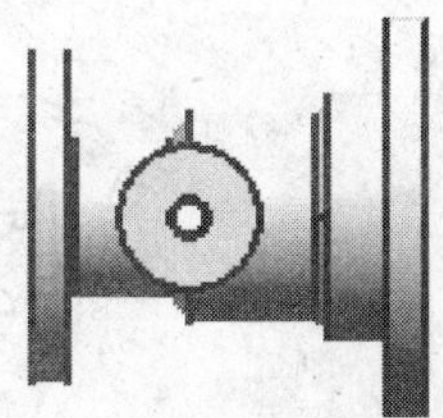

图 7.94　预览视图

（2）旋转预览视图的方向。单击【基本视图】对话框中的按钮，同时弹出如图 7.95 所示的【定向视图】对话框和如图 7.96 所示的【定向视图工具】对话框，在【定向视图】窗口中单击 X 轴，出现 X 轴箭头，表示以 X 轴为旋转轴，并在角度文本框输入 90，按 Enter 键，则视图方向旋转 90°。单击 确定 按钮，关闭对话框。移动鼠标在图纸合适的位置单击，创建主视图，如图 7.97 所示。

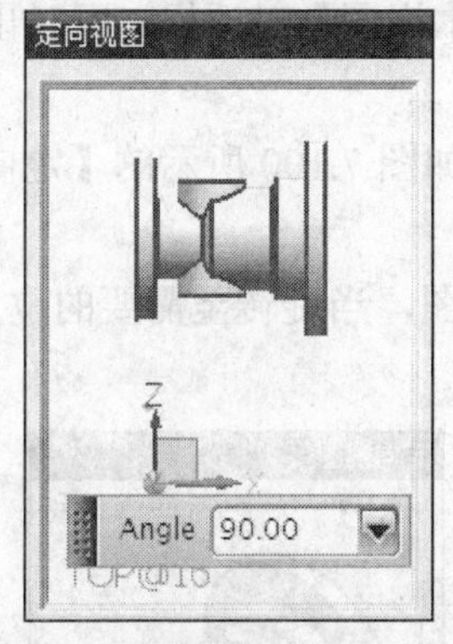

图 7.95　【定向视图】窗口

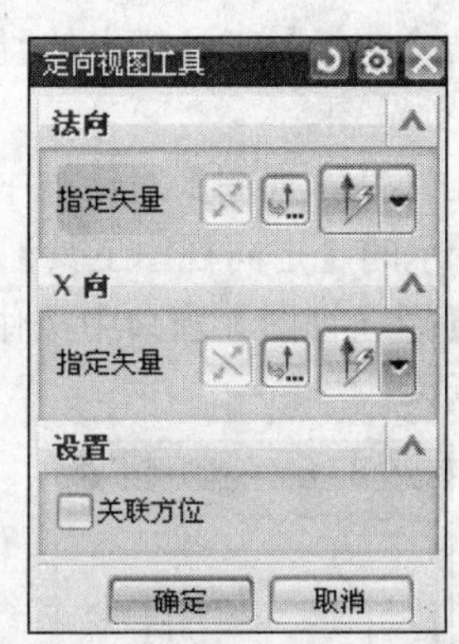

图 7.96　【定向视图工具】对话框

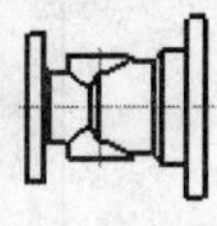

图 7.97　创建主视图

※ **STEP 4**　添加左视图

创建主视图后，系统会自动弹出【投影视图】对话框，如图 7.31 所示。或者单击【图纸】工具栏中的按钮，也可以打开此对话框。移动鼠标在与主视图平齐的合适位置单击，生成左视图，如图 7.98 所示。按 Esc 键取消。

※ **STEP 5**　添加剖视图

单击【图纸】工具栏中的按钮，弹出【剖视图】对话框。选择主视图作为父视图，并选取其水平中心线作为剖切位置，移动鼠标到主视图下方，在与其对应的适当位置单击，生成剖视图，如图 7.99 所示。

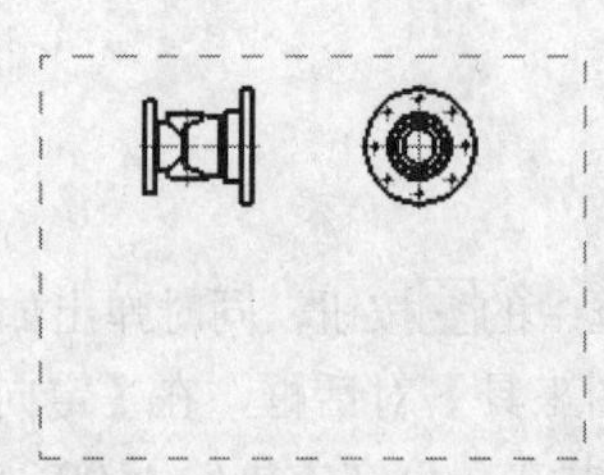

图 7.98　创建左视图

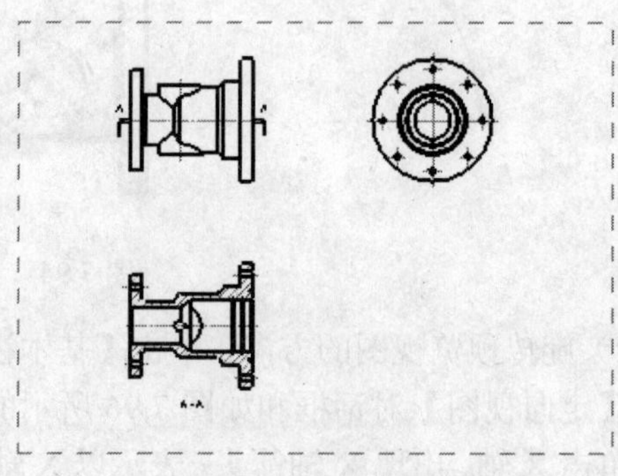

图 7.99　创建剖视图

※ **STEP 6**　添加轴测视图

（1）单击【图纸】工具栏中的按钮，弹出【基本视图】对话框，同时出现如图 7.95 所示的主视图预览图。

（2）单击【基本视图】对话框中的按钮，弹出如图 7.100 所示的【定向视图】窗口和如图 7.96 所示的【定向视图工具】对话框。

（3）在【定向视图】窗口中按住鼠标中键旋转视图，当旋转至需要的位置放开中键，如图 7.101 所示。

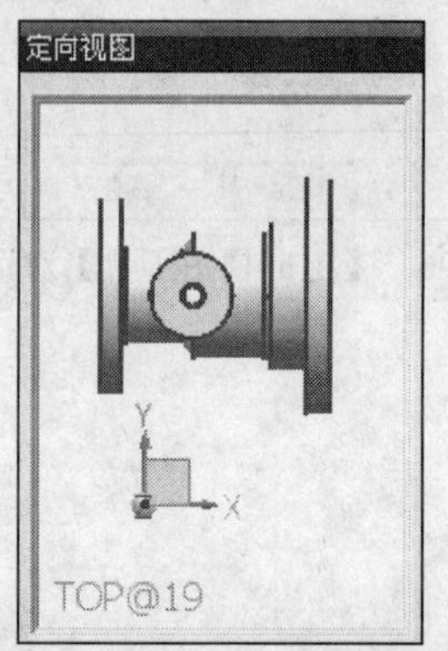

图 7.100　【定向视图】窗口

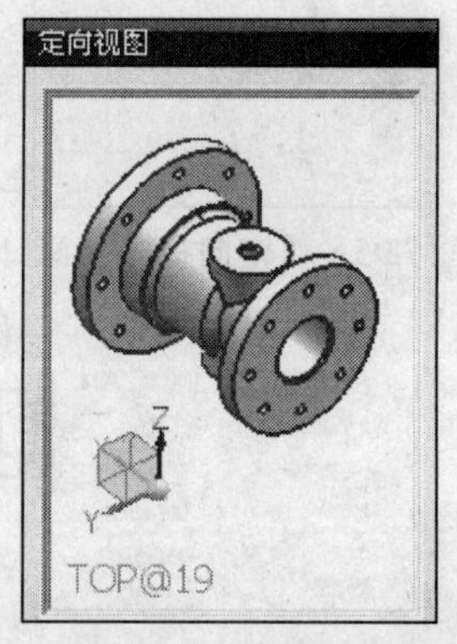

图 7.101　旋转视图

（4）单击 确定 按钮，关闭对话框，移动鼠标在图纸适当的位置单击，创建轴测视图，如图 7.102 所示。

※ **STEP 7**　利用【尺寸】工具栏中的、、 3 个按钮，标注水平、竖直和圆柱尺寸，如图 7.91 所示。

※ **STEP 8**　在尺寸前面添加符号

（1）单击【尺寸】工具栏中的按钮，标注圆柱尺寸为 $\phi 12$，不要单击鼠标，此时尺寸呈橙红色。

（2）单击如图 7.103 所示的【圆柱尺寸】工具栏中的按钮，弹出【文本编辑器】对话框，如图 7.104 所示。单击该对话框中的（在前面）按钮，在文本框输入 8×，如果看到在尺寸 $\phi 12$ 前面显示的 8×太小，可在对话框中选择文字大小系数，本例选 1.75。

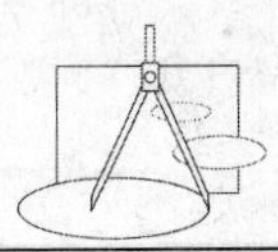

（3）单击 确定 按钮，在适当的位置单击鼠标，完成尺寸 8× ϕ12 的标注，如图 7.105 所示。

（4）按步骤（1）、（2）、（3）的方法，标注另一个尺寸 8× ϕ12。

（5）单击【尺寸】工具栏中的 按钮，标注竖直尺寸为 152，不要单击鼠标，此时尺寸呈红色。按步骤（1）、（2）、（3）的方法，在图 7.104 所示的【文本编辑器】对话框中选择【制图符号 ϕ】选项卡，完成尺寸 ϕ152 的标注，如图 7.105 所示。

（6）按步骤（5）的方法，完成尺寸 ϕ200 的标注，如图 7.105 所示。

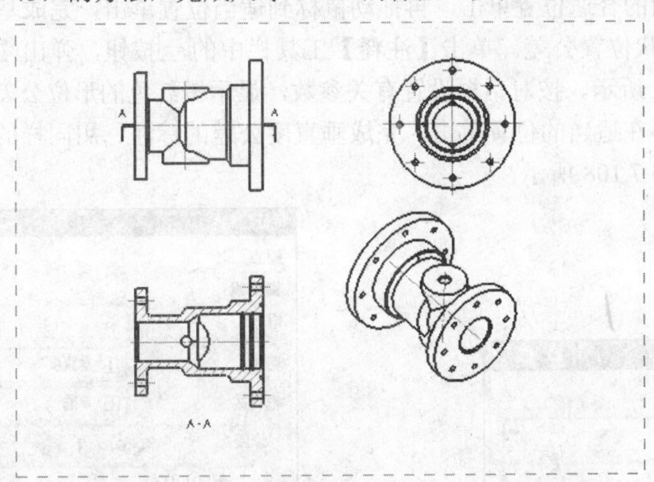

图 7.102　创建轴测视图

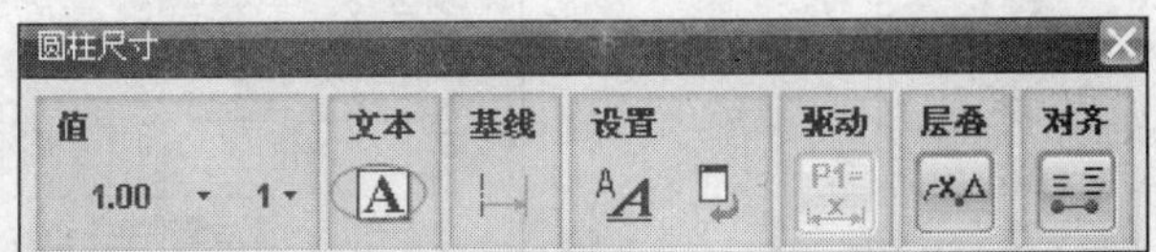

图 7.103　【圆柱尺寸】工具栏

图 7.104　【文本编辑器】对话框

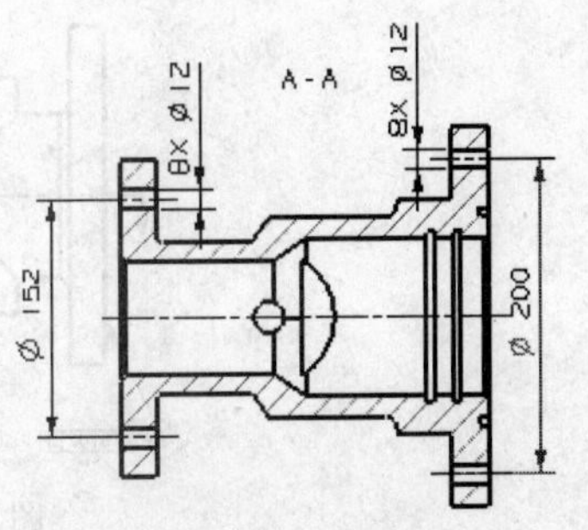

图 7.105　在尺寸前面添加符号

ⓘ **警告**：图中 ϕ152、ϕ200 两个尺寸为小孔均匀分布所在圆的直径。因小孔之间的距离在图中不是以直径形式出现，所以直接用圆柱形按钮标注的结果是错误的。

※ **STEP 9** 标注形状位置公差

（1）标注基准符号。单击【注释】工具栏中的按钮，弹出【标识符号】对话框，如图 7.106 所示。在该对话框中选择【类型】为【○圆】，在【文本】文本框输入 B，单击（原点工具）按钮，弹出对话框，选取用【光标位置】指定点的位置。然后将鼠标光标移动到主视图右端面的合适位置单击，再拖动鼠标到适当位置单击，完成基准符号的标注。

（2）标注形状位置公差。单击【注释】工具栏中的按钮，弹出【特征控制框】对话框，如图 7.107 所示。按对话框设置有关参数，显示橙红色的形位公差符号，单击 ϕ86 圆柱的下端面，再在适当的位置单击，完成垂直度公差的标注。用同样的方法完成平行度公差的标注，如图 7.108 所示。

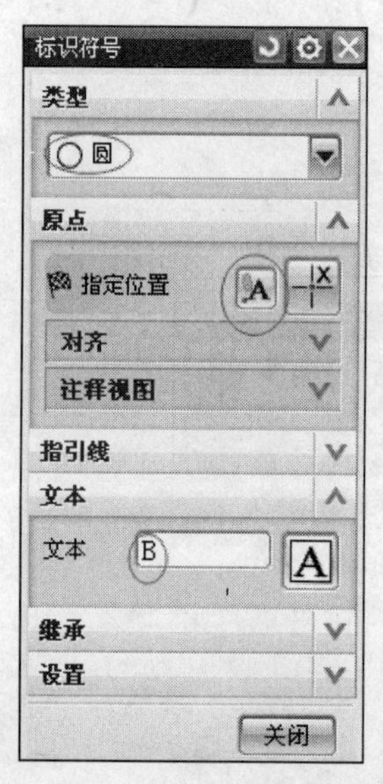

图 7.106 【标识符号】对话框

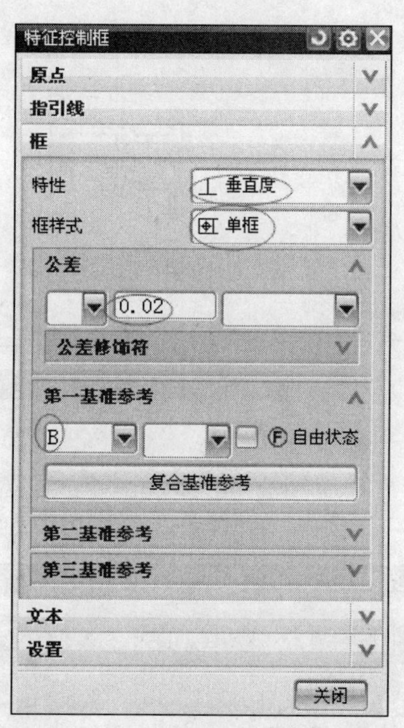

图 7.107 【特征控制框】对话框

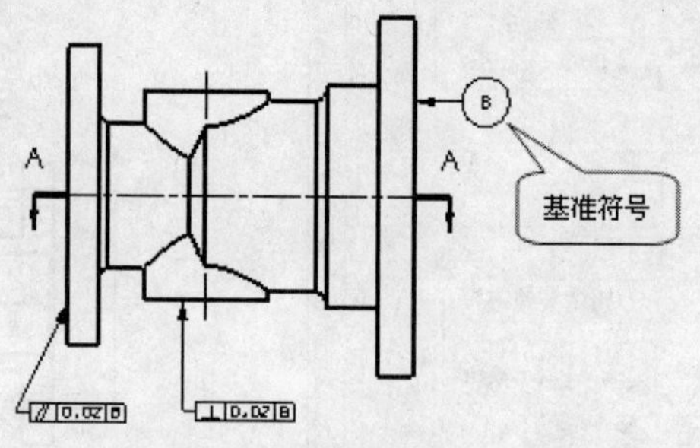

图 7.108 标注形状位置公差

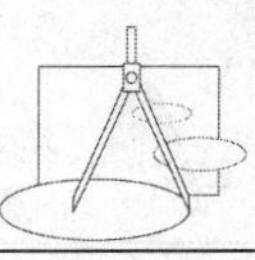

※ **STEP 10** 标注表面粗糙度。单击【注释】工具栏中的☑按钮，弹出【表面粗糙度】对话框，如图 7.109 所示。按对话框设置有关参数，在剖视图内孔适当的位置单击，完成表面粗糙度的标注，如图 7.110 所示。

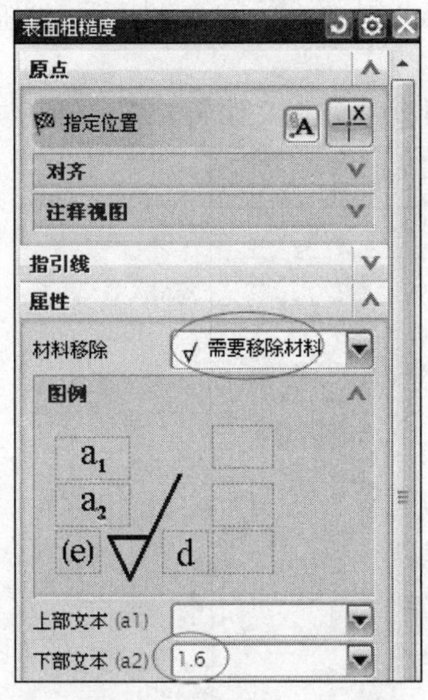

图 7.109 【表面粗糙度】对话框

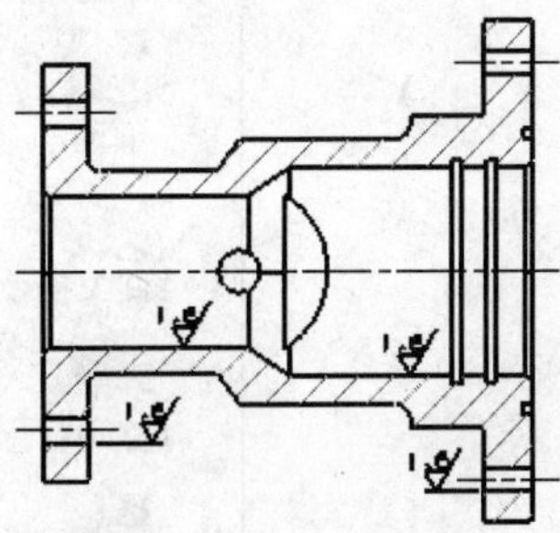

图 7.110 标注表面粗糙度

※ **STEP 11** 标注技术要求

单击【注释】工具栏中的A按钮，弹出【注释】对话框，如图 7.111 所示。在该对话框中输入文字，单击A按钮，弹出如图 7.112 所示的【样式】对话框，设置文字种类和大小，在图面适当的位置单击，效果如图 7.91 所示。

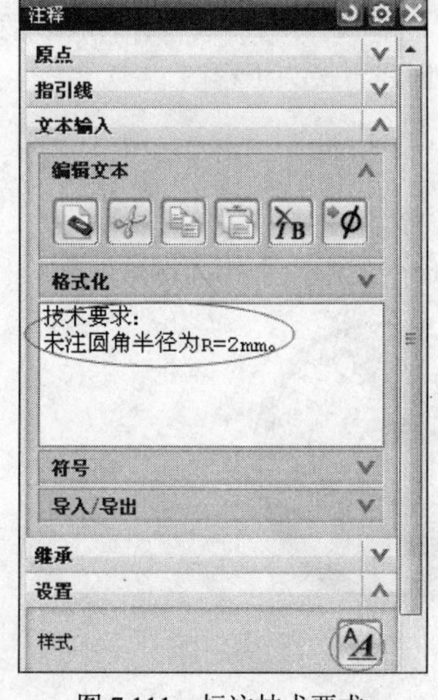

图 7.111 标注技术要求

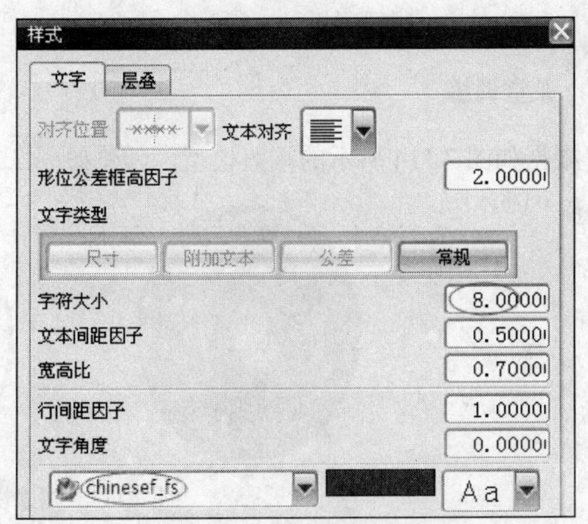

图 7.112 【样式】对话框

※ **STEP 12** 添加图框、标题栏

在菜单栏中选择【文件】/【导入】/【部件】命令，弹出【导入部件】对话框，单击 确定 按钮，转换为另一个【导入部件】对话框，如图 7.113 所示。选择其中的 A2.prt 文件，单击 OK 按钮，弹出【点】对话框，输入点的坐标为（0，0，0），单击 确定 按钮，效果如图 7.91 所示。

※ **STEP 13** 在菜单栏选择【文件】/【另存为】命令，以文件名 7.91.prt 保存文件。

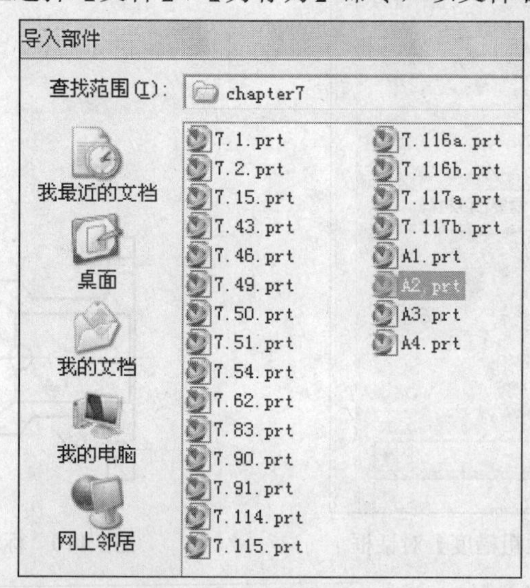

图 7.113 【导入部件】对话框

任务总结

利用添加基本视图、剖视图、轴测视图、标注尺寸、形状位置公差、表面粗糙度和技术要求等命令和视图表达、添加图框、标题栏的方法，创建管接头工程图。

课堂训练

根据如图 7.114 所示的端盖模型，创建如图 7.115 所示的工程图（A4 图纸）。

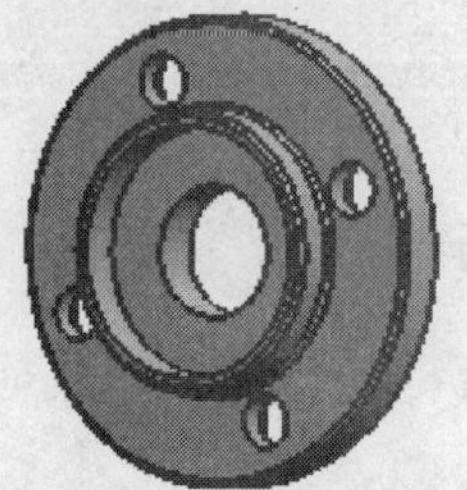
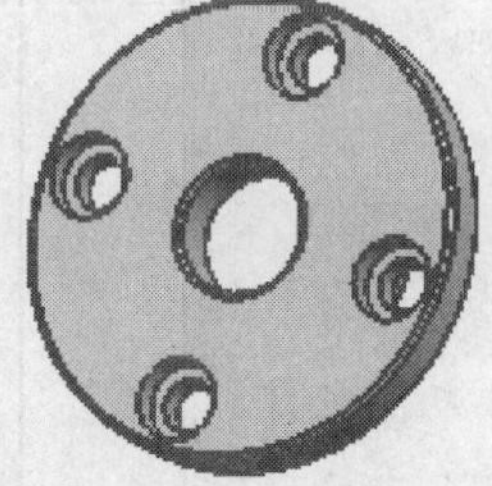

图 7.114 端盖模型

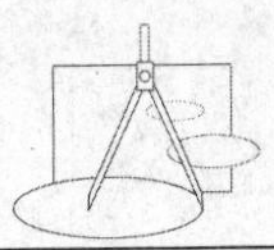

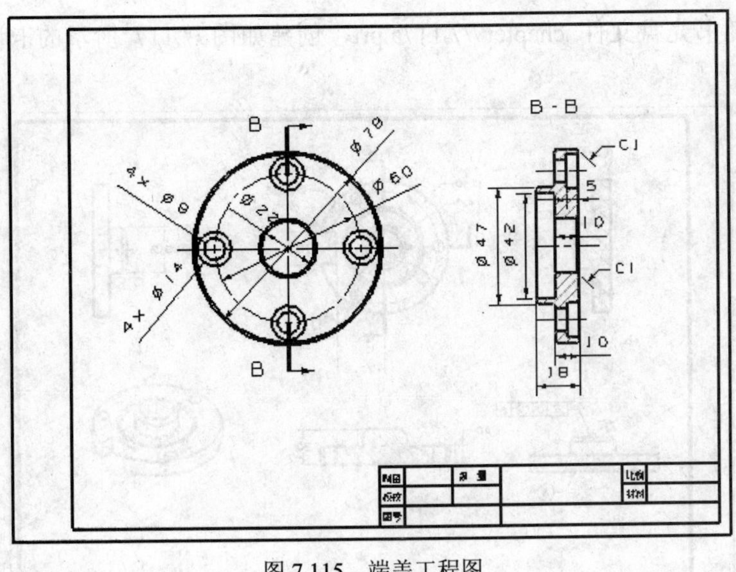

图 7.115　端盖工程图

习　题

1．打开随书光盘文件 chapter7/7.116a.prt，创建如图 7.116 所示的轴工程图。

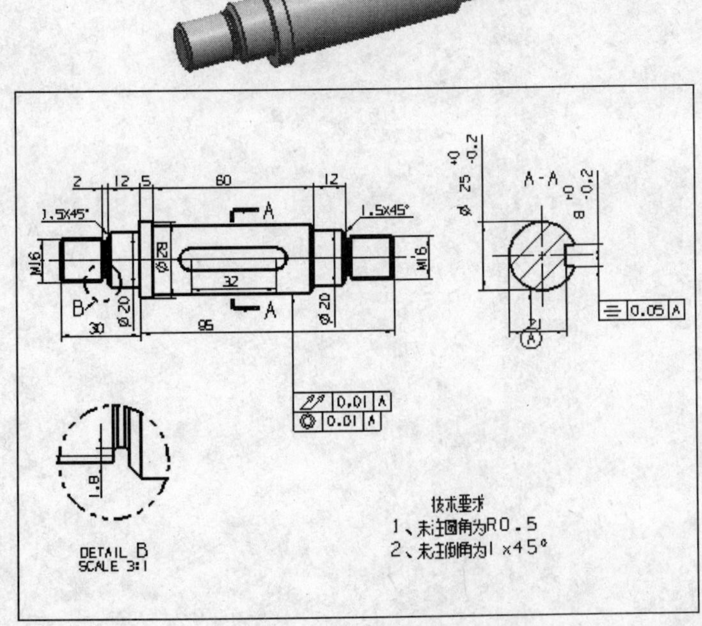

图 7.116　轴工程图

2．打开随书光盘文件 chapter7/7.117a.prt，创建如图 7.117 所示的卡块工程图（A3 图纸）。

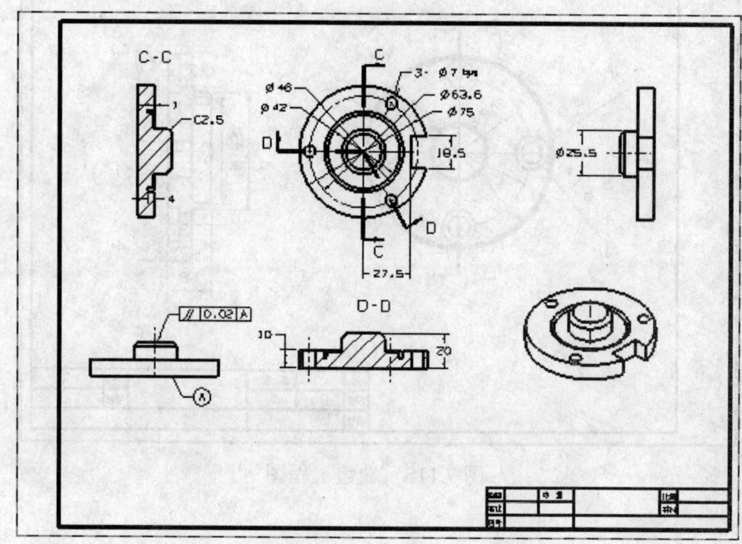

图 7.117　卡块工程图

第8章　装 配 建 模

本章要点

- 进入装配模块
- 装配导航器
- 装配方法
- 装配爆炸图

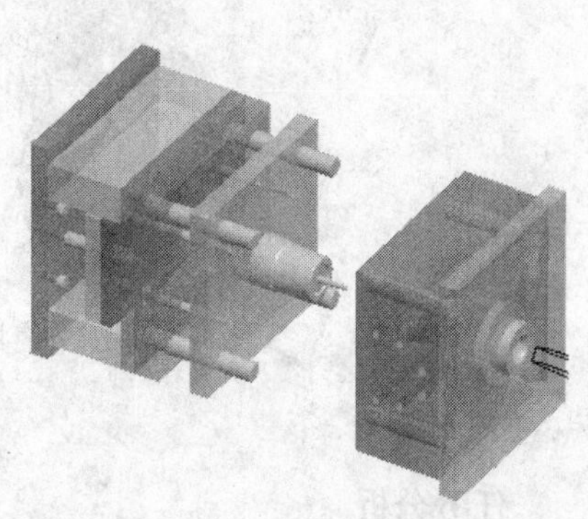

任务案例

- 入门引例：装配滚轮模型
- 阵列组件
- 创建密封阀装配模型及装配爆炸图

装配功能是将产品的各个零部件进行组织和定位操作的过程，通过装配操作，系统可以形成产品的总体结构、绘制装配图和检查各零部件之间是否发生干涉等。

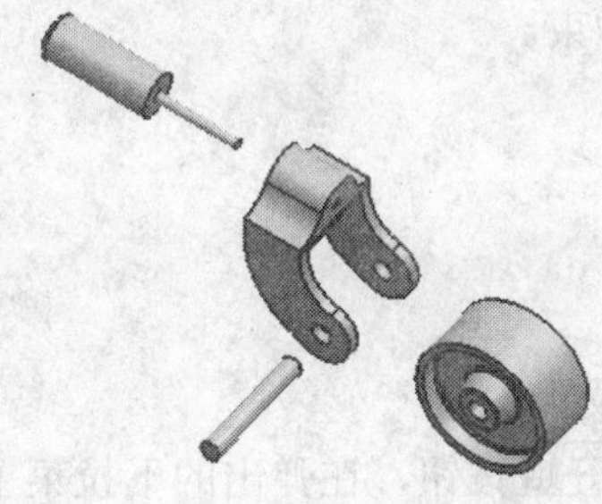

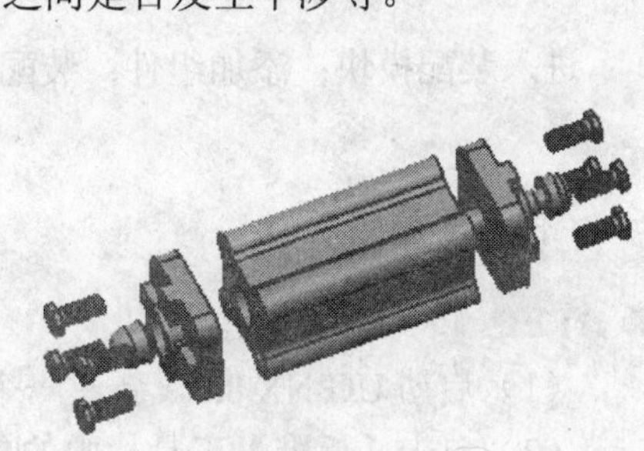

下面先引入工程实例来说明装配功能的应用。

任务 8-1　入门引例：滚轮模型装配

根据光盘源文件（chapter8/gunlun1.prt～gunlun4.prt）装配滚轮模型，如图 8.1 所示。

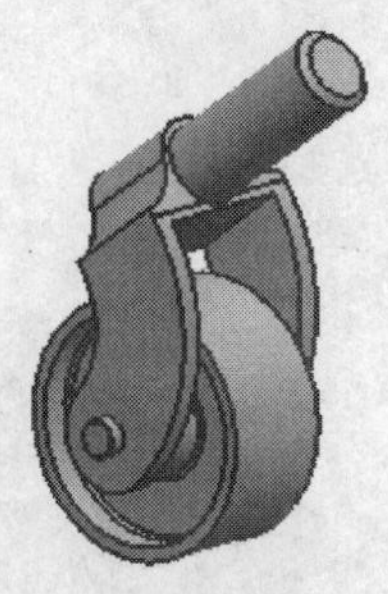

图 8.1　滚轮模型装配

任务分析

滚轮由支架、轮子、轴和支撑杆 4 部分组成，其中以绝对原点的定位方式打开支架、轮子、轴 3 个组件，恰好都能装配到位，这与设计组件时选择的坐标原点有关。

相关知识

进入装配模块；添加组件；装配约束。

任务实施

※ STEP 1　进入装配模块

（1）启动 UG NX 8.0，新建一个文件。

（2）单击【标准】工具栏中的开始按钮，在弹出的下拉菜单中选择【装配】命令，进入装配模块。

※ STEP 2　添加组件支架

在菜单栏中选择【装配】/【组件】/【添加组件】命令，或者单击【装配】工具栏中的按钮，弹出【添加组件】对话框，如图 8.2 所示。单击按钮，弹出【部件名】对话框，根据组件的存放路径选择组件支架 gunlun1.prt，单击确定按钮，返回到【添加组件】对话框。设置【定位】为【绝对原点】，单击确定按钮，将实体定位于原点，效果如图 8.3 所示。

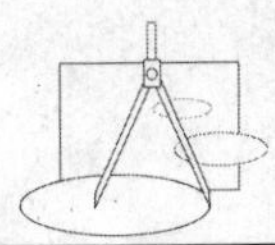

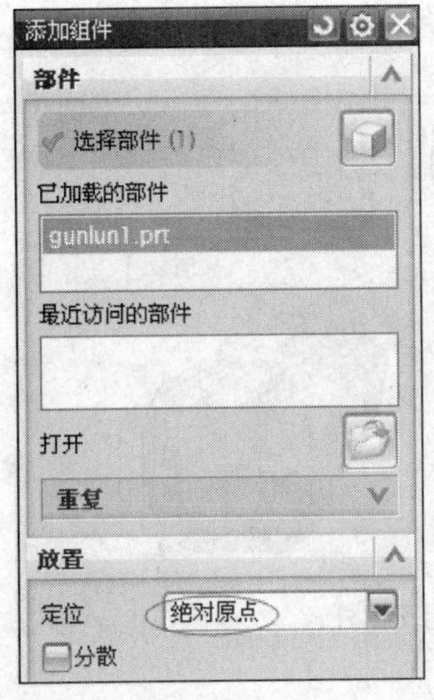

图 8.2　【添加组件】对话框

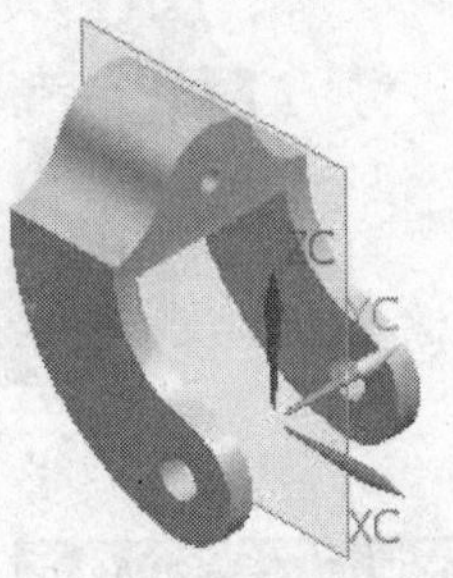

图 8.3　添加支架

※ **STEP 3**　装配轮子

同 STEP 2，以绝对原点的定位方式打开轮子组件 gunlun2.prt，单击确定按钮，效果如图 8.4 所示。

※ **STEP 4**　装配轴

同 STEP 2，以绝对原点的定位方式打开轴组件 gunlun3.prt，单击确定按钮，效果如图 8.5 所示。

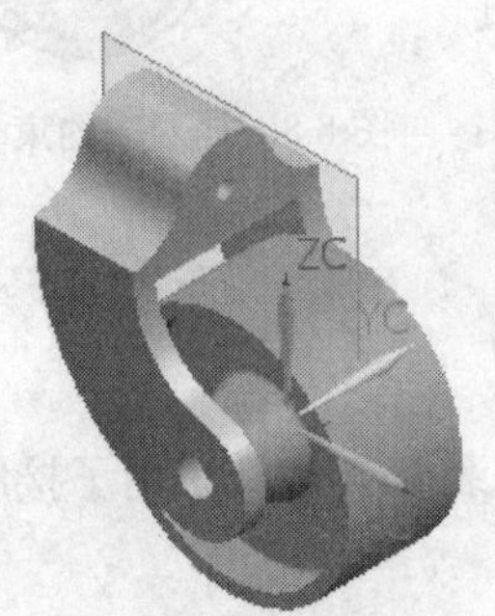

图 8.4　装配轮子

图 8.5　装配轴

※ **STEP 5**　装配支撑杆

（1）同 STEP 2，以选择原点的定位方式打开轴组件 gunlun4.prt，单击确定按钮，弹出【点】对话框，输入原点坐标（0，0，120），再次单击确定按钮，效果如图 8.6 所示。

（2）在菜单栏中选择【装配】/【组件】/【装配约束】命令，或者单击【装配】工具栏中的按钮，弹出【装配约束】对话框，如图 8.7 所示。

（3）选择【接触对齐】选项，并在绘图工作区中选取图 8.6 中的面 1 和面 2，单击应用按钮，完成面对齐约束，如图 8.8 所示。

（4）选择【同心】选项，并在绘图工作区选取图 8.6 中的圆 1 和圆 2，单击应用按钮，完成圆同心约束，效果如图 8.1 所示。

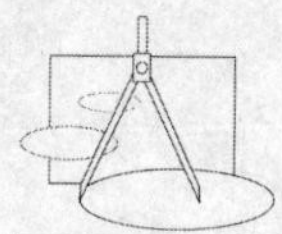

※ **STEP 6**　在菜单栏中选择【文件】/【另存为】命令，以文件名8.1.prt保存。

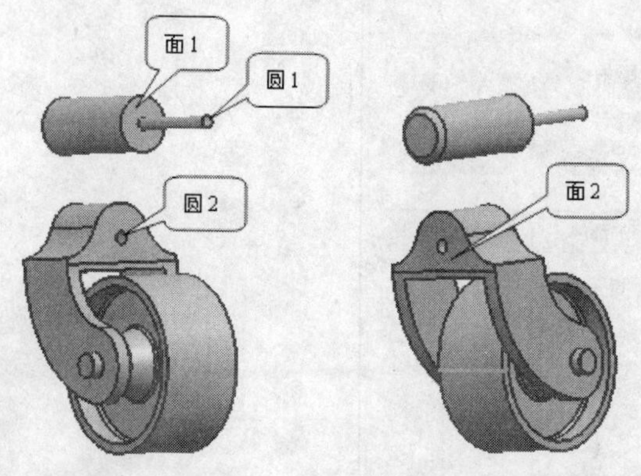

图8.6　装配支撑杆

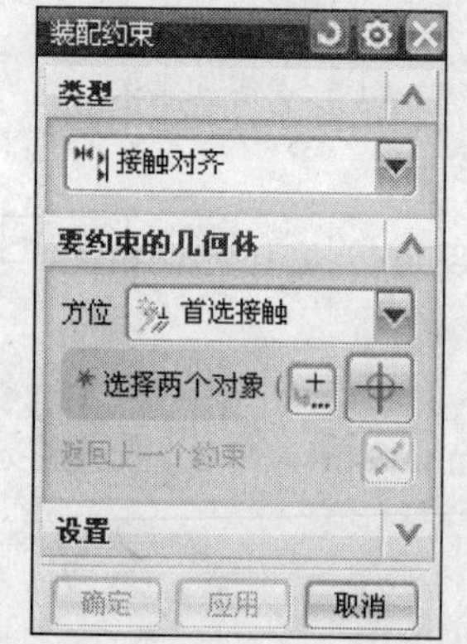

图8.7　【装配约束】对话框

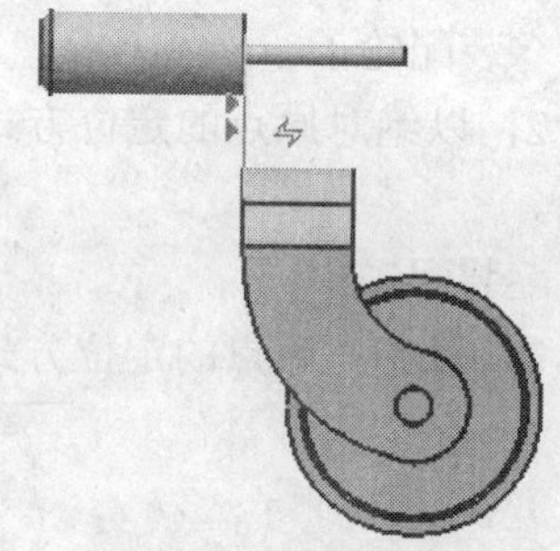

图8.8　面对齐约束

任务总结

利用添加组件和装配约束等命令装配滚轮，其中装配支撑杆采用了接触对齐、同心等装配约束方法。

课堂训练

自己动手完成如图8.1所示的滚轮装配。

8.1　进入装配模块

进入装配模块一般有以下3种方式。

- 单击【标准】工具栏中的开始按钮，在弹出的下拉菜单中选择【装配】命令。

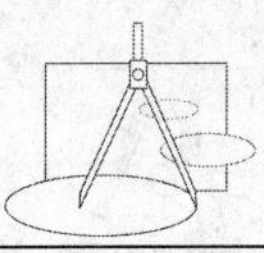

- 在菜单栏中选择【工具】/【定制】/【装配】命令。
- 在工具栏任意位置右击，弹出快捷菜单，选择其中的【装配】命令。

弹出【装配】工具栏，如图 8.9 所示。

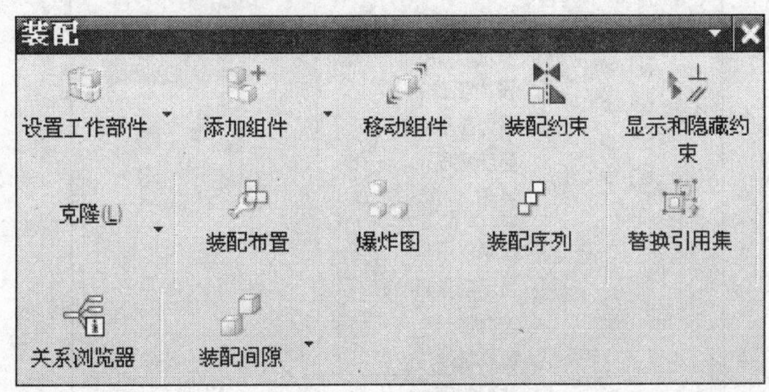

图 8.9　【装配】工具栏

8.2　装配导航器

装配导航器也就是装配导航工具，它是将部件的装配结构用图形表示，以一种类似于树结构的形式表现出来，也被称为“树形表”。在装配树形结构中，每一个组件显示为一个节点，如图 8.10 所示。

装配导航器能更清楚地显示装配关系，它提供一种在装配中选择和操作组件的快捷方法，可以用装配导航器来改变工作部件、显示部件、隐藏和显示组件等。

如果将光标移动到装配树的一个结点或选择若干个结点并右击，在弹出的快捷菜单中提供了很多快捷命令，方便操作，如图 8.11 所示。

装配导航器

描述性部件名	信息	只	已	位	数量
截面					
_model5					5
约束					7
接触 (MIFENGFA2, MI...					
接触 (MIFENGFA1, MI...					
同心 (MIFENGFA1, MI...					
同心 (MIFENGFA2, MI...					
平行 (MIFENGFA1, MI...					
接触 (MIFENGFA2, MI...					
同心 (MIFENGFA2, MI...					
mifengfa1					
mifengfa2					
mifengfa3					
mifengfa5					

图 8.10　树形表示意图

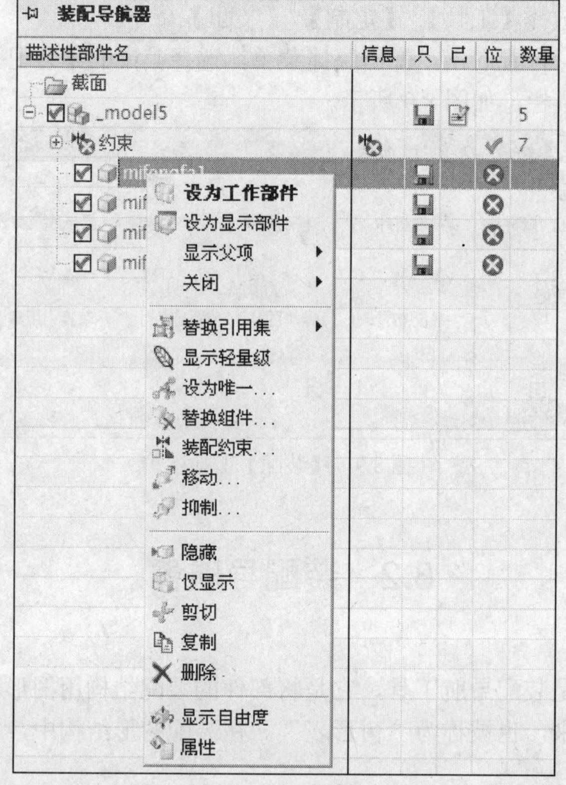

图 8.11　快捷菜单

8.3　装配方法

UG 的装配方法包括自底向上装配、自顶向下装配和混合装配 3 种。

- 自底向上装配：首先创建零部件模型，再组合成子装配，最后生成装配部件的装配方法。它是真实装配过程的体现。
- 自顶向下装配：在装配体中直接创建新组件的一种装配建模方法。
- 混合装配：自底向上装配与自顶向下装配结合在一起的装配方法。

下面介绍自底向上装配方法的主要步骤。

8.3.1　添加组件

在菜单栏中选择【装配】/【组件】/【添加组件】命令，或者单击【装配】工具栏中的按钮，弹出【添加组件】对话框，如图 8.12 所示。在没有进行装配前，该对话框中的【已加载的部件】列表框是空的，但随着装配的进行，该列表框中将显示所有加载进来的零部件文件的名称，便于管理和使用。

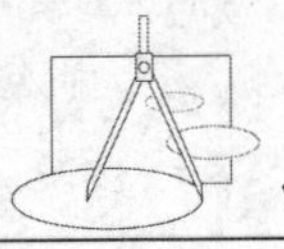

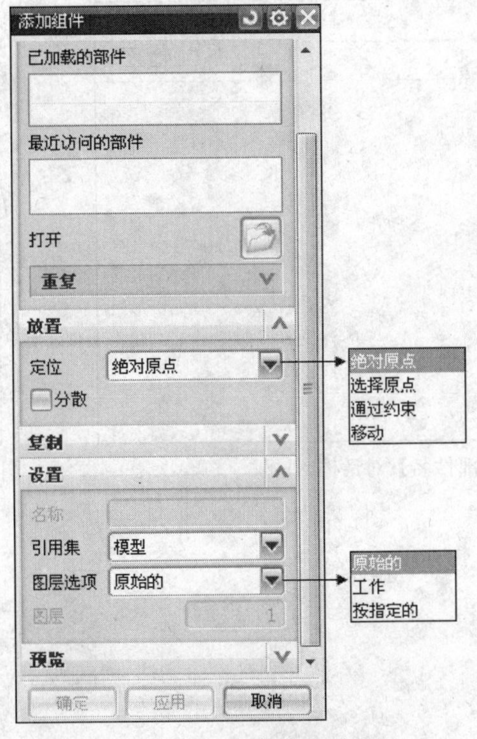

图 8.12　【添加组件】对话框

该对话框中部分选项的含义如下。

- 【绝对原点】：按绝对原点方式确定组件在装配中的位置。
- 【选择原点】：按绝对定位方式（重新选择部件原点）确定组件在装配中的位置。
- 【通过约束】：按装配约束确定组件在装配中的位置。
- 【移动】：如果使用配对的方法不能满足实际需要，可通过手动编辑的方式进行定位。
- 【原始的】：保持部件原来的层设置。
- 【工作】：将部件放置在装配件的当前工作层上。
- 【按指定的】：将部件放在指定层上。

单击按钮，弹出【部件名】对话框，根据部件的存放路径（chapter2/2.1.prt）选择组件，就可以加载部件到当前装配模型中，如图 8.13 所示。在该对话框的右侧有预览窗口，单击文件名，就可以看到部件实体模型，从而确定是不是要添加的模型。

单击 OK 按钮，就可把当前的模型添加到装配界面中。此时弹出如图 8.14 所示的【添加组件】对话框和如图 8.15 所示的【组件预览】窗口。可以看到，在对话框的【已加载的部件】列表框中显示了组件的名称，设置【定位】为【绝对原点】，单击 确定 按钮，添加组件的效果如图 8.16 所示。

重复上述操作，可以添加多个组件。如添加螺母的配对组件螺栓（chapter2/2.2.prt），如图 8.17 所示。

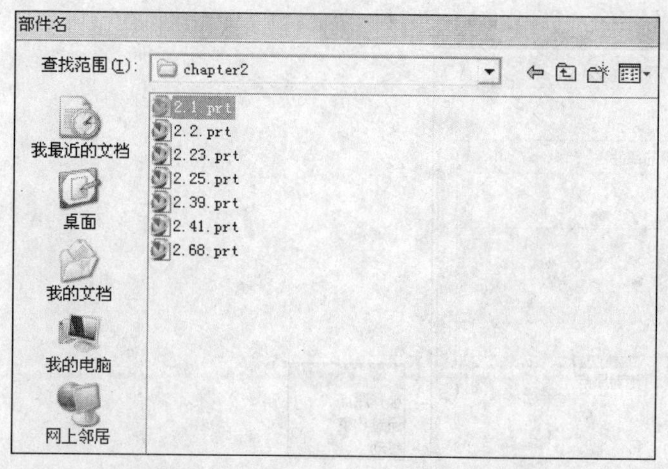

图 8.13 【部件名】对话框

图 8.14 【添加组件】对话框

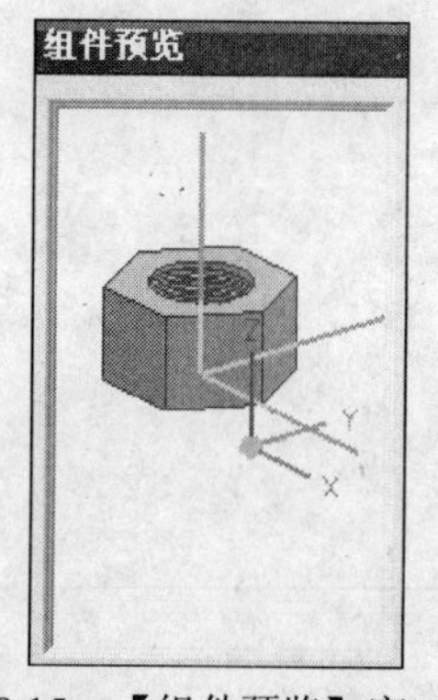

图 8.15 【组件预览】窗口

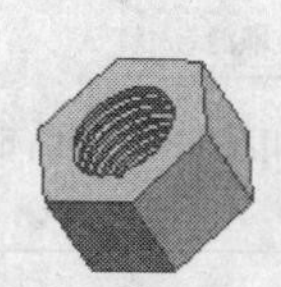

图 8.16 添加组件螺母

图 8.17 添加两个组件

8.3.2 配对组件

在菜单栏中选择【装配】/【组件】/【装配约束】命令，或者单击【装配】工具栏中的按钮，或者在如图 8.12 所示的【添加组件】对话框的【定位】下拉列表框中选择【通过约束】选项，将弹出【装配约束】对话框，如图 8.18 所示。

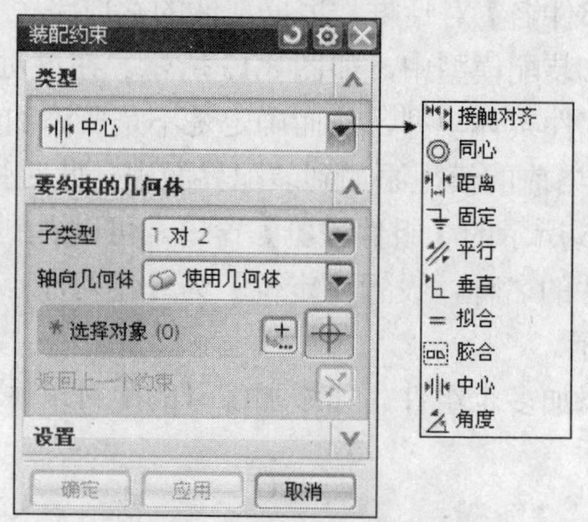

图 8.18 【装配约束】对话框

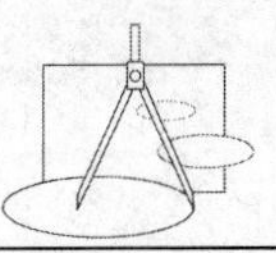

该对话框中部分选项的含义如下。

- 【接触对齐】：用于约束两个对象对齐。
- 【同心】：用于将相配组件中的一个对象定位到基础组件中的一个对象的中心上。其中一个对象必须是圆柱体或轴对称实体，如图 8.19 所示。
- 【距离】：用于指定两相配对象间的最小距离，正负号决定相配组件在基础部件的哪一侧，如图 8.20 所示。
- 【固定】：用于约束组件在当前位置，一般用在第一个装配元件上。
- 【平行】：用于约束两对象的方向矢量平行。
- 【垂直】：用于约束两对象的方向矢量垂直，如图 8.21 所示。
- 【拟合】：用于定义将半径相等的两个圆柱面拟合在一起，此约束对确定孔中销或螺栓的位置很有用。
- 【胶合】：有用组件“焊接”在一起。
- 【中心】：用于约束两对象的中心对齐。选中该类型时，其子类型下拉列表包括 3 个选项。
  - 【1 对 2】：将相配组件中的一个对象定位到基础组件的两个对象的对称中心。
  - 【2 对 1】：将相配组件中的两个对象定位到基础组件的一个对象上，并与其对称。
  - 【2 对 2】：将相配组件中的两个对象定位到基础组件的两个对象对称布置。当选择该选项时，选择步骤图标全部被激活，需分别选择对象。
- 【角度】：用于定义两对象的旋转角度，使相配组件到正确的位置。可以在两个具有方向矢量的对象上产生，角度是两方向矢量的夹角，如图 8.22 所示。

提示：相配组件是指通过添加约束进行定位的组件，而基础组件是指位置固定的组件。

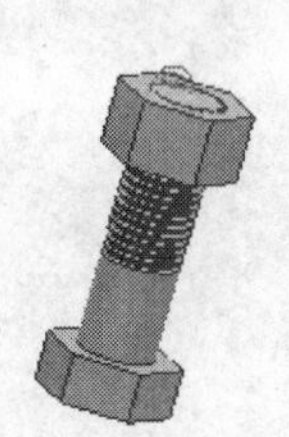

图 8.19　同心示意图

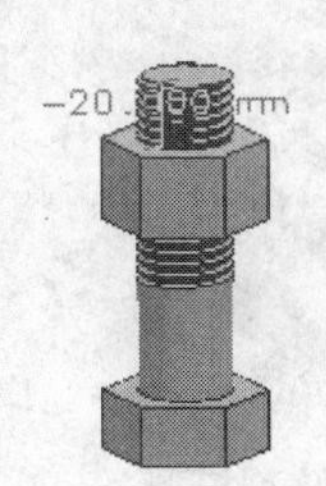

图 8.20　距离示意图

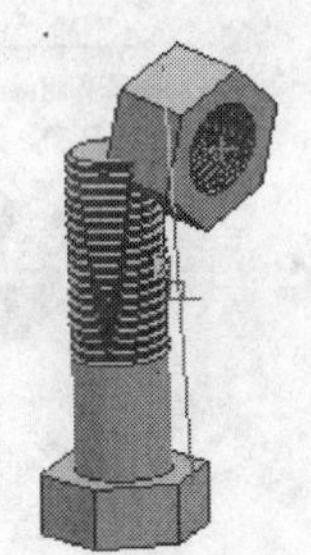

图 8.21　垂直示意图

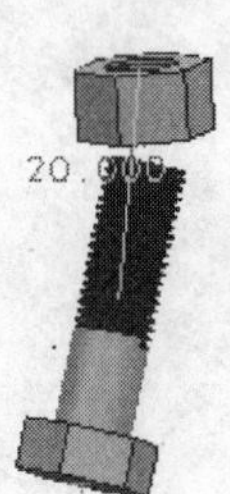

图 8.22　角度示意图

提示：【装配约束】对话框的各种约束类型，即用于限制组件在装配中的自由度。

8.3.3　阵列组件

阵列组件是指在装配中用对应关联条件快速生成多个组件的方法，例如要在法兰上装多个螺栓，可先装其中一个，其他螺栓的装配可采用阵列组件的方式完成，以提高装配效率。

选择进行阵列的组件被称为模板组件，新产生的组件继承了模板组件的部件（组成组件的个体）、名称等，而且这些新生成的组件的装配约束和模板组件相同。

在菜单栏中选择【装配】/【组件】/【创建阵列】命令，或者单击【装配】工具栏中的按钮，系统弹出【类选择】对话框，如图 8.23 所示。当选取需要阵列的组件后，会弹出【创建组件阵列】对话框，如图 8.24 所示。

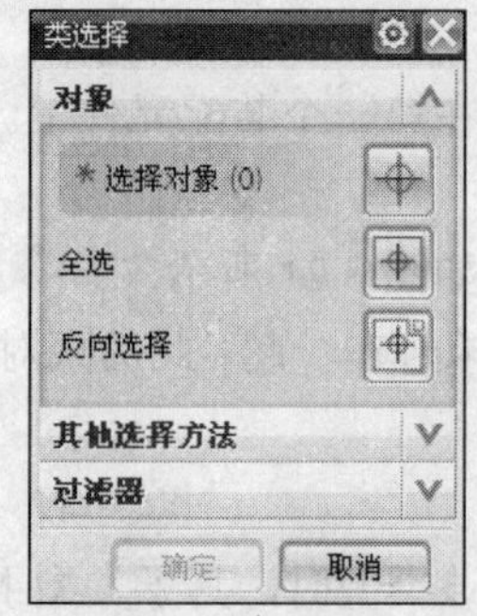

图 8.23 【类选择】对话框

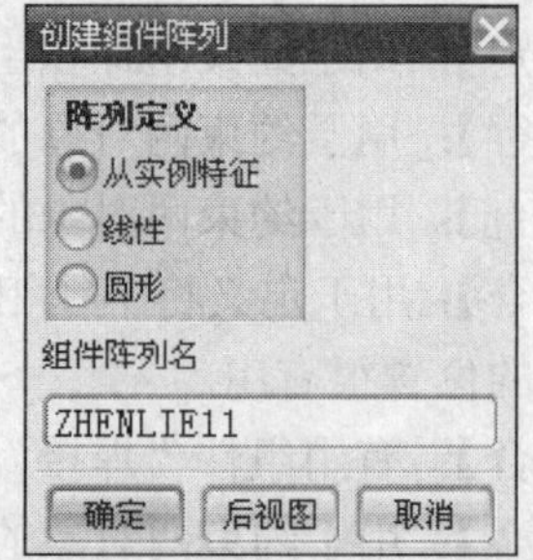

图 8.24 【创建组件阵列】对话框

下面是对【创建组件阵列】中部分选项含义的介绍。

- 【从实例特征】：根据模板组件的关联约束生成各组件的关联约束。
- 【线性】：将指定阵列的组件按线性或矩形排列。
- 【圆形】：将指定阵列的组件按圆形或圆周排列。

任务 8-2 阵列组件

根据如图 8.25 所示的模型创建线性阵列。

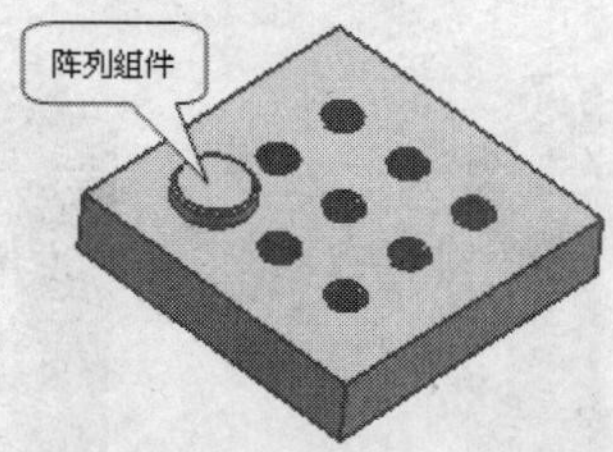

图 8.25 创建线性阵列模型

任务分析

从图 8.25 中可以看出，创建的线性阵列为 3 行×3 列。

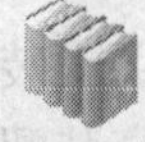

相关知识

进入装配模块；创建组件阵列。

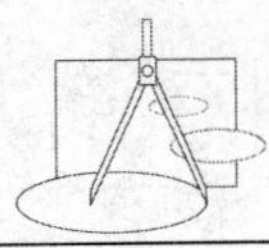

任务实施

※ **STEP 1**　启动 UG NX 8.0，新建一个文件。

※ **STEP 2**　单击【标准】工具栏中的【开始】按钮，在弹出的下拉菜单中选择【装配】命令，进入装配模块。

※ **STEP 3**　选择【文件】/【打开】命令，打开如图 8.25 所示的创建线性阵列模型。

※ **STEP 4**　在菜单栏中选择【装配】/【组件】/【创建阵列】命令，或者单击【装配】工具栏中的按钮，弹出【类选择】对话框。单击如图 8.25 所示的阵列组件，然后单击【类选择】对话框中的 确定 按钮，弹出【创建组件阵列】对话框，如图 8.26 所示。

※ **STEP 5**　在【阵列定义】选项组中选中【线性】单选按钮，单击 确定 按钮，弹出【创建线性阵列】对话框，如图 8.27 所示。

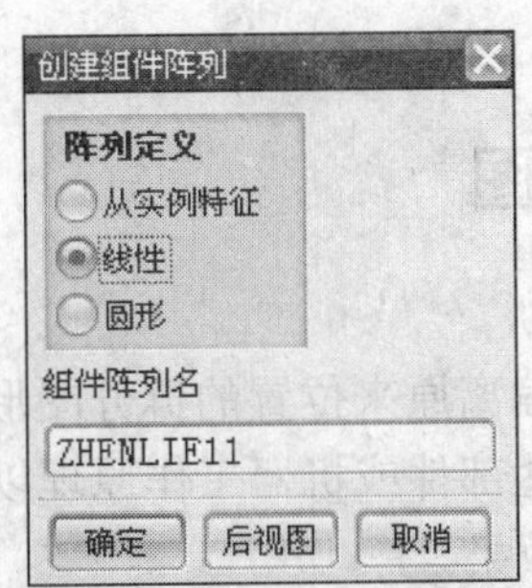

图 8.26　【创建组件阵列】对话框

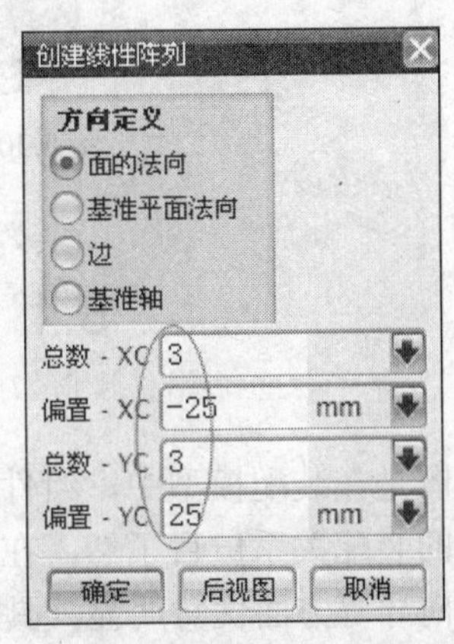

图 8.27　【创建线性阵列】对话框

※ **STEP 6**　在【方向定义】选项组中选择【面的法向】选项，单击基础组件的两个平面，同时出现阵列方向，如图 8.28 所示。

※ **STEP 7**　输入如图 8.27 所示的阵列参数，单击 确定 按钮，线性阵列效果如图 8.29 所示。

※ **STEP 8**　在菜单栏中选择【文件】/【另存为】命令，以文件名 8.29.prt 保存。

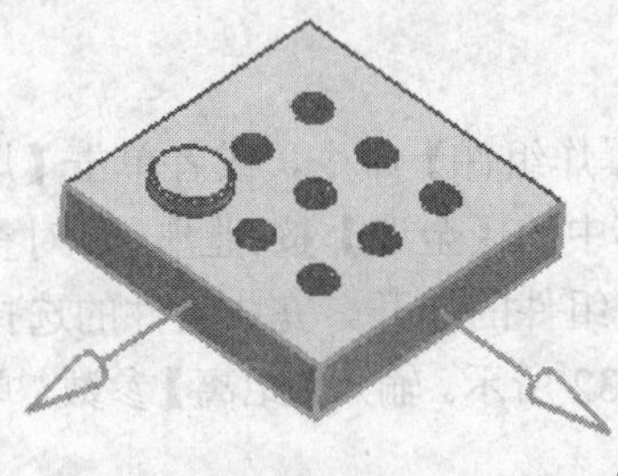

图 8.28　选择平面

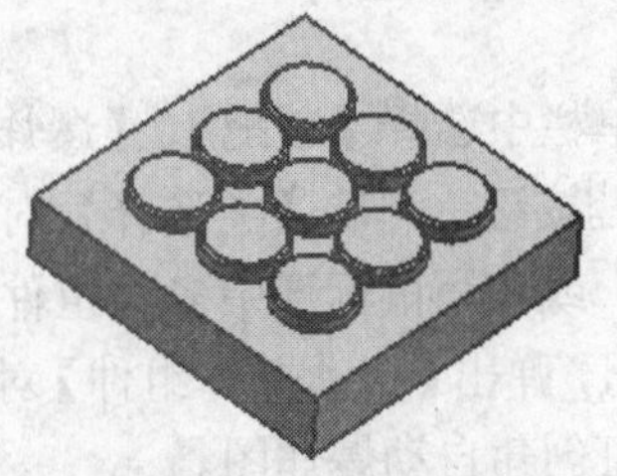

图 8.29　线性阵列图

关键：输入阵列参数时应根据平面法线方向判断偏置方向，然后确定参数值的正负。

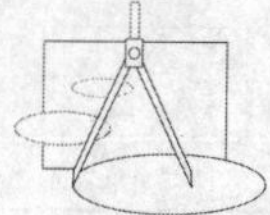

任务总结

利用阵列组件功能创建线性阵列，可以提高装配建模的效率。

课堂训练

根据如图 8.30 所示的模型创建圆形阵列。

图 8.30　创建圆形阵列模型

8.4　装配爆炸图

装配爆炸图是在装配模型中，组件按照装配关系偏离原来位置的拆分图形。爆炸图中各个组成零件的装配关系一目了然，在产品宣传、表达部件或机器工作原理以及作为生产过程中的装配向导等方面优势明显，具有非常直观的效果。

8.4.1　创建爆炸图

在菜单栏中选择【装配】/【爆炸图】/【新建爆炸】命令，或者单击【爆炸图】工具栏中的按钮，弹出【新建爆炸图】对话框，如图 8.31 所示。输入爆炸图名称，或接受默认名称 Explosion1，单击确定按钮，创建爆炸图。

8.4.2　自动爆炸组件

在菜单栏中选择【装配】/【爆炸图】/【自动爆炸组件】命令，或者单击【爆炸图】工具栏中的按钮，弹出【类选择】对话框，单击其中的【全选】按钮，可对整个装配创建爆炸图。或者用鼠标选中多个组件，实现对这些组件的炸开。完成组件的选择后，单击确定按钮，弹出【自动爆炸组件】对话框，如图 8.32 所示。输入【距离】参数，单击确定按钮，即可创建自动爆炸图。

该对话框中各选项的含义如下。

- 【距离】：用于设置自动爆炸组件之间的距离，爆炸方向由输入值的正负控制。
- 【添加间隙】：用于设置增加爆炸组件之间的间隙。如果取消选中该复选框，指定的距离为绝对距离。如果选中该复选框，则每个组件移动的距离为间隙和输入距离之和。

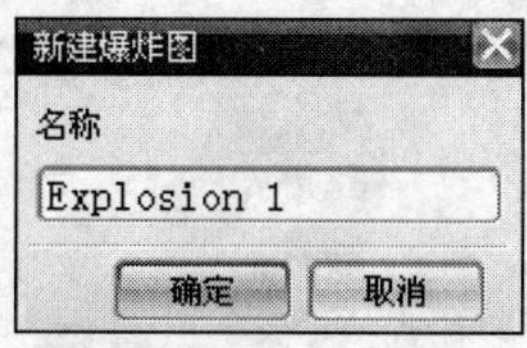

图 8.31　【新建爆炸图】对话框

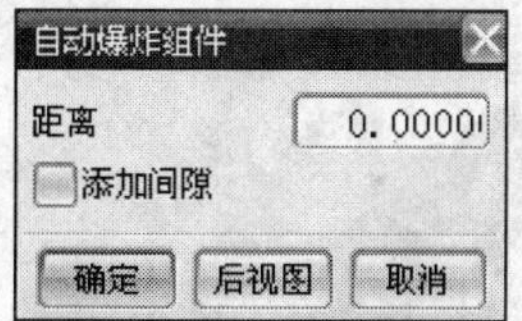

图 8.32　【自动爆炸组件】对话框

提示： 自动爆炸只能爆炸具有关联条件的组件，对于没有关联条件的组件，不能使用该爆炸方式。

8.4.3　编辑爆炸图

1. 编辑爆炸视图

采用自动爆炸一般不能取得理想的效果，还需要对爆炸图进行调整。

在菜单栏中选择【装配】/【爆炸图】/【编辑爆炸图】命令，或者单击【爆炸图】工具栏中的按钮，弹出【编辑爆炸图】对话框，如图 8.33 所示。在绘图工作区选择需要进行调整的组件，然后在【编辑爆炸图】对话框中选中【移动对象】单选按钮，此时刚选择的组件上出现移动手柄，如图 8.34 所示。用鼠标拖动坐标轴 X、Y、Z 的小圆锥，可以使组件向对应的坐标方向移动，拖动小圆球，则可以使组件旋转角度，如图 8.35 所示。也可以在对话框中输入【角度】和【捕捉增量】值来调整组件的位置。如图 8.36 所示为通过编辑得到的滚轮爆炸图。

技巧： 在选取要编辑的组件对象时，如果选取错误，可用 Shift+鼠标左键取消选取。

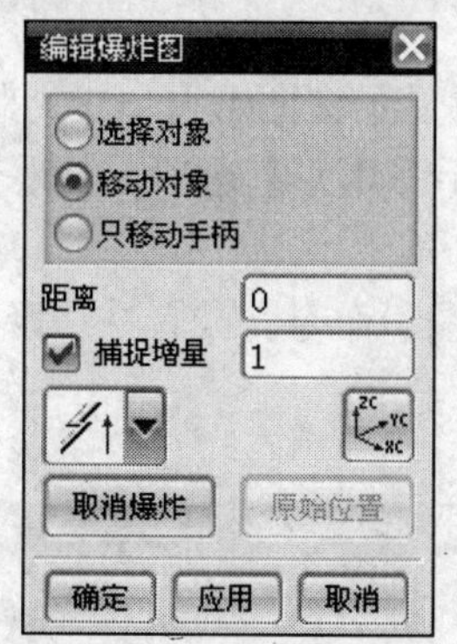

图 8.33　【编辑爆炸图】对话框

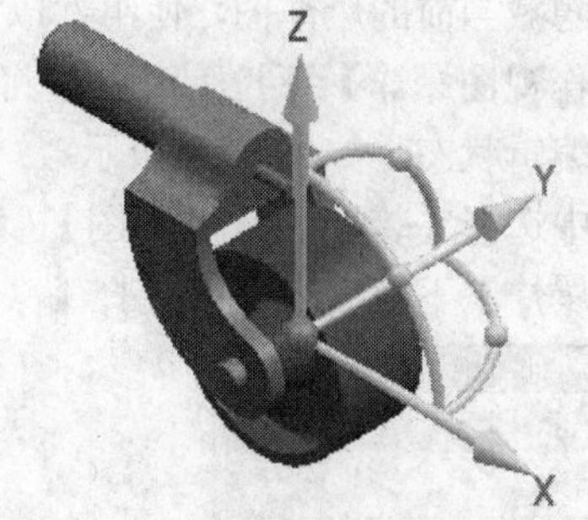

图 8.34　移动手柄

【编辑爆炸图】对话框中部分选项的含义如下。

- 【选择对象】：选取进行编辑操作的组件。
- 【移动对象】：使用鼠标可将选取的对象在绘图工作区拖动。
- 【只移动手柄】：只能移动对象的手柄，不能移动对象。

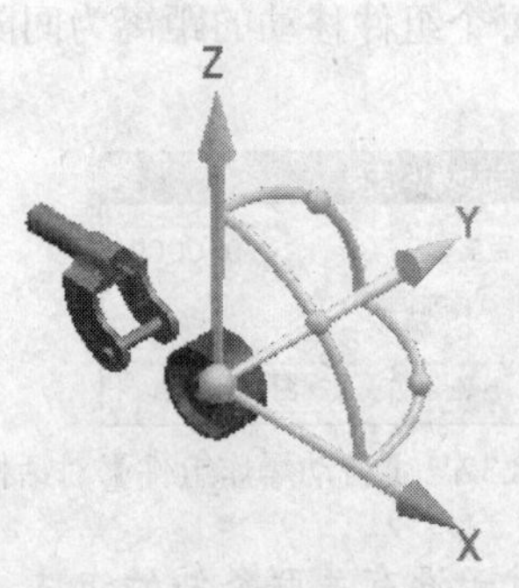

图 8.35　拖动坐标轴效果图

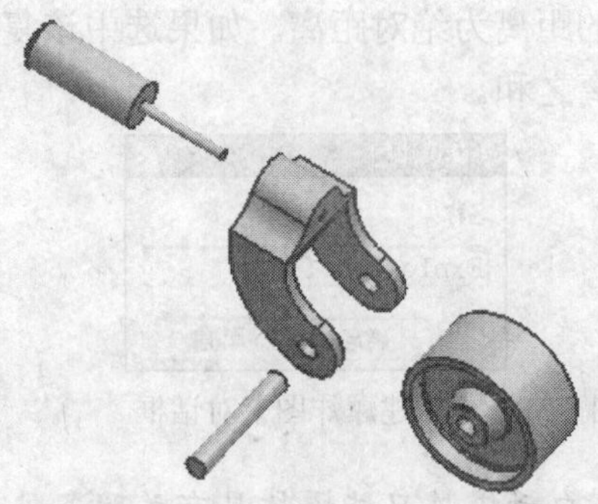

图 8.36　滚轮爆炸图

2. 取消爆炸组件

主要用于取消组件的爆炸操作，将分离的零部件恢复到原装配位置。

在菜单栏中选择【装配】/【爆炸图】/【取消爆炸组件】命令，或者单击【爆炸图】工具栏中的按钮，弹出【类选择】对话框。在绘图工作区选择爆炸分开的组件，单击确定按钮，其所选组件恢复到原装配位置。

3. 删除爆炸图

主要用于删除指定的爆炸图。

在菜单栏中选择【装配】/【爆炸图】/【删除爆炸图】命令，或者单击【爆炸图】工具栏中的按钮，弹出【爆炸图】对话框，如图 8.37 所示。该对话框中列出了所有的爆炸视图名称，选取需要删除的爆炸视图，单击确定按钮，即可删除。

提示： 需要删除的爆炸视图不能是当前显示的视图，应该切换到其他的视图界面。

4. 隐藏爆炸图

主要用于隐藏当前的爆炸图，使组件以原装配位置显示在图形窗口中。此时【爆炸图】工具栏的【工作视图爆炸】下拉列表框中将显示【（无爆炸）】选项，且爆炸相关编辑命令将处于不可编辑状态，如图 8.38 所示。

在菜单栏中选择【装配】/【爆炸图】/【隐藏爆炸图】命令，或者在【爆炸图】工具栏的【工作视图爆炸】下拉列表框中选择【（无爆炸）】选项。

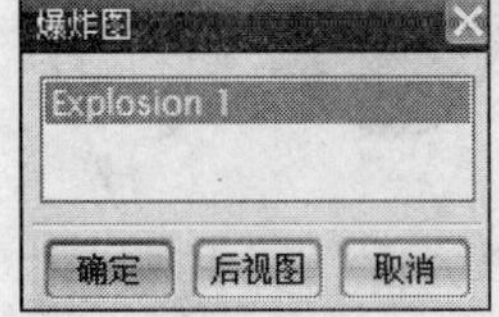

图 8.37　【爆炸图】对话框

图 8.38　【爆炸图】工具栏

5. 显示爆炸图

主要用于显示指定的爆炸图，使组件以指定爆炸视图中的位置显示在图形窗口中。

在菜单栏中选择【装配】/【爆炸图】/【显示爆炸图】命令，或者在【爆炸图】工具栏

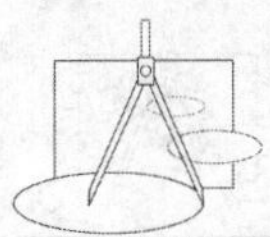

的【工作视图爆炸】下拉列表框中选择需要显示的爆炸视图。

8.5　装配密封阀

任务 8-3　创建密封阀装配模型及装配爆炸图 

根据光盘源文件（chapter8/mifengfa/1.prt～mifengfa5.part）创建密封阀装配模型及装配爆炸图，如图 8.39 所示。

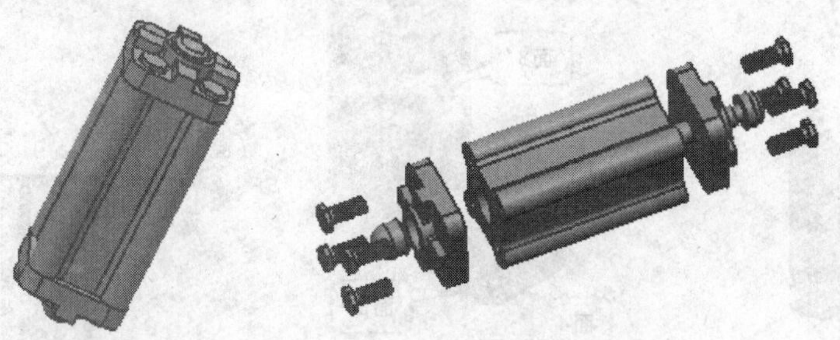

图 8.39　密封阀装配模型及装配爆炸图

任务分析

密封阀由阀体、阀盖、拉杆、螺栓等零件组合而成，其装配模型需要用到阵列组件和接触对齐、平行、同心等装配约束命令创建完成。

相关知识

进入装配模块、添加组件、装配约束、阵列组件、装配爆炸图等。

任务实施

※ STEP 1　进入装配模块

（1）启动 UG NX 8.0，新建一个文件。

（2）单击【标准】工具栏中的开始按钮，在弹出的下拉菜单中选择【装配】命令，进入装配模块。

※ STEP 2　添加组件阀体

在菜单栏中选择【装配】/【组件】/【添加组件】命令，或者单击【装配】工具栏中的按钮，弹出【添加组件】对话框，再单击按钮，弹出【部件名】对话框。根据组件的存放路径选择组件支架 mifengfa1.part，单击确定按钮，返回到【添加组件】对话框。设置【定位】为【绝对原点】，单击确定按钮，将实体定位于原点，效果如图 8.40 所示。

※ **STEP 3** 装配阀盖

（1）同 STEP 2，以绝对原点的定位方式打开阀盖组件 mifengfa2.prt，单击确定按钮，效果如图 8.41 所示。

（2）在菜单栏中选择【装配】/【组件】/【装配约束】命令，或者单击【装配】工具栏中的按钮，弹出【装配约束】对话框。在该对话框中选择【接触对齐】选项，并在绘图工作区选取图 8.41 中的面 1 和面 2，单击应用按钮，创建面接触对齐约束，如图 8.42 所示。

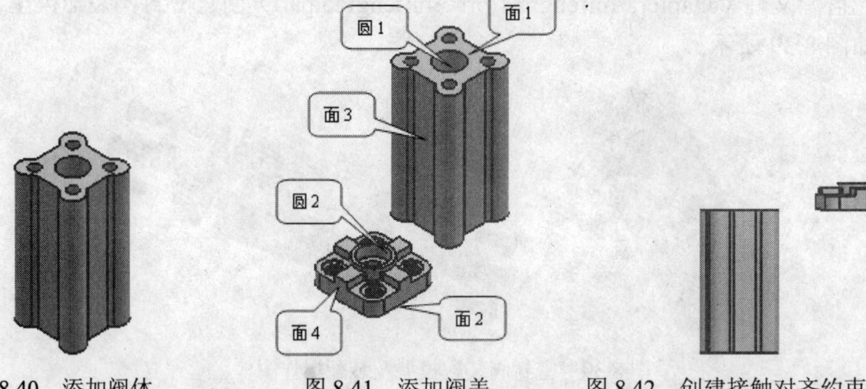

图 8.40　添加阀体　　图 8.41　添加阀盖　　图 8.42　创建接触对齐约束

（3）在【装配约束】对话框中选择【平行】选项，依次选择图 8.41 中的面 3 和面 4，单击应用按钮，创建平行约束，如图 8.43 所示。

（4）在【装配约束】对话框中选择【同心】选项，再依次选择图 8.41 中的圆 1 和圆 2，单击应用按钮，创建同心约束，如图 8.44 所示。

（5）用步骤（1）～（4）同样的方法，将阀盖装配到阀体的另一端，如图 8.45 所示。

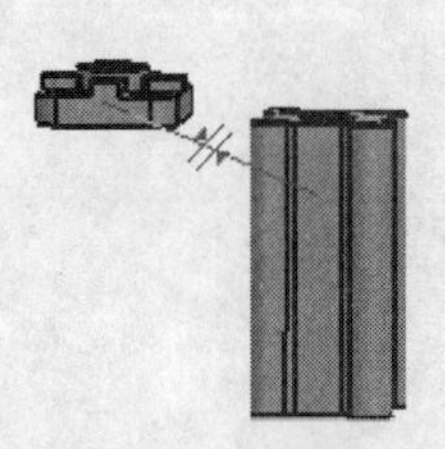

图 8.43　创建平行约束

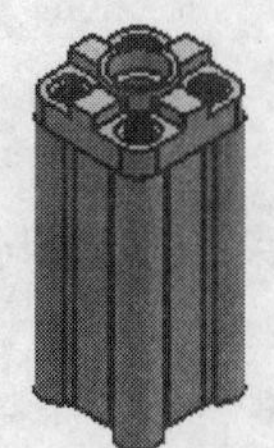

图 8.44　创建同心约束

图 8.45　装配阀盖

※ **STEP 4** 装配拉杆

同 STEP 2，以绝对原点的定位方式打开拉杆组件 mifengfa3.prt，单击确定按钮，效果如图 8.46 所示。在【装配约束】对话框中选择【接触对齐】和【同心】选项，很容易将拉杆装配到位，详细步骤从略，如图 8.47 所示。

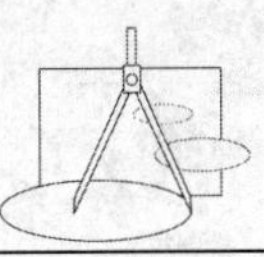

图 8.46　添加拉杆

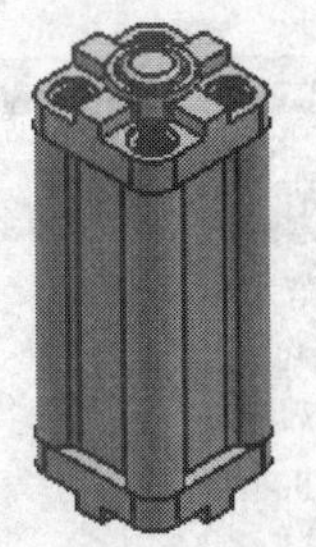

图 8.47　装配拉杆

※ STEP 5　装配拉杆帽

、　同 STEP 2，以绝对原点的定位方式打开拉杆帽组件 mifengfa4.prt，单击确定按钮，效果如图 8.48 所示。在【装配约束】对话框中选择【接触对齐】和【同心】选项，很容易将拉杆帽装配到位，详细步骤从略，如图 8.49 所示。

图 8.48　添加拉杆帽

图 8.49　装配拉杆帽

※ STEP 6　装配螺栓

（1）装配一个螺栓。同 STEP 2，以绝对原点的定位方式打开螺栓组件 mifengfa5.prt，单击确定按钮，效果如图 8.50 所示。在【装配约束】对话框中选择【接触对齐】和【同心】选项，很容易将螺栓装配到位，详细步骤从略，如图 8.51 所示。

图 8.50　添加螺栓

图 8.51　装配螺栓

（2）阵列螺栓

① 在菜单栏中选择【装配】/【组件】/【创建阵列】命令，或者单击【装配】工具栏中的按钮，弹出【类选择】对话框。单击如图 8.51 所示的螺栓，然后单击【类选择】对话框中的确定按钮，弹出【创建组件阵列】对话框，如图 8.52 所示。

② 在【阵列定义】中选中【圆形】单选按钮，单击确定按钮，弹出【创建圆形阵列】对话框，如图 8.53 所示。

③ 在【轴定义】选项组中选中【圆柱面】单选按钮，单击基础组件的圆柱面，同时出现阵列方向，如图 8.54 所示。设置如图 8.55 所示的阵列参数值，【总数】为 4、【角度】90，单击确定按钮，即可完成模型一端阵列螺栓组件的创建，如图 8.55 所示。

④ 用步骤①～③同样的方法完成模型另一端阵列螺栓组件的创建。

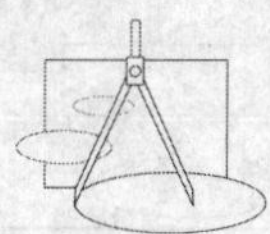

图 8.52 【创建组件阵列】对话框

图 8.53 【创建圆形阵列】对话框

图 8.54 选择圆柱面

图 8.55 阵列螺栓组件

※ STEP 7 在菜单栏中选择【文件】/【另存为】命令，以文件名 mifengfa-zp.prt 保存文件。

※ STEP 8 创建装配爆炸图

（1）在菜单栏中选择【装配】/【爆炸图】/【编辑爆炸图】命令，或者单击【爆炸图】工具栏中的按钮，弹出【编辑爆炸图】对话框。在绘图工作区中选择需要进行调整的组件拉杆，然后在【编辑爆炸图】对话框中选中【移动对象】单选按钮，此时刚选择的组件上出现移动坐标系，如图 8.56 所示。用鼠标拖动坐标 Z 轴的小圆锥，可以使拉杆向对应的坐标方向移动，如图 8.57 所示。

（2）用同样的方法将装配模型中其他组件进行爆炸操作，可以得到所需要的爆炸效果，如图 8.39 所示。

（3）在菜单栏中选择【文件】/【另存为】命令，以文件名 mifengfa-zpbaozha.prt 保存文件。

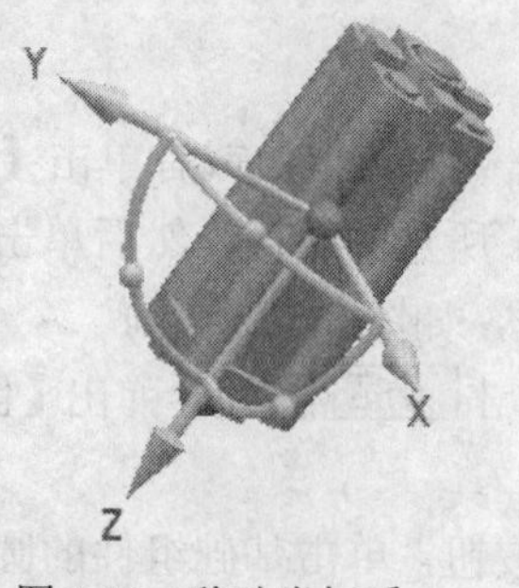

图 8.56 移动坐标系

图 8.57 炸开组件拉杆

任务总结

利用阵列组件和接触对齐、平行、同心等装配约束命令创建密封阀装配模型及装配爆

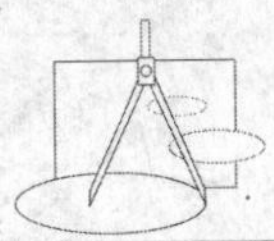

炸图。

课堂训练

根据光盘源文件（chapter8/yundongzz1.prt～yundongzz4.prt）创建运动装置的装配模型，如图 8.58 所示。

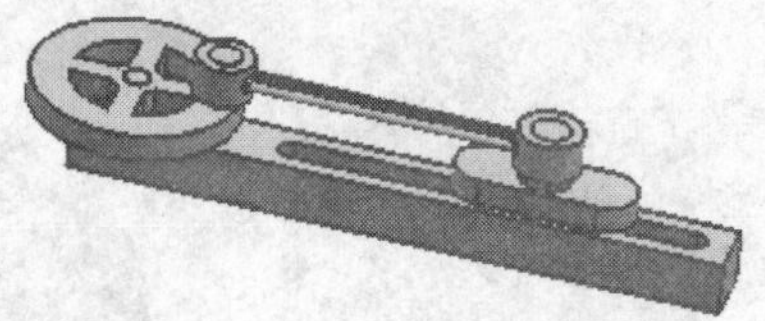

图 8.58　运动装置装配模型

习　题

1．根据光盘源文件（chapter8/Zhoucheng1.prt～Zhoucheng4.prt）创建轴承的装配模型，如图 8.59 所示。

2．根据光盘源文件（chapter8/chuandong1.prt～chuandong6.prt）创建如图 8.60 所示的传动装置的装配模型及如图 8.61 所示的装配爆炸图。

3．根据光盘源文件（chapter8/chilunbeng1.prt～chilunbeng11.prt）创建齿轮泵的装配模型，如图 8.62 所示。

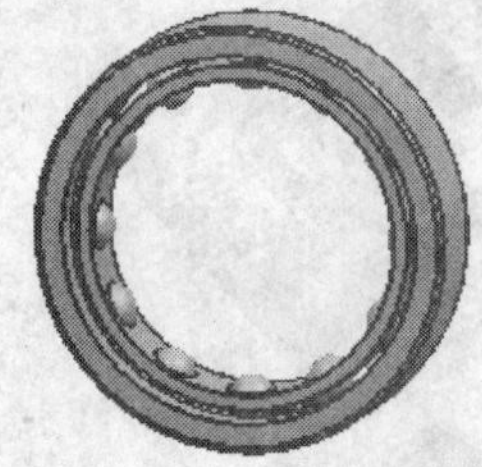

图 8.59　轴承装配模型

图 8.60　传动装置的装配模型

图 8.61　传动装置的装配爆炸图

图 8.62　齿轮泵装配模型

第9章　注塑模具设计

本章要点

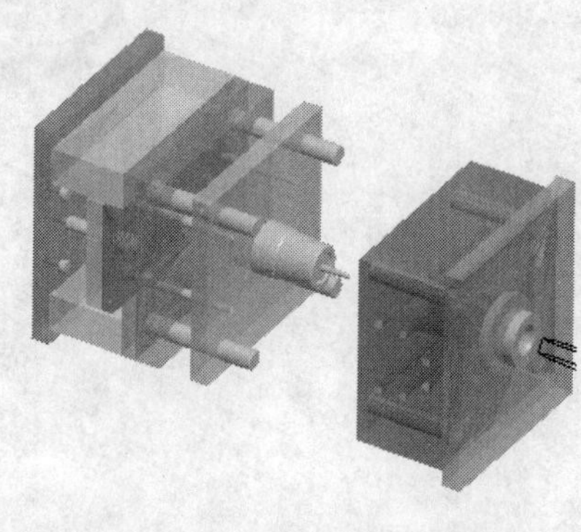

- 📖 进入注塑模向导模块
- 📖 分模设置
- 📖 分型设置
- 📖 添加标准模架

任务案例

- 📖 加载模型
- 📖 名片盒模具设计

注塑模向导模块是 UG 的一个重要的模块，专门用于注塑模具的设计。该模块功能强大、操作方便，对于模具设计有一套基本固定的流程。

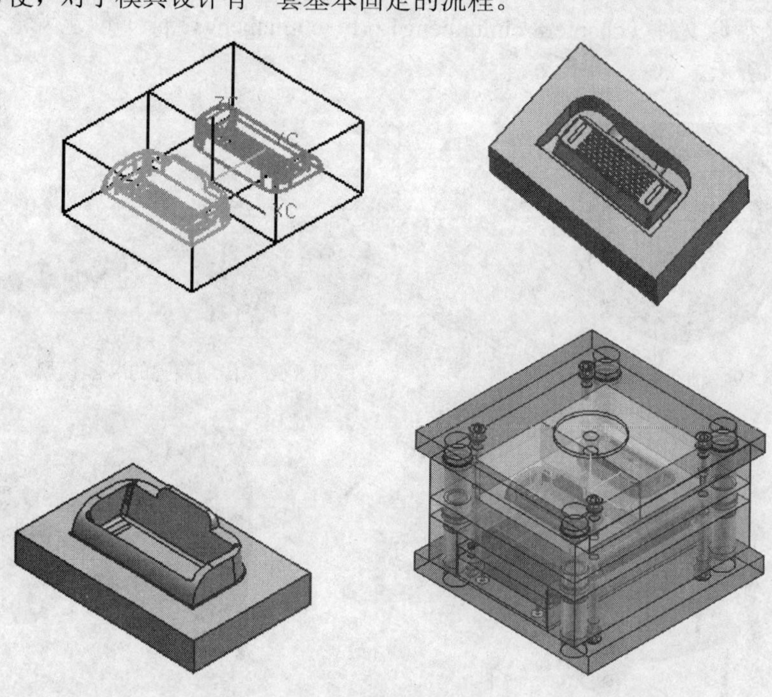

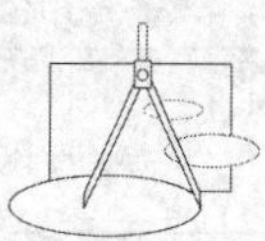

9.1　进入注塑模向导模块

进入注塑模向导模块一般有以下两种方式。

- 单击【标准】工具栏中的开始按钮，在弹出的下拉菜单中选择【所有应用模块】/【注塑模向导】命令。
- 单击如图 9.1 所示的【应用模块】工具栏中的按钮。

图 9.1　【应用模块】工具栏

弹出【注塑模向导】工具栏，如图 9.2 所示。

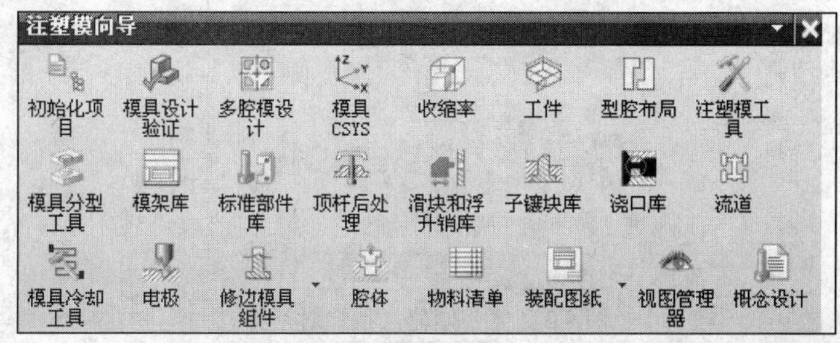

图 9.2　【注塑模向导】工具栏

要点：注塑模向导模块作为一个独立的模块需要专门安装，否则不能用。

9.2　初始化项目

初始化项目命令可以设置创建模具装配的目录以及相关文件的名称，并载入需要进行模具设计的产品零件，是使用注塑模向导模块进行模具设计的第一步。

单击【注塑模向导】工具栏中的按钮，弹出【初始化项目】对话框，如图 9.3 所示。

提示：只有当前装载的零件是该项目的第一个零件时才弹出【初始化项目】对话框，否则系统认为是一模多件，弹出【重命名】对话框。

下面介绍各主要选项的含义。

- 【产品】：选择要进行模具设计的产品。
- 【项目设置】：该栏中选项的含义介绍如下。
  - 【路径】：显示或者修改项目文件的保存路径。

- ➢ Name：显示或者修改项目文件的名称。
- ➢ 【材料】：设置产品的制造材料。
- ➢ 【收缩率】：设置材料在产品成型后的收缩率数值。
- ➢ 【配置】：设置项目的配置方式，包括原先的、Mold.V1 和 ESI 三种。

- 【属性】：显示产品部件的信息和属性。
- 【设置】：设置项目单位和编辑材料数据库等。

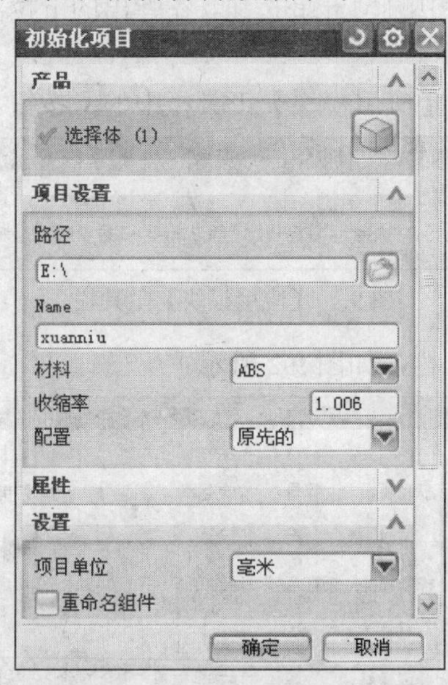

图 9.3 【初始化项目】对话框

初始化完成后，相关的设置不能更改，装配的所有文件自动存储。打开【装配导航器】窗口，可以看到装配结构，如图 9.4 所示。方案初始化的过程复制了两个装配结构，方案装配结构和产品装配结构。方案装配结构后缀为 top、cool、fill、misc、layout，产品装配结构后缀为 prod、shrink、parting、core、cavity、trim、moiding、prod_side_a、prod_side_b。

下面介绍各后缀的含义。

- top：方案的总文件，包含并控制装配组件和模具设计的一些相关数据。
- cool：用于创建冷却的几何实体，该实体用来在镶件或模板上挖槽，放置冷却系统部件。
- fill：用于创建流道和浇口的实体，该实体用来在镶件或模板上挖槽，放置流道和浇口组件。
- misc：用来排列不是独立的标准件部件，如定位环、锁模块等，放置通用标准件。
- layout：用于排列 prod 节点的位置，多腔和多件模有多个分支来排列各个 prod 节点的位置。
- prod：把多个特定的文件组成独立的文件作为装配的下一级部件。
- shrink：保留一个连接原来产品的、放出了收缩率的几何体。

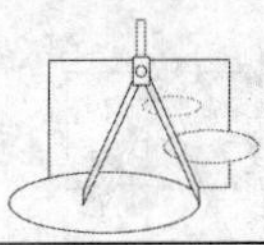

装配导航器

描述性部件名	信息	只	已	位	数量
截面					
xuanniu_top_000					20
xuanniu_var_009					
xuanniu_cool_001					3
xuanniu_cool_side_a...					
xuanniu_cool_side_b...					
xuanniu_fill_011					
xuanniu_misc_005					3
xuanniu_misc_side_a...					
xuanniu_misc_side_b...					
xuanniu_layout_016					11
xuanniu_prod_003					10
xuanniu					
xuanniu_shrink_004					
xuanniu_parting_017					
xuanniu_core_006					
xuanniu_cavity_002					
xuanniu_trim_010					
xuanniu_molding_018					
xuanniu_prod_sid...					
xuanniu_prod_sid...					

图 9.4　产品装配树

- parting：保留一个已给定比例的、原来产品的连接体，一个用来创建型腔和型芯块的镶件。在这个部件创建分型面。
- core：包含产品模型的型芯部分，要与 parting 文件中的基体保持曲面连接。
- cavity：包含产品模型的型腔部分，要与 parting 文件中的基体保持曲面连接。
- trim：调用 trim 组件中的连接片体用于修剪标准件。
- moiding：保存原来产品模型的连接体，模具的成型特征被加在该部件中的产品连接体上，使产品模型有利于制模。
- prod__side__a 和 prod__side__b：分别是模具 a 侧和 b 侧组件的子装配结构。这样允许两个设计师同时设计一个项目。

9.3　定义模具坐标系

定义模具坐标系，就是将产品子装配从工作坐标系转移到模具装配的绝对坐标系，并以绝对坐标系作为模具坐标系。

单击【注塑模向导】工具栏中的按钮，弹出【模具 CSYS】对话框，如图 9.5 所示。

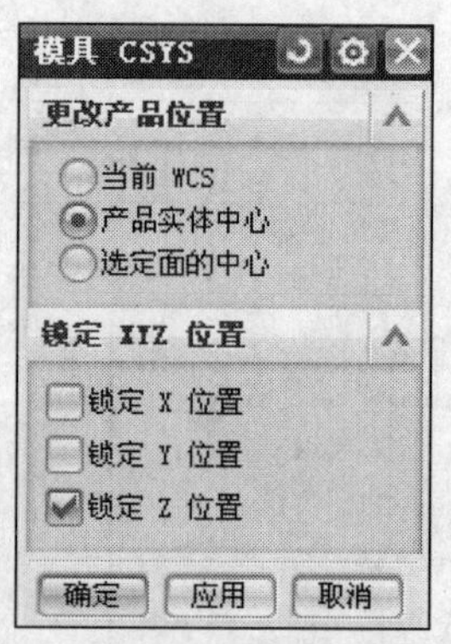

图 9.5　【模具 CSYS】对话框

下面介绍各主要选项的含义。

- 【当前 WCS】：设置模具坐标系与当前产品模型的 WCS 重合。
- 【产品实体中心】：设置模具坐标系在产品的最大轮廓中心。
- 【选定面的中心】：设置模具坐标系在所选面的中心。
- 【锁定 X 位置】：允许重新放置模具坐标而保持被锁定的 YC-ZC 平面的位置不变。
- 【锁定 Y 位置】：允许重新放置模具坐标而保持被锁定的 ZC-XC 平面的位置不变。
- 【锁定 Z 位置】：允许重新放置模具坐标而保持被锁定的 XC-YC 平面的位置不变。

提示： 定义模具坐标系的方法就是先把 UG 的工作坐标系（WCS）定义到规定位置，然后使用 Mold Wizard 的模具坐标系功能来定义。

9.4　收　缩　率

收缩率是指塑件成型后尺寸的变动范围。单击【注塑模向导】工具栏中的按钮，弹出【缩放体】对话框，如图 9.6 所示。

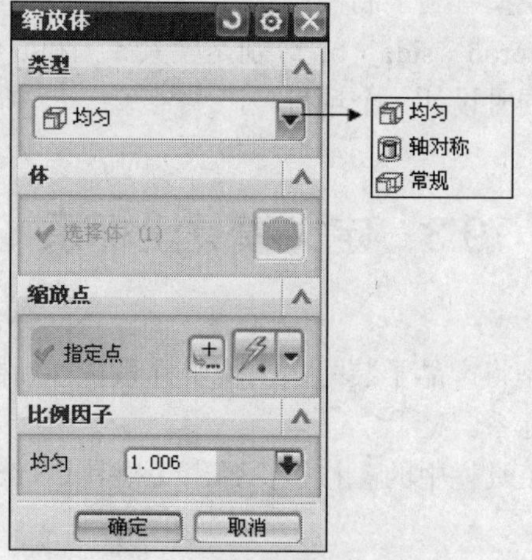

图 9.6　【缩放体】对话框

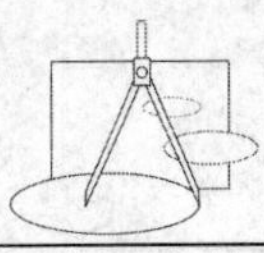

下面介绍部分选项的含义。

- 【均匀】：设置整个模型在各个方向上均匀收缩。
- 【轴对称】：可使模型在轴向和其他方向设置不同的收缩值。
- 【常规】：可使模型在 X、Y、Z 三个方向上设置不同的收缩值。

提示：控制产品成型后的收缩率是模具设计的一项重要内容，它直接影响产品的尺寸精度，特别是对于大型的塑料制品而言。

9.5 定义工件

工件是用来生成模具的型芯和型腔的实体，工件尺寸的确定以型芯、型腔及标准模架的尺寸为依据。

单击【注塑模向导】工具栏中的按钮，弹出【工件】对话框，如图 9.7 所示。【工件】示意图如图 9.8 所示。

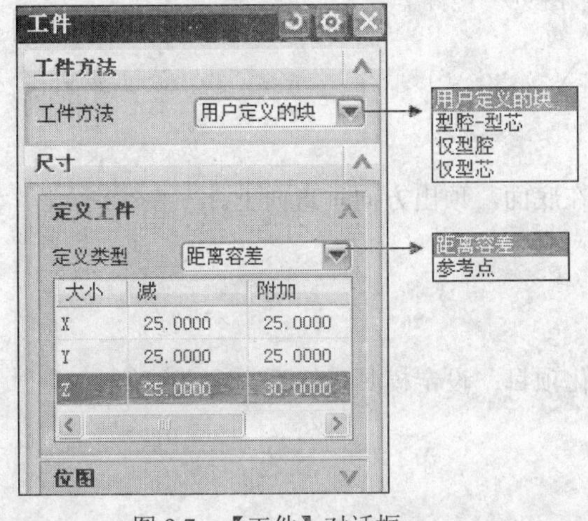

图 9.7　【工件】对话框

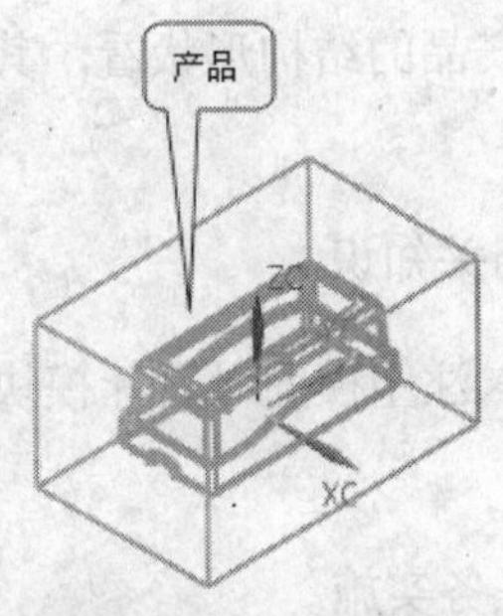

图 9.8　工件示意图

下面介绍各主要选项的含义。

- 【用户定义的块】：设置模具工件的构建方式为自定义。
- 【型腔-型芯】：设置模具工件构建包括型腔和型芯。
- 【仅型腔】：只设置型腔的模具工件。
- 【仅型芯】：只设置型芯的模具工件。
- 【距离容差】：使模型的最大轮廓与输入模具各面上的边重合，构建工件尺寸。
- 【参考点】：通过在模型上指定参考点与输入 X、Y、Z 方向距离的方式构建工件尺寸。

9.6 加载模型

任务 9-1　加载模型 

根据如图 9.9 所示的产品零件设置工件，完成产品模型的加载。

图 9.9　塑料盒

任务分析

从产品的结构形状看，其分型面在底面，顶出方向垂直向上。

相关知识

进入注塑模向导设计模块；初始化项目；设定模具坐标系；定义工件。

任务实施

※ **STEP 1**　进入 UG 建模模块，打开源文件 chapter9/9.9.prt。

※ **STEP 2**　进入注塑模向导设计模块

单击【标准】工具栏中的开始按钮，在弹出的下拉菜单中选择【所有应用模块】/【注塑模向导】命令，或者单击【应用】工具栏中的按钮，弹出【注塑模向导】工具栏，如图 9.10 所示。

图 9.10　【注塑模向导】工具栏

※ **STEP 3**　初始化项目

单击【注塑模向导】工具栏中的按钮，弹出【初始化项目】对话框，如图 9.11 所示。

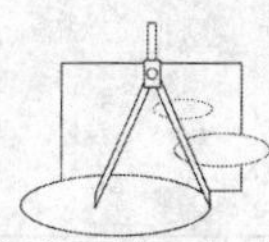

在该对话框中会直接显示产品的文件路径和名称。设置产品【材料】为 ABS，【收缩率】为 1.006，【配置】为【原先的】，【项目单位】为【毫米】。单击 确定 按钮，完成项目的初始化工作，效果如图 9.12 所示。

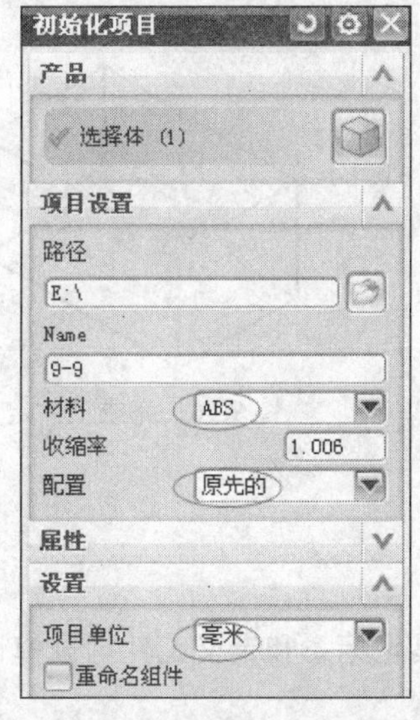

图 9.11　【初始化项目】对话框

图 9.12　完成项目初始化

※ STEP 4　设定模具坐标系

（1）分析产品开模方向，现 XC-YC 面为产品最大面，ZC 方向即为顶出方向，因此不需要旋转坐标系。

（2）单击【注塑模向导】工具栏中的按钮，弹出【模具 CSYS】对话框，如图 9.13 所示。选中【产品实体中心】单选按钮，同时选中【锁定 Z 位置】复选框，单击 确定 按钮，将产品的工作坐标原点平移到模具绝对坐标原点，如图 9.14 所示。

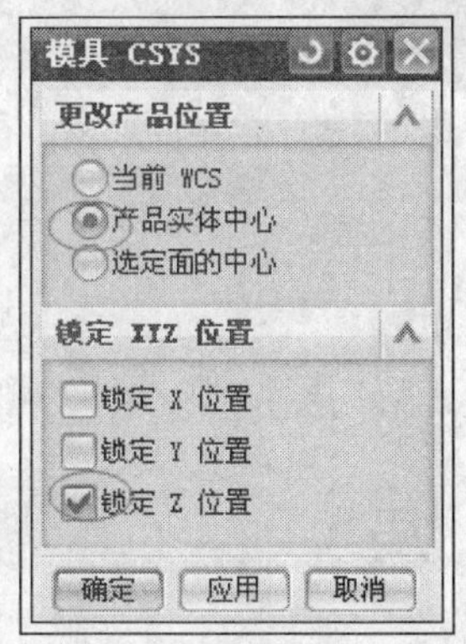

图 9.13　【模具 CSYS】对话框

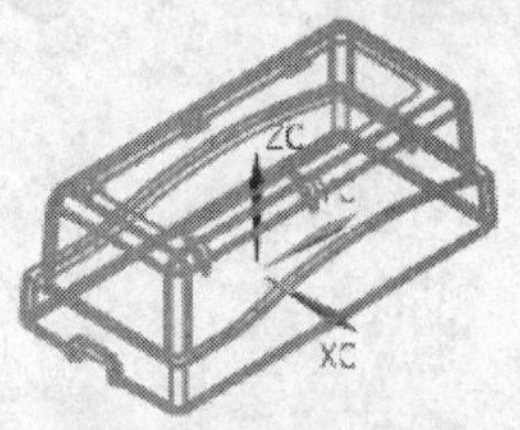

图 9.14　模具坐标系

※ STEP 5　定义工件

单击【注塑模向导】工具栏中的按钮，弹出【工件】对话框，设置工件尺寸如图 9.15 所示。单击 确定 按钮，完成工件的定义，如图 9.16 所示。

图 9.15　【工件】对话框

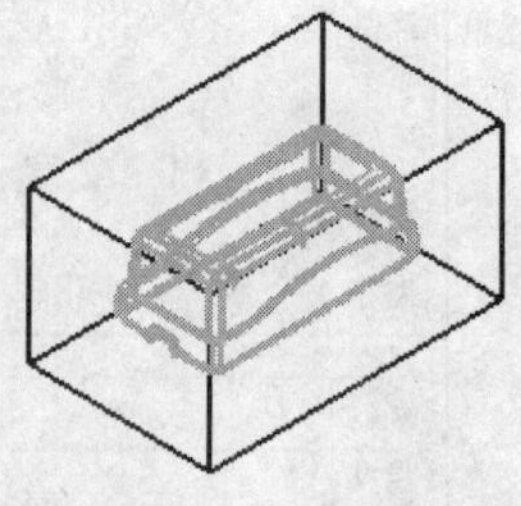

图 9.16　完成工件定义

任务总结

利用注塑模向导模块中的初始化项目、设定模具坐标系和定义工件等分模设置命令，完成产品模型的加载。

课堂训练

打开随书光盘文件 chapter9/9.17.prt，完成对如图 9.17 所示壳体零件的模型加载。

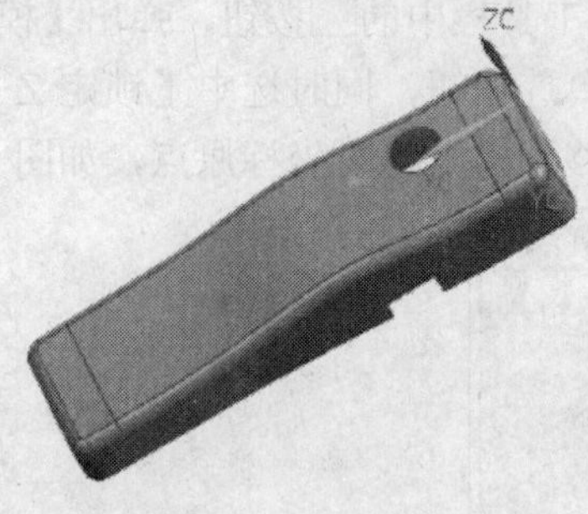

图 9.17　壳体模型

9.7　型 腔 布 局

型腔布局是指进行模具型腔的排列分布。单击【注塑模向导】工具栏中的按钮，弹出【型腔布局】对话框，如图 9.18 所示。型腔布局示意图如图 9.19 所示。

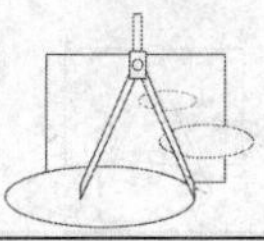

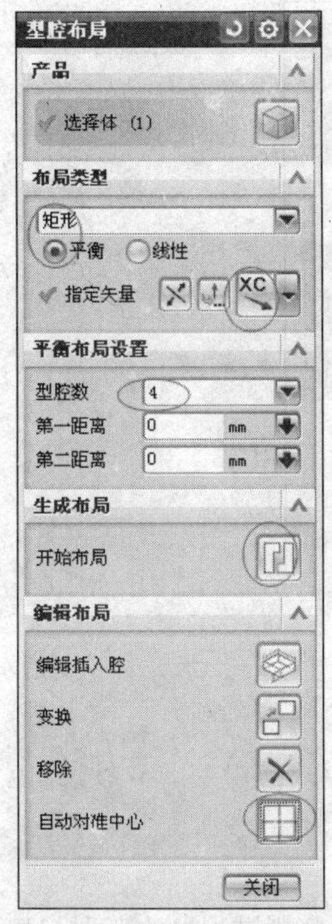

图 9.18　【型腔布局】对话框

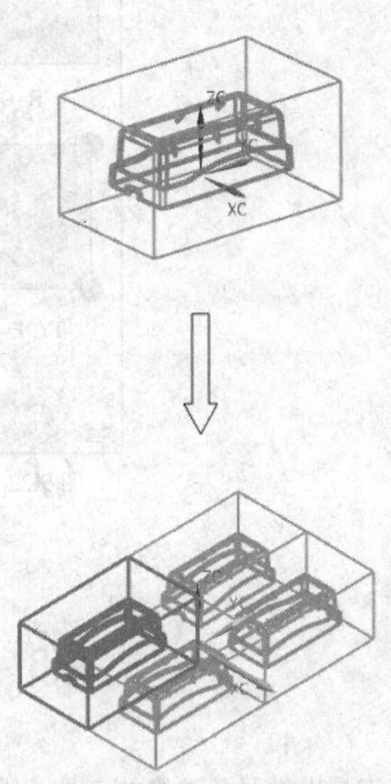

图 9.19　型腔布局示意图

下面介绍各主要选项的含义。

- 【矩形】：以矩形阵列的方式布局模具型腔，如图 9.20 所示。
- 【圆形】：以圆形阵列的方式布局模具型腔，如图 9.21 所示。

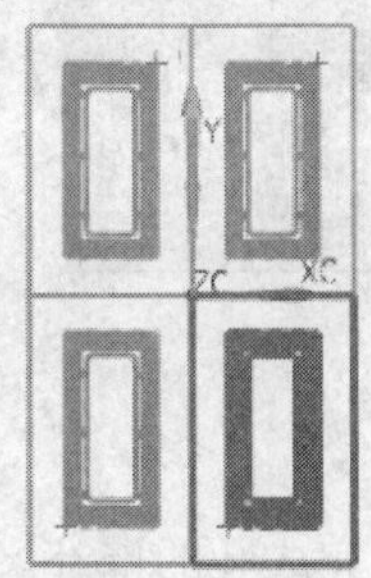

图 9.20　矩形方式示意图

图 9.21　圆形方式示意图

- 【编辑插入腔】：单击该按钮，弹出如图 9.22 所示的【插入腔体】对话框，可以对模具型腔的边角进行定义。
- 【变换】：单击该按钮，可以对模具型腔进行旋转或移动等操作。
- 【移除】：单击该按钮，可以将所选择的模具型腔移除。
- 【自动对准中心】：单击该按钮，可以自动将模具型腔中心对准到模具坐标中。

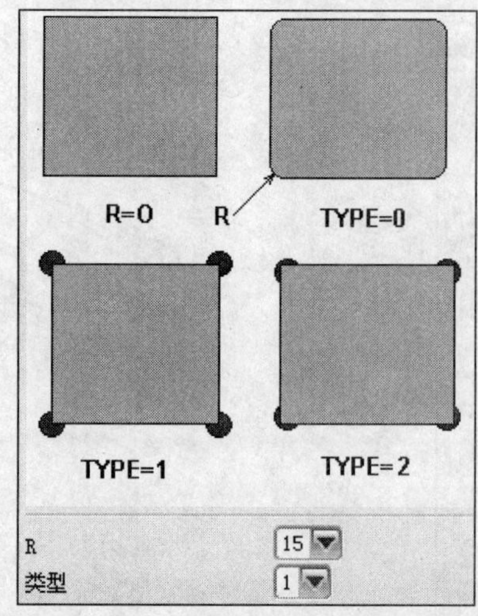

图 9.22　【插入腔体】对话框

9.8　模 具 工 具

模具工具提供了各种修补工具，用于简化加载产品的分模过程，改变型腔和型芯的结构等，是分模前需要完成的工作。单击【注塑模向导】工具栏中的按钮，弹出【注塑模工具】工具栏，如图 9.23 所示。

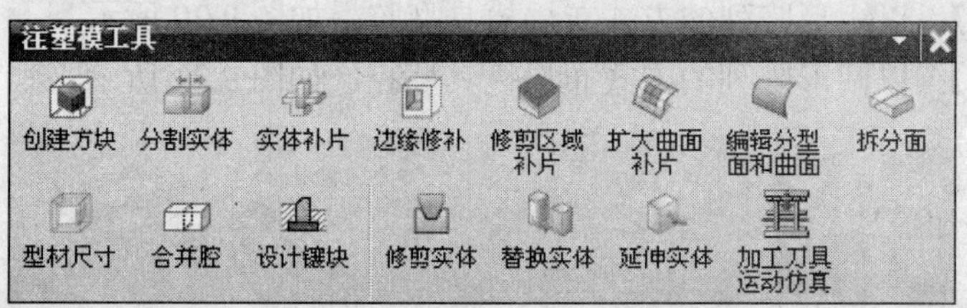

图 9.23　【注塑模工具】对话框

1．边缘修补

边缘修补工具可以通过面、体和移刀（边线）三种类型完成孔的修补。单击【注塑模工具】工具栏中的按钮，弹出【边缘修补】对话框，如图 9.24 所示。选择如图 9.25 所示的修补面，在对话框中选择【类型】为【面】，单击确定按钮，修补效果如图 9.26 所示。

2．实体修补

创建方块属于实体修补功能，主要用于填充未封闭的区域和简化产品模型。单击【注塑模工具】工具栏中的按钮，弹出【创建方块】对话框，如图 9.27 所示。根据提示选取如图 9.28 所示的椭圆形孔中心，立即变换成如图 9.29 所示的方块。默认为如图 9.27 所示

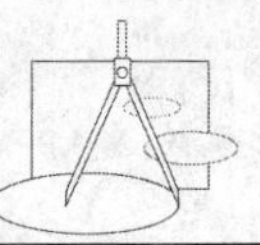

对话框中 10×10×10 的方块尺寸，单击 确定 按钮，即可创建方块，如图 9.30 所示。

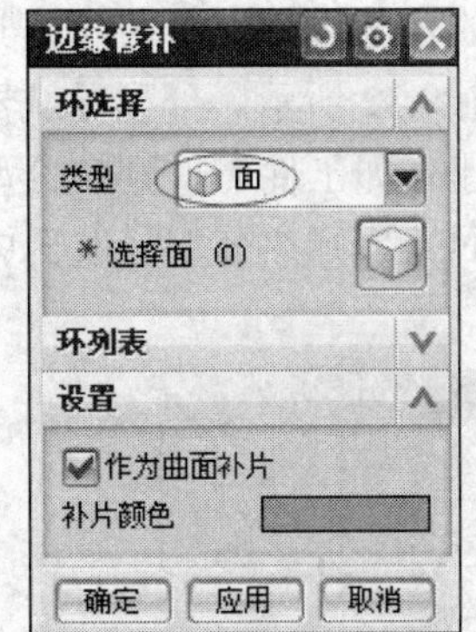

图 9.24　【边缘修补】对话框

图 9.25　边缘修补

图 9.26　修补结果

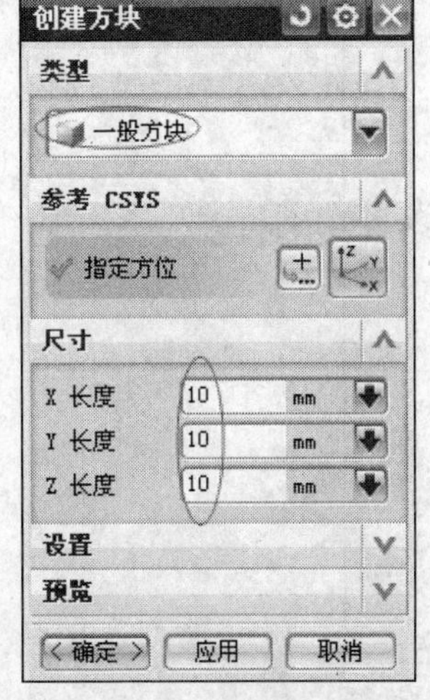

图 9.27　【创建方块】对话框

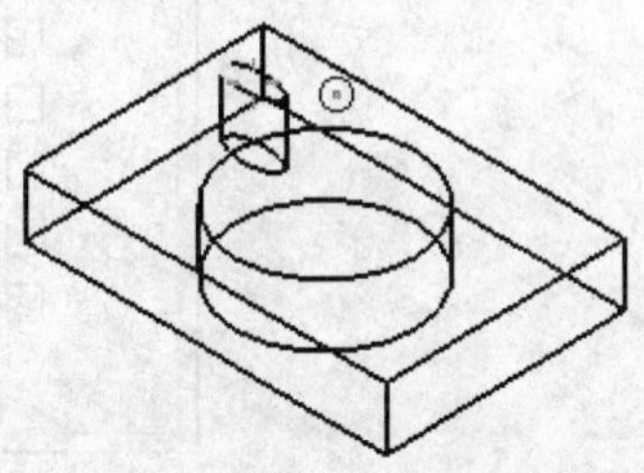

图 9.28　选取椭圆形孔中心

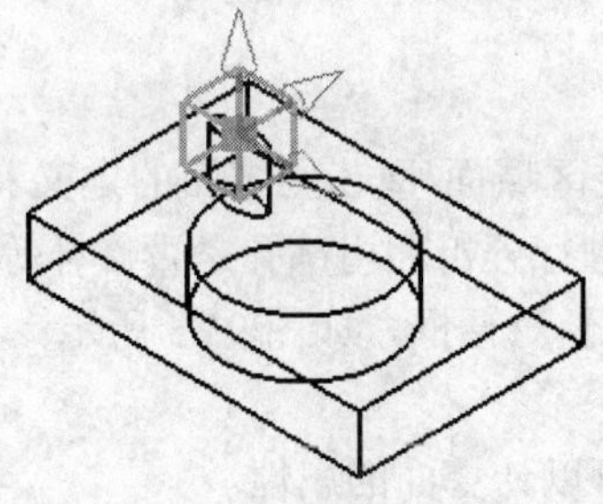

图 9.29　形成方块模样

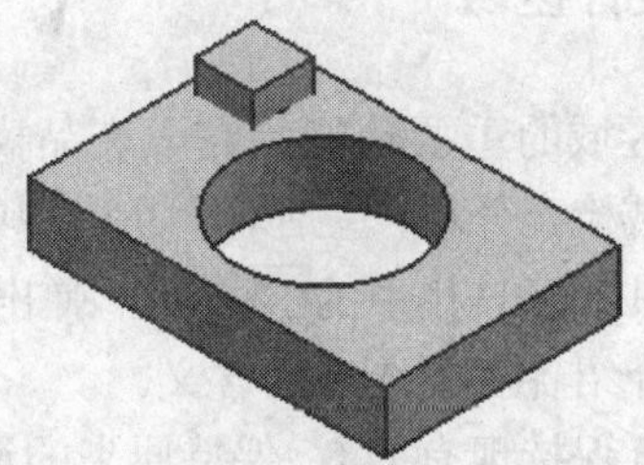

图 9.30　创建方块

9.9　分型设置

分型的目的是用分型面将工件分开，从而得到模具的型芯和型腔。单击【注塑模向导】

工具栏中的▇按钮，弹出如图 9.31 所示的【模具分型工具】工具栏，其中包含了区域分析、曲面补片、定义区域、设计分型面、定义型腔和型芯等分型的全部过程。单击【模具分型工具】工具栏中的▇按钮，弹出【分型导航器】对话框，如图 9.32 所示。分型导航器主要是对分型对象进行管理，若当前已完成某些特征的定义或创建（如工件），则在分型导航器中以加亮显示；若当前某些特征未被定义或创建（如分型面），则在分型导航器中以灰暗色显示。

图 9.31　【模具分型工具】工具栏

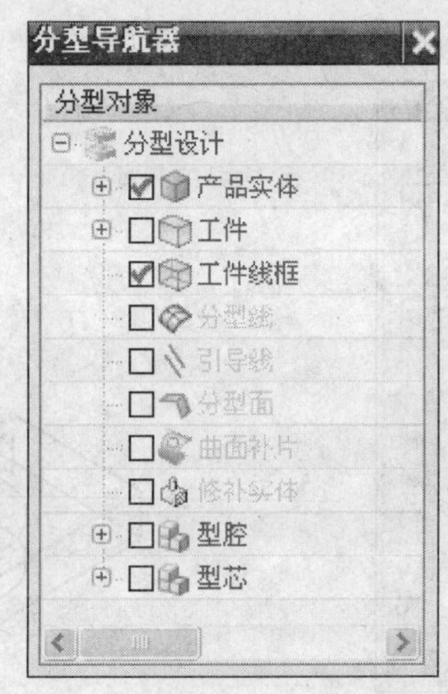

图 9.32　【分型导航器】对话框

9.9.1　设计区域

设计区域的主要功能是完成产品模型上的型腔区域面/型芯区域面的定义和对产品模型进行区域检查分析，包括对产品模型的脱模角度进行分析和内部孔是否修补等。单击【模具分型工具】工具栏中的▇按钮，弹出【检查区域】对话框，如图 9.33 所示。

下面介绍各主要选项的含义。

- 【保持现有的】：保持原来的设计不变，可以计算面的属性。
- 【仅编辑区域】：对原来的设计进行编辑工作，将不会计算面的属性。
- 【全部重置】：重新设置。
- 【▇按钮】：单击该按钮，弹出如图 9.34 所示的【矢量】对话框，可通过该对话框重新设置开模方向。
- 【▇按钮】：对产品模型进行分析计算。

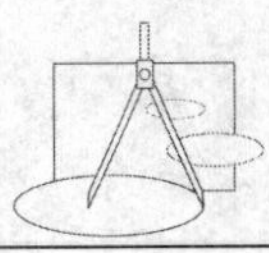

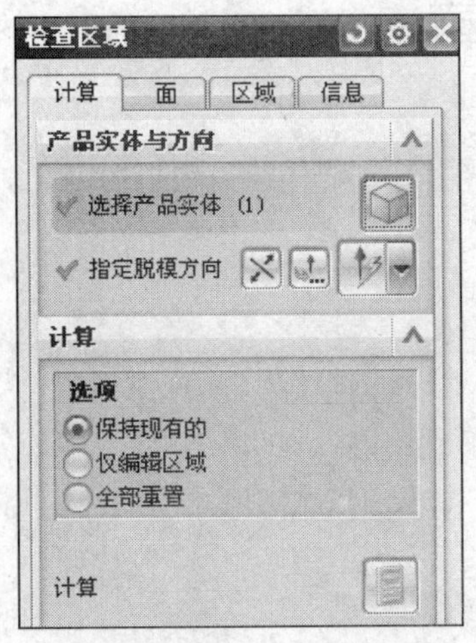

图 9.33　【检查区域】对话框

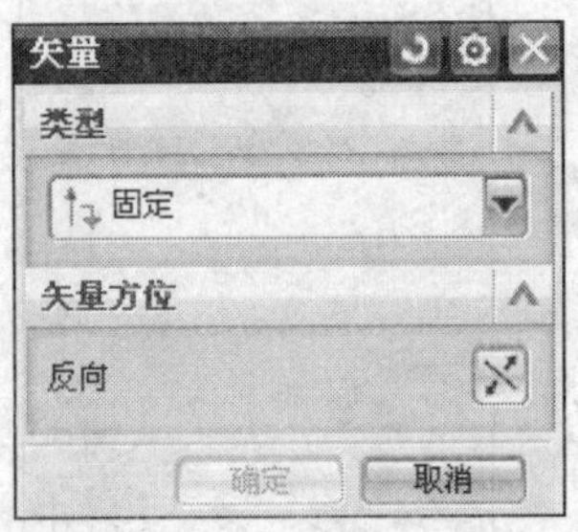

图 9.34　【矢量】对话框

9.9.2　创建区域和分型线

单击【模具分型工具】工具栏中的按钮，弹出【定义区域】对话框，如图 9.35 所示。在【设置】选项下选中【创建区域】和【创建分型线】复选框，单击确定按钮，完成型腔、型芯区域和分型线的创建。如图 9.36 所示为创建分型线的示意图。

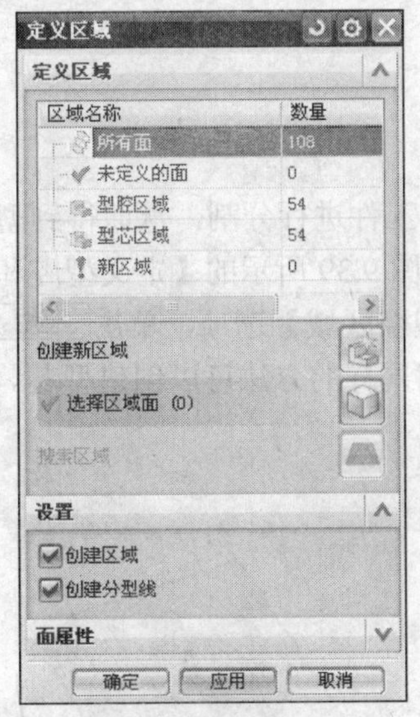

图 9.35　【定义区域】对话框

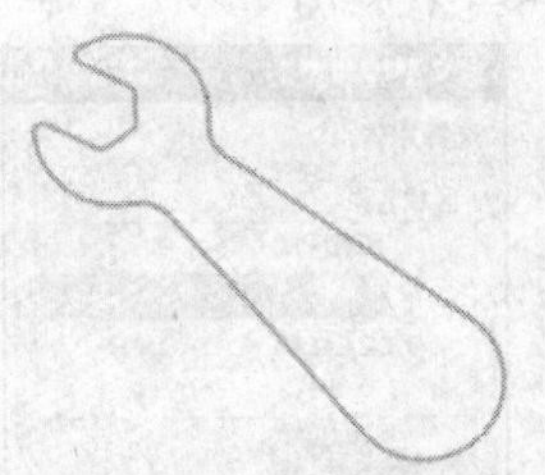

图 9.36　分型线示意图

9.9.3　创建分型面

分型面是指模具中型芯和型腔的分型片体，主要用于分割工件以得到型芯和型腔。单击【模具分型工具】工具栏中的按钮，弹出【设计分型面】对话框，如图 9.37 所示。在【创建分型面】区域单击【有界平面】按钮，在【设置】选项的【分型面长度】文本框

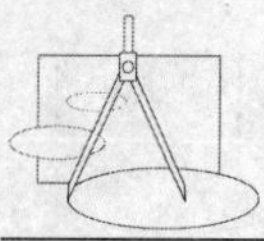

中输入合适的长度数值，然后按 Enter 键。单击确定按钮，完成分型面的创建。如图 9.38 所示为创建分型面的示意图。

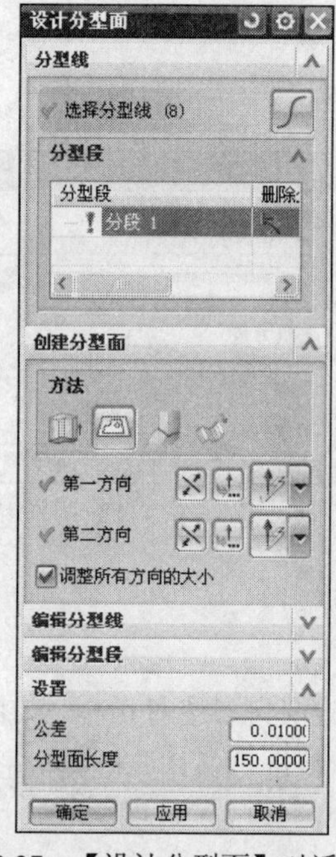

图 9.37 【设计分型面】对话框

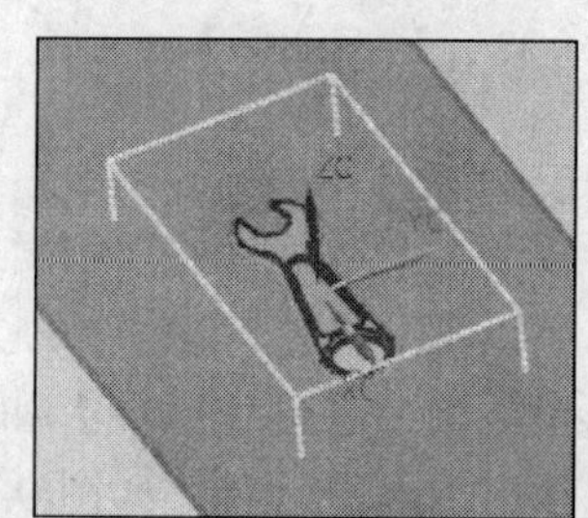

图 9.38 分型面示意图

9.9.4 创建型芯和型腔

创建型芯和型腔功能是利用已创建的分型面对工件进行分割，从而得到型芯和型腔。单击【模具分型工具】工具栏中的按钮，弹出如图 9.39 所示的【定义型腔和型芯】对话框。在该对话框中选取【选择片体】区域下的【型腔区域】选项，单击应用按钮，即可创建型腔，如图 9.40 所示为一个型腔的示意图。用同样的方法可以创建型芯。

图 9.39 【定义型腔和型芯】对话框

图 9.40 型腔示意图

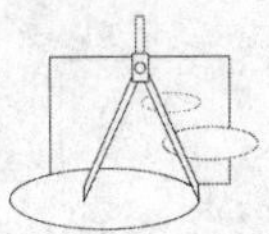

9.10　注塑模高级应用功能

9.10.1　模架设置

模架是注塑模的骨架和基体，模具的各个组成部分都依附于模架之中。设计模具时应尽量选用合适的标准模架，以简化模具的设计和制造。

单击【注塑模向导】工具栏中的按钮，弹出【模架设计】对话框，如图 9.41 所示。通过该对话框可以选择模架目录、类型、型号及设置模架尺寸参数等。

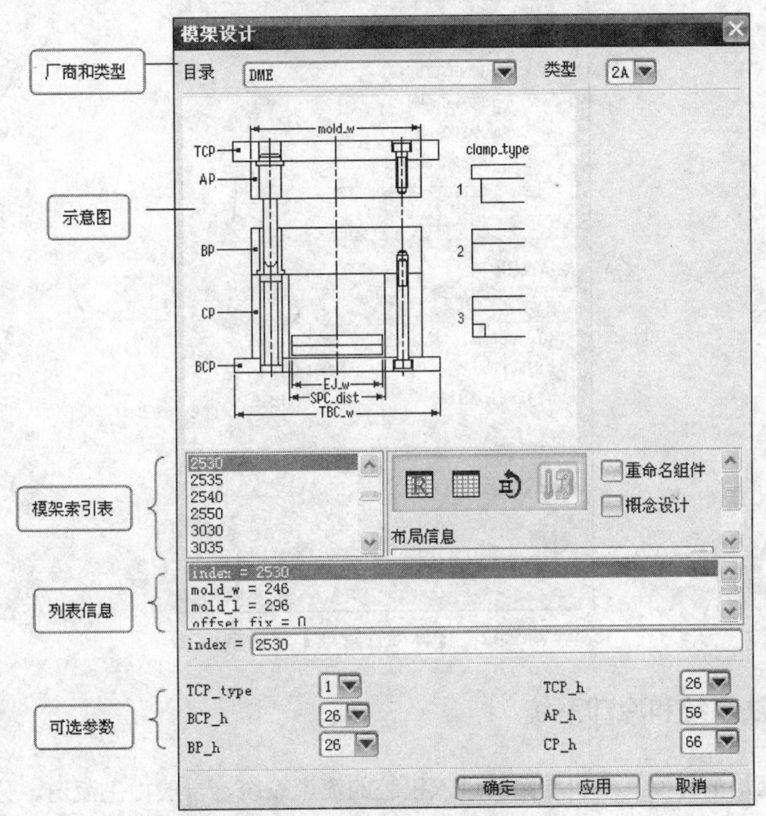

图 9.41　【模架设计】对话框

下面介绍【框架设计】对话框各部分的含义。

- 【厂商和类型】：选择不同厂商的模型类型。
- 【模架索引表】：列出所选模架类型的所有型号。
- 【可选参数】：对照模架示意图，设置模架主要参数，如 A 板、B 板厚度等。
- 【编辑注册文件】：打开模架的电子表格文件查看模架信息。
- 【编辑数据库】：打开当前模架数据的电子文件。
- 【旋转模架】：将模架绕 Z 轴旋转 90°。

● 【编辑组件】：对指定的模架组件或标准件进行编辑。

9.10.2 标准件设置

在注塑模具设计中，除了模架以及与模架配套的螺钉、销钉、导柱、导套等做成标准件以外，还有其他的零件也可以做成标准件，如定位环、顶杆、定位销、弹簧和滑杆机构等。

单击【注塑模向导】工具栏中的按钮，弹出【标准件管理】对话框，如图 9.42 所示。根据需要可设置各个标准件的参数。

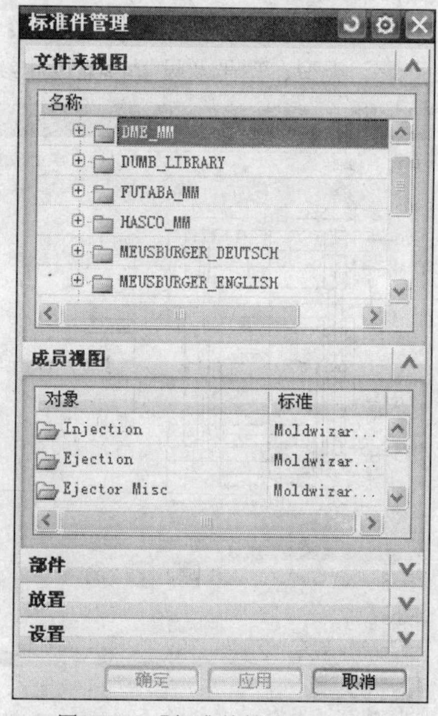

图 9.42 【标准件管理】对话框

9.10.3 浇注系统和冷却系统

浇注系统是塑料模具中引导塑料进入模腔的流道系统，一般由主流道、分流道和浇口 3 部分组成。

在塑件成型的过程中，如果模具的温度过高，成型的收缩率就大，塑性变形相应增加，容易造成滞料和粘模等现象。同时模具的温度越高，冷却的时间越长，影响生产效率。因此在模具的设计中必须考虑冷却系统，即在注塑完成后，通过循环水的作用，降低模具温度。

浇注系统和冷却系统是注塑模具设计的重要环节，其设计过程都可以通过注塑模向导模块完成，在此就不再详述了。

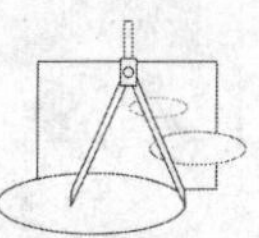

9.11　模 具 设 计

任务 9-2　名片盒模具设计

根据如图 9.43 所示的名片盒的三维模型，进行模具设计。

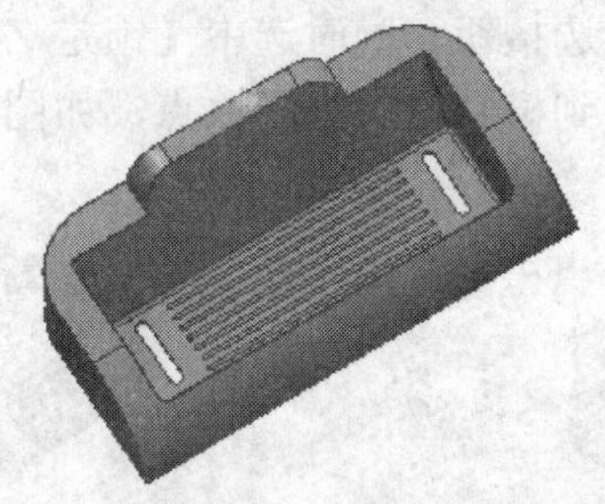

图 9.43　名片盒模型

任务分析

从产品的结构形状看，分型面在底面，顶出方向垂直向上，底面的两个孔需要修补。

相关知识

初始化项目，定义模具坐标系，定义工件，型腔布局，修补曲面，编辑分型线，创建分型面，创建型芯、型腔，添加标准模架等。

任务实施

※ STEP 1　进入 UG 建模模块，打开源文件 chapter9/9.43.prt。

※ STEP 2　进入注塑模向导设计模块

单击【标准】工具栏中的开始按钮，在弹出的下拉菜单中选择【所有应用模块】/【注塑模向导】命令，或者单击【应用模块】工具栏中的按钮，弹出【注塑模向导】工具栏，如图 9.44 所示。

图 9.44　【注塑模向导】工具栏

※ STEP 3 初始化项目

单击【注塑模向导】工具栏中的按钮，弹出如图 9.11 所示的【初始化项目】对话框。在该对话框中，会直接显示产品文件路径和产品名称。设置产品【材料】为 ABS，【收缩率】为 1.006，【配置】为【原先的】，【项目单位】为【毫米】。单击确定按钮，完成项目的初始化工作，效果如图 9.45 所示。

※ STEP 4 设定模具坐标系

（1）分析产品开模方向，现 XC-YC 面为产品最大面，ZC 方向即为顶出方向，因此不需要旋转坐标系。

（2）单击【注塑模向导】工具栏中的按钮，弹出如图 9.13 所示的【模具 CSYS】对话框。选中【产品实体中心】单选按钮，同时选中【锁定 Z 位置】复选框。单击确定按钮，将产品的工作坐标原点平移到模具绝对坐标原点，如图 9.46 所示。

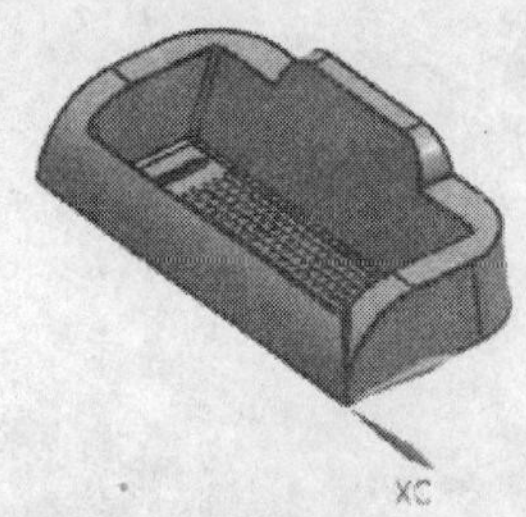

图 9.45 完成项目初始化

图 9.46 模具坐标系

※ STEP 5 定义工件

单击【注塑模向导】工具栏中的按钮，弹出【工件】对话框，设置工件尺寸如图 9.47 所示。单击确定按钮，完成工件的定义，如图 9.48 所示。

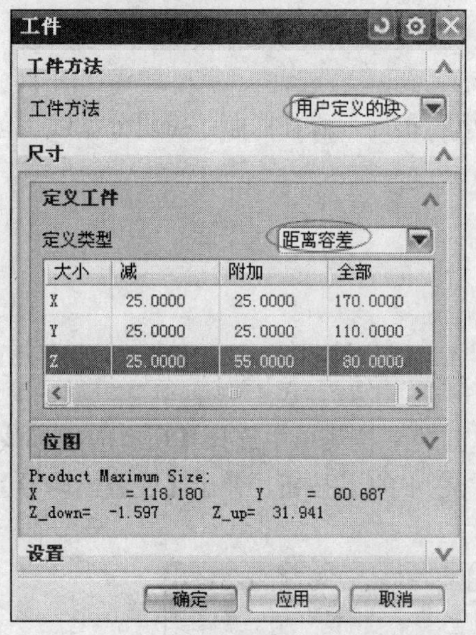

图 9.47 【工件】对话框

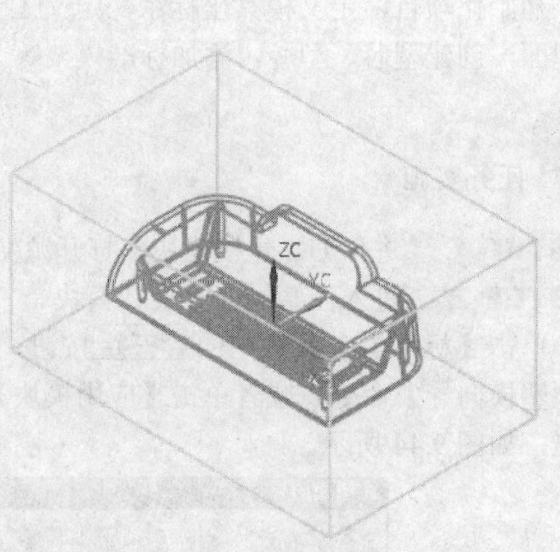

图 9.48 完成工件定义

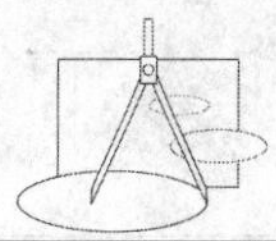

※ STEP 6　型腔布局

单击【注塑模向导】工具栏中的按钮，弹出如图 9.18 所示的【型腔布局】对话框。在该对话框中选择【矩形】布局，【平衡】方式，设置【指定矢量】为 YC 方向，【型腔数】为 2，单击【开始布局】按钮，再单击【自动对准中心】按钮，创建两个型腔，如图 9.49 所示。

在【型腔布局】对话框中单击【编辑插入腔】按钮，弹出如图 9.22 所示的【插入腔体】对话框。在该对话框中选择 R 值为 15、【类型】为 1，完成对模具型腔边角的定义，单击 确定 按钮，效果如图 9.50 所示。

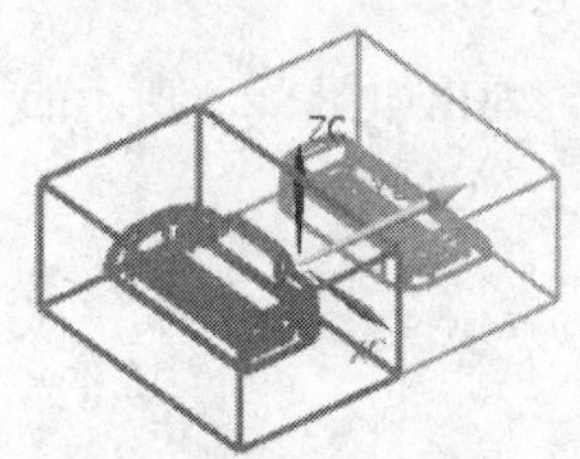

图 9.49　创建两个型腔

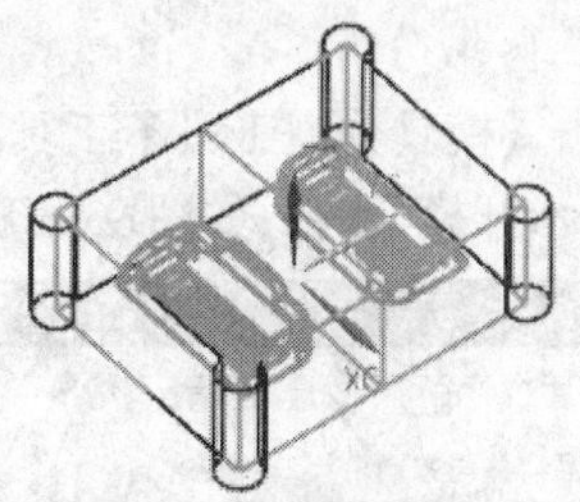

图 9.50　定义型腔边角

※ STEP 7　打开【模具分型工具】工具栏

单击【注塑模向导】工具栏中的按钮，弹出【模具分型工具】工具栏，如图 9.51 所示。

图 9.51　【模具分型工具】工具栏

※ STEP 8　曲面修补

单击【模具分型工具】工具栏中的按钮，弹出如图 9.52 所示【边缘修补】对话框。选择如图 9.53 所示带孔的曲面，单击 确定 按钮，完成曲面修补，如图 9.54 所示。

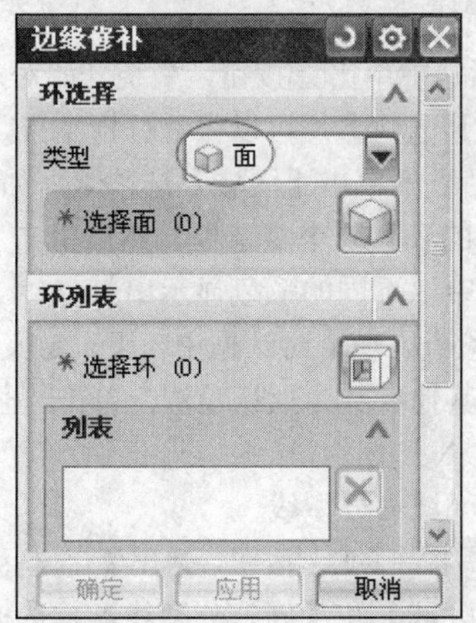

图 9.52　【边缘修补】对话框

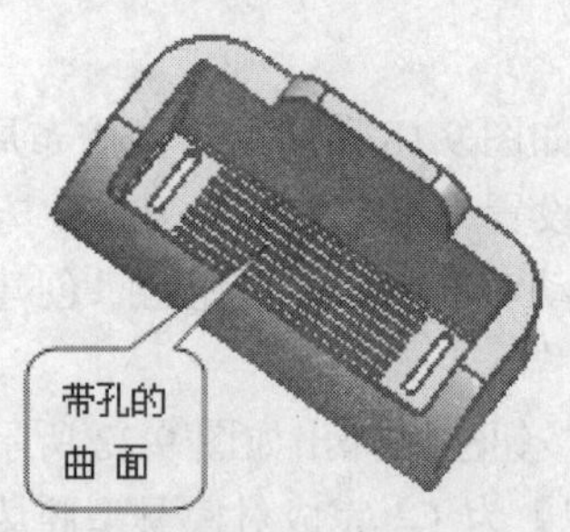

图 9.53 选择曲面

图 9.54 完成曲面修补

※ STEP 9 区域分析

（1）单击【模具分型工具】工具栏中的按钮，弹出如图 9.55 所示的【检查区域】对话框，并显示开模方向，如图 9.56 所示。

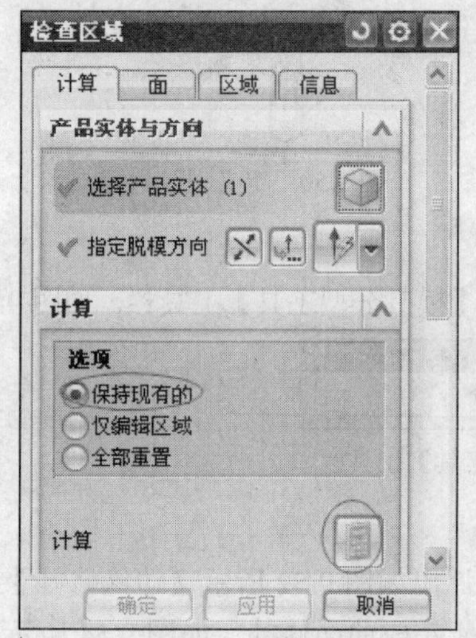

图 9.55 【检查区域】对话框（1）

图 9.56 开模方向

（2）在【检查区域】对话框中单击按钮，系统开始对产品模型进行分析计算。单击【检查区域】对话框中的【面】选项卡，可以查看分析结果，如图 9.57 所示。

（3）在【检查区域】对话框中单击【区域】选项卡，如图 9.58 所示。取消选中【内环】、【分型边】和【不完整的环】3 个复选框，然后单击【设置区域颜色】按钮，设置各区域颜色，同时会在模型中以不同的颜色显示出来。

（4）在图 9.58 所示的【检查区域】对话框中，【未定义的区域】显示为 0，因而不需要补充定义型芯和型腔区域。其他参数为默认设置，单击取消按钮，关闭【检查区域】对话框。

※ STEP 10 创建型腔/型芯区域和分型线

单击【模具分型工具】工具栏中的按钮，弹出【定义区域】对话框，如图 9.59 所示。在【设置】选项下选中【创建区域】和【创建分型线】复选框，单击确定按钮，完成型腔/型芯区域和分型线的创建，效果如图 9.60 所示。

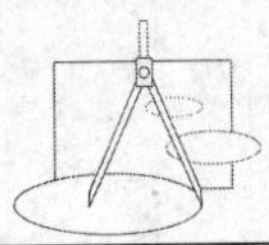

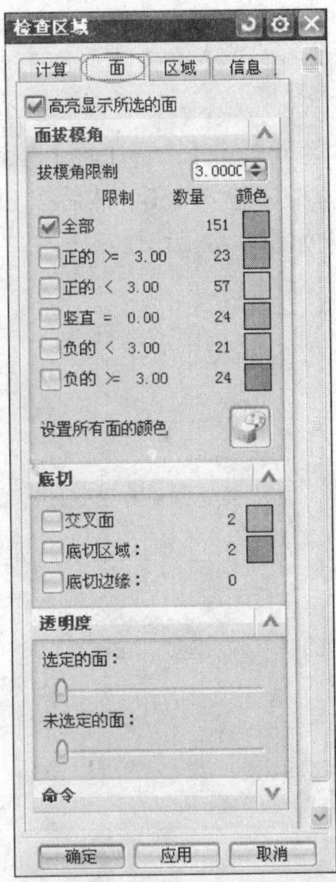

图 9.57　【检查区域】对话框（2）

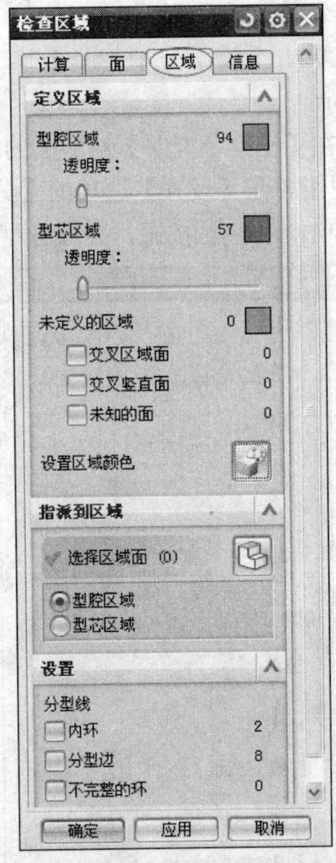

图 9.58　【检查区域】对话框（3）

图 9.59　【定义区域】对话框

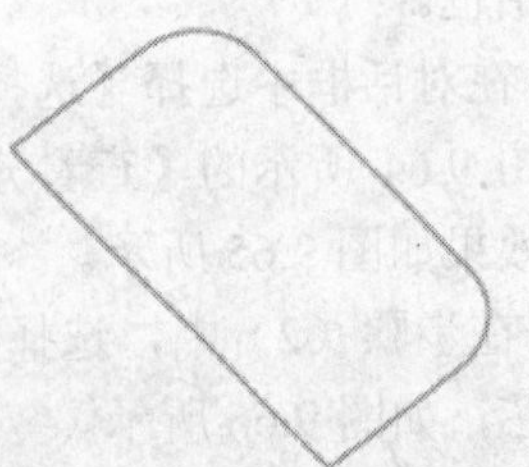

图 9.60　创建分型线

※ STEP 11 创建分型面

（1）单击【模具分型工具】工具栏中的按钮，弹出【设计分型面】对话框，如图 9.61 所示。

（2）在【设计分型面】对话框的【创建分型面】区域单击【有界平面】按钮，再单击 应用 按钮。在【设置】选项的【分型面长度】文本框中输入 150，然后按 Enter 键。

（3）单击 确定 按钮，完成分型面的创建，效果如图 9.62 所示。

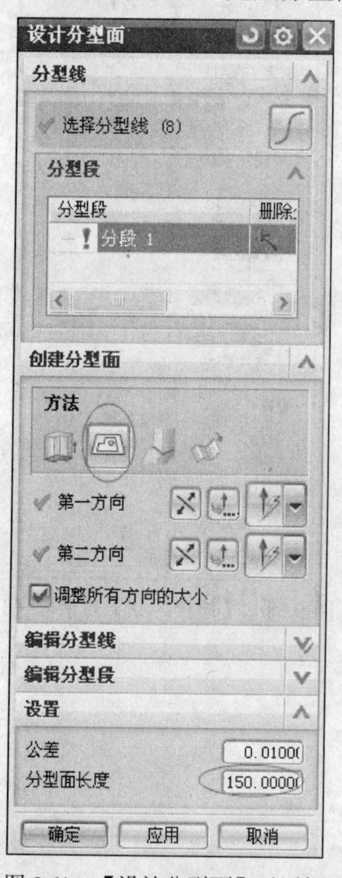

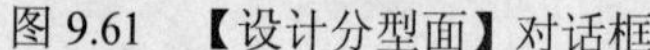

图 9.61 【设计分型面】对话框

图 9.62 创建分型面

※ STEP 12 创建型腔、型芯

（1）单击【模具分型工具】工具栏中的按钮，弹出如图 9.63 所示的【定义型腔和型芯】对话框。

（2）在对话框中选择【选择片体】区域下的【型腔区域】选项，单击 应用 按钮。此时弹出如图 9.64 所示的【查看分型结果】对话框，接受系统默认方向，单击 确定 按钮，创建型腔效果如图 9.65 所示。

（3）在步骤（2）中，选择【选择片体】区域下的【型芯区域】选项，再用同样的方法创建型芯，如图 9.66 所示。

（4）选择【文件】/【全部保存】命令，保存文件。

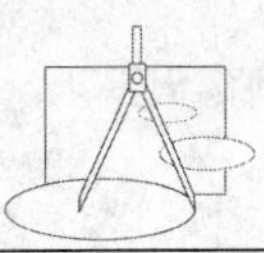

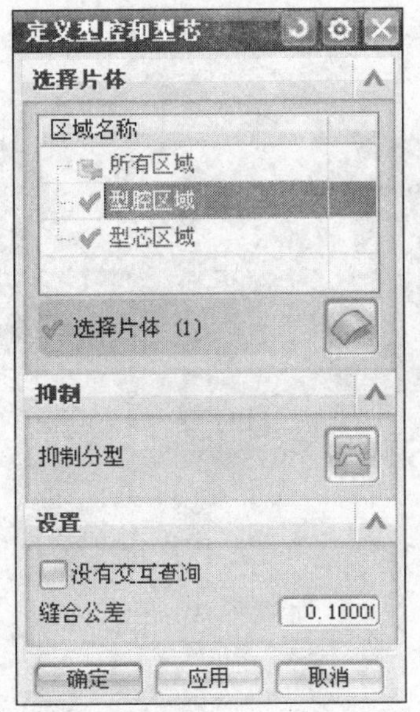

图 9.63　【定义型腔和型芯】对话框

图 9.64　【查看分型结果】对话框

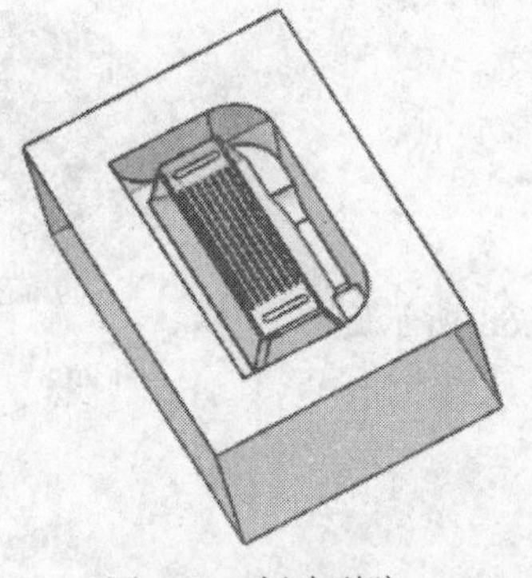

图 9.65　创建型腔

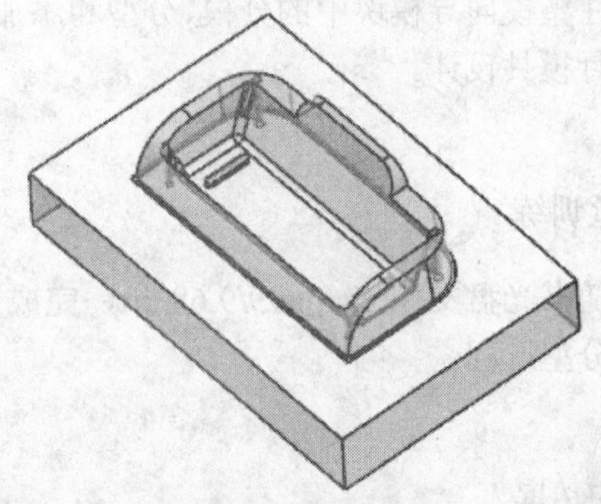

图 9.66　创建型芯

要点：模具项目由多个部件文件组成，保存的时候要保证全部保存。通常选择【文件】/【全部保存】命令。

※ **STEP 13**　添加标准模架

（1）单击【注塑模向导】工具栏中的按钮，弹出如图 9.41 所示的【模架设计】对话框。

（2）在该对话框的【目录】下拉列表框中选择 DME 选项，在【类型】中选择 2A。

（3）根据已经建立的工件尺寸，选择编号为 2530 的模架，设置 AP_h 为 56，BP_h 为 26，如图 9.41 所示。

（4）单击对话框中的确定按钮，加载标准模架，如图 9.67 所示。

（5）选择【文件】/【全部保存】命令，保存文件。

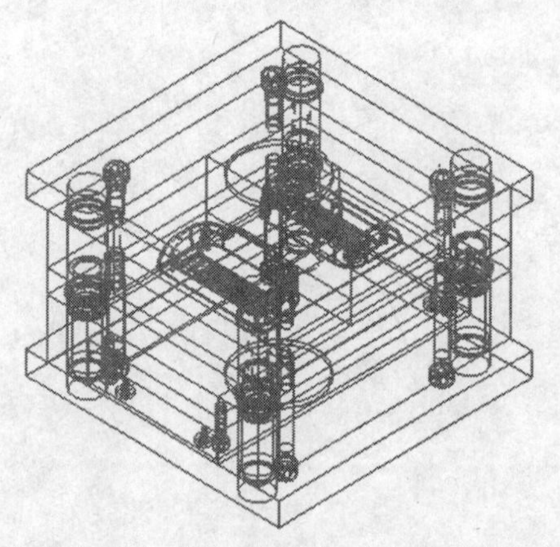
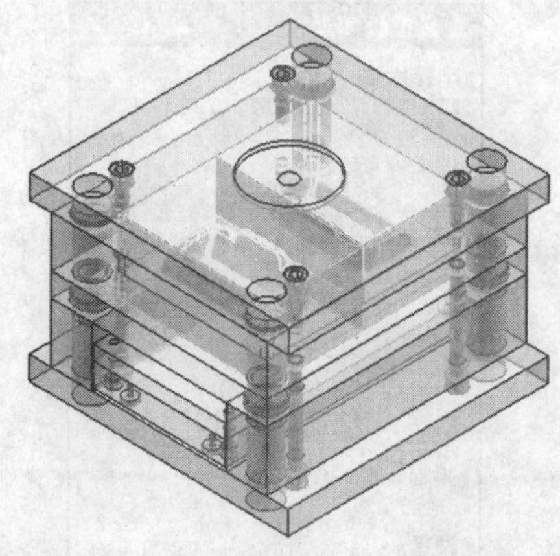

图 9.67　添加模架

任务总结

利用注塑模向导模块中的分模、分型和添加模架等有关的设置命令进行模具设计。

课堂训练

打开随书光盘文件 chapter9/9.68.prt，完成如图 9.68 所示旋钮的模具分型过程。

图 9.68　旋钮模型

知识拓展

在完成如图 9.68 所示的旋钮模具分型的基础上，进一步完成模架、定位环等标准件的设置。

习　题

打开随书光盘文件 chapter9/9.69.prt，完成如图 9.69 所示法兰件的模具分型过程，并添加模架。

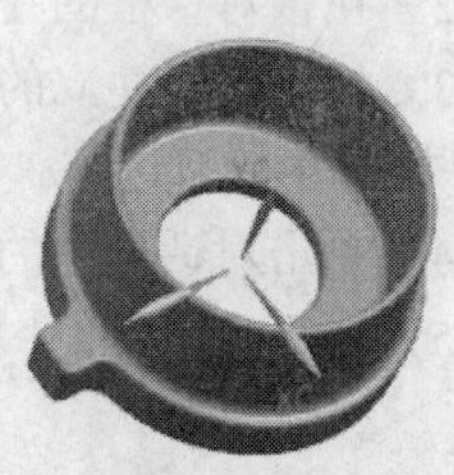

图 9.69　法兰件模型

第10章　数控铣加工

本章要点

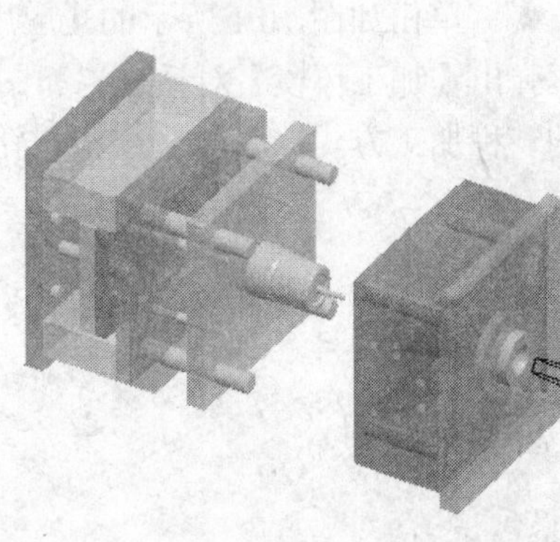

- 进入加工模块
- 创建程序、刀具
- 定义加工坐标系和几何体
- 创建加工刀路
- 仿真加工与后处理

任务案例

- 加工凹模板

数控加工（CAM）模块是UG的又一个重要的模块，主要包括铣加工、车加工以及电火花线切割加工的编程，其中以铣加工应用较多，本章做重点介绍。

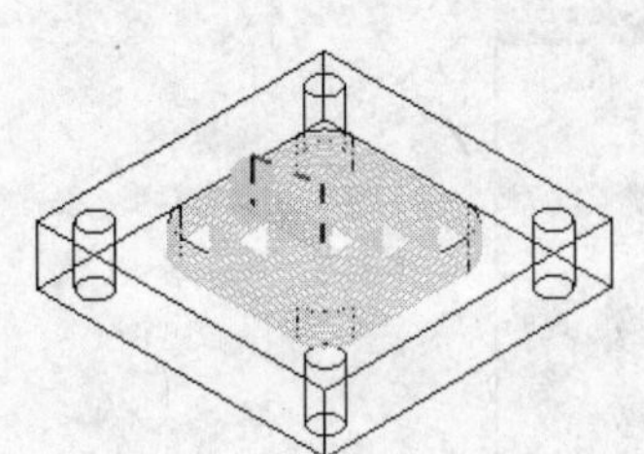
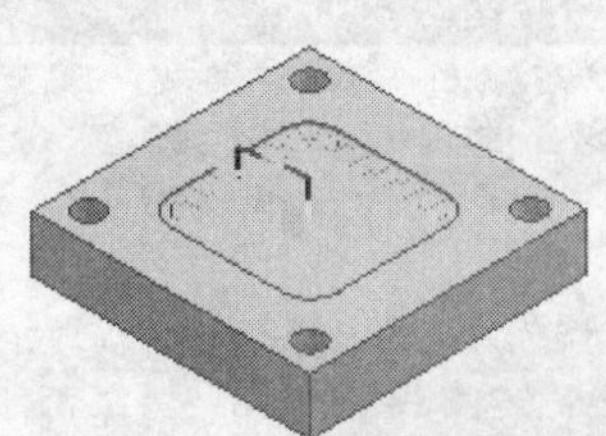
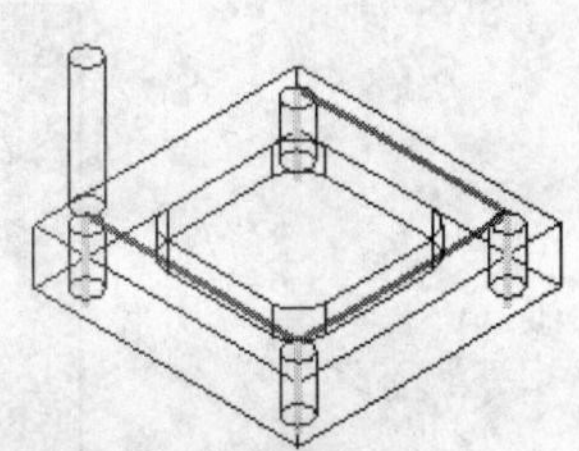
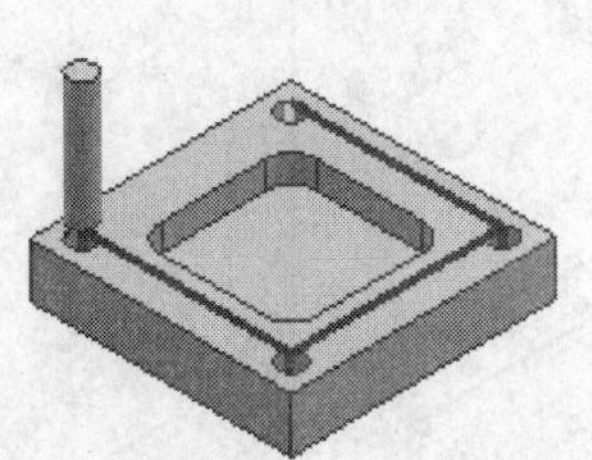
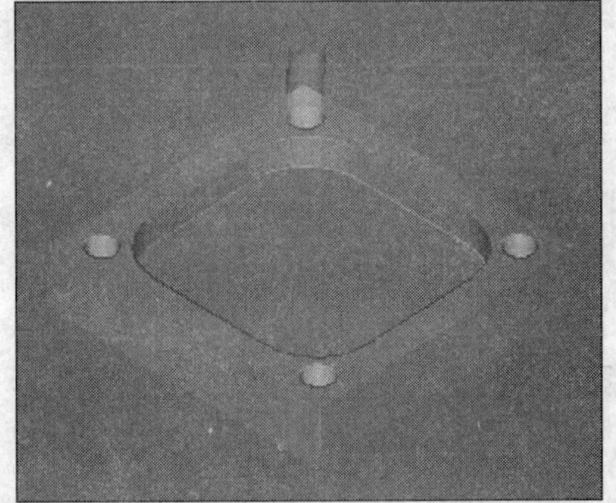

10.1 进入加工模块

进入加工模块一般有以下两种方式。

- 单击【标准】工具栏中的 开始 按钮，在弹出的下拉菜单中选择【所有应用模块】/【加工】命令。
- 单击如图 10.1 所示的【应用模块】工具栏中的按钮。

弹出【加工环境】对话框，如图 10.2 所示。该对话框提供了常用的加工环境，选择其中的一种加工方式，单击 确定 按钮，进入 UG NX 8.0 加工模块界面，如图 10.3 所示。

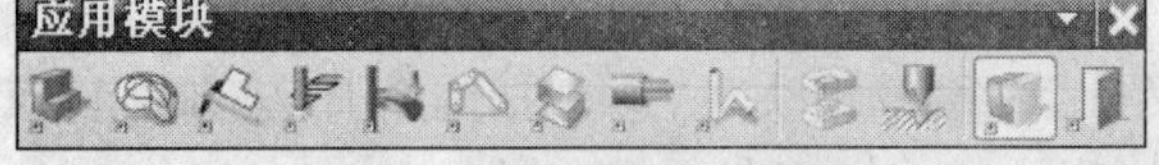

图 10.1 【应用模块】工具栏

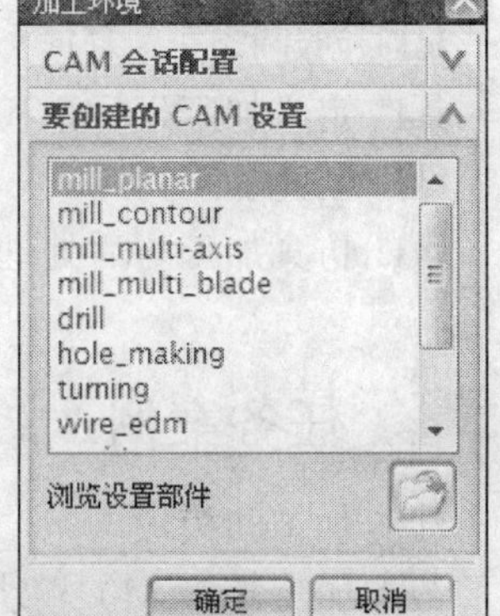

图 10.2 【加工环境】对话框

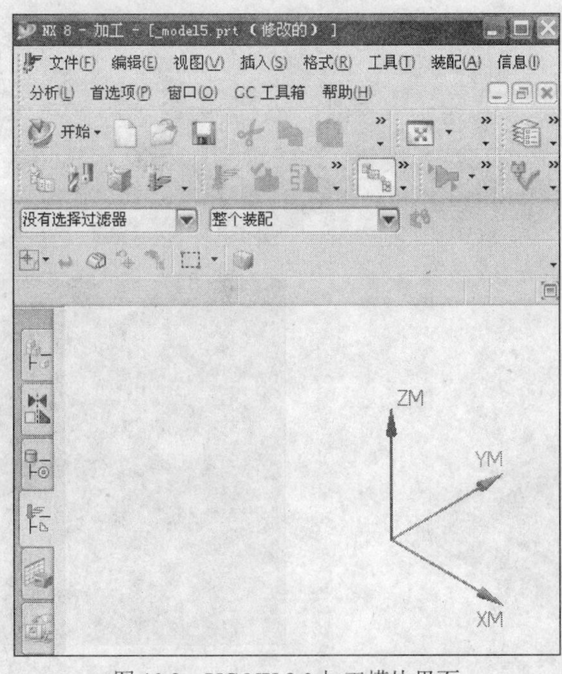

图 10.3 UG NX 8.0 加工模块界面

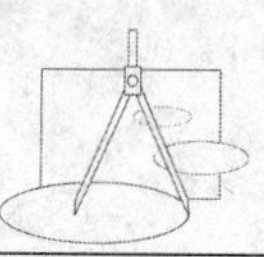

【加工环境】对话框中部分选项的含义如下。

- mill_planar：平面铣。
- mill_contour：型腔铣。
- drill：钻孔。
- turning：车削。
- wire_edm：电火花线切割。

UG NX 8.0 加工模块中的工具栏介绍如下。

- 【刀片】工具栏：用于创建操作和加工节点，如图 10.4 所示。

图 10.4　【刀片】工具栏

- 【导航器】工具栏：控制操作导航工具的内容显示方式，如图 10.5 所示。

图 10.5　【导航器】工具栏

- 【操作】工具栏：用于生成刀具运动轨迹和后处理加工程序等，如图 10.6 所示。

图 10.6　【操作】工具栏

- 【工件】工具栏：用于显示不同的工件形式和保存工件等，如图 10.7 所示。

图 10.7　【工件】工具栏

10.2　创 建 程 序

加载产品模型后，在菜单栏中选择【插入】/【程序】命令，或单击【刀片】工具栏中的按钮，弹出【创建程序】对话框，如图 10.8 所示。通过其【类型】下拉列表中的选项可以选择更多的加工环境。【程序】下拉列表中的 3 个选项提供了定义程序的父节点，选择不同的父节点，所建立的子程序将显示在不同程序的目录下。

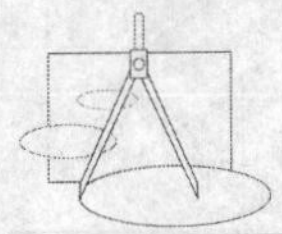

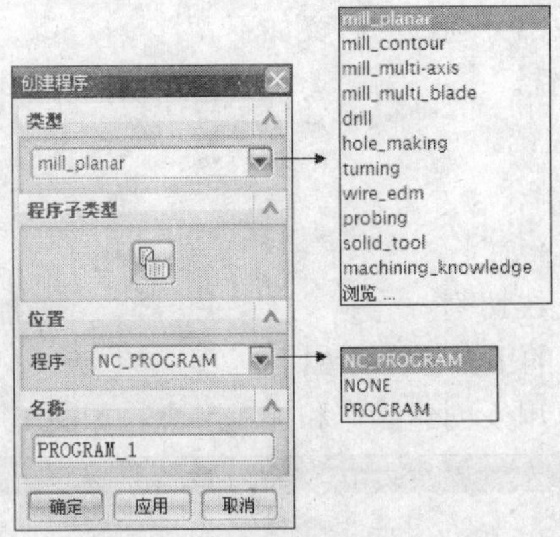

图 10.8 【创建程序】对话框

10.3 创 建 刀 具

刀具的选择是数控加工工艺的主要内容之一，其不仅影响到机床的加工效率，而且直接影响加工质量。选择刀具的原则是：安装调整方便、刚性好、好的耐用度和高精度。在满足加工要求的前提下，尽量选择较短的刀柄以提高刀具加工的刚性。

关键：*刀具越长，其刚性越差，在加工过程中易产生弹性变形和断刀等现象。*

在菜单栏中选择【插入】/【刀具】命令，或单击【刀片】工具栏中的按钮，弹出如图 10.9 所示的【创建刀具】对话框。在该对话框中选择刀具类型后单击确定按钮，弹出【铣刀-5 参数】对话框，如图 10.10 所示。

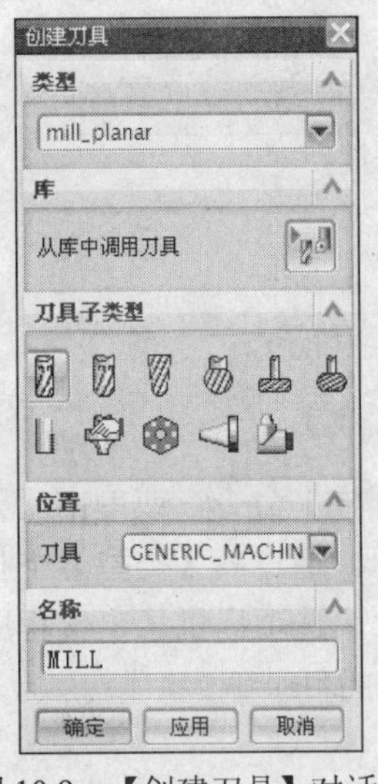

图 10.9 【创建刀具】对话框

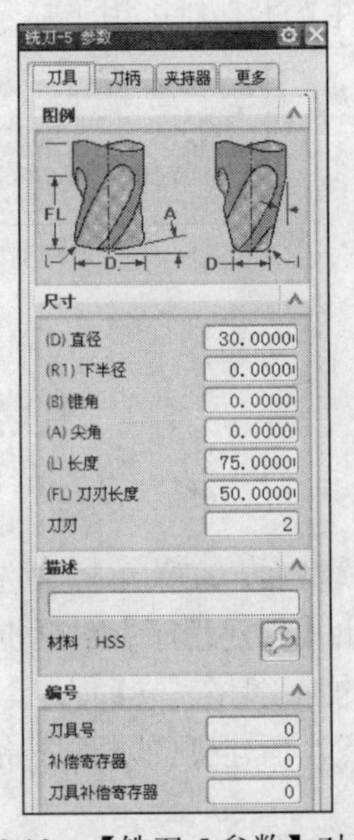

图 10.10 【铣刀-5 参数】对话框

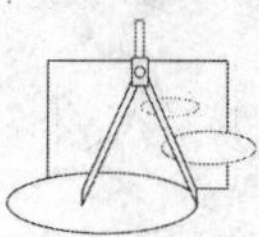

（1）【创建刀具】对话框各选项的含义介绍如下。

- 【类型】：用于设置机床的操作类型。
- 【库】：用于直接从刀具库中调出刀具。单击如图 10.9 所示的【创建刀具】对话框中的按钮，弹出如图 10.11 所示的【库类选择】对话框，根据不同的加工环境和用途可从中选择不同的刀具。刀具的标准化使得用户能够很方便地完成刀具的创建工作。

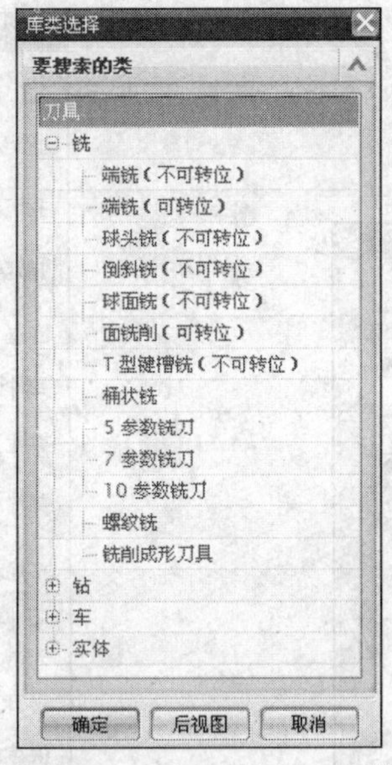

图 10.11　【库类选择】对话框

- 【刀具子类型】：用于设置刀具的类型。
- 【位置】：设置刀具节点的信息。
- 【名称】：设置创建的刀具名称。

技巧： 刀具名称建议取直观而又简单的名称，如 D30R6，表示直径为 $\phi30$ 的牛鼻刀，使用 R6 的刀片。

（2）【铣刀-5 参数】对话框中各选项的含义介绍如下。

- 【图例】：用于所选刀具的外形预览。
- 【尺寸】：用于设置刀具的各项参数。
- 【描述】：输入对刀具材料的描述作为加工参数的参照。
- 【编号】：用于设置刀具的编号和刀具的长度、半径补偿值。

10.4　创建几何体

在调入模型零件后需要通过创建节点的方式指定模型零件，即指定工件几何体，系统才能进行刀路的计算。毛坯几何体也是通过创建节点方式定义，且在未定义毛坯几何体节点的情况下不可以进行仿真加工，必须指定一个临时毛坯。工件几何体和毛坯几何体统称几何体节点，几何体节点还包括编程坐标系和检查几何体等。

在菜单栏中选择【插入】/【几何体】命令，或单击【刀片】工具栏中的按钮，弹出如图 10.12 所示的【创建几何体】对话框。单击其中的按钮，再单击确定按钮，弹出【工件】对话框，如图 10.13 所示。

图 10.12　【创建几何体】对话框

图 10.13　【工件】对话框

【工件】对话框中各主要选项的含义介绍如下。

- 【几何体】：该栏包括如下 3 个选项。
  - 【指定部件】：选择已创建好的零件几何体作为工件几何体，加工后的零件形状与所选的零件几何体效果相同。单击该按钮，弹出【部件几何体】对话框，如图 10.14 所示。
  - 【指定毛坯】：单击该按钮，弹出【毛坯几何体】对话框，如图 10.15 所示。
  - 【指定检查】：指定加工零件时刀具避让工件的部分，使加工后工件的几何体达到理想结果。单击该按钮，弹出【检查几何体】对话框，如图 10.16 所示。
- 【偏置】：根据零件外形指定【部件偏置】值生成毛坯几何体，此时生成的毛坯几何体外形与零件外形一致。
- 【描述】：设置工件的材料，用于刀路编辑的参照。
- 【布局和图层】：保存当前创建的节点特征。

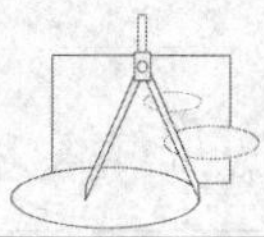

图 10.14　【部件几何体】对话框

图 10.15　【毛坯几何体】对话框

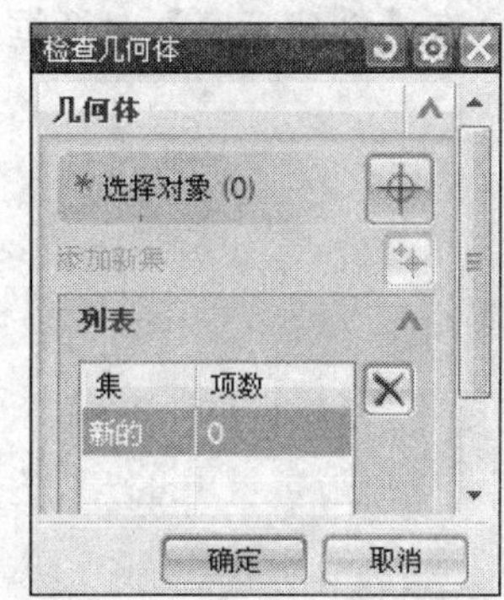

图 10.16　【检查几何体】对话框

提示： 系统自动保存通过几何体特征创建的节点信息，在编制刀路时，系统会默认以该信息计算刀路。

10.5　创建加工刀路

刀路是指加工零件的刀具路径，加工的零件不同，选择的刀路也不同。通常将零件的加工分为 2D 加工和 3D 加工，其中 2D 加工以平面作为切削区域，而 3D 加工以平面、曲面、曲线和体作为切削边界。

1. 【创建工序】对话框

在菜单栏中选择【插入】/【工序】命令，或单击【刀片】工具栏中的按钮，弹出【创建工序】对话框，如图 10.17 所示。

提示：【创建工序】对话框中的【工序子类型】随【类型】选项的不同会发生变化。

下面介绍各主要选项的含义。

- 【工序子类型】：罗列可供选择的各种加工方式。
- 【位置】：该栏中的 4 个选项介绍如下。
  - 【程序】：设置刀路所属的程序父节点。系统默认的有 NC_PROGRAM 和 PROGRAM 两项。
  - 【刀具】：从创建的刀具中选择具体加工所用的刀具。
  - 【几何体】：选择编制刀路的切削区域。
  - 【方法】：设置刀路属性。系统默认的加工方法有 METHOD（一般加工）、MILL_FINISH（精加工）、MILL_ROUGH（粗加工）和 MILL_SEMI_FINISH（半精加工）。

- 【名称】：为编制刀路指定一个名称。

2. 【面铣削区域】对话框

在【创建工序】对话框中单击 确定 按钮，弹出【面铣削区域】对话框，如图 10.18 所示。

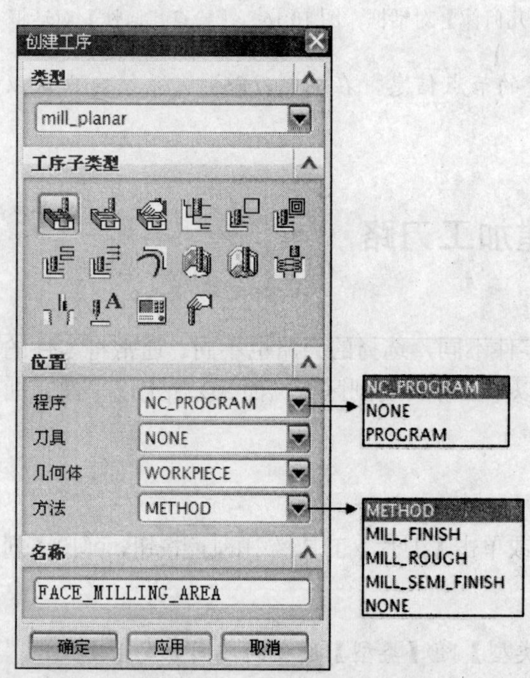

图 10.17 【创建工序】对话框

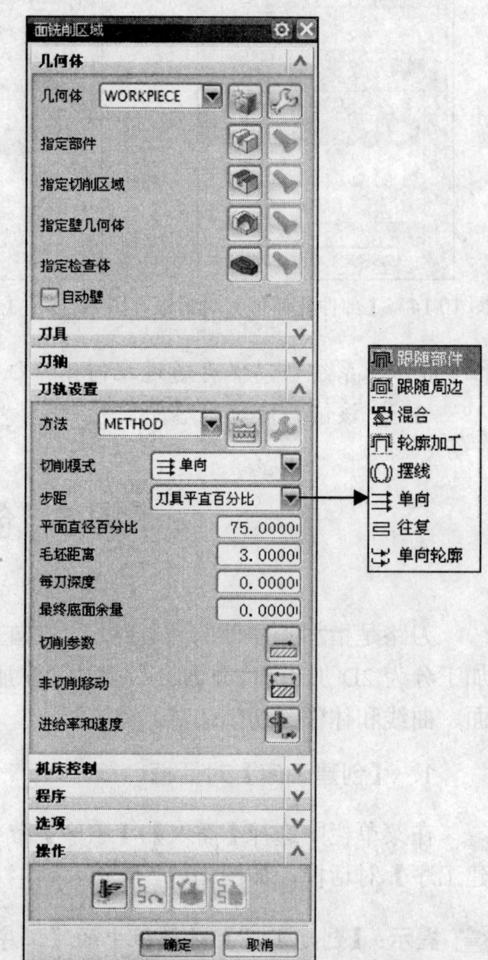

图 10.18 【面铣削区域】对话框

下面介绍各主要选项的含义。

（1）几何体

- 【几何体】：设置主要的参照几何对象。
- 【新建】：新建一个几何体。
- 【编辑】：用于编辑几何体。
- 【指定部件】：设置要加工的零件几何特征。
- 【指定切削区域】：选择或创建加工区域几何体。
- 【指定壁几何体】：选择或编辑壁几何体。

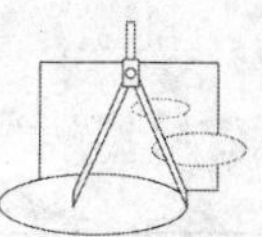

- 【指定检查体】：设置在加工过程中的壁几何体。
- 【自动壁】：自动选择或编辑壁几何体。

（2）刀轨设置

- 【新建】：新建一个加工方法。
- 【切削模式】：该下拉列表提供了【单向】、【跟随部件】等多种切削模式，可根据产品和毛坯的不同进行选择。
- 【切削参数】：单击该按钮，弹出如图 10.19 所示的【切削参数】对话框。该对话框提供了【策略】、【余量】等 6 个选项卡，可根据各选项内容和右侧示意图进行切削参数的设置。切削参数的设置直接影响铣削质量。

图 10.19　【切削参数】对话框

- 【非切削移动】：单击该按钮，弹出如图 10.20 所示的【非切削移动】对话框。该对话框提供了【进刀】、【退刀】等 6 个选项，非切削移动参数主要设置系统在非切削状态下刀轨的走势，直接影响系统生成后处理程序在控制数控机床时刀具的各种走刀方式。
- 【进给率和速度】：单击该按钮，弹出如图 10.21 所示的【进给率和速度】对话框。利用该对话框设置刀具的进给运动速度和机床主轴转速等参数，用于控制生成 NC 程序，进而控制数控机床的动作。

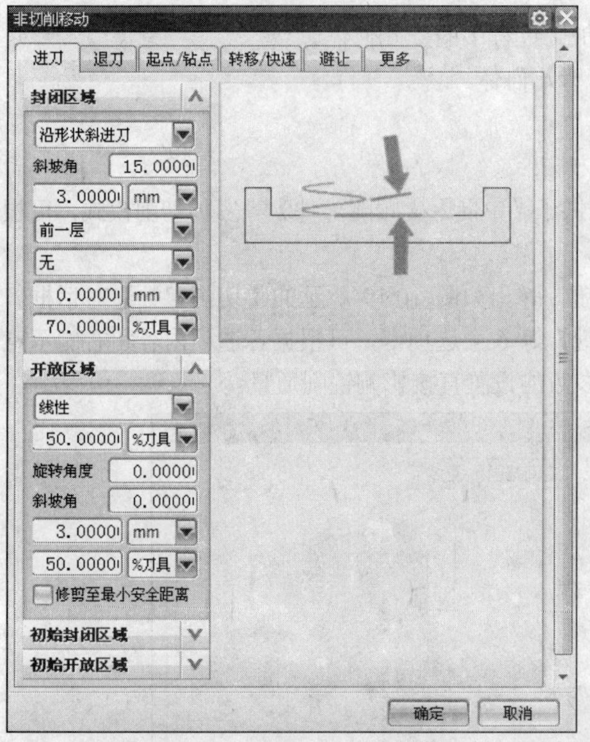

图 10.20　【非切削移动】对话框

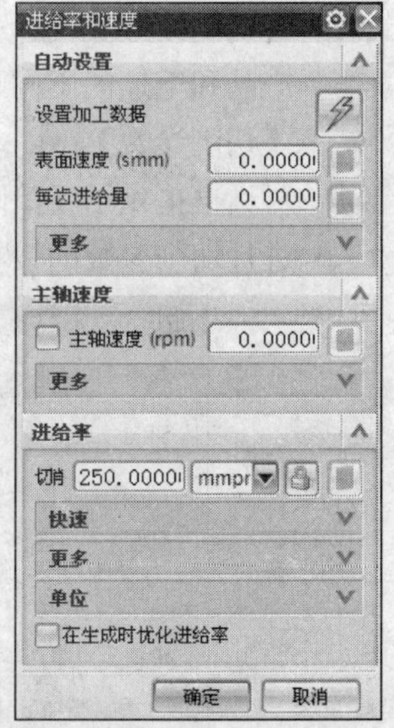

图 10.21　【进给率和速度】对话框

（3）操作

- 【生成】：将已设置好的刀路参数生成刀路轨迹。
- 【重播】：快速查看已生成的编程刀路。
- 【确认】：对当前生成的刀路进行实体仿真。
- 【列表】：单击该按钮，在弹出的【信息】窗口中可以查看当前刀路信息，如图 10.22 所示。

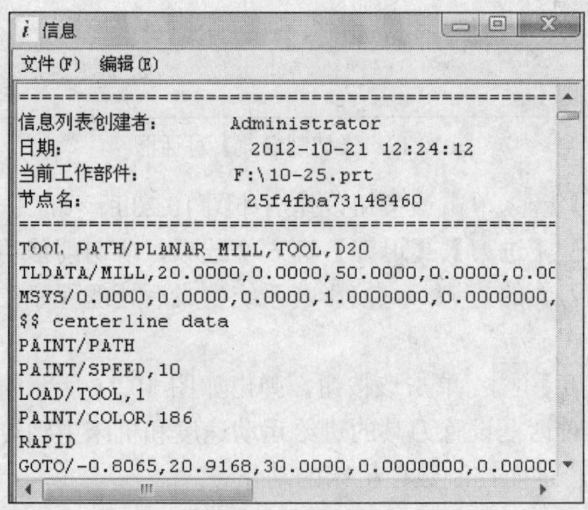

图 10.22　【信息】窗口

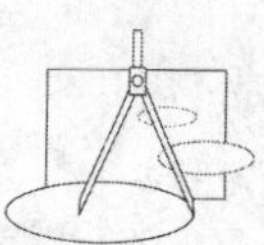

10.6　数控加工凹模板

任务 10-1　加工凹模板

用 UG NX 8.0 编程加工如图 10.23 所示的凹模板。

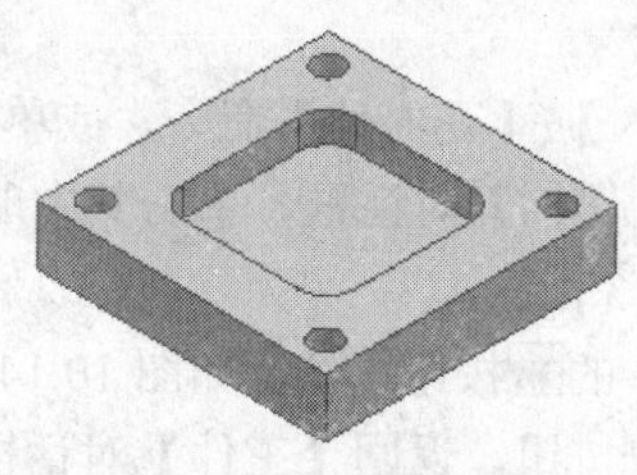

图 10.23　凹模板

任务分析

图示凹模板的加工包括中心位置型腔部位以及角上的 4 个通孔，分别采用平面铣和钻孔加工的方法。

相关知识

进入加工模块；建立几何体节点；拉伸实体；创建刀具；创建平面铣操作及刀路；创建钻孔操作及刀路；模拟加工。

任务实施

※ **STEP 1**　调入文件，创建毛坯，进入加工模块

（1）进入 UG 建模模块，打开源文件 chapter10/10.23.prt。

（2）单击【特征】工具栏中的按钮，进入草绘环境。绘制 100×100 的矩形框草图，如图 10.24 所示。

（3）退出草图，单击【特征】工具栏中的按钮，将 100×100 的矩形拉伸一个高度 20，如图 10.25 所示。

（4）单击【应用模块】工具栏中的按钮，进入加工模块。

要点：在进入加工之前，根据零件特点创建毛坯形状，为编程加工做准备。

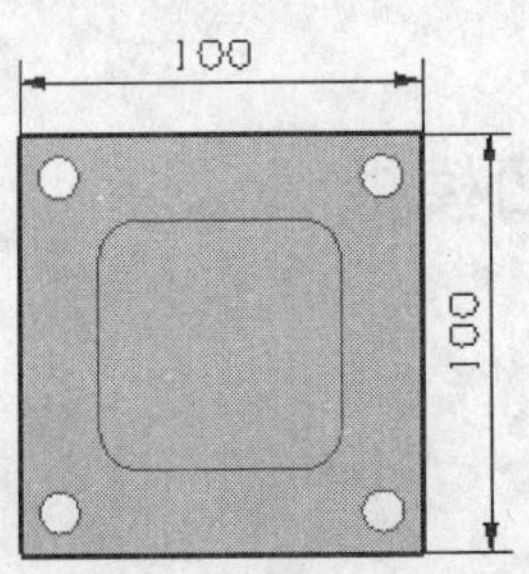

图 10.24　绘制草图

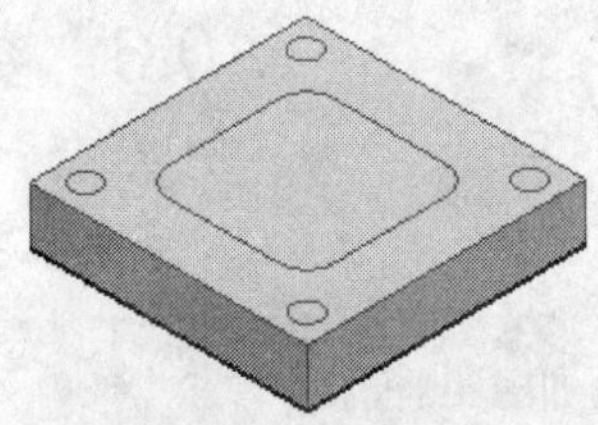
图 10.25　拉伸长方体

※ **STEP 2**　建立几何体节点

（1）隐藏毛坯。

（2）在菜单栏中选择【插入】/【几何体】命令，或单击【刀片】工具栏中的按钮，弹出如图 10.12 所示的【创建几何体】对话框。单击其中的按钮，再单击确定按钮，弹出【工件】对话框，如图 10.13 所示。

（3）单击【工件】对话框中的按钮，弹出如图 10.14 所示的【部件几何体】对话框，根据提示选择工件，单击确定按钮，返回【工件】对话框。

（4）显示毛坯，然后单击按钮，弹出如图 10.15 所示的【毛坯几何体】对话框。根据提示选择毛坯，单击确定按钮，返回【工件】对话框，再单击确定按钮。

※ **STEP 3**　创建刀具

（1）单击【插入】工具栏中的按钮，弹出【创建刀具】对话框，选择【刀具子类型】和输入刀具名称，如图 10.26 所示。

（2）单击确定按钮，弹出【铣刀-5 参数】对话框，设置【尺寸】和【编号】参数，如图 10.27 所示。

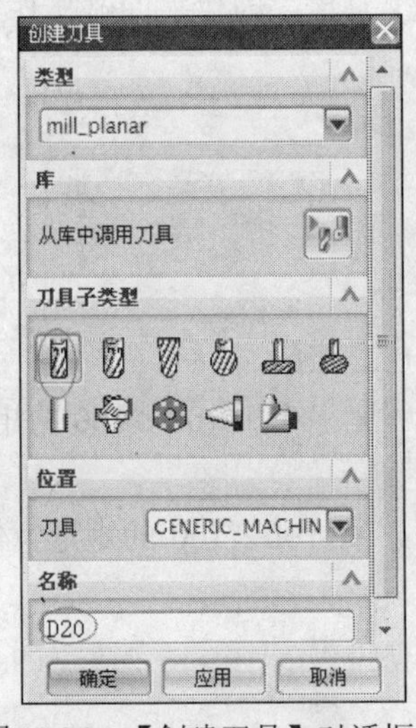

图 10.26　【创建刀具】对话框

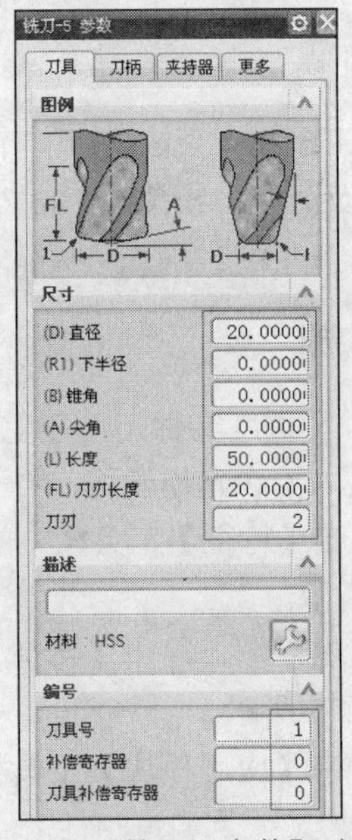

图 10.27　【铣刀-5 参数】对话框

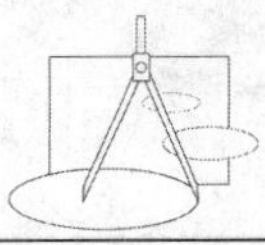

📖 **关键：** 刀具的尺寸参数如直径、长度、刀刃长度等，要根据零件的加工形状尺寸进行合理选择。

※ STEP 4　创建平面铣

（1）单击【刀片】工具栏中的按钮，弹出【创建工序】对话框，选择工序子类型和有关选项，如图 10.28 所示。

（2）单击 确定 按钮，弹出【平面铣】对话框，选择有关选项如图 10.29 所示。

图 10.28　【创建工序】对话框

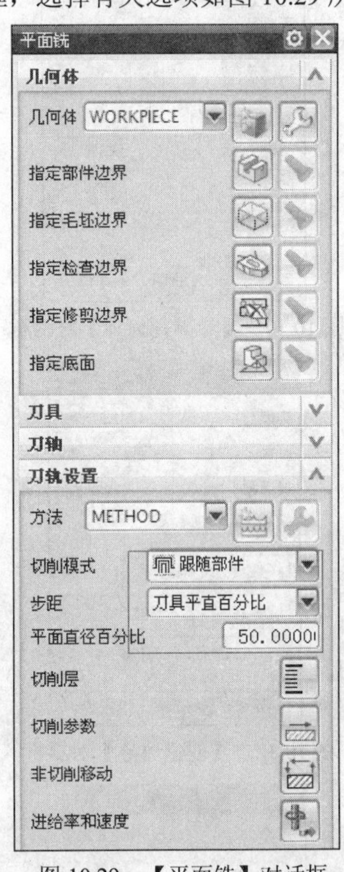

图 10.29　【平面铣】对话框

（3）单击【平面铣】对话框中的按钮，弹出如图 10.30 所示的【边界几何体】对话框，根据提示选择毛坯表面，如图 10.31 所示。单击 确定 按钮，返回【平面铣】对话框。

（4）单击【平面铣】对话框中的按钮，弹出如图 10.30 所示的【边界几何体】对话框，在其【模式】下拉列表中选择【曲线/边】选项，弹出如图 10.32 所示的【创建边界】对话框。根据提示选择修剪边界，如图 10.33 所示。在【创建边界】对话框中选择有关选项，单击 确定 按钮。

要点：【修剪侧】的【外部】选项表示要保留修剪边界外部的材料，切削内部材料。

（5）隐藏毛坯。单击【平面铣】对话框中的按钮，弹出如图 10.34 所示的【平面】对话框，根据提示选择底平面，如图 10.35 所示。单击 确定 按钮，返回【平面铣】对话框。

图 10.30 【边界几何体】对话框

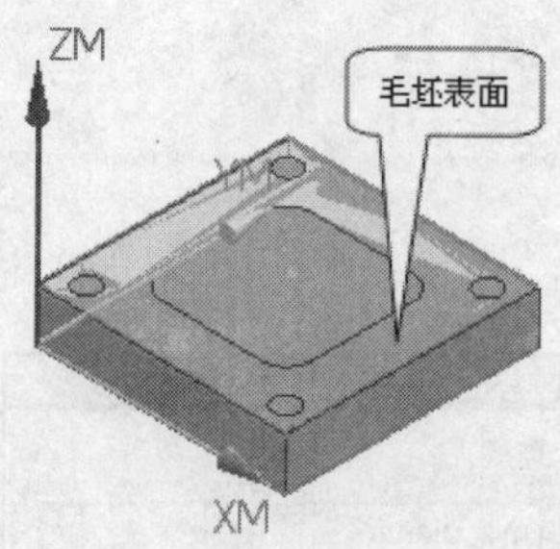

图 10.31 选择毛坯表面

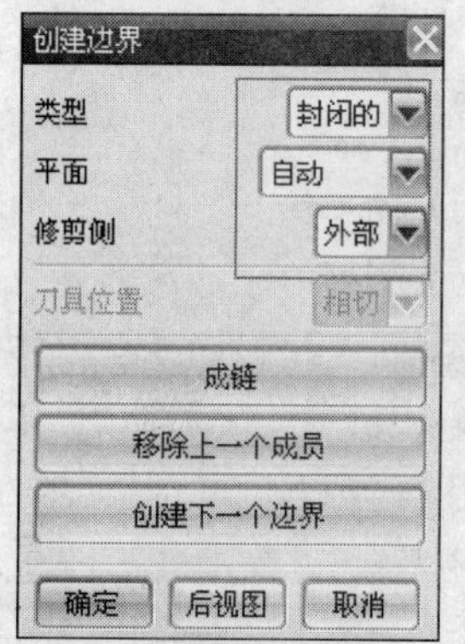

图 10.32 【创建边界】对话框

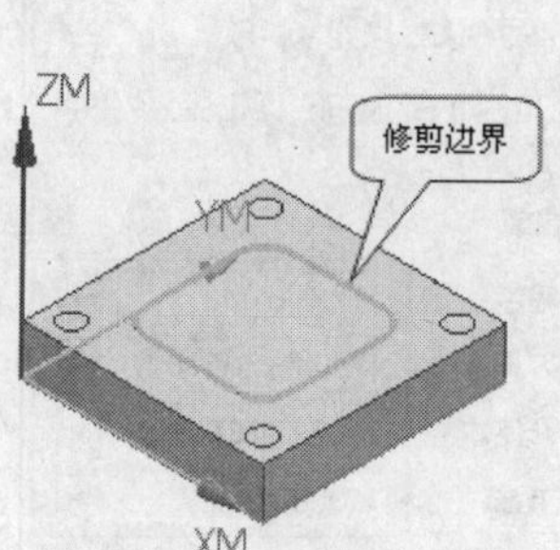

图 10.33 选择修剪边界

图 10.34 【平面】对话框

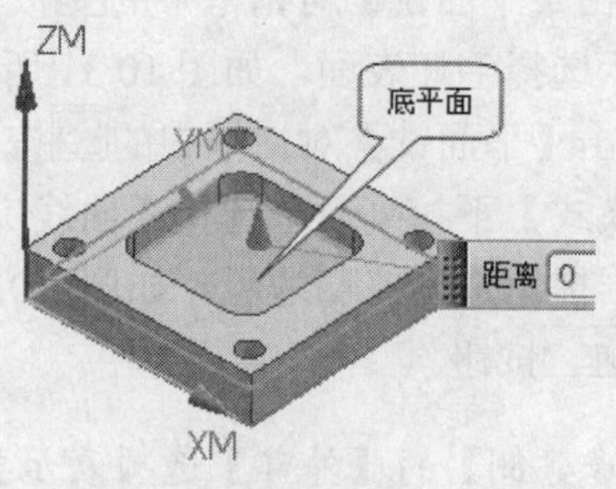

图 10.35 选择底平面及结果

（6）单击【平面铣】对话框中的按钮，弹出【切削层】对话框，设置【公共】为

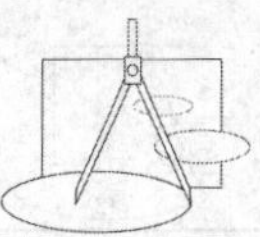

2.00000，如图 10.36 所示，单击 确定 按钮。

图 10.36　【切削深度参数】对话框

（7）返回【平面铣】对话框，单击按钮，弹出【切削参数】对话框，设置有关选项，如图 10.37 所示，单击 确定 按钮。

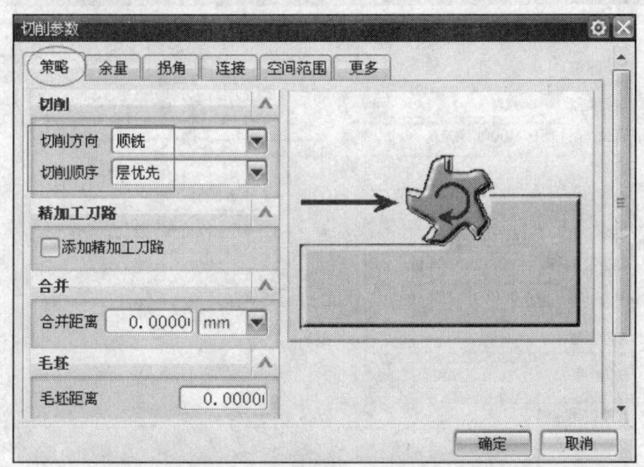

（a）【策略】选项卡

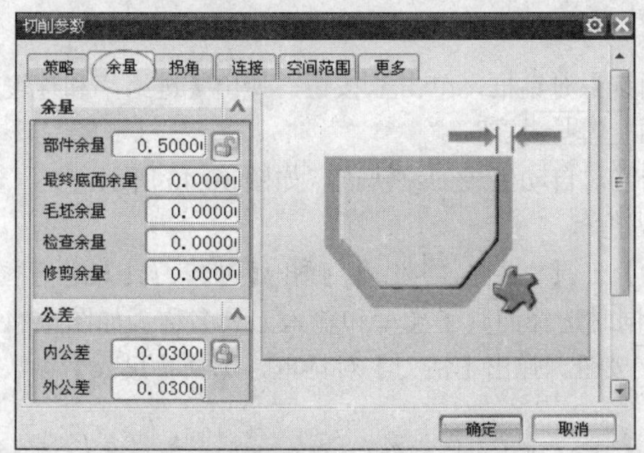

（b）【余量】选项卡

图 10.37　【切削参数】对话框

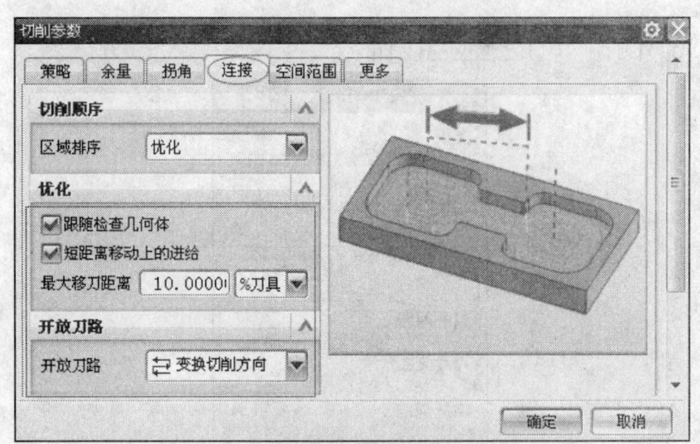

（c）【连接】选项卡

图 10.37 【切削参数】对话框（续）

（8）单击【平面铣】对话框中的按钮，弹出【非切削移动】对话框，设置有关选项，如图 10.38 所示，单击确定按钮。

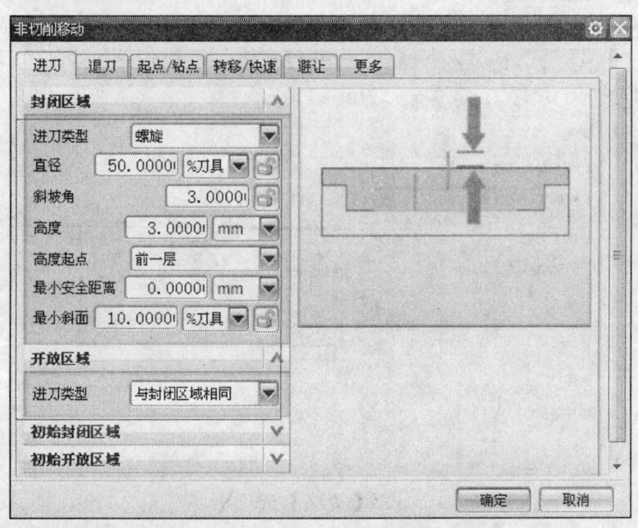

图 10.38 【非切削移动】对话框

（9）返回【平面铣】对话框，单击按钮，弹出【进给率和速度】对话框。设置参数如图 10.39 所示，单击确定按钮。

（10）单击按钮，自动生成刀路轨迹，如图 10.40 所示。

※ STEP 5 创建钻孔

（1）单击【刀片】工具栏中的按钮，弹出【创建刀具】对话框，在【类型】下拉列表中选择 drill 选项，同时选择刀具子类型和输入刀具名称，如图 10.41 所示。

（2）单击确定按钮，弹出【钻刀】对话框，选择【尺寸】参数，设置【刀具号】为 2，如图 10.42 所示。

（3）单击【插入】工具栏中的按钮，弹出【创建工序】对话框，选择工序子类型和相关选项，如图 10.43 所示。

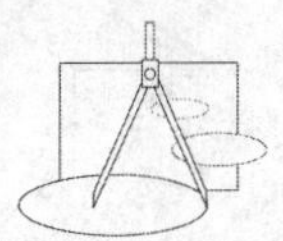

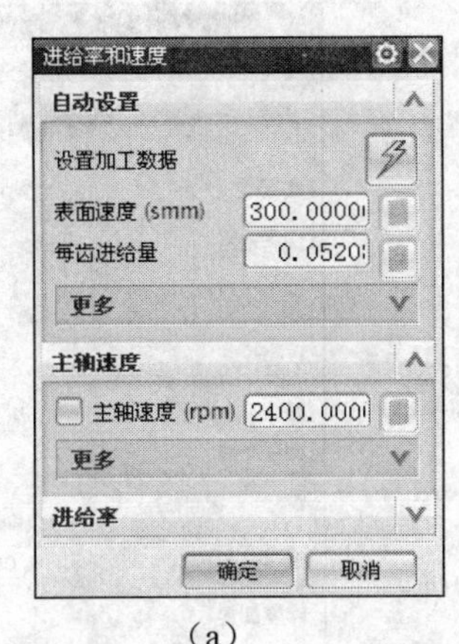

(a)

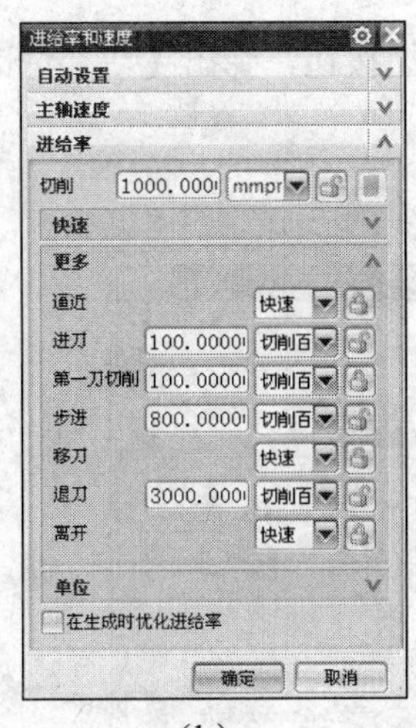

(b)

图 10.39 【进给率和速度】对话框

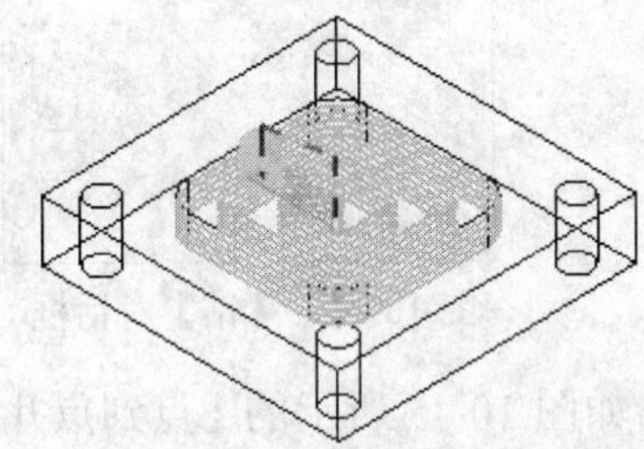

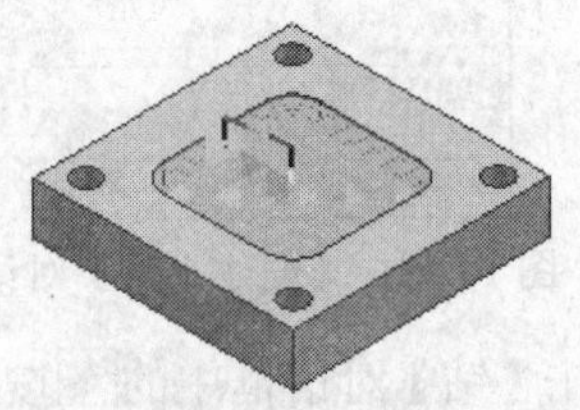

图 10.40 创建平面铣刀路

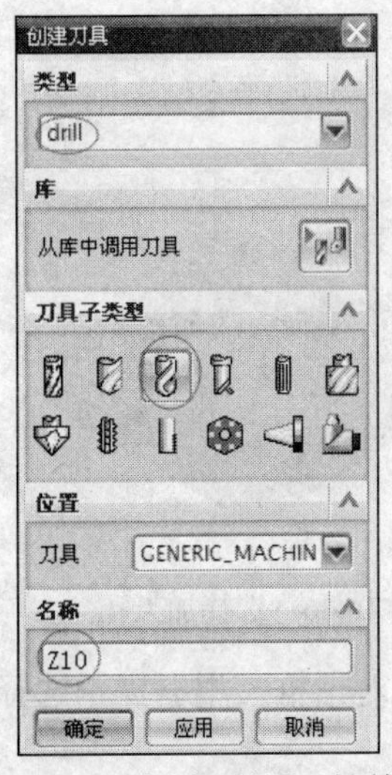

图 10.41 【创建刀具】对话框

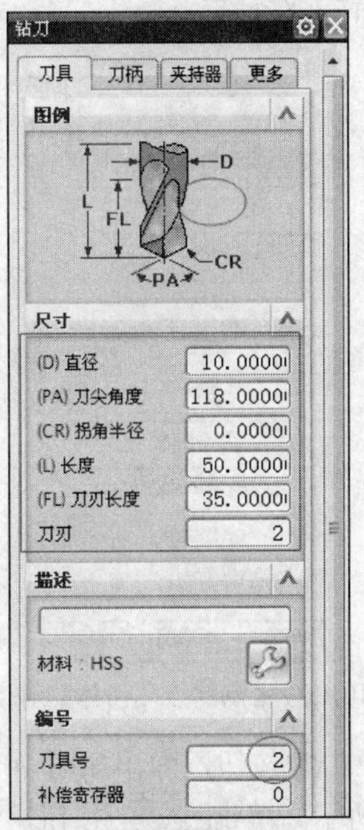

图 10.42 【钻刀】对话框

（4）单击 确定 按钮，弹出【钻】对话框，选择相关选项，如图 10.44 所示。

图 10.43 【创建工序】对话框

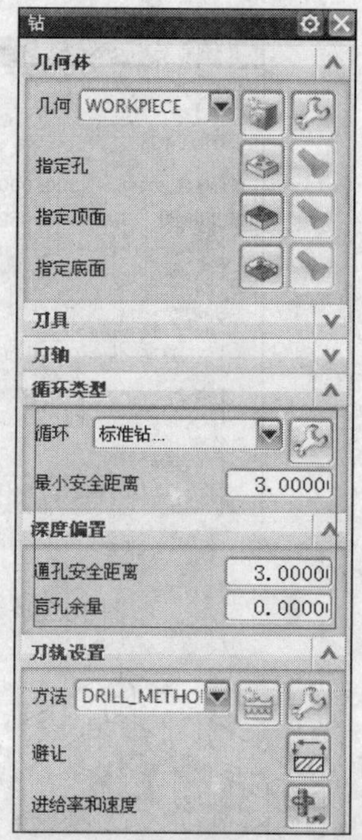

图 10.44 【钻】对话框

（5）单击【钻】对话框中的按钮，弹出如图 10.45 所示的【点到点几何体】对话框。单击其中的【选择】按钮，根据提示选择 4 个加工孔，如图 10.46 所示。单击 规划完成 按钮，返回【钻】对话框。

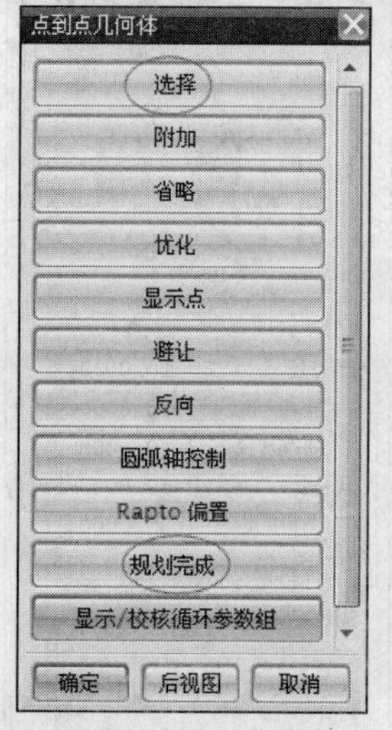

图 10.45 【点到点几何体】对话框

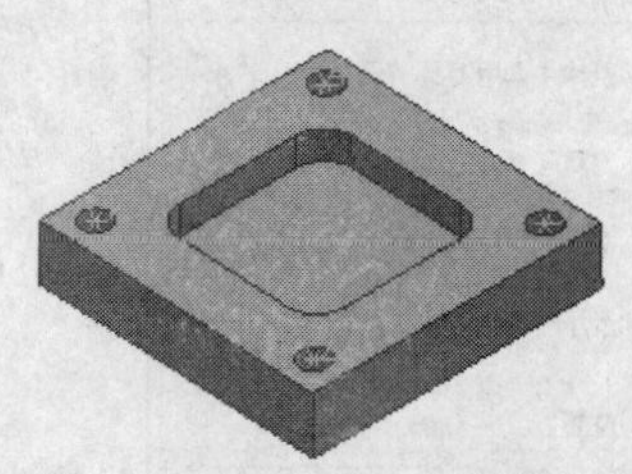

图 10.46 选择加工孔

（6）单击按钮，弹出如图 10.47 所示的【顶面】对话框。根据提示选择加工表面，如图 10.48 所示。单击 确定 按钮，返回【钻】对话框。

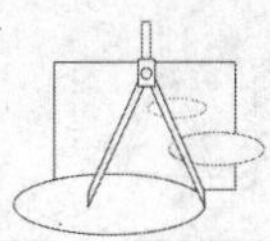

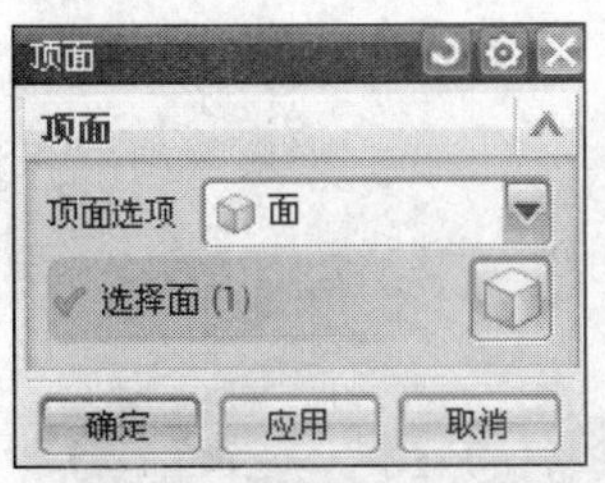

图 10.47 【顶面】对话框

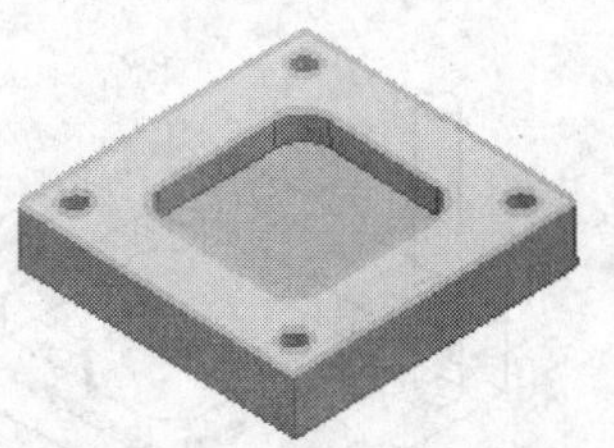

图 10.48 选择加工表面

（7）单击按钮，弹出如图 10.49 所示的【底面】对话框。根据提示选择底面，如图 10.50 所示。单击确定按钮，返回【钻】对话框。

图 10.49 【底面】对话框

图 10.50 选择底面

（8）单击按钮，弹出【进给率和速度】对话框。设置有关参数，如图 10.51 所示。单击确定按钮，返回【钻】对话框。

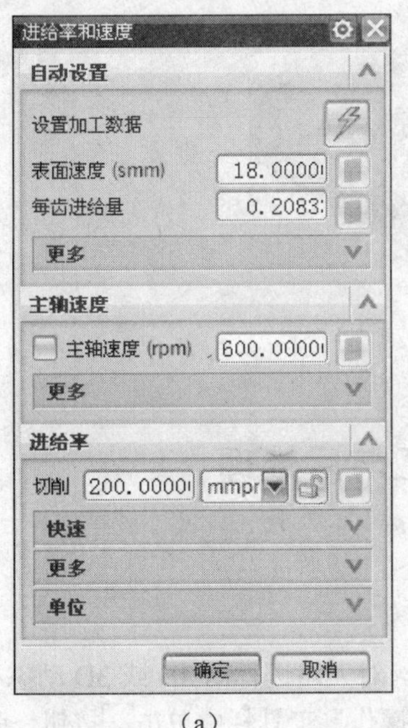

（a）

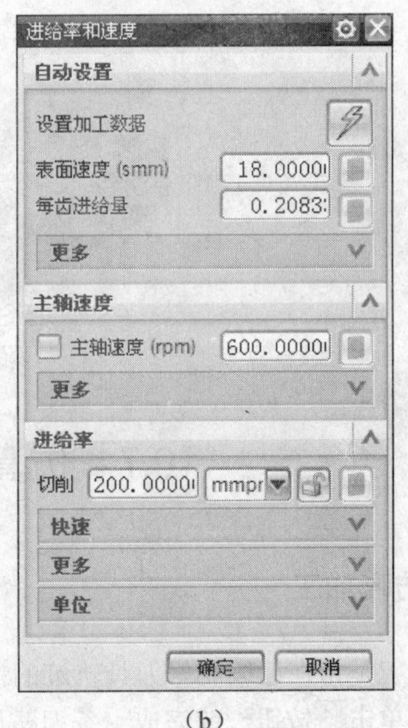

（b）

图 10.51 【进给率和速度】对话框

（9）单击按钮，自动生成刀路轨迹，如图 10.52 所示。

（10）单击按钮，对文件进行保存。

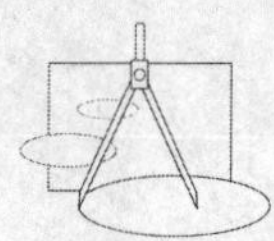

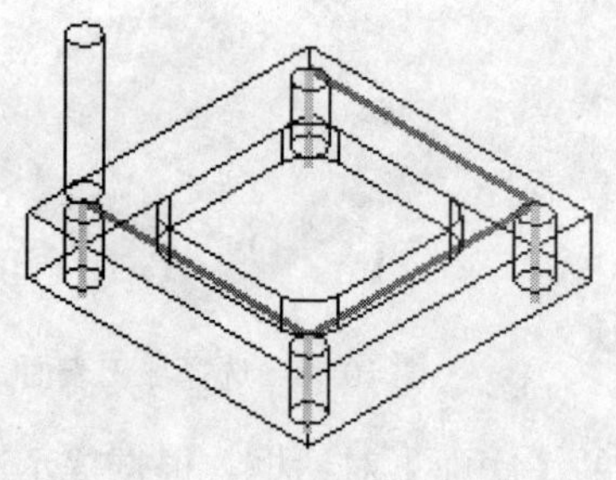

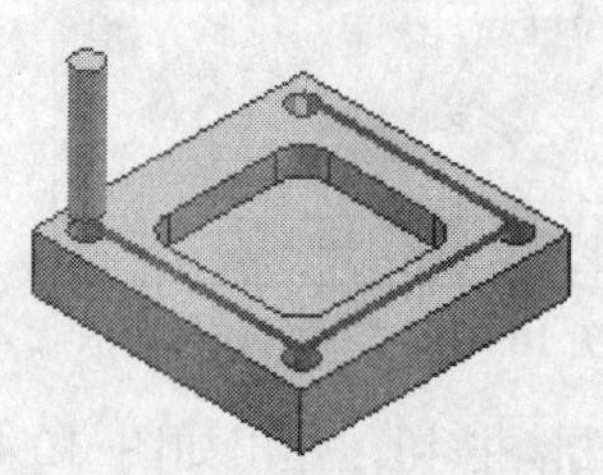

图 10.52　创建钻孔刀路

任务总结

利用创建平面铣和钻孔操作的方法对凹模板进行加工。

课堂训练

编程加工如图 10.53 所示的模板零件。

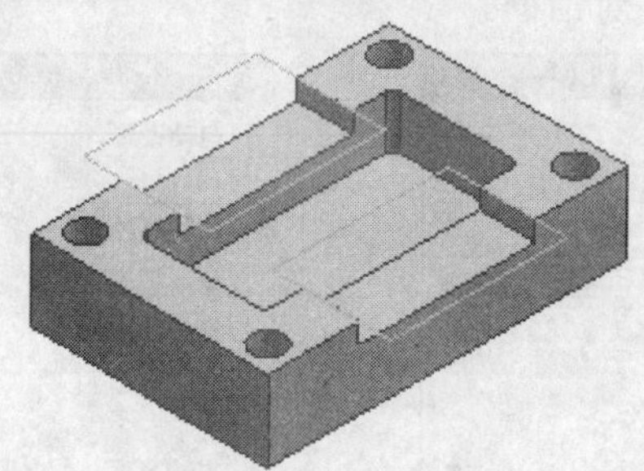

图 10.53　模板零件

10.7　仿真加工与后处理

10.7.1　仿真加工

仿真加工是指在已编制好刀具轨迹的情况下，对刀路进行的 2D 或 3D 动态模拟。在刀路对话框中单击按钮，或完成一条刀路后在【操作】工具栏中单击按钮，弹出【刀轨可视化】对话框，如图 10.54 所示。在对话框中选择【2D 动态】或【3D 动态】选项卡，单击【播放选项】按钮，即可完成仿真加工，如图 10.55 所示。

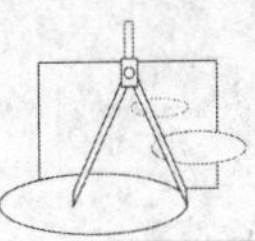

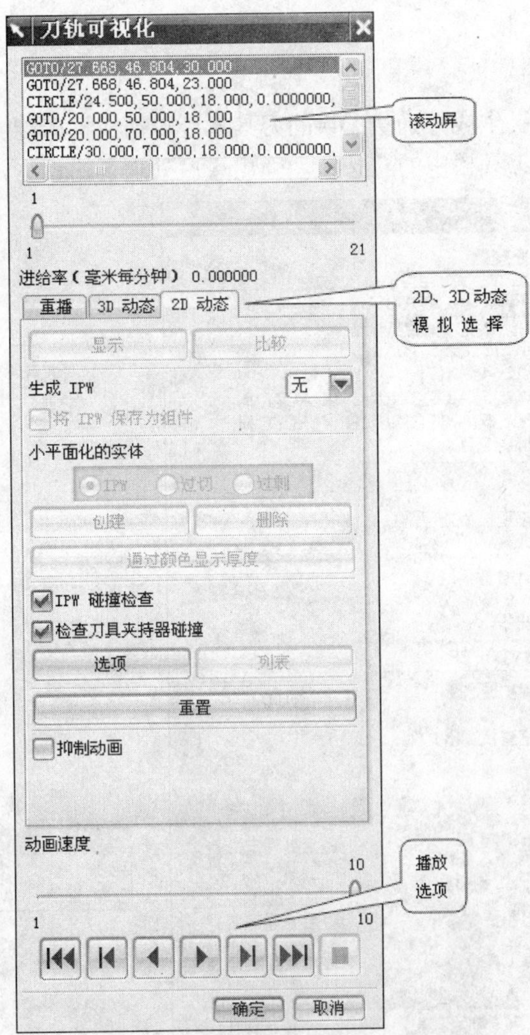

图 10.54　【刀轨可视化】对话框

图 10.55　完成仿真加工

10.7.2 后处理

后处理操作是指将已生成并确认无误的刀具轨迹转换成机床能够识别的 G、M 代码程序文件。单击【操作】工具栏中的按钮，弹出【后处理】对话框，如图 10.56 所示。

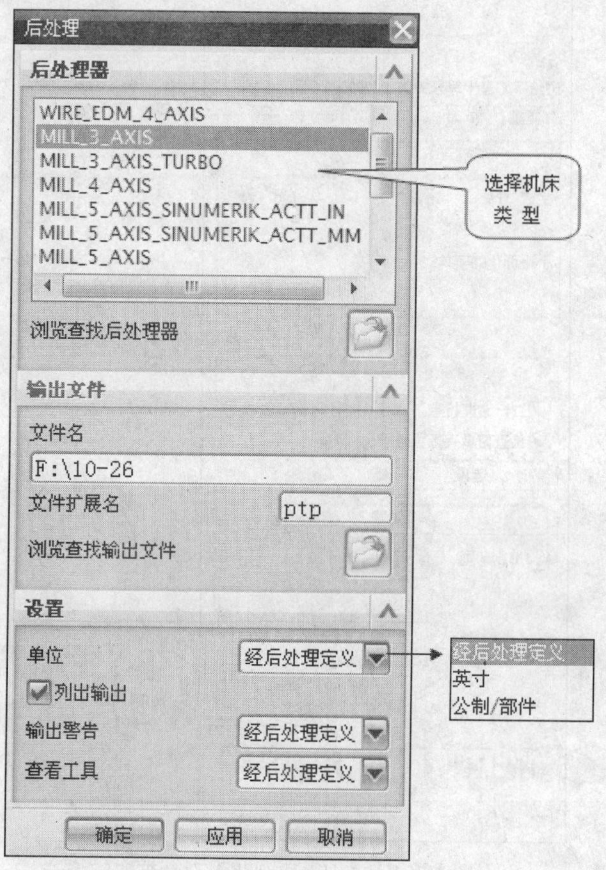

图 10.56 【后处理】对话框

【后处理】对话框中各主要选项的含义如下。

- 【后处理器】：选择用于编程加工的机床类型。
- 【输出文件】：设置刀路文件输出的路径。
- 【设置】：对刀路文件的单位及输出进行设置。
  - 【经后处理定义】：系统以选择的机床类型自动附加其后缀名。
  - 【英寸】：以英寸为单位输出刀路文件。
  - 【公制/部件】：以公制为单位输出刀路文件。
  - 【列出输出】：输出刀路文件，即加工程序，同时显示【信息】窗口，查看刀路文件内容，如图 10.57 所示。

信息

文件(F)　编辑(E)

```
%
N0010 G40 G17 G90 G70
N0020 G91 G28 Z0.0
:0030 T01 M06
N0040 T02
N0050 G0 G90 X1.0893 Y1.8427 S2500 M03
N0060 G43 Z1.1811 H00
N0070 G1 Z.9055 F98.4 M08
N0080 G2 X1.0893 Y1.8427 Z.8472 I-.1247 J.1258 K.0093 F39.4
N0090 X1.0893 Y1.8427 Z.7889 I-.1247 J.1258 K.0093
N0100 X1.0893 Y1.8427 Z.7305 I-.1247 J.1258 K.0093
N0110 X.7874 Y1.9685 Z.7087 I-.1247 J.1258 K.0093
N0120 G1 Y2.7559
N0130 G2 X1.1811 Y3.1496 I.3937 J0.0
N0140 G1 X2.7559
N0150 G2 X3.1496 Y2.7559 I0.0 J-.3937
N0160 G1 Y1.1811
N0170 G2 X2.7559 Y.7874 I-.3937 J0.0
N0180 G1 X1.1811
```

图 10.57　【信息】窗口

习　题

1．试编程加工如图 10.58 所示的实体零件。

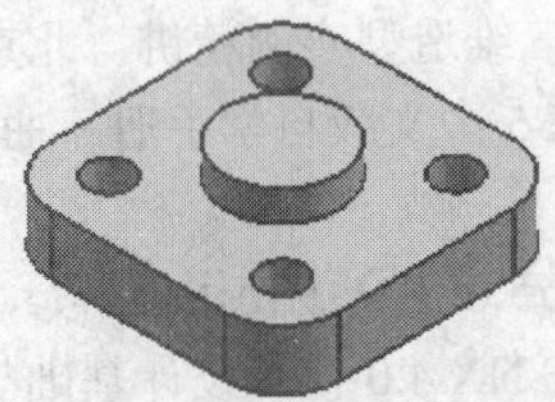

图 10.58　实体零件

2．试编程加工如图 10.59 所示的模具型腔。

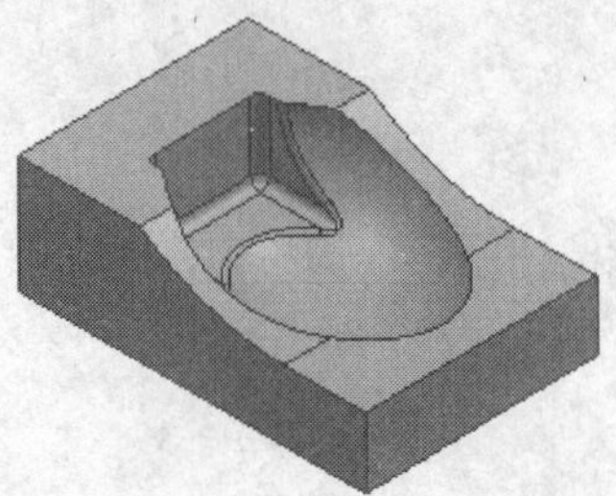

图 10.59　模具型腔

参考文献

1．杨晓琦，胡仁喜．UG NX 6.0 中文版标准教程．北京：清华大学出版社，2008

2．何华姝，杜智敏．中文版 UG NX 6 产品模具设计与数控加工入门一点通．北京：清华大学出版社，2008

3．朱凯，黄业清，冯辉．举一反三——UG 中文版机械设计实战训练．北京：人民邮电出版社，2004

4．夏德伟，董伟，李瑞．Unigraphics NX 4.0 中文版工业造型时尚百例．北京：机械工业出版社，2006

5．李志兵，李晓武，朱凯．UG 机械设计习题精解．北京：人民邮电出版社，2003

6．龙马工作室．新编 UG NX 4.0 中文版从入门到精通．北京：人民邮电出版社，2008

7．李元园．UG NX 4 中文版自学手册・实例应用篇．北京：人民邮电出版社，2008

8．郑福禄，战祥乐，朱派龙．UG NX 5 中文版产品设计经典实例解析．北京：清华大学出版社，2007

9．何华姝．UG NX 5 中文版三维造型实例精讲．北京：人民邮电出版社，2008

10．程云建，黄泽华．UG NX 5 中文版自学手册・曲面设计篇．北京：人民邮电出版社，2008

11．胡仁喜，刘昌丽．UG NX 5.0 中文版使用详解．北京：电子工业出版社，2008

12．李丽华，李伟，褚忠．UG NX 4.0 模具设计基础与进阶．北京：机械工业出版社，2007

13．展迪优．UG NX 8.0 模具设计教程．北京：机械工业出版社，2011